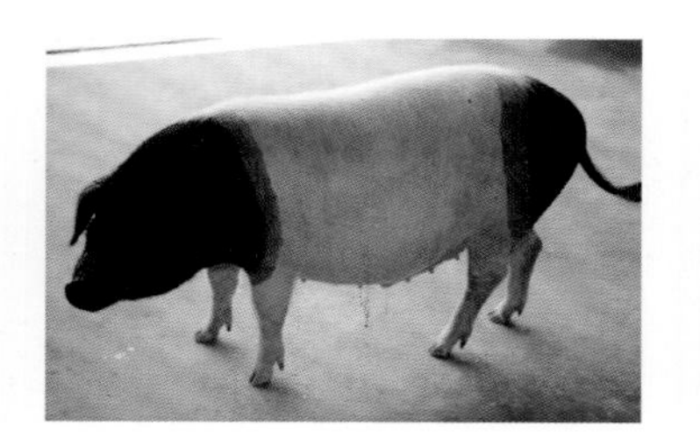

彩图 1 金华猪

彩图 2 西门塔尔牛

彩图 4 果子狸

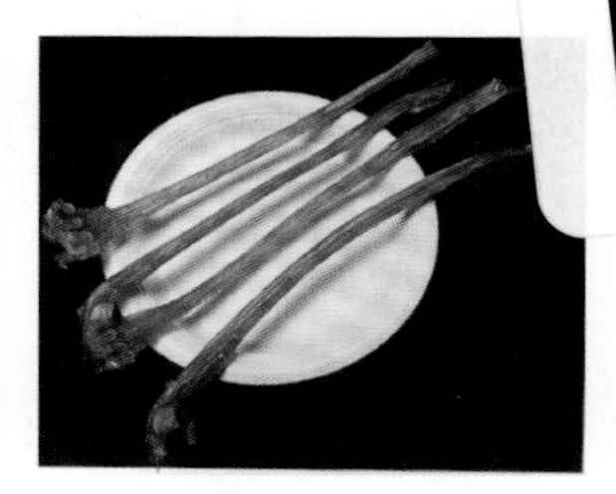

彩图 5 鹿蹄筋

彩图 6 金华火腿

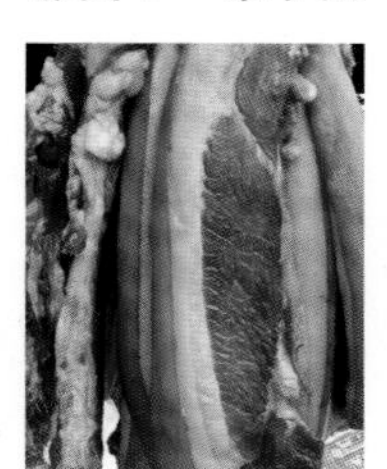

彩图 7 腊肉

彩图 8 南京香肚

彩图 9 硬质奶酪

彩图 10 寿光鸡

彩图 11 高邮麻鸭

彩图 12 狮头鹅

彩图 13 火鸡

彩图 14 花尾榛鸡

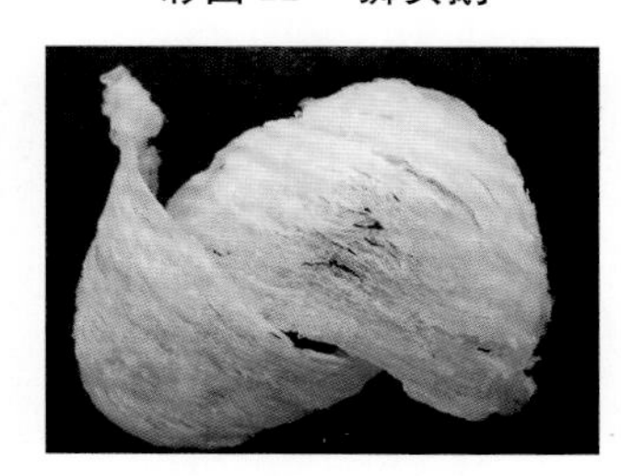

彩图 15 燕窝(白燕)

彩图 16 中国林蛙

彩图 17 哈士蟆油

彩图 18 棘胸蛙

彩图 19　中华鳖

彩图 20　乌龟

彩图 21　蟒蛇

彩图 22　眼镜蛇

彩图 23　三文鱼肉(示肌节)

彩图 24　真鲷

彩图 25　宝石石斑鱼

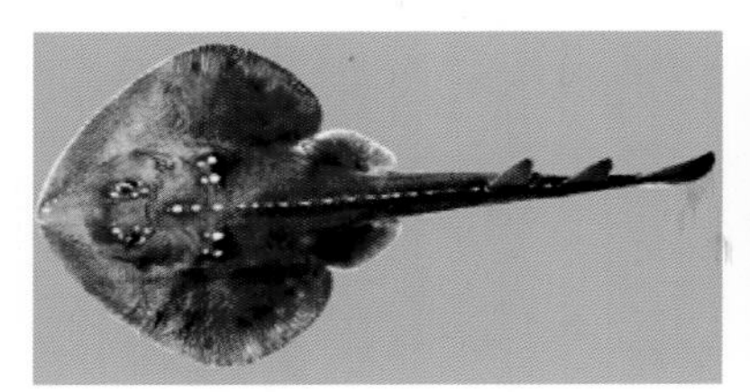

彩图 26　中国团扇鳐

彩图 27　鳜鱼

彩图 28　黄鳝

彩图 29　乌鳢

彩图 30　鮰鱼

彩图 31　黄颡鱼

彩图 32　四川华吸鳅

彩图 33　齐口裂腹鱼

彩图 34　鲥鱼

彩图 35　虹鳟鱼

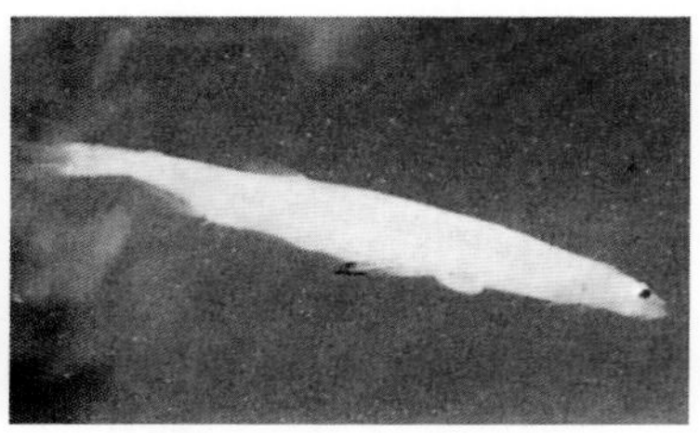

彩图 36　太湖新银鱼

彩图 37　鱼翅(示翅针)

彩图 38　鱼肚

彩图 39　鱼皮

彩图 40　红鱼子

彩图 41　黑鱼子

彩图 42　海参(示体壁)

彩图 43　刺参

彩图 44　梅花参

彩图 45　梅花参(干品)

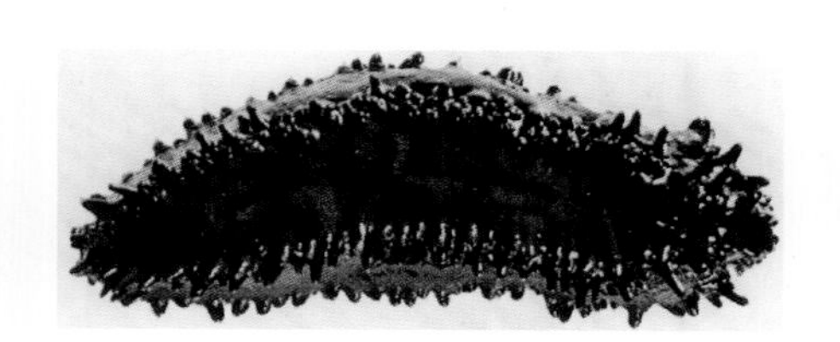

彩图 46　绿刺参

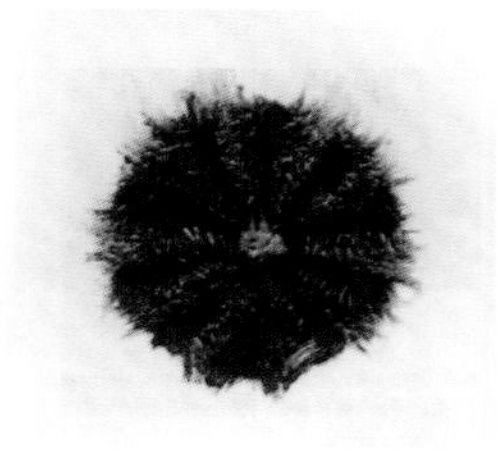

彩图 47　马粪海胆

彩图 48　锦绣龙虾

彩图 49　美洲螯龙虾

彩图 50　虾蛄

彩图 51　锯缘青蟹

彩图 52　皇帝蟹

彩图 53　中华绒螯蟹

彩图 54　干虾

彩图 55　金钩

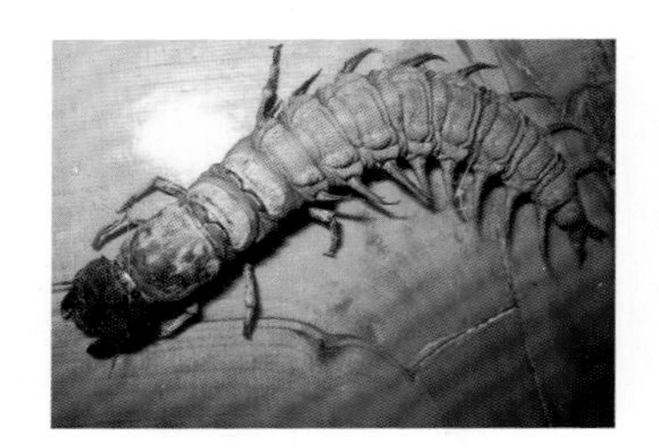

彩图 56　爬沙虫

彩图 57　法国蜗牛

彩图 58　鲍鱼

彩图 59　蚶子

彩图 60　牡蛎

彩图 61　日月贝

彩图 62　高雅海神蛤

彩图 63　乌鱼蛋

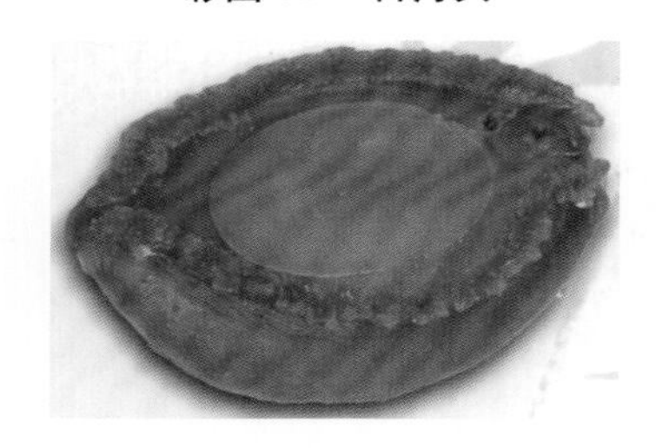

彩图 64　干鲍(网鲍)

彩图 65　干贝

彩图 66　虾夷扇贝(示鲜贝)

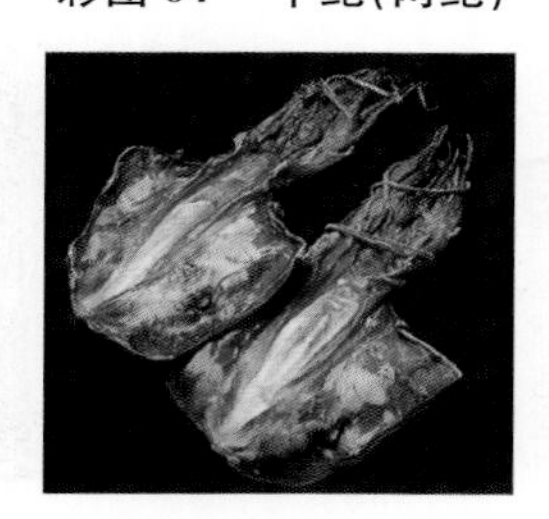

彩图 67　墨鱼干

彩图 68　方格星虫

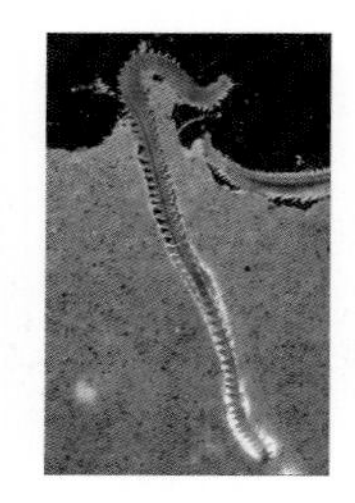

彩图 69　疣吻沙蚕

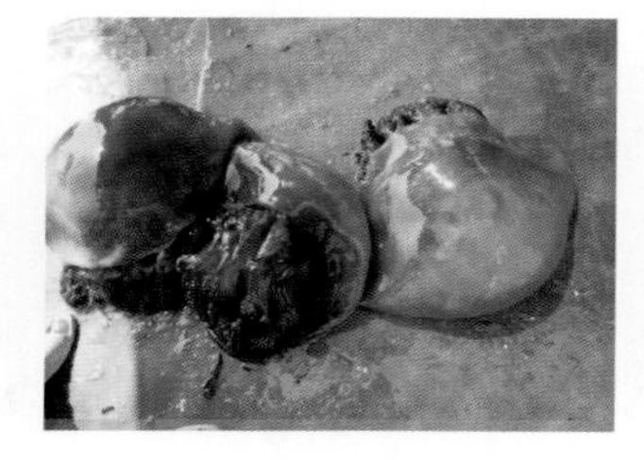

彩图 70　海蜇

彩图 71　各种稻米

彩图 72　荞麦

彩图 73　木薯

彩图 74　心里美萝卜

彩图 75　牛蒡

彩图 76　芋艿

彩图 77　薯蓣

彩图 78　姜

彩图 79　平头大白菜

彩图 80　乌塌菜

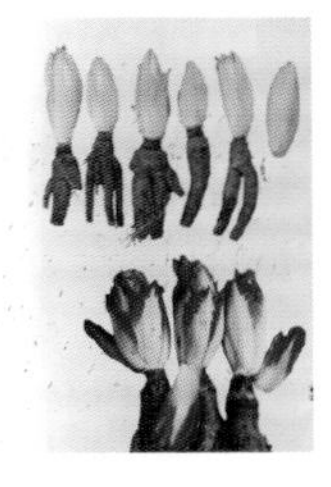

彩图 81　菊苣

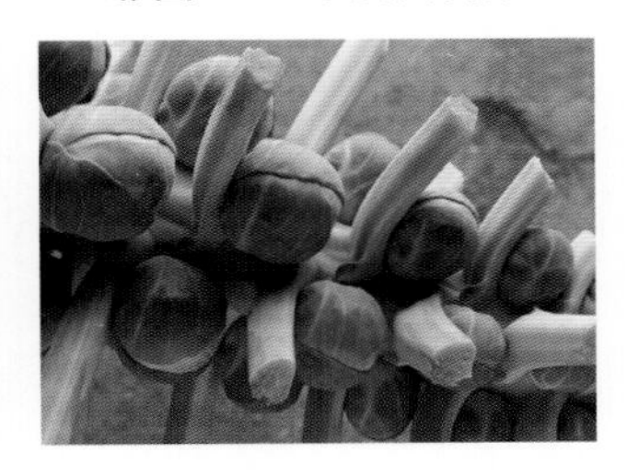

彩图 82　抱子甘蓝

彩图 83　叶用甜菜

彩图 84　豆瓣菜

彩图 85　香椿

彩图 86　紫背天葵

彩图 87　红菜薹

彩图 88　朝鲜蓟

彩图 89　鸡冠花

彩图 90　西红柿

彩图 91　蛇瓜

彩图 92　黄秋葵

彩图 93　水蕨

彩图 94　荚果蕨

彩图 95　冬虫夏草

彩图 96　粗腿羊肚菌

彩图 97　中国块菌

彩图 98　猴头菌

彩图 99　银耳

彩图 100　长裙竹荪

彩图 101　口蘑

彩图 102　鸡枞

彩图 103　香菇

彩图 104　茶树菇

彩图 105　松茸

彩图 106　孔石莼(海白菜)

彩图 107　石莼(海白菜)

彩图 108　笋干

彩图 109　魔芋豆腐

彩图 110　猕猴桃(示浆果)

彩图 111　石榴

彩图 112　青柠檬(示柑果)

彩图 113　苹果(示梨果)

彩图 114　草莓(示聚合果)

彩图 115　蓝莓

彩图 116　杨桃

彩图 117　火龙果

彩图 118　西柚

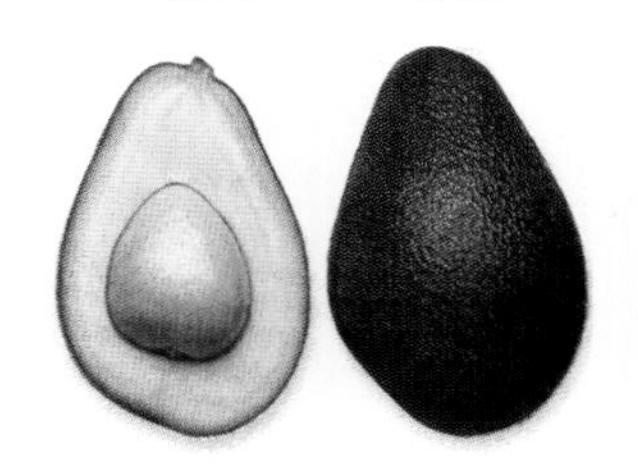

彩图 119　油梨

彩图 120　鸭梨

彩图 121　无花果

彩图 122　荔枝

彩图 123　核桃

彩图 124　开心果

彩图 125　板栗

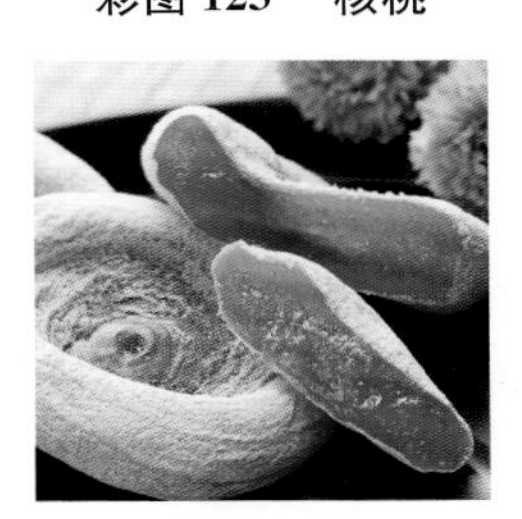

彩图 126　柿饼

彩图 127　花椒

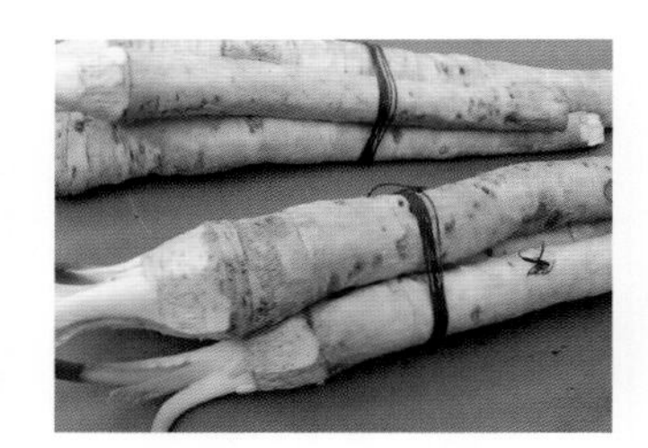

彩图 128　辣根

彩图 129　八角茴香

彩图 130　荜茇

彩图 131　高良姜

彩图 132　香茅

彩图 133　草果

彩图 134　白豆蔻

彩图 135　苦豆

彩图 136　红曲米

彩图 137　姜黄

高等职业教育旅游与酒店管理类专业“十三五”规划系列教材

烹饪原料学

（第2版）

主 编 王 兰

参 编 李震清 周 航

胡建国 葛惠伟

东南大学出版社

图书在版编目(CIP)数据

烹饪原料学 / 王兰主编. —2 版. —南京：东南大学出版社，2015.7(2021.9 重印)
ISBN 978-7-5641-5869-9

Ⅰ.①烹… Ⅱ.①王… Ⅲ.①烹饪—原料 Ⅳ.①TS972.111

中国版本图书馆 CIP 数据核字(2015)第 137774 号

东南大学出版社出版发行
(南京四牌楼 2 号 邮编 210096)
出版人：江建中
新华书店经销 大丰市科星印刷有限责任公司印刷
开本：787 mm×1092 mm 1/16 印张：16.25 字数：385 千字
2015 年 7 月第 2 版 2021 年 9 月第 6 次印刷
ISBN 978-7-5641-5869-9
定价：48.00 元
(凡因印装质量问题，可直接向营销部调换。电话：025—83791830)

高等职业教育旅游与酒店管理类专业
“十三五”规划系列教材
编委会名单

出版说明

当前职业教育还处于探索过程中，教材建设“任重而道远”。为了编写出切实符合旅游管理专业发展和市场需要的高质量的教材，我们搭建了一个全国旅游管理类专业建设、课程改革和教材出版的平台，加强旅游管理类各高职院校的广泛合作与交流。在编写过程中，我们始终贯彻高职教育的改革要求，把握旅游管理类专业课程建设的特点，体现现代职业教育新理念，结合各校的精品课程建设，力求每本书都精雕细琢，全方位打造精品教材，力争把该套教材建设成为国家级规划教材。

质量和特色是一本教材的生命。与同类书相比，本套教材力求体现以下特色和优势：

1. 先进性。形式上，尽可能以“立体化教材”模式出版，突破传统的编写方式，针对各学科和课程特点，综合运用“案例导入”“模块化”和“MBA任务驱动法”的编写模式，设置各具特色的栏目；内容上，重组、整合原来教材内容，以突出学生的技术应用能力训练与职业素质培养，形成新的教材结构体系。

2. 实用性。突出职业需求和技能为先的特点，加强学生的技术应用能力训练与职业素质培养，切实保证在实际教学过程中的可操作性。

3. 兼容性。既兼顾劳动部门和行业管理部门颁发职业资格证书或职业技能资格证书的考试要求，又高于其要求，并努力使教材的内容与其有效衔接。

4. 科学性。所引用标准是最新国家标准或行业标准，所引用的资料、数据准确、可靠，并力求最新；体现学科发展最新成果和旅游业最新发展状况；注重拓展学生思维和视野。

本套丛书聚集了全国最权威的专家队伍和来自江苏、四川、山西、浙江、上海、海南、河北、新疆、云南、湖南等省市的近60所高职院校优秀的一线教师共同完成，借此机会，我们对参加编写的各位教师、各位审阅专家以及关心本套丛书的广大读者致以衷心的感谢，希望在以后的工作和学习中为本套丛书提出宝贵的意见和建议。

高等职业教育旅游与酒店管理类专业“十三五”规划系列教材

修订前言

“烹饪原料学”是烹饪工艺、烹饪与营养等餐饮、旅游行业相关专业的学生必须学习的一门专业基础课。本课程与烹饪工艺学、菜肴烹调技术共同构成烹饪学科体系,并成为烹饪科学重要的组成部分。

目前《烹饪原料学》已经有很多版本,而且各种层次的都有,内容格局都有固定的模式。在这种情况下,我们紧紧围绕高职高专人才的培养目标,以“够用适度”为编写原则,尽量做到教材内容既系统又合理调整、取舍,既注重传统又突出新颖性。具体表现在:对涉及烹饪原料普遍性和特殊性的内容进行比较、总结;与原料的烹饪运用密切结合;在重点介绍传统的、常用的原料种类的同时,适当增加新特原料;在书中除插入少量的黑白图外,还专门集中选配了大量彩图,增强原料的直观性;在每章的篇首有学习内容提示,导入该章将学习的内容,并增加了知识性、趣味性的引导案例,让学生带着问题学习,增强学习的主动性。

参编本教材的都是长期在本科、专科和高职、中职学校教授烹饪原料学的教师,他们有的是烹饪工艺专业毕业,有的是生物专业毕业,有的是农学专业毕业,知识结构较为全面,而且具有编写教材的经验。具体分工为:王兰(四川旅游学院)编写第一章、第二章、第三章、第六章(第一节、第三节);李震清(四川旅游学院)编写第五章、第七章、第八章;葛惠伟(四川省商业服务学校)编写第四章(第一节、第二节、第三节);胡建国(广东韩山师范学院)编写第四章(第四节);周航(四川旅游学院)编写第六章(第二节)。由王兰对全书内容进行统稿、整理、补充、校对审定,并编写所有章节的引导案例。全书的插图由王兰收集、整理和拍摄。

本教材在编写过程中参考了大量的国内外专家的相关著述和文献,在此一并表示感谢。

本书已使用几年,这次再版在保持原有的形式和内容的基础上,对书中的错字、错句进行了更正；对书中不妥当的内容进行了修改、重新归类或删除；并对书中质量不好的彩图、插图进行了更换。增加了一些常用原料的介绍；增加了 40 幅彩图，加大了原料的直观性；增加了原料种类的英文名。

希望广大读者在使用本教材的过程中多多指正，便于我们进一步完善。

编　者

2015 年 5 月

总 论

上编　主配原料

总　　论

第一章　烹饪原料与烹饪原料学

学习目标

◎ 了解烹饪原料的运用历史、运用现状、对烹饪原料的利用和保护。

◎ 理解烹饪原料学研究的内容，烹饪原料分类的意义和原则，以及科学合理的分类体系。

◎ 掌握烹饪原料的基本概念和可食性的含义。

◎ 应用烹饪原料的选择原则来选择原料。

本章导读

烹饪原料学是一门综合性、应用性很强的学科。本章阐述了烹饪原料的概念、分类及选择原则，烹饪原料运用的历史和现状，并对烹饪原料学的性质和研究内容以及学习和研究方法进行了概述，使学习者对烹饪原料学这门学科的框架和具体内容有一个初步的认识和了解，为进一步掌握烹饪活动的物质基础——烹饪原料提供最基本的知识储备。

引导案例

你知道烹饪原料的"六品相"吗

中国菜的选料非常丰富，有一句俗语称："山中走兽云中燕，陆地牛羊海底鲜"。几乎所有能吃的东西，都可以作为中国菜的原料。中央电视台正在热播的"厨王争霸"节目吸引了众多热爱烹饪的"粉丝"。专家和大众评委在评定菜肴的质量高低时，其标准就是"色、香、味、形、养、意"六个方面的指标。其实菜肴中体现出来的品质主要依赖于烹饪原料提供的品相，以及对原料品相的发扬光大。

烹饪原料六品相就是：色、香、味、形、养、意。巧妙借助原料的"色、香、味"，发挥出"形、养"，体现出更高水平的"意"，就是对烹饪原料淋漓尽致的运用。要做到这一点，就要依赖于我们对原料知识掌握的程度。因为原料的选择不仅关系到菜品的质量，而且形成菜系的风格，促进菜系的发展。

鲁菜：山东靠近黄河，因此以动物内脏、河鲜为特色，处于沿海的胶东以"鲜"为主味，对北方各地区的烹饪有很大影响。

川菜：四川离海较远，因此以河鲜、菌类、干货为特色。以"辣"为主味，对西南各地区的烹饪有很大影响。

粤菜：南方温暖，除海鲜外，以一些野生动物如蛇等为特色。天气炎热，原料不宜久存，以"生猛、鲜"为主，对原料的新鲜程度要求很高。

淮菜：处于南方，以河鲜最有特色。离产糖区域近，有“甜”味，菜肴制作精细，对长江下游区域的烹饪有很大影响。

那么，什么是烹饪原料？它是怎样发展起来的？究竟有多少？如何选择合适的烹饪原料运用在菜肴中就是本章要学习的内容。

第一节 烹饪原料概述

一、烹饪原料的概念

食物是人们为维持正常的生命活动不可缺少的重要物质，食物的来源可通过工业化的食品生产制得，但通过烹饪加工仍然是人们获取食物的重要来源。

从现代的观点来看，烹饪就是根据不同烹饪原料的性质和特点，进行不同的烹调加工处理，制作出具有色、香、味、形、质和营养价值的主食、菜肴、糕点和小吃等食品的加工过程。所以，烹饪原料是烹饪活动的对象，是重要的物质基础，一切烹饪活动都是针对烹饪原料而展开的。

烹饪活动是食品加工的一个特例分支，烹饪原料（Cooking Materials or Raw Materials of Diet）就是指主要用于烹饪中，通过烹调加工制作各种主食、菜肴、糕点和小吃的食品原料的特称。它包括新鲜原料和半成品及成品等加工品。

二、烹饪原料的分类

由于烹饪原料种类繁多，长期以来同物异名或同名异物的现象普遍存在，缺乏一个统一的、科学的分类体系来对烹饪原料进行归类。

为了使烹饪原料学的学科体系更加科学化、系统化，为了全面深入地认识烹饪原料的性质和特点，为了更好地、科学合理地利用烹饪原料，对烹饪原料进行分类是非常必要的。

在众多的烹饪原料中，大多数是有生命的生物。它们在长期的物种进化过程中形成了独特的外形、物质组成、组织结构和生活特点等特征，因而形成了自身相同于其他生物的普遍性和不同于其他生物的特殊性，这是确定菜肴的基本质地和风味特点的基础。所以，按原料的生物属性，也就是自然属性进行分类是科学性原则的体现。

烹饪原料又是流通的商品，在分类上应该符合商品学的要求。烹饪原料最终是为烹调工艺服务的，在分类中也应该反映出原料在烹饪中的地位和作用。这些就是合理性原则的体现。

从目前的原料分类体系看，有多种分类方式，归纳起来大多数都是按单一标准在分类，有按加工与否分类、有完全按商品属性分类、有按营养特点分类、有按原料来源分类等等。这些分类都不能全面、科学地反映出原料的性质和存在状况。

将多种分类标准和依据结合起来，才能科学、合理地全面描述和概括烹饪原料，使人们能充分认识和掌握烹饪原料。根据烹饪原料的生物属性、商品属性和在烹饪中的地位和作用，可将烹饪原料进行如图1-1所示的分类，形成一个有联系的分类树图。

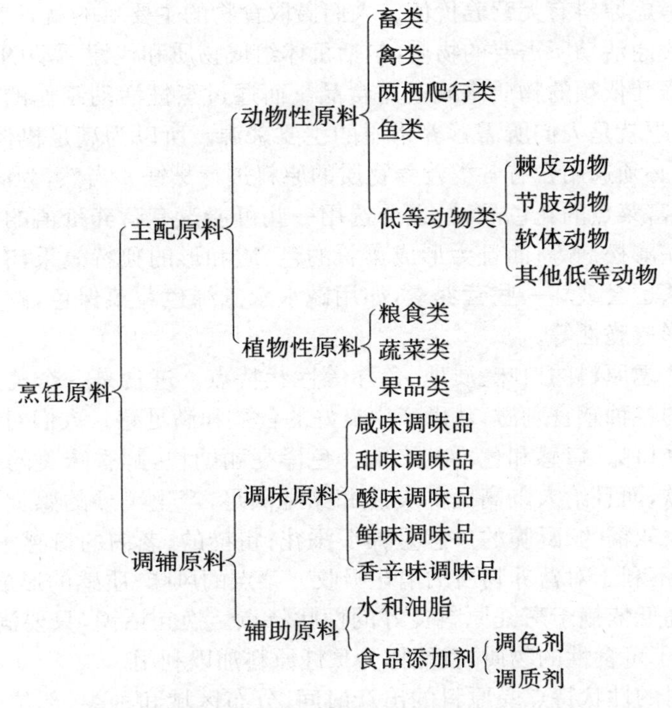

图1-1　烹饪原料分类图

此分类图是一个动态图，不仅概括了已有的烹饪原料，对新出现的原料也可依据此图的分类方法找到其所在的位置，让原来身份混淆不清的原料都有了归属。通过此分类体系，可以了解烹饪原料的本质，以及相互之间的区别和关联性，为全面、清晰理解烹饪原料的各种性质、特点提供了科学、合理的依据。

三、烹饪原料的选择原则

烹饪原料是烹饪活动的物质基础，一方面要满足烹饪加工的要求，另一方面必须满足人体对营养物质的需求。只有这样，才能通过烹饪加工为人们呈现有良好的色、香、味、形、质以及符合营养需求的食品。因此，选择烹饪原料有一定的原则。

首先应考虑其安全性。新鲜原料以及加工的半成品和成品等食品对人必须是安全的，安全性是选择烹饪原料的首要因素。作为烹饪原料应该是无毒和无害的，即不含有或不带有对人体有毒有害的物质，这样才能保证食用者的健康和安全。这就要求尽可能选用无毒无害的原料，如大多数传统和新型原料都是安全的；或按规定用量使用不会产生危害的原料，如对合成色素、发色剂的使用，必须按规定用量执行；或使用通过烹饪加工可以脱毒的原料，如菜豆、鲜黄花经过长时间加热处理可以失去毒性。再者就是要到有品质保证的市场、商家购买放心原料，即这些原料是经过卫生防疫站、食品检测中心等单位的检验并准予出售的原料，防止伪劣产品带来不良影响，切忌选用已经腐败变质的原料。在烹调过程中，要科学运用烹调方法，避免因使用不恰当的方法而使做出的菜肴、面点等产生对人体有害的物质，如反复使用炸油就是不符合食品安全的做法。

其次应考虑原料有无营养价值。人们摄取食物的主要目的就是要摄入人体进行各种新陈代谢活动所需要的物质，包括机体组成物质和代谢活动的调节物质，身体的健康和强壮依赖的物质基础就是食品。而通过烹饪活动制作的各种主食、菜肴、糕点和小吃就是人们所需营养物质的主要来源。所以为满足机体生长发育和代谢的要求，必须选用含有各类营养物质的原料进行烹饪。当然，为满足烹饪工艺性的要求，丰富菜点的花色品种，也会选用一些可能没有营养价值的原料，如合成色素、发色剂、膨松剂等；而且为形成菜肴的色、质和形的独特效果，有些对烹饪原料的处理方法也会破坏一些营养素，如用碱水汆煮绿色蔬菜保色，碱发原料致嫩，碱水漂豆腐形成脆性等。

再次应考虑原料的口味、质地、色泽等性状特点。进食是一个美好的享受，享受菜点带来的各种感官刺激，从而产生良好的食欲和满足感。人们对食物的喜好，很大程度上受口味、口感和色泽的影响。色泽亮丽明快，鲜香味美的食物，不仅激发良好的食欲，而且给人以高度的美感和味觉满足，产生美妙的感觉。脆嫩的、柔滑的、滋润的、软糯的、酥脆的口感是锦上添花；粗糙的、老韧的口感不仅食用的感觉不好，而且不利于对营养物质的消化吸收。菜点的风味、质感的形成以及营养物质利用率的高低依赖于烹饪原料良好的性状特点。换句话说，只要满足了这些条件要求，具备了可食性的物质，就能作为烹饪原料加以利用。

烹饪原料的性状特点受原料的出产时间、分布区域和种类、部位的影响，所以应根据时令性的特点选择最佳品相的原料。

第二节 烹饪原料的历史与现状

我国为烹饪古国，也是烹饪大国。在世界烹饪中占有重要的地位，而且还影响着世界烹饪。种类繁多、品种多样的原料为菜点的制作提供了广博的选料条件。我国地域辽阔，气候条件多样，从热带、亚热带、温带到亚寒带地势变化大，海岸线长，高山平原连绵不断，江河湖泊纵横交错，孕育了丰富的物种；再加之我国的种植业、养殖业非常发达且历史悠久，也为烹饪活动提供了丰富的原料来源；为保藏食物和增加食物的品种，各地人们都发明创造了多种多样的加工手段，从而生产出了一大批具有地方特色、加工精良的加工性原料，即特产原料；中国人历来提倡对原料要综合利用、物尽其用，凡是可食的都可作为烹饪原料加以利用，从而产生了质地、风味独特的菜肴，满足人们的营养需求和美食需求。

我国烹饪原料的形成、发展，并不是孤立的，它是人类赖以生存的物质基础，与人类的生存有着密切的联系，与农业、医学的发展也分不开。

一、古代烹饪原料的运用

据现有的考古资料证明，在距今五十七万多年，北京周口店地区“北京人”遗址的灰烬层中发现了大量的烧骨、烧石和烧过的树木种子，由此推断"北京人"已经能钻木取火将生料制成熟食，告别茹毛饮血的时代，产生了最初意义的"烹饪"活动，即加热并做熟了食物。从此，烹饪这一伟大的技能便在古老的中国大地上流传，并发扬光大。烹饪活动的产生带来了烹饪原料运用的变革。

旧石器后期和新石器时期，是烹饪活动的雏形时期，人们依赖采集、捕获的方式从自然界获取食物，主要获取的是野生植物的果实、种子和块茎以及野生动物等。后来陶器的发明使用，使人们有了烹制食物的炊具，从而对食物的需求加大，以至于开始尝试将野生动植物进行驯化，产生了原始农业和畜牧业。驯化种植了粟、稻、稷、黍、麻、芥菜和白菜等谷物和蔬菜，驯化养殖了猪、狗、牛、羊、马、鸡等家畜和家禽，而且狩猎活动更为广泛，不仅扩大了捕捉陆地上动物的种类，也发展了渔猎。当出现用水烹制食物时，将盐放入产生咸味，这就是最初意义的调味，当时使用的都是一些天然的调味原料，如岩蜜、土蜜、木蜜和酸枣、花椒、茱萸、薄荷、紫苏等。

从夏朝起，经过商朝、周朝，直到战国时期，进入青铜器时代，饮食烹饪水平大幅度提高，这也依赖于农业和畜牧业的发展和兴旺，才有了最初的食品加工。文献记载当时已经有"五谷"、"六谷"、"九谷"的词语。麦有大麦、小麦，稻有粳稻、籼稻和糯稻，还有充当粮食的蹲鸱（芋艿）、藷（山药）。蔬菜水果的生产也有较大的发展，甲骨文中出现圃、囿等字，即说明菜园、果园非常普遍，而且有了专职管理人员。当时的史料文献记录了大量的种类，《诗经》、《周礼》、《礼记》和《尔雅》等书中都分别提到：葵、韭、芹、蒲、荷、笋、藻、蕨、瓜、苦瓜、瓠瓜、葱、姜、药（茭白）和薤（藠头）等蔬菜；在这些书中提到的果品有桃、杏、梨、梅、柿、苹果、橘、枇杷、樱桃、梨、龙眼、荔枝和柚等。马、牛、羊、鸡、犬、豕（猪）已经在黄河流域和长江流域普遍饲养。亦用多种野兽、野禽制作肴馔，如天鹅、大雁、野鸭、鹑、雀、豺等。鱼及其他水产品也不断丰富，《诗经》中记载有鲔（鲟鱼）、鲦（鳡鱼）、鳟、鲶、鳢、鲶等鱼类，其他书中提到鳖、龟、蚌、螺、大蛤等水产品。调味料也丰富起来：咸味料有盐、酱、醢（肉类腌制的酱）；甜味料有蜂蜜、饴糖、蔗浆（甘蔗压出的汁）；酸味料有梅子、醯（类醋）；苦味料有豆豉；香辛味料有花椒、姜、桂皮、葱、芥、薤、蓼等；酒不仅可饮用，也作调味料使用。这时已专门提炼牛油、犬油、猪油、羊油等动物油脂供烹制菜肴使用。

秦、汉、魏、晋、南北朝时期，铁制炊具开始使用，隋唐两宋时期进入铁器烹饪的中期，从元代进入铁器烹饪近期，直至明清为止。这一时期谷物、蔬菜、水果、乳品、水产、调料等烹饪原料从种类到品种都迅速发展。

谷物粮食种类和品种不断增多，《齐民要术》中记载有粟 97 种，黍 12 种，穄（糜子）6 种，粱 4 种，秫（高粱米）6 种，小麦 8 种，水稻 36 种。以粟、稻、麦为主要粮食作物，唐宋时期鼓励北方有条件的地区种稻，南方有条件的地区种麦，稻和麦的产量大大提高。到南宋时稻占第一，麦位居第二，粟只是北方人民的主粮。这时还引进了甘薯、玉米和花生等外来物种，还有少数利用大麻子、胡麻、雕胡以供食用，豆类品种增多，种植面积加大，有大豆、绿豆、豌豆、蚕豆等，尤其是出现了形式多样的豆腐、豆酱、豆豉、豆油、豆芽等大豆加工品。

蔬菜种植业不仅从农业中分离出来，而且迅速走上商品化道路。大量引进国外品种，如辣椒、番茄、南瓜、四季豆、土豆、花菜和洋葱等。改良、优化原有的品种，出现温室栽培，以及人工培育食用菌和驯化野生蔬菜。蔬菜品种显著增多，到清末时达到两百多种。李时珍在《本草纲目》中将其分为五类：①荤辛：即韭、葱、蒜、芥等；②柔滑：即菠菜、蕹菜、莴笋等；③瓜菜：即南瓜、丝瓜、冬瓜等；④水菜：即紫菜、石花菜等；⑤芝栭：即芝、菌、木耳等。由此可见蔬菜种类的多样。果品种类也有增多，不仅有本地的杨梅、枣、甘蔗、香蕉，还有引进的石榴、葡萄、胡桃等。

畜禽肉类来源广泛，出现了熊肉、鹿肉、兔肉、象鼻、驼峰、驼蹄和鸭、鹅、鸽、乌骨鸡、鹌鹑和乳制品等的运用。淡水养殖迅速发展，主要养殖以四大家鱼为主的四十多种鱼类。海洋捕捞和养殖规模也扩大，不仅养殖鲨鱼、鳗鲡、鮸鱼、比目鱼等海产鱼类，还养殖海参、玳瑁、贝类、章鱼和藻类，还加工利用鱼翅。

植物性调味原料日渐丰富，常用的有生姜、葱、蒜、花椒、橘皮、胡荽、荜茇、茱萸、蓼、桂皮等。加工性调料也不断产生，有豆酱、豆豉、酱油、醋、糖（用蔗汁提炼的砂糖）等，不仅种类多，形式也多样。

虽说还主要用动物油脂，但在麻油出现后，其他植物油脂相继出现，有大豆油、菜子油等。到隋唐两宋时期，植物油食用得以普及，这是我国烹饪史上的一个飞跃。

二、现代烹饪原料的运用

自20世纪50年代以来，随着我国种植业和养殖业的飞速发展，越来越多的烹饪原料供应于市场。据不完全统计，目前约有上万种原料，常用的约有3 000种，至此还在不断的引进和通过生物技术、农业技术改良培育新特原料。

进入20世纪以来，相关学科知识和科学技术越来越多地渗入到传统烹饪中。尤其是科学的营养卫生知识和养生之道原则的渗入，使得人们的饮食结构和饮食方法发生了较大的变化。由此，使烹饪原料的选择和利用发生了变化，人们更推崇营养、健康和保健养身的原料，如含优质蛋白的水产、禽类等动物原料，植物性油脂，豆制品，富含维生素和矿物质的果蔬以及营养物质丰富的调味品等。遵循先人流传下来的“药食同源”的原则，不仅注重菜点“吃”的特性，更注重其“养”和“疗”的作用，丰富了对烹饪原料的运用方法，使烹饪原料全方位发挥作用，满足人们现代化生活的需求。

当前，随着中国加入WTO，人们的消费观念和意识都发生了改变，使用安全、无污染、高品质的烹饪原料成为人们的共同要求。因此，有机食品、绿色食品和无公害食品应运而生。原料生产、加工上市、销售等环节都有严格的要求和质量监控体系，使原料生产走上可持续发展的道路，为烹饪活动提供了强有力的保证。

第三节 烹饪原料学概述

一、烹饪原料学的性质和研究内容

烹饪原料学是研究烹饪原料的组织结构、化学组成、营养成分、质地风味等特性以及烹饪运用规律的一门学科。它涉及植物学、动物学、营养卫生学、食品微生物学、商品学以及烹饪工艺学等多门相关学科的知识，是一门综合性和应用性很强的学科。

具体研究内容包括：

（1）烹饪原料的分类方面　通过对为数众多的烹饪原料按照生物、商品、烹饪的属性，进行科学合理的分类，了解其来龙去脉，掌握其原料的性质，充分认识原料。

（2）烹饪原料的化学组成和形态结构等方面　化学组成、形态结构、风味质地等基本特征是纵向了解掌握原料的重要方面，它是烹饪加工方法选择的依据。为了将原料的色、香、味、形和质等特性充分展现，必须熟悉和掌握这些性状特点。

（3）烹饪原料的品质鉴定和贮藏方面　高品质的烹饪原料需要正确的方法来选择，需要恰当的方法来贮藏。熟悉掌握鉴别原料的依据和标准，选择优质原料，并根据其质量变化规律，在一定的时期内使用适合的贮藏方法，就能将原料的品质保存到使用那一刻。

（4）烹饪运用方面　菜点的品质形成不仅取决于烹饪原料本身，更取决于烹饪加工手段的使用。研究烹饪原料在运用时的规律性、特殊性、科学性是非常必须的。这样不仅可以做到举一反三，而且为创新打下基础。

总而言之，对烹饪原料本身和烹饪运用规律的研究，使我们可以科学地、全方位地了解、熟悉和掌握烹饪原料，为烹饪活动打下坚实的基础。

二、烹饪原料学的学习和研究方法

烹饪原料是烹饪活动的基础，烹饪原料学是烹饪工艺以及相关的餐饮管理专业的专业基础课。通过对烹饪原料学的学习，充分了解当地和外来烹饪原料的种类、成熟季节、上市时间、市场行情；充分认识和掌握烹饪原料的性质、成分、结构、风味质感等性状，充分掌握烹饪手段和方法，达到对烹饪原料的合理选择和运用，制作出高质量的菜点。菜点的生命力不仅在于质量，而且也在于创新，对烹饪原料知识的学习，也是创新菜点的需求。

为达到预期的学习目的，应该有一个较好的学习方法：

（1）充分利用相关学科知识来全面熟悉和掌握烹饪原料。

（2）不仅充分利用现有常用原料，还应善于发现新特原料，挖掘乡土、传统原料。

（3）应注重理论和实践的结合，勤于实践。

检　　测

复习思考题

1. 什么样的原料可以作为烹饪原料？
2. 从发展历史简述中国菜对烹饪原料的运用特点。
3. 烹饪原料的来源状况如何？
4. 你认为科学、合理的分类方法是怎样的？
5. 为什么要学习烹饪原料学？
6. 解释概念：烹饪原料。

第二章 烹饪原料的品质鉴定与贮藏

学习目标

◎ 了解烹饪原料在贮存过程中的质量变化和影响因素。

◎ 理解烹饪原料品质检验的意义,影响烹饪原料品质的基本因素。

◎ 掌握烹饪原料品质鉴定的依据和标准、保管贮藏的方法。

◎ 能利用烹饪原料品质检验的方法选择优质原料,并进行有效的贮藏,保证原料的质量。

本章导读

菜点的质量不仅取决于烹饪技艺,更主要的是依赖于烹饪原料的质量,所以必须依据检验烹饪原料的标准,选择适合菜点加工的优质原料。由于大多数烹饪原料都具有生物特性,所以掌握动植物原料质量变化的规律和影响因素以及不同的加工目的,选择适合的贮藏方法不仅可以节约成本、减少浪费、保证质量,还可以增加原料的种类和特色。

引导案例

腊肉飘香

腊肉是四川、湖南、湖北等中西部地区的特产。除主要用猪肉外,牛肉、羊肉、鸡肉、鸭肉、鱼肉等都可以做成腊肉。做好的腊肉有独特的肉质和香味,久放不坏。

说起来,制作腊肉的历史非常悠久。在孔子生活的年代,先民们就知道制作腊肉了,用腊肉孝敬先生已经成为风俗。腊肉在古代的语言里称作“束修”,就是一捆干肉的意思,虽说后来可直接收学费,但文雅者仍用“束修”一词。

加工制作腊肉的传统习惯不仅久远,而且普遍。每逢冬腊月,即“小雪”至“立春”前,家家户户杀猪宰羊,除留够过年用的鲜肉外,其余鲜肉用食盐,配以一定比例的花椒、八角、桂皮、丁香、胡椒、酱油、白酒等调味料,入缸中腌7~10天左右,取出晾挂滴水,然后挂于烧柴火的灶头顶上,或吊于烧柴火的烤火炉上方,利用烟火慢慢熏干;或选用柏树枝、甘蔗皮、椿树皮或柴草火慢慢熏烤,然后挂起来用烟火慢慢熏干而成。

熏好的腊肉,表里一致,煮熟切成片,透明发亮,色泽鲜艳,黄里透红,吃起来味道醇香,肥不腻口,瘦不塞牙,不仅风味独特、营养丰富,而且具有开胃、祛寒、消食等功能。腊肉具有色、香、味、形俱佳的特点,素有“一家煮肉百家香”的赞语。湘菜“腊味合蒸”、川菜“回锅腊肉”都是腊肉菜品的代表。

说起“腊味合蒸”还有一个传说。很久以前，一个叫刘七的人在小镇上开饭馆，因被村霸逼债勒索破了产，只好流落他乡讨饭。接近年关时，好心人施舍给他一些腊鱼、腊肉。刘七就把讨来的腊鱼、腊肉调配一下装入蒸钵，生火做了起来。过了一会儿，腊香四处飘溢，惹得过往行人不断嗅鼻。一个开饭庄的有钱人见状，他想这道菜菜色美，味道香，当下正是过节，如把它移到饭庄岂不更能招徕生意？刘七进了大饭庄又将这道菜精心制作一番，并取名“腊味合蒸”。果真以色、香、味、形俱佳招徕了大批的顾客，饭庄的生意十分兴隆。这样“腊味合蒸”便作为名菜在长沙一带流传下来。

其实，现在做腊肉不仅是为保藏肉类原料，其更主要的目的是加工出风味、质感独特鲜明的特产原料，所以就是在春夏季都有现做现吃的腊肉。

本章阐述了烹饪原料的品质鉴定和贮藏保质的依据、原理和方法，其目的就在于科学、合理地利用这些加工方法制作出特产原料，充分发挥其色、香、味、形、质的特点，形成独具一格的菜点。

第一节　烹饪原料的品质鉴定

烹饪原料的品质鉴定是指依据一定的标准，运用一定的方法对烹饪原料的品质优劣进行鉴别或检测。

一、烹饪原料品质鉴定的标准

烹饪原料绝大多数来自于自然界的动物和植物，它们的品质均受到内外因素的影响。不同的种类、大小、部位、肥育状况、运动状况造成不同的品质特点，不同的产季、产地、饲养情况、卫生状况和加工贮存方式等都会使原料形成不同的品质。根据菜点制作的需要，同时考虑对原料品质的影响因素，产生了对原料进行品质鉴定的标准。

（一）原料的固有品质

原料的固有品质即原料本身的食用价值，包括原料的口味、质地、色泽、营养价值等等指标。这些指标既是原料自身携带的基因遗传的，也是农业、畜牧业的技术培育驯化出来的。通过改良培育，越来越多的固有品质高的原料供应市场。固有品质越高，原料质量越好。

（二）原料的纯度和成熟度

纯度是指原料的可食部分占原料的比例。纯度越高，原料的品质越好。

成熟度是指原料达到自然成熟状态的程度。对烹饪而言，适合的成熟度涵盖两方面的内容：一是指原料的自然成熟度。因为达到自然成熟状态的原料才能充分体现其应有的质地、口味和色泽。二是符合菜肴要求的成熟度。因为不同烹制目的要求原料反映不同的色、香、味、形、质等特点。如炝炒豌豆荚需要豆粒未完全充浆的嫩荚，而制作豌豆黄则需要老熟的豌豆；炝炒南瓜丝需要嫩南瓜，而粉蒸南瓜则需要老熟南瓜；炒西红柿可选刚达到自然成熟度的果实，而做西红柿汤则需要成熟度较高的果实。

（三）原料的新鲜度

新鲜度是指烹饪原料的组织结构、营养物质、风味成分等在原料生产、加工、运输、销售以及贮存过程中的变化程度。新鲜度是鉴定原料品质最重要的标准之一。新鲜度越高，原料的固有品质越好。

各种原料均可因存放时间过长或保管不当使其新鲜度下降，甚至引起质的变化。原料的新鲜度变化可以感官指标、理化指标和卫生指标来鉴定。

1. 感官指标

原料新鲜度的变化可从外观反映出来，主要表现在：

（1）形态变化　任何烹饪原料都具有一定的形态，越能保持原有的形态就越新鲜，反之形态走样、变形，新鲜度下降。

（2）色泽变化　每一种原料都有其天然的色泽，新鲜度高其色泽鲜艳而光亮。凡是原料的固有色泽变成灰、暗、黑或其他不应有的色泽时，新鲜度降低。

（3）水分变化　原料含水量越高，质感越细嫩，新鲜度越高；水分含量越低，新鲜度下降。但干制品例外。

（4）重量变化　新鲜度高的原料形态饱满、组织紧密、水分含量高，所以手感较沉。如果水分蒸发、物质分解、组织疏松则重量降低，新鲜度也随之下降。但干制品例外。

（5）质地变化　新鲜原料大都坚实饱满，富有弹性、脆性、韧性或黏性。新鲜度降低则会松软、无弹性，甚至汁液化。

（6）气味变化　在固有气味的基础上发生气味变淡、消失或产生异味，则新鲜度降低。

2. 理化指标

原料的理化指标主要是指原料的营养物质、化学成分、农药残留量、重金属含量以及原料的硬度、脆度等指标，通过较精确的仪器、试剂来测定。根据这些指标可确定原料的新鲜度。如通过测定挥发性盐基氮含量的高低就可以判断动物性原料的新鲜度。

3. 微生物指标

原料在生长、贮存的过程中，必然遭受微生物的污染，如果条件适宜，微生物将在原料上生长繁殖引起原料腐败变质。任何一种原料的微生物含量都不能超标，而且不能含有致病微生物。所以可以通过测定原料中微生物的数量和类群来判断原料的新鲜度及污染情况。

（四）原料的清洁度

原料必须符合食品卫生的要求。清洁度越高，污物杂质越少，微生物污染的机会就越小；反之，污染、变质的机会就越大。凡是被病菌、有害物质污染或已经腐败变质的原料，其质量已不适宜于食用，万万不可使用。

二、烹饪原料品质鉴定的方法

根据鉴定指标和依据的不同，对原料进行品质鉴定的方法有理化鉴定法和感官鉴定法。

1. 理化鉴定法

理化鉴定法是指利用各种仪器设备和化学试剂，通过对原料的理化指标和微生物指标进行分析，判断原料质量的高低的方法。

根据具体操作方法的不同又分为理化方法和生物方法。理化方法主要是通过对原料的化学成分和性质进行分析来鉴定原料品质的好坏。生物方法主要是测定原料有无毒性或生物性污染，常用小动物做毒理学试验或利用显微镜做微生物、寄生虫等检查。

理化检验中运用了仪器设备和化学试剂，指标多样，过程复杂，并由有专门知识和技能的人员进行检验，所以检验结果科学、准确、可靠，具有权威性。

2. 感官鉴定法

感官鉴定法是指利用人的感觉器官，观察分析原料的性状特征，对原料品质好坏进行鉴定的方法。此方法不需要专业的仪器设备，简便易行，直观迅速，但是由于存在个人的感觉器官灵敏度的差异、知识结构和专业经验的差异，以及有些很难被感觉器官觉察的原因，所以可能会产生判断上的偏差，造成鉴定结果不太准确。为了减小误差，增强感官鉴定的准确性，必须努力学习和掌握专业知识，勤于实践，积累丰富的经验，在鉴定原料时多种感官并用，得出综合的检验结果，由此选择到优质的烹饪原料。

常用的感官鉴定法有：

(1) 视觉鉴定法　是利用眼睛观察原料暴露于外部的性状特征，判断原料品质好坏的方法。原料都有其固有的形态、色泽、光亮度、结构状态、包装情况等特征，通过观察这些特征的变化可以判断原料品质的好坏。如新鲜苹果形态饱满，颜色鲜艳而光亮；不新鲜时发生皱缩，颜色暗淡，缺乏光亮感的变化。

(2) 嗅觉鉴定法　是利用鼻子通过闻嗅原料的气味判断原料品质好坏的方法。许多原料都有自己固有的气味，凡不能保持原料的正常气味、气味变淡薄或产生异味都说明其品质发生了变化。如新鲜优质的花椒应该有浓郁的香麻气息，如果这个气味很淡，则说明该花椒存储的时间太长，芳香物质挥发，品质下降。

(3) 味觉鉴定法　是利用嘴、舌感觉原料的口味，判断原料品质好坏的方法。每一原料由于化学成分、风味物质含量的不同，都会形成特有的味道。通过对固有味觉的感受可判断原料品质的好坏。如优质酱油不仅香气浓郁，而且有独特的鲜美滋味，但酸味、咸味太突出，甚至有苦味的酱油质量就很差。通过嘴舌不仅获得味的感觉，而且可以感受原料的口感。一般细嫩、脆爽、柔滑、细腻等质感是优质的；而粗糙、老韧、坚硬等质感是不良的。值得一提的是，只有确定能直接入口的原料才用此方法，不要贸然将不能直接入口的原料放入口中，引起不必要的危害，如已经有明显发霉现象的米粒、发臭的肉类以及存在不明确因素的原料。

(4) 听觉鉴定法　是利用耳朵听敲击或摇晃原料发出的声音来判断原料品质好坏的方法。原料因成熟度、贮存时间长短的不同，其组成成分和结构状态会发生一定的变化，从而由此产生的性状特征也会发生变化，这些变化可通过是否有响动和声音或产生的声音的音响不同表现出来。如新鲜的鸡蛋无晃动声，次鲜的鸡蛋手摇会产生响声；再如敲击成熟度正好的西瓜能发出深沉的、有共鸣的声音，而熟过头的瓜声音发空。

（5）触觉鉴定法　是用手触摸原料，根据其质感判断原料好坏的方法。不同原料表现出不同的粗细、结实、松弛、弹性、韧性等质地特点。对这些特点进行感知为判断原料的品质提供了依据。如新鲜的肝、肾有一定的弹性，用手指压迫后松开，能恢复原状。我们常用手指搓捻面粉感觉其粗细程度，判断面粉的品质。

三、烹饪原料品质鉴定的意义

一般来说，烹调技艺的高低直接影响到菜肴的质量，但是原料的品质却是决定菜肴质量的前提，所以做好原料的品质鉴定工作是十分重要的。

通过对原料进行品质鉴定，才能掌握原料的优劣和变化规律，扬长避短，因材施艺，制作出优质的菜肴；才能避免腐败变质、有毒物质污染和不适宜烹调的原料进入菜肴，保证菜肴的卫生质量，保证食用的安全性，防止有害因素危害食用者的健康。掌握原料的性质特点也是为选择正确的贮藏方法打下基础。

第二节　烹饪原料的贮藏

烹饪原料的贮藏是根据烹饪原料品质特点以及变化的规律，采取适当的方法延缓其品质变化的措施。

烹饪原料的贮藏保管是餐饮业的一项日常工作，是经常性的任务。原料贮藏保管得好坏，不仅关系到菜肴的质量，而且关系到防止浪费，降低成本等问题。

烹饪原料种类繁多，性质各异，这就需要我们必须根据原料的特点，采取相应的保管措施，以防止发生霉变、腐败、虫蛀等情况，尽可能地保持原料原有的内在质量和外观。为此必须了解原料自身的变化规律和影响因素。

一、影响烹饪原料质量变化的因素

原料的质量变化，主要是酶和微生物作用所引起的变化。所以凡是对原料细胞中的酶的活性以及微生物生长有影响的因素，就是影响原料质量变化的因素。

在原料的贮藏过程中，酶催化的代谢活动影响着原料品质的稳定性，而微生物的生长繁殖则造成原料腐败变质。所以控制微生物的污染是非常关键的。

影响原料质量变化的因素有温度、湿度、渗透压、氧气、pH值、氧化剂、盐类、抗生素等理化因素和生物因素。当这些因素适合微生物生长繁殖的需求，能提高酶的活性时，原料的质量就很快发生变化，食用品质降低，甚至不能食用。但当这些因素不利于微生物生长，使酶的活性降低，甚至失去活性时，原料的质量就能得以保证。

二、烹饪原料在贮藏中的质量变化

（一）植物性原料在贮藏中的质量变化

植物性原料在贮藏的过程中，各种生理活动使植物体后熟衰老，最后在微生物作用下腐败变质，具体如下所示。

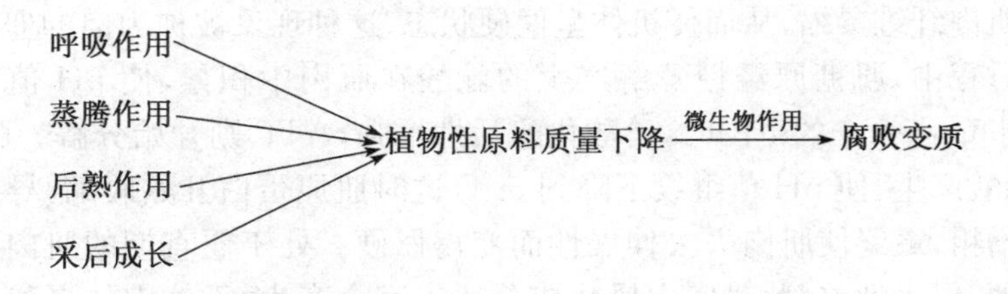

1. 呼吸作用

采摘后的植物体，呼吸作用大于光合作用，呼吸作用是此时的主要新陈代谢活动。由于有氧呼吸和无氧呼吸都能消耗体内的营养物质和产生呼吸热，这对贮藏是非常不利的。营养物质被消耗，即降低了原料的营养价值，使原料滋味变淡。由于将大分子物质分解成小分子物质，使原料的形态发生改变，进行无氧呼吸时产生的有些物质对原料有毒害作用。同时，由于呼吸热的产生，使原料贮藏环境的温度升高，从而加速原料的分解代谢和微生物活动，也就加速了原料的腐败变质。所以，果蔬等植物性原料贮藏保管的关键是要降低原料的呼吸强度，使之处于抑制或休眠状态最好。

2. 后熟作用

原料学中的后熟作用是指果蔬采收后继续成熟的过程。后熟作用能改善一些原料的食用品质，如香蕉、柿子、菠萝、哈密瓜等只有通过后熟后才会具有良好的食用价值。但是，当果蔬完成后熟后，就已经处于生理衰老的阶段，从而失去耐藏性，容易腐烂变质，难以进行贮藏保管，应及时食用。

3. 蒸腾作用

植物采摘后还进行着蒸腾作用。原料中的水分被蒸发，如果得不到及时的补充，就必然导致萎蔫、皱缩、光泽减退等不良现象发生，从而造成原料失重、失鲜，品质下降。

4. 采后成长

有些两年或多年生植物的器官贮存期间就结束休眠，开始新的生长，即采后成长。采后成长最常见的现象就是发芽和抽薹。植物休眠时，生理代谢极低，营养成分变化极小，其品质变化不大，这对保持原料的食用价值是极为有利的。但当发芽或抽薹时，植物细胞中各种代谢反应加强，营养物质向生长点部位转移，而原料中贮存的养分被大量消耗，组织变得空洞、粗老，其食用价值大大降低。

5. 微生物作用

植物性原料在生长、采摘、运输和贮存过程中，必然遭受微生物的污染，当原料的内在品质下降时，微生物的活动就加强，从而使植物性原料发生腐败变质。如贮存不当时粮食容易发霉、水果会出现发酵等变质现象。

(二) 动物性原料在贮藏中的质量变化

动物被宰杀后，其组织细胞以无氧呼吸为主，发生一系列变化，最终由于微生物的作用而腐败变质，过程如下。

僵直⟶成熟⟶自溶⟶腐败变质

1. 僵直

动物肌肉纤维紧缩，从而使机体呈僵硬状态，这种现象被称为肉的僵直。在无氧呼吸的过程中，肌糖原经糖酵解产生的乳酸在肌肉中积累，使 pH 值下降。当 pH 值达到 5.6～6.0 的范围时，磷酸化酶活性增强，ATP 则开始分解。由于 ATP 的减少，磷酸产生，使 pH 值继续下降到 5.4，这时肌原蛋白开始收缩，导致肌纤维的缩短和增粗，最终使肌肉失去伸展性而变得僵硬。处于僵直期的肌肉，弹性差，肌纤维粗硬，保水性差，此时肉中风味成分还未完全产生，无鲜肉的自然气味。烹调时不仅不易熟烂，而且风味也差，所以处于这个时期的肉质不适宜烹调。但这一时期将其妥善贮存，可以较长时间保持鲜肉的品质。

2. 成熟

肌肉僵直时，肌肉细胞呈现酸性状态，进行酸性反应，其结果影响肌肉蛋白的性质和结构。在酸性条件下，导致肌浆中液体部分分离出来，使肉的切面多汁；使结缔组织中的胶原蛋白膨胀变软。由于溶酶体破裂释放的酸性蛋白酶活化，分解肌肉中的蛋白质，造成肌原纤维部分断裂，使其结构疏松。而且分解产物赋予肉组织特殊的香味和鲜味，同时 ATP 分解产生的次黄嘌呤也可增进肉的风味。此时的肉柔软而富有弹性，表面干燥，保水性好，肌肉多汁，嫩度最佳，还带有鲜肉的自然气味。这就是肉成熟的表现，味鲜美、质细嫩，是适宜烹调的最佳时期。

3. 自溶

随着成熟过程的继续进行，酸性蛋白酶继续分解组织蛋白质，将复杂的大分子更多地分解成可溶性的简单物质。这一活动的深入进行，使得肌肉松弛，缺乏弹性，无光泽，肌肉表面颜色暗淡，出现不良气味，即产生了肉的自溶，从而完全失去贮藏性能。此时的肉质已经处在次鲜状态，去除变色变味的部分后，经过高温处理，虽然还可食用，但品质大大降低。

4. 微生物作用

肉在成熟和自溶阶段的分解产物，尤其是产生的小分子物质，为微生物的生长提供了良好的营养基质。当外界条件适宜时，微生物利用这些物质就在肉表面生长繁殖，一些兼性厌氧和厌氧菌还向肉的内部扩散，使肉组织彻底腐败变质。此时，肉组织表面发黏，产生异味、异色，而且产生有毒物质，使肉组织完全失去食用价值。

动物原料变质的快慢与多种因素有关，所以切实掌握各类动物原料的特点，及时正确地对原料采取保管措施，是保证质量的前提。

三、烹饪原料的贮藏方法

由于酶和微生物是原料质量变化的两大主要因素，那么利用对原料质量变化有影响的因素，通过一定的手段和措施，有效地控制酶和微生物的活动，就能防止原料的内在品质变化和原料的腐败变质，使原料的贮藏期延长。

根据所利用的因素不同可以把烹饪原料的贮藏方法分为物理贮藏法、化学贮藏法和生物贮藏法。对什么原料选用哪种贮藏方法，一是要考虑烹饪原料本身的性质特点，二是要考虑贮藏的目的，三是要考虑贮藏方法的贮藏机理，这样才能将某一原料用适合的方法进行贮藏保管。而且常常是多种贮藏方法并用，综合其作用，才能达到良好的贮藏保管效果。

（一）低温贮藏法

低温贮藏法是指降低烹饪原料的温度，并维持在低温状态下的贮藏方法。低温贮藏法是最常用和最有效的保鲜贮藏法，能最大限度地保持原料的新鲜度、营养价值和固有风味。低温不仅可抑制酶的活性以及微生物的活动，甚至可以使酶失活，使微生物死亡；可以延缓原料中所含有化学成分之间的变化；可以减弱原料中水分蒸发的速度。从而达到对原料固有品质的维持。

牲畜被屠宰后及时放置于温度为0～4℃、相对湿度为85%的排酸间进行冷却处理，使肉的温度在24小时内降到0～4℃，并在以后的一系列加工、流通和销售过程中始终保持这个温度，就能够抑制肉中酶的活性和大多数微生物的生长繁殖，使肉的纤维结构发生变化，使其容易咀嚼和消化，营养物质吸收利用率提高，口感更好。这就是肉的排酸过程。目前欧美国家市场上出售的几乎都是品质上乘的排酸肉（冷鲜肉），我国普及度还不高。

根据是否结冰和结冰速度的不同可分为：

1. 冷藏贮藏法

它是指在高于冰点以上，15℃以下的温度范围内贮藏原料的方法。由于对酶的活性和微生物的活动等方面主要起抑制作用，所以处于这种状态的烹饪原料会发生缓慢的质量变化，随着时间延长也会腐败变质。根据原料种类、结构状态、品质特点，其贮藏时间长短不一，但总的来说，贮存期相对较短。但因不破坏和改变原料的组织结构状态，所以几乎所有原料都可在适合的冷藏温度下贮藏。

2. 缓冻贮藏法

它是指在3～72小时将烹饪原料的温度降到冰点以下、－20℃以上的贮藏方法。由于结冰，大大降低了原料细胞组织的水分活性，使细胞处于缺水干燥状态，从而不仅抑制酶和微生物，甚至可起到致死微生物和使酶失去活性的作用，所以可较长时间贮藏原料。但由于冰晶的形成，可对细胞造成机械损伤，或使原料内部体积增大，使外壳、外膜和包装破损或爆裂，所以缓冻方法不适宜贮藏有细胞结构的果品、蔬菜等植物性原料，也不适合贮藏鸡蛋、啤酒等水分含量高和有外壳或包装的原料和食品。

3. 速冻贮藏法

它是指在30分钟内将原料温度降低到冰点以下、－20℃以上的贮藏方法。由于结冰速度快，结冰中心点多，所形成的冰晶小，不会对细胞造成机械损伤，所以贮藏原料的范围远远大于缓冻方法，而且保鲜效果好。

（二）高温贮藏法

高温贮藏法是指利用高温处理原料，使原料中的酶失去活性，附带的微生物致死，从而延长原料贮藏时间的方法。根据原料和食品的性质不同，选择不同的加热方法和利用不同阶段的温度，达到消毒杀菌的效果。

1. 巴氏消毒法

它是指利用60℃左右的温度加热30分钟消毒杀菌的方法。此方法属于低温杀菌法，主要杀灭原料中的病源微生物和大多数非病源微生物。适合于那些不耐高热的原料，既考虑了最大限度地保留原料的口感、风味和营养价值，又最大限度地杀灭微生物。如牛奶、啤酒、酱油、醋、果汁等原料的杀菌。现在，在传统的巴氏消毒法基础上，衍生了提高温度、缩短时间的方法，如高温短时杀菌法、超高温瞬时杀菌法(UHT)等等，其目的就是更好地保证原料的食用品质。

2. 煮沸消毒法

它是指将原料或物品在沸水中煮30分钟至3小时，杀灭大部分微生物以及全部微生物营养体以及孢子、芽孢的杀菌方法。适合于能浸入水中的、耐高热的原料或餐具、用具等物品的消毒杀菌。利用高压灭菌锅，提升一定的温度，可达到更好的效果。

3. 干热灭菌法(烘烤、油炸)

它通过电烘箱、电烤箱以及现在的电子消毒柜等设施，以及通过油脂，可达到120℃以上的高温，主要通过热空气发挥作用，不仅使原料中的酶完全失去活性，而且可以杀灭所有微生物。此方法适合于耐高热以及加工性原料的处理。如民间传统原料酥肉、油炸丸子等油炸类制品就是利用油炸来杀菌的。

(三) 干燥贮藏法(脱水贮藏法)

干燥贮藏法是指利用各种方法将原料中水分减少到防止原料质量变化的程度，并维持在低水分活性的状态下延长贮藏时间的方法。降低水分活性可抑制酶的活性和微生物的生长，甚至可使微生物死亡、酶失活，以达到对原料的保质。其干燥因素有自然的，如日晒、风干；有人工的，如人工制造热风、冷冻等干燥措施。经过干燥的原料，存放时应注意防潮。如各类粮食、各种干菜、豆筋、油皮、燕窝、鱼翅等干制品在贮藏时需防潮保质。

(四) 密封贮藏法

密封贮藏法是指通过改变原料贮存环境中的气体组成成分而达到贮存原料目的的方法。除了水分之外，氧气是动植物原料的新陈代谢和微生物生长的重要条件，通过各种方法降低原料周围的氧气含量，就能抑制或完全控制微生物生长和原料的新陈代谢活动，保证原料的品质。其具体方法有：在包装中填充二氧化碳、氮气，将原料真空包装，利用地窖贮藏等等。如将新鲜原料密封贮藏，可以延长存贮时间，起到一定的保鲜作用。

(五) 腌渍贮藏法

腌渍贮藏法是指利用较高浓度的食盐、食糖等物质对原料进行腌渍处理以达到保藏原料的目的的方法。这一方法的运用历史悠久。利用糖、盐产生的高渗透压，使微生物和动植物原料细胞失水，蛋白质变性，细胞发生质壁分离等现象，可抑制酶的活性，抑制或致死微生物。使用这种方法不仅可以达到对原料的贮存的目的，而且还可以形成有特殊风味和质地的加工性原料。如用盐腌渍肉类、蔬菜而制成的腌肉、腊肉、咸菜等，用糖腌渍的果脯、蜜饯、糖水渍品等。

(六) 烟熏贮藏法

烟熏贮藏法是指原料在腌制或干制的基础上，利用木柴等燃料不完全燃烧时产生的烟气来熏制原料达到保藏目的的方法。烟气中含有酚类、酸类和甲醛等抑菌物质，可抑菌杀菌。热熏时的高温还可使原料脱去表面水分和帮助杀灭表面微生物。对有些动植物原料来说，利用烟熏不仅利于杀菌保存原料，而且可以使之产生特殊香味，如乌枣、笋干、腊肉、海参、培根、香肠等。

（七）酸渍、酒渍贮藏法

酸渍、酒渍贮藏法是指利用有机酸、乙醇的抑菌作用和对酶活性的影响来保藏原料的方法。酸渍法中所用的有机酸一是利用发酵微生物产生得到以乳酸为主的有机酸，如泡菜、酸菜等；二是添加的酸性调味品，如糖醋黄瓜、糖醋大蒜等。酒渍法使用黄酒、白酒、香糟、醪糟、啤酒等浸渍原料，不仅保藏了原料，而且使之形成了独特的鲜香风味。

（八）活养贮藏法

活养贮藏法是指将小型的动物性原料养殖起来保证其品质的方法。此方法起源于保持对新鲜度要求较高的原料或珍贵原料的品质的做法。保证动物原料的正常生命活动，就能保证其品质，而且形态各异、颜色丰富的原料还可起到美化店堂的作用。现在常见的有鱼缸养殖的鱼类、海参、贝螺类、头足类、虾蟹类等水产和龟鳖类、蛙类和蛇类等，以及笼养的禽类等。

（九）室温贮藏法

室温贮藏法是指选择适宜原料贮藏的自然环境和场地贮藏原料的方法。当大批量购进原料时，或者说要选择一个原料贮藏的仓库时，就应该选在通风、干燥、阴凉的地方。从湿度、温度这两个对原料质量变化影响最大的因素入手，造成对微生物和原料自身新陈代谢不利的条件，减缓其质量变化。但这种方法只适合原料的短时贮藏。所以对原料要勤购勤销，减少不利环节。在贮藏时要勤翻动周转，降低原料因自身的呼吸作用而产生的高温。

（十）防腐剂贮藏法

防腐剂贮藏法是指利用添加食品防腐剂抑制微生物生长而防止原料变质的方法。根据原料不同的品质特点应选择不同的防腐剂。目前主要用的有：有机酸类，如山梨酸、苯甲酸、丙酸以及盐类等；抗菌素类，主要通用的是乳链球菌肽（尼生素）；香料提取物，香辛料中一些挥发性芳香物质具有抑菌的作用，如丁香、大蒜、生姜、肉豆蔻等；还有用从细胞中提取的溶菌酶加入食品中，抑制或杀灭有害微生物，防止食品腐败变质。

检　　测

复习思考题

1. 对原料进行品质鉴定的意义是什么？
2. 从烹饪的角度怎样理解原料的成熟度？
3. 感官鉴定法和理化鉴定法各有什么优缺点？
4. 比较动物性原料僵直和成熟期的不同特点。
5. 为什么控制呼吸作用是果蔬贮存的关键？
6. 肉类保鲜有哪些贮存方法？
7. 禽蛋为何不能进行缓冻贮藏？
8. 阐述低温贮藏法、腌渍贮藏法、密封贮藏法、干燥贮藏法和高温贮藏法的贮藏原理。
9. 解释概念：品质鉴定、感官鉴定、理化鉴定、低温贮藏法、腌渍贮藏法、密封贮藏法、干燥贮藏法、高温贮藏法。

第三章　动植物性原料的性状特征

学习目标

◎ 了解动植物原料的化学成分和组织结构。

◎ 理解动植物原料可食部分的组织结构状态。

◎ 掌握动植物原料的化学成分以及组织结构对原料质地、风味等的影响。

◎ 能根据动植物原料反映出的性状特征，指导原料的选用和正确加工，并能举一反三。

本章导读

动植物性原料是菜肴重要的主配原料，菜点的色、香、味、形、质的形成及特色的产生都决定于它们的化学成分和组织结构。通过本章的学习，充分熟悉和掌握影响菜点的质地和风味的化学成分，以及主要运用部位的组织结构，为正确选料、刀工处理、味型搭配、烹调方法的选择等方面提供科学的依据。

引导案例

东坡肉的传说

“东坡肉”是以苏东坡的名字命名的菜肴。苏东坡是我国北宋时期的著名诗人，他对诗词、书法有很深的造诣，对烹调菜肴亦很有研究。

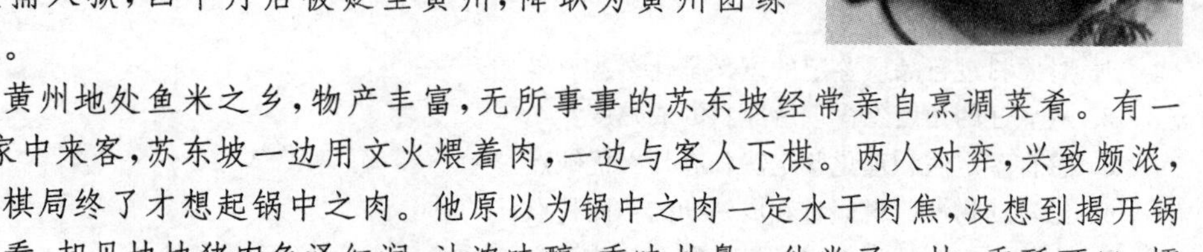

北宋元丰二年(公元 1079 年)，朝臣何正臣、李宣之等人上书神宗皇帝，说苏东坡以诗句讥讽皇帝，于是苏东坡被捕入狱，四个月后被贬至黄州，降职为黄州团练副使。

黄州地处鱼米之乡，物产丰富，无所事事的苏东坡经常亲自烹调菜肴。有一次，家中来客，苏东坡一边用文火煨着肉，一边与客人下棋。两人对弈，兴致颇浓，直到棋局终了才想起锅中之肉。他原以为锅中之肉一定水干肉焦，没想到揭开锅盖一看，却见块块猪肉色泽红润，汁浓味醇，香味扑鼻。他尝了一块，香酥可口，糯而不腻，妙极了。此菜一上桌，博得满堂称赞，顷刻之间，一扫而光。

苏东坡由此受到启发，后来他又按上次的火候做了此菜，同样受到客人的欢迎。以后，他就常做此菜飨客，并将烧肉方法和经验写成《食猪肉》一诗：“黄州好猪肉，价贱如粪土。富者不肯食，贫者不解煮。慢着火，少着水，火候足时他自美。每日早来打两碗，饱得自家君莫管。”此菜的做法为苏东坡所创，所以称之为“东坡肉”。

宋神宗死后，苏东坡被起用，出任杭州知府。当时西湖已被葑草湮没了大半，他上任后组织数万民工兴修水利，疏通湖道，筑堤建桥，蓄湖水灌田地。西湖重新恢复了容貌，并增加了景点，杭州城里的老百姓都很感激他，听说他平时最喜欢饮酒、吃红烧肉，便纷纷给他送酒送猪肉。他收到许多猪肉后，便决定把肉做成美味佳肴与百姓共享。他让家厨把肉切成 100 g 重的方块，下垫葱姜，上置肉块，加入少量的水和酒、糖、酱油等调料，烧开后用文火焖制。烧好后装入坛中，送给百姓享用。大家吃后，无不称奇，此肉酥香味美，肥而不腻。此后，东坡肉流传开来，经后人不断改进和提高，成为江南一大名菜，并成为中外闻名的传统佳肴，一直盛名不衰。

东坡肉为什么形成了如此美妙的口感和口味，实际上一是依赖于所用猪肉的组织结构和风味物质，二是选择了适合烹饪这种猪肉的方法以及添加了去腥、增香、增色的调味原料。正确理解动植物原料的组织结构和风味物质组成特点、理化特性以及在加工时的变化规律是本章的重点内容。

第一节　动物性原料的性状特征

动物性原料是指动物界中可被人们作为烹饪原料应用的一切动物体及其副产品和加工制品的通称。主要有畜类、禽类、两栖爬行类、鱼类等高等动物和棘皮动物、软体动物、节肢动物、环节动物、腔肠动物等低等动物。这类原料可提供人体所必需的多种营养素，对人体生长发育、细胞组织的再生和修复以及增强体质等方面都有重要的作用。动物性原料风味鲜美，消化慢，吸收利用率高，在人们的饮食活动中占有重要的地位。而且，随着人们生活水平的不断提高，对动物性原料的需求量日益增多。

动物性原料种类繁多，不同动物性原料在质地、风味、色泽等方面差别很大。尤其是低等动物类肉质特点差异更大。就是同种动物性原料也随部位、年龄、饲养情况、季节不同在质地、风味等性状特征上有所不同。

动物性原料主要分高等动物性原料和低等动物性原料。我们必须了解动物性原料的组织结构和理化性质，才能掌握其在烹饪中的运用特点、方法和运用范围，做出高质量、高营养、有特色的佳肴出来。

一、动物性原料的组织结构

在人们的饮食活动中，对供食用的动物性原料，习惯上称之为“肉”。从食品学的角度，一般是指动物体中可供食用的部分，在肉类加工业中是指动物的胴体部分的组织。

动物体是由细胞、组织、器官和系统构成。供食用的动物原料的形态和性质主要由组织构成和体现。构成动物体的组织有上皮组织、结缔组织、肌肉组织和神经组织四大类。但从原料的构成来看主要是肌肉组织和结缔组织，有少数属于神经组织，如：牛脊髓、鱼信等。构成肉的组织从根本上形成和体现了原料的性质，从而决定了原料的烹饪运用方法和烹饪后产生的效果。

(一) 结缔组织(Connective Tissue)

结缔组织在动物体中分布很广，种类多种多样，有骨组织、脂肪组织、致密结缔组织、疏松结缔组织、软骨组织和血液等。所以结缔组织对动物体起着营养、贮存、保护、连接和支撑等作用，是动物体中一类重要的组织。

对动物来说，不同种类或同一种类的年龄、部位、饲养状况等不同，结缔组织的含量都不一样。不同的结缔组织对动物性原料的肉质带来一定的影响。结缔组织有一个共同的结构形式，由细胞、纤维和基质构成。不同的结缔组织细胞种类不同，纤维种类和含量不同，基质成分也有差异，使得结缔组织分别呈固体、胶体、液体等形式。结缔组织中的纤维包括胶原纤维、弹性纤维和网状纤维。很多结缔组织主要具有胶原纤维，所以对原料质地影响较大的是胶原纤维。胶原纤维新鲜状态下呈白色(无色)，韧性大，抗拉力强，在酸性溶液中可膨胀，易被胃液消化，不受胰液影响。胶原蛋白在 70～100℃加热时变性收缩，坚硬老韧，长时间加热，吸水软化，口感软糯滋润，再加热，将吸收大量水分，变为可溶状态的溶胶，冷却后可转变成凝胶。这就是含结缔组织(胶原蛋白)多的原料加工不当出现老韧口感、加工得当出现软糯质感的原因。皮冻、汤包、水晶肘子的加工就是利用了胶原蛋白的特性。弹性纤维在新鲜状态下呈黄色，弹性大，易拉长。在沸水中不溶解，在 130～160℃才能被水解。胰液中含弹性蛋白酶可消化弹性纤维，但它不被胃液消化。

1. 疏松结缔组织和致密结缔组织

烹饪加工中常说的结缔组织就是指疏松结缔组织和致密结缔组织，俗称为“筋”和“膜”。疏松结缔组织(Loose Connective Tissue)是一种柔软而富有弹性和韧性的结缔组织。细胞少，纤维多，主要是胶原纤维，基质多，呈透明的或白色的胶体状态，广泛分布于各组织之间和器官表面，如肌膜、肠系膜、心包膜等。致密结缔组织(Dense Connective Tissue)细胞少，基质少，纤维多，主要是胶原纤维，而且排列紧密规则。皮肤的真皮、肌腱、韧带、鱼鳔和某些脏器的被膜是由致密结缔组织构成的。动物体因种类、部位、年龄等不同结缔组织的含量不同。一般老龄的、瘦的动物的结缔组织含量多于年幼的、肥的；结缔组织的含量一般按牛肉、猪肉、鸡肉、鱼肉、蛙肉、虾肉的顺序降低；对畜类动物来说结缔组织的含量是一般前部多于后部，下部多于上部。结缔组织的特性决定了肉质的老嫩。一般来说，结缔组织含量多，肉质粗老；反之，结缔组织含量少肉质细嫩。但当结缔组织集中或单独存在时，可利用其特性，加工制作成有特色的菜肴。蹄筋、鱼肚和动物的皮都是常用的特色原料。

2. 脂肪组织

脂肪组织(Adipose Tissue)由大量的脂肪细胞聚集而成，成群的脂肪细胞被纤维分隔成许多脂肪小叶。在动物体内脂肪组织根据其存在部位和作用可分为贮备脂肪和肌间脂肪两类。贮备脂肪是指皮下、肠系膜、大网膜及其某些脏器周围的脂肪，容易剥离。肌间脂肪指夹杂于肌肉细胞之间的脂肪，不易剥离。肌间脂肪的存积,使肌肉横断面呈大理石纹样,并且对维持肉的嫩度和丰富肉的滋味起着较好的作用。不同动物体中的脂肪,其性质或多或少有所差别,这是由于组成脂肪的脂肪酸不同,从而使脂肪在气味、颜色、密度、熔点等方面存在差异。脂肪组织含量的多少也与动物的种类、年龄、部位等很多因素有关,而且贮备脂肪和肌间脂肪的多少也有差异。一般老龄、役用的畜类贮备脂肪多于肌间脂肪,幼龄、非役用的畜类肌间脂肪多于贮备脂肪。肉中所含肌间脂肪的多少,是影响肉质的一个因素。通常在切配肉丝时,常带一些肥膘丝,就是为改善肉的风味,改善消化率和增强对营养物质的利用。但食用过多脂肪会妨碍消化和危害健康。

3. 骨组织

骨组织(Osseous Tissue)由骨细胞、骨胶纤维和基质构成,因基质中含大量的钙盐而成为最坚硬的结缔组织。骨胶纤维含量很高,密集成束规则排列,与基质共同形成骨板,由骨板构成骨骼的主要部分。骨骼为支撑动物体及骨骼肌的附着点。由骨组织构成的骨骼依形状、结构不同分为四类:长骨、短骨、扁骨和不规则骨。其中长骨构造最为典型,由骨膜、骨质和骨髓构成。幼年动物的骨髓中因主要是具有造血功能的网状结缔组织而呈红色,称红骨髓。成年后的动物骨髓因充满大量的脂肪组织而呈黄色,称黄骨髓。由于骨骼中含10%～32%的胶原蛋白、5%～27%的脂肪和丰富的钙及磷、钠和铁等,虽然因坚硬而失去可食性,但是制汤的好材料,可产生大量的骨油和骨胶,不仅增加肉汤的鲜美滋味,而且赋予汤独特的黏稠性质,还可提供大量的钙质,提高汤汁营养。对骨骼的运用充分体现了物尽其用的原则。四川成都有名的“大蓉和酒楼”的一道特色菜肴“蓉和第一骨”就是对带肉的猪长骨进行酱卤制成的一道美味,既可吃肉又可吮吸骨髓。骨骼的含量多少,与动物的种类、肥育状况、部位有关,影响出肉率。从这方面来看,骨多肉少,肉的等级降低。反之,肉的等级提高。

4. 软骨组织

软骨组织(Cartilaginous Tissue)是由软骨细胞、纤维和基质构成。基质主要是水和软骨黏蛋白。根据基质中纤维的性质可分为透明软骨、纤维软骨和弹性软骨。透明软骨的特点是基质呈透明凝胶状的固体,胶原纤维相对较少,如关节软骨、肋软骨、气管软骨、胸骨剑突等;纤维软骨的特点是基质内有大量成束的胶原纤维,如椎间盘、关节盂等;弹性软骨的特点是基质内含有大量的弹性纤维,如外耳壳、会厌等。软骨组织坚韧而有弹性,有较强的支持作用。鱼纲软骨鱼系的鱼类如鲨鱼、鳐鱼等全身骨骼均由软骨组织构成,硬骨鱼系中的鲟鱼、鳇鱼也有软骨性质的头骨。由于软骨透明而有脆性,可食性大,有的还是烹饪中传统的高档原料,如:明骨、鱼唇、鱼翅等。

(二)肌肉组织(Muscular Tissue)

肌肉组织是动物原料“肉”的主要构成部分,肉的可食性和质量等级的高低与肌肉组织含量的多少有明显的关系。肌肉是提供较多营养物质的部分,是优质蛋白质的主要来源。

肌肉组织由具有收缩能力的肌细胞(肌纤维)构成。肌细胞除具有动物细胞的组成部分外,还含具有收缩功能的肌原纤维。根据形态、功能和位置的不同把肌肉组织分为骨骼肌、平滑肌和心肌三类。

1. 骨骼肌

骨骼肌(Skeletal Muscle)是动物体主要的肌肉组织,以多附于骨骼上而得名。也有的附着于皮肤上,如皮肌。骨骼肌细胞为长圆柱形的多核细胞,直径为10～100 μm,长1～40 cm。含丰富的肌原纤维,横纹明显,又称横纹肌、随意肌。一般肌纤维构成肌束,肌束构成肌块。肌块由肌腹和肌腱组成。在肌细胞、肌束和肌块外面分别存在由疏松结缔组织形成的肌内膜、肌束膜和肌外膜(图3-1)。根据肌肉的形状和长度不同,肌块可分为长肌、短肌、阔肌和轮匝肌四类。对同一类动物来说,肌纤维的数目不会随着动物体长大而增多,而是随之增粗。肌纤维的粗细、结缔组织膜的厚薄对肉质老嫩产生较大的影响。一般肌纤维粗、结缔组织膜厚,肉质就粗老。反之,肉质细嫩。动物的种类、部位、年龄和活动状况不同,肌纤维的粗细、结缔组织膜的厚薄都有差别。对什么肉质施加什么样的刀工处理就是以其肌肉组织的组成和结构状态决定的。前人早已总结出了一个切配动物原料的原则“横切牛、斜切猪、竖切鸡鱼”,以达到致嫩的目的。

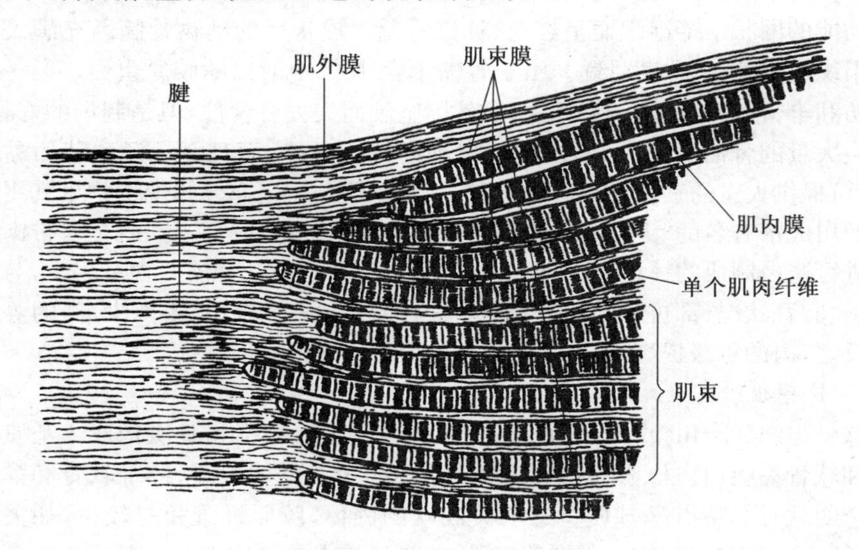

图3-1 骨骼肌的纵剖面

2. 平滑肌

平滑肌(Smooth Muscle)是构成血管和某些内脏器官肌肉层的肌肉。平滑肌细胞呈长梭形,其中的肌原纤维排列不规则。肌纤维单个存在或成束存在,肌束膜薄而不明显。在平滑肌纤维之间有较多的结缔组织,所以不形成肌肉块,而是组成一个整体。而且结缔组织较多的渗入使得肉质具有脆韧性。根据此特点,在烹饪加工中,对结构薄的或经刀工改形为小型状态的原料可炝、爆、氽煮成菜,其质感脆嫩。如凉拌鹅肠、红油毛肚、炝爆肚丝、火爆胗肝等。对结构较厚实的可采取长时间加热烹制的方法成菜,其质感软糯。如红烧大肠、大蒜肚条、粉蒸大肠等。

3. 心肌

心肌(Cardiac Muscle)是构成内脏器官心脏的肌肉。细胞呈短的圆柱形,有分支并相互连接形成合胞体。肌原纤维丰富，心肌细胞能自动有节律性的收缩，肌红蛋白含量高，肉色深红，肌束膜薄而不明显。由于肌纤维细，结缔组织含量少，肌间脂肪少，肉质细嫩。所以一般采取快速烹制使之成菜，体现其质嫩的口感。也可长时间卤制而成菜，其口感绵软。

二、动物性原料的化学成分

肉和其他烹饪原料一样，由许多不同的化学物质组成。动物肉中含有蛋白质、脂类、碳水化合物、维生素和无机盐等成分，这些物质大多是人体必需的营养物质，也或多或少影响肉的质地和风味。各种化学物质在肉中含量的多少，因动物的种类、性别、季节、饲养状况、活动状况不同而有所变化。

（一）蛋白质

动物肉中主要的成分是蛋白质，大部分存在于肌肉组织中，约占肌肉的18%～20%。根据存在部位和性质的不同可分为肌浆蛋白、肌原蛋白和基质蛋白（间质蛋白）。

1. 肌浆蛋白

肌浆蛋白是肌细胞的肌浆中含的各种可溶性蛋白质，约占20%～30%，包括肌溶蛋白、肌红蛋白等，这些蛋白质易消化吸收，多溶于汤汁中。

2. 肌原蛋白

肌原蛋白是构成肌原纤维的蛋白。占肌肉蛋白总量的40%～60%。主要包括肌球蛋白、肌动蛋白、原肌球蛋白和肌钙蛋白等。肌原蛋白使肌肉具有一定的黏性和持水性，可影响肉质的嫩度和稳定性，还可改变肉的形状。

3. 基质蛋白（间质蛋白）

基质蛋白是指肌纤维膜及其他结缔组织中的不溶性蛋白质，包括胶原蛋白、弹性蛋白和网状蛋白，在肌肉组织中占2%左右。这类蛋白质都为不完全蛋白，人体难以消化，所以吸收利用率低。但胶原蛋白一旦转变成可溶状态的白明胶时，可以被酶水解，从而易消化利用。我们可以利用胶原蛋白的特性制作特色菜点。

（二）脂类

在动物性原料中，脂类主要存在于皮下、腹腔内、器官表面和肌肉之间以及肝脏等器官中，主要包括脂肪、磷脂和胆固醇等。脂肪多呈固态，熔点高，消化慢，但不同动物种类所含脂肪酸种类不同。由于脂肪酸的不同，以及脂肪中含有的其他物质，如色素、维生素等，所以不同动物脂肪的颜色、气味、硬度等不同。脂肪是决定肉质特征性风味的重要因素。磷脂对保持肉的品质与香味起着重要的作用。

（三）碳水化合物

肉中的碳水化合物主要是以糖原形式存在，又称动物淀粉。其中一种形式是肝糖原，另一种形式是肌糖原。此外，还含有葡萄糖、麦芽糖等。马肉、兔肉、鱼肉中糖原含量高。马肉中糖原的含量高达2%以上。糖原参与肉的风味形成，而且影响动物的宰后变化，从而影响其嫩度和保水性。

(四) 水分

水分是肉中含量最多的成分,在肌肉中一般占70%～80%,其含量随动物的种类、部位、肥育状况、年龄发生变化。如:鱼肉67%～81%,鸡肉71%～73%,猪肉43%～59%,小牛肉72%。猪里脊肉75.3%,大腿肉74.2%。肉中水分的多少,对肉质老嫩的影响很大。烹调中一般要设法保持肉中的水分,增加嫩度。如常用上浆、码芡、挂糊、穿衣等方法,目的都在于保持原料中的水分,从而保证原料质嫩。如果原料嫩度不够,需将其浸泡于水中或加水搅拌,让其吸水致嫩。

(五) 浸出物

浸出物是指能用沸水从磨碎肌肉中提取的物质,也就是加工肉时,从内部溶出的成分。在浸出物中,除了有一些脂类、可溶性蛋白质、维生素、无机盐外,还有一部分与肉的呈味有很大关系的物质。一是非蛋白含氮浸出物:氨基酸、肌酸、肌肽、肌酐、嘌呤、胍基化合物、核苷酸等;二是无氮浸出物:糖原、有机酸等。这些物质是肉汤鲜美滋味的风味物质来源。浸出物的含量多少与动物的种类、年龄等因素有关,在肌肉组织中,浸出物的含量一般为2%～5%,量虽不多,但其呈味作用在制汤和一些炖、煮、蒸、烧、煨制的菜肴中非常明显。

(六) 矿物质和维生素

动物肉中含丰富的矿物质,主要是磷、铁、钙、锌、钾、钠等。在不同的种类、不同的部位、器官中含量有差异。动物肉中含维生素B、维生素A、维生素D、维生素E等,但几乎不含维生素C。各种维生素含量的高低与动物的种类、部位等有很大的关系。如在肝脏中维生素A含量丰富,猪肉含维生素B_1较多。

三、动物性原料的主要物理性状

肉的物理性状是指肉品的颜色、嫩度、风味、持水性等特性。它们受很多因素的影响,是我们鉴别肉的品质的常用依据。

(一) 颜色

肉的颜色主要指肌肉组织和脂肪组织的颜色。一般肌肉组织为红色,脂肪组织为白色或黄色。肌肉组织的红色,主要是由肌细胞中的肌红蛋白和微血管中的血红蛋白构成。如果放血充分,一般肉色的80%来自肌红蛋白,20%来自血红蛋白。所以肉的固有色泽主要是由肌红蛋白来决定的。不同动物肌肉含肌红蛋白的量是有差异的,一般来说牛肉1%～2%,羊肉0.3%～1%,马肉1%,猪肉0.1%～0.3%,鸭肉0.6%～0.8%,鸡肉0.1%,所以不同动物的肉色深浅不同。同种动物的部位、年龄、肥育状况、是否役用、生长状况等不同,肌红蛋白的含量也会不同,所以肉色会深浅不一。一般野生的、役用的动物肌红蛋白含量高于肉用的动物,水禽的肌红蛋白含量高于陆地走禽类。根据肌红蛋白的含量不同,肌纤维分为红肌和白肌两种。红肌的肌纤维细且含肌浆较多,肌原纤维少,故呈红色,质地细嫩,此种肌肉收缩较慢但能持久;白肌的肌纤维粗而且含肌浆较少,肌原纤维多,故呈白色,质地粗老,此种肌肉收缩快速但易疲劳。对同一动物的相同部位来说,含红肌多的肌肉肉质较为细嫩,含白肌较多的肉质较粗老。禽类、鱼类的红肌、白肌区分非常明显,其肉质随颜色的不同差异较大。

在特定情况下，肌肉组织的颜色会发生一些变化，这是鉴别肉质好坏和是否成熟的指标。将肉放置于空气中，由于肌红蛋白和氧气发生一系列反应，肉色可变得鲜红，最后呈暗红或褐色。如果遭受微生物的污染，发生腐败变质将会出现绿色、蓝色、黑色和黄色等异常颜色，并伴有臭味的产生。在病理状态下也会呈现不正常的颜色。烹饪加热时，因蛋白质的热变性使肉呈现灰白色、灰褐色，这标志着肉已经成熟，可以食用。

（二）嫩度

肉的颜色是衡量肉质的一个指标，而肉的嫩度更是衡量肉质的一个重要指标。嫩度是指肉入口咀嚼时对破碎的抵抗力。影响肉质老嫩的因素有很多。首先，从肉的自身结构来看，在肉组织中存在有肌肉组织和结缔组织。如果肌纤维细短，结缔组织膜薄，肌间脂肪含量高，则肉质细嫩；反之，则肉质粗老。第二，就是肉的保水性。肉的保水性又称肉的持水性，是指肉在加工过程中对肉中固有水分及添加到肉中的水分的保持能力。肉的保水性能主要与肉中的蛋白质有关。一方面通过网状结构的间歇封闭性阻滞一部分水；另一方面通过蛋白质分子表面极性基团和表面静电荷的作用结合一部分水。保水性的大小与动物的年龄以及肉的种类、肌肉细胞的 pH 值、肉中脂肪的含量都有一定的关系。保水性的大小直接关系到肉质的老嫩，保水性大的肉质细嫩，保水性小的肉质粗老。对宰杀后的动物来说，pH 值的变化对肉质的影响很大。因为 pH 值的变化使得动物宰杀后要进入僵直期和成熟期。僵直期肌纤维变短、变粗、变硬，这时的保水性最小，所以肉质粗老，不利于烹调。而进入成熟期时，组织柔软，肌原纤维的保水性最强，所以肉质细嫩。所以对动物性原料来说，对那些成熟时间短的，为保证原料的新鲜度和肉质的嫩度应即杀即烹，如水产、海鲜类；对成熟期长的要放置到时间才用于烹调，如：猪、牛、羊、肉等。这样才产生最佳的质感和风味。第三，一般来说，肉类经过适合的烹调方法加工后变性成熟，组织的韧性和硬度降低，肉的嫩度增加。但是烹调方法不得当，或原料选择不恰当，肉的质地反而会变得粗老。所以正确选择烹饪原料，以及正确施以烹调方法，扬长避短是制作高质量菜肴的保证。

目前烹饪中常用的使肉质致嫩的方法有：物理致嫩法，包括敲击、切割、超声波振荡、悬挂和添加植物油等方法；化学致嫩法，包括加入酸、碱、盐等方法；生物致嫩法，加入蛋白酶以及含蛋白酶的天然物等方法。

（三）风味

生肉一般有乳酸或血液特有的腥味，加热后才能够产生诱人的香气。这些香气物质在肉的加热成熟过程中逐渐积累并表现出来。这些物质一般是小分子的，易溶于水，易挥发。形成肉的香气的成分是多种多样的，但主要成分是相同的。脂肪及加热后的分解产物是动物肉特征性气味形成的主要因素。用不同的方法烹饪加工肉类，生成的香气成分虽然大部分相同，但主要呈味物质不同，如烤肉的主要香气成分是 3-甲基丁醛等羰基化合物、硫化氢、吡咯、吡嗪和吡啶类物质；煮肉的香气成分主要是苯环型化合物和呋喃类物质；微波加热时生成的以醇类和吡嗪类成分为多。

从上可以看出，形成肉的风味的物质一是原料本身所带有的，如氨基酸、肽类、核苷酸、脂肪等;二是加热时产生的,如羰氨反应、焦糖反应所产生的产物是菜肴风味和色泽的主要物质,温度高越容易产生。所以原料在炸、烤、煎后的香气浓郁。

第二节 植物性原料的性状特征

植物性原料就是指植物界中能被人们作为烹饪原料加以运用的一切植物体及其加工品。这些植物性原料分别可作为人们所消费的三类物质:粮食、蔬菜和果品。植物性原料给人们提供了碳水化合物、蛋白质、脂类、维生素、矿物质、膳食纤维等营养物质,在烹调中的作用非常广泛。在植物性原料中种类最多、分布最广的是种子植物,其次是真菌植物和藻类植物,再者就是种类较少的裸子植物、蕨类植物和地衣植物。由此可见,植物性原料相当丰富,为我们制作出花色品种繁多的菜肴、面点、主食等提供了重要的物质基础。植物性原料的可食部分来源于植物体的各组织器官,而器官是由组织构成的。各类组织在形态、结构上的不同以及各类组织在构成器官时的含量多少都直接影响到植物性原料的质地和运用。每一组织又由细胞构成,细胞中所含的物质不仅是营养物质的来源,也是风味形成的因素。由于细胞中的组成成分的差异以及细胞构成的不同组织就形成了植物性原料的多种质地和风味,从而形成原料的特点,也决定了原料在烹饪中运用的方式和成菜的效果。

一、植物性原料的组织结构

植物形态解剖学认为,植物组织分为分生组织、薄壁组织、机械组织、输导组织、保护组织和分泌组织。后五种都是在器官形成时由分生组织衍生的细胞发展而成的,称为成熟组织(Mature Tissue)或永久组织(Permanent Tissue)。

(一)分生组织(Meristematic Tissue)

分生组织存在于根、茎等的尖端或周围内部。分生组织细胞是胚胎性细胞,它可分裂产生其他组织细胞,从而使植物体伸长加粗。分生组织细胞体积小,细胞壁薄,里面充满原生质,细胞核大,具有分裂能力,细胞排列紧密。由于细胞壁薄,所以植物的尖端部分都较柔嫩。

(二)薄壁组织(Parenchyma Tissue)

薄壁组织又称基本组织(Ground Tissue)。薄壁组织在植物体中分布最广,常存在于其他组织之间。薄壁细胞体积大,细胞壁薄,细胞内有很大的液泡。细胞彼此结合很疏松,富有细胞间隙,有利于物质的贮藏和交换。薄壁组织是营养物质存在的地方,由于细胞壁很薄组织质地非常嫩,所以薄壁组织是植物性原料可食性的体现者,俗称为植物的“肉”。根据薄壁组织具体的功能和结构又可分为四类。

同化组织　细胞中含大量的叶绿体,可进行光合作用,如叶肉。

贮藏组织　主要用于贮存营养物质,如胚乳、子叶、块茎、块根等,含丰富的淀粉。

通气组织　具有较大的细胞间隙,用于空气的贮存和流通,如莲藕。

贮水组织　细胞中有很大的液泡，里面充满水分，如耐旱多浆的植物仙人掌、芦荟等。

（三）保护组织（Protective Tissue）

植物体表面有一层或数层细胞所组成的起保护作用的组织。有防止体内水分过度蒸发、抵抗不良条件侵袭的作用。这类组织的细胞呈扁平状，排列紧密，靠外层的细胞壁增厚，甚至角质化、木栓化或有蜡质。随着生长时间增长，细胞壁增厚，所以在加工时应修整去掉粗老的外皮。

（四）机械组织（Mechanical Tissue）

机械组织的功能在于支撑和巩固植物体，所以细胞具有较厚的细胞壁。根据结构和形态的不同可分为两类。

厚角组织　细胞壁通常在彼此接触的角隅处部分增厚，细胞有活性，除含原生质外，还含有叶绿体，常分布于幼茎和叶柄内。

厚壁组织　其细胞壁全面加厚，由纤维素和木质素构成，原生质全部消失，只留下狭小的胞腔，为死细胞。厚壁组织又分两类，细胞狭长，两端尖锐，形似纤维的称为纤维组织，如木质部和韧皮部中的纤维；细胞短而宽，不规则，细胞壁特别厚，并且木质化的称石细胞，如桃、核桃、李、杏等果实中坚硬的内果皮（果核）以及梨肉中产生砂粒感的石细胞。

（五）输导组织（Conducting Tissue）

输导组织的特点是细胞呈长管形，通常上下相连接，有的甚至失去原生质体，形成适合于行使输导作用的管道。这些管道的排列方向通常与植物器官的长轴平行，贯穿于整个植物体的各器官中，彼此联系成为一个非常完善而复杂的交通运输网，各种物质主要依靠这些组织细胞来输送。输导组织的细胞有加厚的细胞壁，影响植物原料的质地。

由此可见，植物性原料的可食部位应主要由薄壁组织构成，薄壁组织越发达，可食性就越大。相反，保护组织、输导组织、机械组织越发达，原料的质地就越粗老，甚至使原料失去可食性。所以在加工原料时要将粗老的部分去除，或削皮，或抽“筋”，筋即为植物体内的机械组织和输导组织。

二、植物性原料中的化学成分

在植物性原料中含有多种化学成分（表 3-1），有碳水化合物、蛋白质、脂类、有机酸、维生素、矿物质、酶等。这些物质成分不仅具有营养价值和药理作用，而且对原料的质地和风味产生一定的影响。

表 3-1　植物性原料可食部分的典型成分含量　　单位：%

食物		成分				
		碳水化合物	蛋白质	脂肪	灰分	水分
谷物	精白小麦粉	73.9	10.5	1.9	1.7	12
	精磨白米	78.9	6.7	0.7	0.7	13
	整粒玉米	72.9	9.5	4.3	1.3	12

续表 3-1

食物		成分				
		碳水化合物	蛋白质	脂肪	灰分	水分
蔬菜	马铃薯	18.9	2.0	0.1	1.0	78
	胡萝卜	9.1	1.1	0.2	1.0	88.6
	萝卜	4.2	1.1	0.2	1.0	93.7
	芦笋	4.1	2.1	0.2	0.7	92.9
	青豆	7.6	2.4	0.2	0.7	89.1
	豌豆	17.0	6.7	0.4	0.9	75.0
	莴笋	2.8	1.3	0.2	0.9	94.8
水果	香蕉	24.0	1.3	0.4	0.8	73.5
	橘子	11.3	0.9	0.2	0.5	87.1
	苹果	15.0	0.3	0.4	0.3	84.0
	草莓	8.3	0.8	0.5	0.5	89.9
	甜瓜	6.0	0.6	0.2	0.4	92.8

——引自《食品科学》(第五版) Norman N. Potter, Joseph H. Hotchkiss 著;王璋等译

(一) 水分

水分是原料中的主要成分,新鲜蔬菜和水果鲜嫩多汁,质地柔软或脆嫩都是由于细胞和细胞间质中含有大量的水分。植物体的不同部位水分含量不同。一般果蔬水分含量占70%～95%,有的高达 97%,如冬瓜、黄瓜、西瓜。而粮食中的谷类及豆类的水分含量一般只有3%～16%。植物体一旦失水,就会表现出萎蔫、软塌、色泽变化,从而影响原料的质地、口感和色泽。所以对新鲜植物原料在贮存时要注意保水,从而保证其新鲜度。而对谷类、豆类粮食和一些干菜、干果要防止其吸潮霉变。

(二) 碳水化合物

碳水化合物是植物原料的重要化学成分,存在于植物体中的碳水化合物依存在的部位和功能不同可分为:营养贮藏成分,如淀粉、双糖、单糖、低聚糖、糖醇等;细胞构成成分,主要指参与细胞壁构成的纤维素、半纤维素和连接细胞的果胶质等物质。

淀粉主要存在于植物的块茎、块根、果实和种子中,以淀粉粒的形式存在于细胞中。含淀粉丰富的植物种子、块根、块茎可作为粮食,有的蔬菜和果品中也含丰富的淀粉。当器官成熟后,有的淀粉不再转化,有些种类的淀粉在淀粉酶的作用下,可以转变为单糖而出现甜味,如香蕉、红薯等。不同种类的淀粉转化量不同。淀粉含量不高的果实在后熟期糖量不会增高。

纤维素和半纤维素是构成植物细胞壁的主要成分,且随细胞的生长而加厚,即其含量增加。尤其是机械组织、输导组织和保护组织中其细胞含量较高。纤维素和半纤维素含量高,虽说可以增强对植物组织细胞的保护性,增强果蔬的硬度和耐贮性,但从食用品质来说,纤维素和半纤维素越少,质地越细嫩;反之,纤维素和半

纤维素含量越高，并且木质化、栓质化就会使原料的质地越粗糙、坚韧，食用价值降低，甚至失去食用价值。如加工大米时要去掉糊粉层，果蔬加工时要抽掉老“筋”和削去老皮，才能体现良好的口感。

果胶物质存在于植物细胞相连的中胶层中。在果实、块根和块茎等器官中其含量高，它有三种存在形式。植物体未成熟时为原果胶，主要存在于中胶层中，常与纤维素和半纤维素结合在一起，具有不溶水性和黏着性，它将细胞紧密连接在一起，而且使得这些器官显得脆硬。随着植物体的成熟，原果胶在原果胶酶的作用下分解成果胶，易溶于水也有黏性，可转渗入细胞内，使细胞连接松弛，质地变软而富有弹性，这是果蔬成熟的标志。当植物体过熟时，果胶转化为果胶酸，因为无黏着性，不溶于水，因此过熟的植物组织器官呈现软烂状态。种类不同的植物，其果胶物质的含量和性质有差异。果胶分子量越大，凝胶力越强；反之，凝胶力越小。一般果实中含果胶物质多，而且凝胶力强的，可用于加工果酱，或提出果胶制作果冻。

在植物体中主要含有葡萄糖、果糖、蔗糖等单双糖，一般果品中含量高，蔬菜中瓜菜类、茎菜类和根菜类含量较高。植物种类不同，所含糖的种类、多少都有很大的差别。如梨果类以果糖为主，浆果类以葡萄糖和果糖为主，柑橘类、甘蔗以蔗糖为主。由于糖的种类不同，呈现的甜味有差异，再加之有机酸和单宁含量的不同，综合形成原料的独特风味。而且有的原料在贮存时糖还会重新合成淀粉或纤维素使甜度降低。如甜玉米在室温下贮存时导致26%的糖转化为淀粉和呼吸作用的消耗。芦笋在采收后能将某些糖分转化为纤维组织，使质地更木质化。而柑橘类水果一旦采摘就停止成熟过程，所以柑橘的质量在很大程度上取决于恰当的采摘时机。有些植物还含有阿拉伯糖、甘露糖和山梨醇、甘露醇等低聚糖和糖醇。目前对植物体中所含的低聚糖和糖醇非常看重，因为它们有较好的生理功能，对人体有保健作用，可抑制肠道腐败菌的生长，促进双歧杆菌的生长繁殖，可防龋齿和蛀牙，改善食物中钙的吸收，提高人体免疫力，防止癌变的发生等等。

（三）有机酸

植物体细胞中主要含有苹果酸、柠檬酸、酒石酸，其次是草酸、苯甲酸和水杨酸等。这些有机酸一般主要存在于果实中，也存在于其他部位。植物种类以及器官部位不同，其有机酸的种类和含量不同，如梨果、核果中苹果酸较多，柑果中柠檬酸较多，葡萄中酒石酸较多。大多数果品含有机酸多，加之其所含的有机酸又是以游离状态存在，所以呈现明显的酸味。而大多数蔬菜含有机酸少，其所含的有机酸又是以结合状态存在，所以酸味不明显，甚至没有酸味。

苹果酸、柠檬酸等能促进人体的消化功能，保护维生素C免受破坏。但有的有机酸对人体不利，故烹调时应焯水或预炒除去，如草酸对消化道有腐蚀作用，甚至影响对钙的吸收。

（四）含氮物质

植物体中的含氮物质主要是蛋白质、氨基酸，还有酰胺、铵盐、硝酸盐及亚硝酸盐等。蛋白质在植物原料中的含量差异较大，主要存在于植物种子中，如大豆、小麦等粮食和花生、核桃等干果。而非蛋白含氮有机物有的是果蔬鲜味的来源，如谷氨酸、天门冬氨酸等；有的使果蔬具有特有的甜味，如甘氨酸。氨基酸与还原性糖产生羰氨反应可起到增香、呈色的作用。果蔬中硝酸盐自然含量高的能杀死细菌，防牙病，但过量的硝酸盐会生成致癌物N-硝胺。

植物原料在贮藏、加工过程中，其化学成分不断变化，这些变化是由果蔬中存在着各种各样酶进行催化作用的结果。酶是有机体生命活动中不可缺少的因素，它决定着新陈代谢进行的强度和方向。同时，也是引起果蔬品质变坏和营养成分损失的重要因素。植物体中的酶主要分为两大类，氧化酶和水解酶。在加工时，有时需要利用酶的活性，如果蔬的后熟；有时需要抑制酶的活性，如防止褐变、维生素的损失和叶绿素破坏等。

(五) 单宁

单宁又称鞣质或鞣酸，是指具有鞣革性能的高分子多元酚衍生物。味涩，有收敛性。水解后生成葡萄糖、没食子酸或其他多酚酸等。其种类很多，可分为没食类鞣质和儿茶类鞣质两类，存在于植物的茎、果实、叶、根中，是导致原料褐变和具有涩味的主要物质。

在加工过程中，对含单宁的果蔬处理不当常会引起氧化褐变，如莲藕、牛蒡、土豆、茄子、苹果、梨等削皮或切开后，很快发生变色，且变色的深浅与时间的长短和单宁的含量成正比。单宁在大多数情况下是无色的，但与金属离子反应时会形成一类深色的络合物，颜色可能会是红色、棕色、绿色、灰色或黑色。这些显色络合物的不同色调取决于特定的单宁、特定的金属离子、酸碱度和络合物的浓度等。单宁对原料及其制品的风味起着重要的作用，未成熟的果实或某些成熟的果实因含单宁较多而出现涩味。但一般情况下在成熟过程单宁物质会发生转化而使果实失去涩味。单宁与糖、酸的比例适当时能表现出良好的风味。

(六) 苷类

半缩醛式的糖与醇、酚、醛等羟基化合物形成的缩醛称为糖苷。在植物的果实和种子中存在较多，其他部位也有。大多数苷类具有苦味或特殊的香味，是植物性原料特殊风味的来源之一，也是提取香精的主要来源，如橘皮苷、黑芥子苷、杏仁苷等。有些苷类有剧毒，在加工食用时应特别注意，如在白果的胚芽中含有较多的有毒性的苦杏仁苷，食用时应去除，发绿、发芽的土豆含较多的有毒性的茄碱苷，所以不要选用这样的土豆。

(七) 色素

植物的叶、花、果实等器官具有丰富的颜色，来源于细胞中所含的色素物质。颜色的新鲜程度是鉴别果蔬新鲜度的又一指标，也是鉴定菜肴质量的标准之一。

植物体中所含的色素根据溶解性不同可分为脂溶性和水溶性两类。脂溶性色素主要是叶绿素和类胡萝卜素，水溶性色素主要是花青素和花黄素。要在菜肴中呈现植物原料的天然色泽，尽量防止变色和褪色现象的出现，就该依据色素的性质来正确加工原料。

叶绿素是绿色植物的主要色素，叶绿素在酸性条件下会生成脱镁叶绿素而呈现褐色、黄褐色。由于呼吸作用产酸，会使绿色叶片变黄。烹调过程中绿色蔬菜的有机酸游离增多使之变黄，发酵过程产酸，会使盐渍菜变黄。叶绿素在碱性条件下水解成叶绿酸、叶绿醇时其绿色会更鲜亮，所以碱有保色的作用，或可将之转变为叶绿素铜钠保持鲜亮的绿色。

类胡萝卜素有三百多种，颜色有红色、橙色、黄色。主要的类胡萝卜素有胡萝卜素、番茄红素、玉米黄素、叶黄素、辣椒红素、柑橘黄素等。类胡萝卜素相当耐热，耐 pH 值变化，不被水提取。但在烹调加工的过程中，很容易发生氧化反应和异构反应，其结果会使原料颜色褪色变浅，还使维生素 A 活力丧失，从而使其营养价值也降低。

花青素大多数存在于花和果实中，其他部位也有。植物花朵和果实五彩缤纷的颜色大多与花青素有关。花青素有二十多种，在自然状态下以糖苷的形式存在，随 pH 值的变化而发生颜色的变化。pH 值小于 3，呈红色，pH 值介于 7～8，呈紫色，pH 值大于 11，呈蓝色。氧化剂、光、温度都会引起变色现象。红油菜薹、茄子、红皮萝卜、紫苏叶、红甜菜、火龙果等含有丰富的花青素。

花黄素目前已发现有四百多种，多呈浅黄色或无色，偶尔为鲜黄色，普遍存在于植物的各个组织细胞中，主要有槲皮素、橘皮素、柠檬素、圣草素等。在自然情况下花黄素的赋色作用不大，但在烹调过程中会因 pH 值和金属离子的作用而产生难看的颜色，影响食物的外观。花黄素遇碱会变成明显的黄色、深黄色、黄褐色和橙色。所以含花黄素多的原料如大米、小麦粉、土豆、芦笋、荸荠等在碱性情况下加热会变黄。

植物原料的色泽可以从外观上影响菜肴的质量，所以在烹饪加工时应防止变色和褪色现象的发生。

(八) 芳香物质

大多数植物的果实、种子、花、根、茎、叶等部位都因含有芳香物质而散发特殊的香气。这些芳香物质多是呈油状的具有挥发性的物质，故又称挥发油，因含量极少又称精油。其主要成分是酸酯、醛、酮、烃、萜和烯等有机物。如苹果含精油 0.000 7%～0.001 7%，主要是乙酸戊酯、己酸戊酯等，芹菜含精油 0.1%，主要成分是芹菜油丙酯、柠檬醛等，柠檬含精油 1.5%～2%，主要成分是柠檬醛、柠檬烃、辛醛等，大蒜含大蒜油 0.005%～0.009%，主要成分是二硫化二丙烯酯等。

有的植物体的芳香物质最先不是以挥发油状态存在，而是以糖苷或氨基酸状态存在，必须借助酶的作用进行分解，生成挥发油才有香气。如大蒜须切片、破碎后蒜氨酸生成大蒜素才能表现出风味。大蒜油具有杀菌、保健的作用。

(九) 脂类

植物中含有的脂类主要是不挥发的油脂和蜡质。

油脂多存在于植物的种子和果实中，根、茎、叶中含量很少。其中以油料作物的种子含量最多，是植物油的主要来源，如大豆、花生、芝麻、橄榄果肉及其种子。一些干果也含较多的油脂，这些种仁经炸、烤后产生酥脆香的质感和风味。

植物的茎、叶、果实表面常有一层薄薄的蜡质，如冬瓜、南瓜、番茄、芥蓝、桃子、苹果、李子、柿子等，通常称为蜡质或果霜。蜡质的主要成分是高级脂肪酸和高级一元醇组成的酯，蜡一般为固体，熔点在 60～80℃之间，较油脂难于皂化，也不易发生自动氧化作用。蜡质的生成是果蔬成熟的一种标志，同时可保护果蔬免受水分、微生物和虫害的侵入及防止本身失水干枯。因此，果蔬在贮存时，应尽量保护蜡质不要将其擦掉。但有的蔬菜在烹制时，由于蜡质丰富阻止了呈味物质的进入而难以入味，民间常说“四季豆油盐难进”这就是其中一个主要原因。

检　测

复习思考题

1. 动物性原料可食部分“肉”的主要构成组织是什么？
2. 肌间脂肪对肉的质地和风味有何影响？
3. 骨骼在烹饪中有作用吗？
4. 横切牛、斜切猪、竖切鸡鱼的理论依据是什么？
5. 为什么由平滑肌组成的原料要快速爆炒才脆嫩？
6. 为什么红肌较白肌肉质嫩？
7. 烹饪中使用的致嫩法有哪些？
8. 肉中蛋白质有哪些存在形式？
9. 体现植物性原料的可食性的组织是什么？
10. 降低植物性原料可食性的组织有哪些？
11. 影响果品和蔬菜质地的成分有哪些？
12. 影响果品和蔬菜风味的成分有哪些？
13. 没有芳香味的蔬菜就不含芳香物质吗？
14. 解释概念：肉、浸出物、动物性原料、植物性原料。

上　编

主配原料

第四章 高等动物性原料

学习目标

◎ 了解各类高等动物性原料的生长状况、分布区域、上市时间、品种数量、营养成分、药用价值等。

◎ 理解各类高等动物性原料组织结构、品质鉴定方法，各类加工制品的加工方法。

◎ 掌握高等动物性原料的肉、常用副产品以及加工制品的肉质和风味特点，在烹饪中的运用规律。

◎ 能利用所掌握的知识指导菜肴的设计、加工和创新。

本章导读

随着人们的生活水平提高，除猪肉之外，牛肉、羊肉、鱼肉以及蛇、龟、鳖等这些较稀有原料越来越多地出现在人们的餐桌上，成为各种佳肴的主要原料。本章按照从畜类到鱼类的顺序罗列了烹饪中运用的各种高等动物性原料，分别就商品分类、组织结构、肉质特点以及副产品和加工制品的种类和特性、烹饪运用方面进行了阐述。通过本章节的学习，我们可以充分认识和掌握这些原料存在的共性和特殊性，达到物尽其用的目的。

引导案例

慈禧蒸鲥鱼

鲥鱼，又称“时鱼”，其肉质细嫩肥美，味鲜醇厚，自古以来以其美味著称于世，为我国名贵鱼类，有“鱼中之王”的美誉，历史上曾为贡品，为“八珍”之一。

1905年，年已七十的慈禧太后传下圣旨要吃鲥鱼，要求是既要保持鲥鱼特有的风味，又不能让太后吃起来很麻烦。御膳房里的几十名手艺高超的厨师接旨后十分犯难，焦急不安。有一个从苏州松鹤楼来的叫阿坤的人，平时喜欢钻研烹饪技术，曾几次得到慈禧太后的称赞。在接到圣旨后他费尽心机，终于想出了一个妙招。把鲥鱼的鳞片先刮下来，装入一个纱袋中，再在蒸笼盖上钉一个钩子，将纱袋挂上，并让纱袋对准下面放鱼的器皿，然后用文火蒸熟。这样，鱼鳞中的油汁全部滴入器皿中，保持了鲥鱼的独特风味，又避免了吃鱼时鱼鳞造成的麻烦。

这样，当一条卧于飘着一层淡黄色的鱼油的乳白色汤汁中，身上撒着火红的火腿丁、紫色的嫩姜芽、碧绿的香葱的蒸鲥鱼呈现在慈禧太后的面前时，她一脸的皱纹全部展开，在喝上几口汤、吃上几口肉后，那个高兴劲儿就别提了，连声说“这才是真正的鲥鱼佳肴”。

阿坤的这种做法将鲥鱼的嫩、香、肥、鲜充分展现出来，使人吃之爽口而满足。不用说阿坤又得到了太后的重赏。此菜也从宫廷流传到民间，被人们称为“慈禧蒸鲥鱼”。

为什么吃鲥鱼不刮鳞呢？这是因为鲥鱼的鳞片薄软，鳞片下面含丰富的脂肪，去鳞后其独特风味大受损失，所以清蒸、红烧时一般都不去鳞。由此可见，掌握高等动物性原料的生活习性、组织结构和质地、风味特点，再加上高超的烹饪技艺，是制作和创新菜肴的基础。我国高等动物性原料种类丰富，每一类原料都有其特殊的地方，所以掌握原料的共性和特殊性以及烹饪运用规律是一项经常性的、重要的工作，而且要勤于实践，善于总结。

第一节　畜　　类

畜类原料是指家畜、野畜的肉及其副产品和制品的统称。畜类原料在人类膳食中占有重要的地位。

一、家畜及野畜类原料

（一）家畜类原料

家畜是指人类为满足肉、乳、毛皮以及承担劳役的需要，经过长期饲养驯化的哺乳动物。家畜占肉食品的比重较大，主要有猪、牛、羊、兔、驴、狗等，是人们蛋白质、脂肪等营养物质的主要提供者。

1. 猪（*Sus scrofa domestica*；Pig）

猪属于偶蹄目猪科动物。我国是生猪生产的大国，有七千多年的驯养历史，形成了一百多个品种，占全世界的1/3。我国是猪种资源丰富的国家，我国的优良品种有四川荣昌猪、浙江金华猪（彩图1）、广东梅花猪、湖北监利猪等。此外，还有从英国、丹麦、前苏联引进的一些瘦肉型猪种，如约克夏、长白猪和杜洛克等。在此基础上，还培育了一些优良的杂交猪，如上海白猪、北京黑猪和辽宁新金猪等。生猪根据商品用途不同，经过长期驯化培养，形成了三大类型：瘦肉型、脂肪型和肉脂兼用型。食用类型主要是瘦肉型，肉质性状优良，符合现代营养学的选料要求。

（1）肉质特点　猪是杂食动物，饱食少动，体形大小适中，由此形成其特有的肉质特点。猪肉肌肉块大紧实成型好，肌肉纤维细而柔软，肉色较浅淡，持水性较好；结缔组织少而柔软，膜薄筋少；脂肪蓄积多，肥膘厚，肌间脂肪含量高，无腥膻异味或极微弱。因而在烹饪中运用相当广泛，通过烹调滋味好、质地嫩、味醇香。烹饪时一般选择育龄5月以上、1～2年的肥育良好的猪进行加工，此时肉质细嫩、味香浓。生长2个月尚未断乳的乳猪（Sucking Pig）肉多汁极细嫩，尤其是熏烤后皮酥香适口，外形美观。饲养不良或年龄过大的猪，肌肉松弛、筋多粗老、缺乏脂肪，食用价值降低。

（2）烹饪运用　猪肉是制作各种菜肴、小吃、面点馅料的重要原料，除禁用地区外，各地都有众多特色菜点。有的地方将猪肉称为“大肉”，由此可见一斑。猪肉在菜肴制作中具有举足轻重的作用，主要作菜肴的主料，如滑炒里脊、东坡肉、狮子头、鱼香肉丝、酱肉丝等菜肴；偶尔也作配料，如肉米豆腐、瓤西红柿等。猪肉适用的刀工形式多样，并适于和各种动植物原料搭配，可依部位不同，选择除生拌外的任何烹调方法，由于无明显膻腥气味，猪肉在调味上选择性也很大。

部位不同的猪肉，质地差异大，做菜时要根据菜肴的要求分档取料，并采取不同的烹调加工方法。使用时可以从结缔组织的多少和肌间脂肪的沉积量两方面考虑如何扬长避短。结缔组织较多而肌间脂肪沉积少的颈腹部位，难以切成片、丝，肌肉也因负重而粗老，但吸水力，黏着性都较好，因而适宜做肉馅，适应长时间加热的烹调方法，如红烧、酱、卤等，使结缔组织中胶原蛋白水解和肌肉酥烂。肌间脂肪最容易沉积在压力小的部位，如猪背部和臀部，这部分肌肉结缔组织少，肌肉细嫩，适合较细致的刀工加工，适宜短时间加热烹调方法，如炒、爆、炸、汆等。对于肥膘肉或五花肉等以脂肪组织为主的部位，烹调应用时宜用糖和酒处理，以降低猪肉的肥腻口感，制作如挂霜、夹沙、粉蒸、红烧等菜肴。

2. 牛(Cattle)

牛是偶蹄目牛科动物。牛为草食性动物，体格高大健壮。牛的数量在全世界家畜中居首位，目前有牛近 14 亿头，我国牛的饲养量居世界第五位。在特定条件下，通过长期驯养，形成了以黄牛(*Bos taurus domestica*)、牦牛(*B. grunniens*)、乳牛和水牛(*Babalus buffelus*)为主的牛种。从用途出发，培育出了役用牛、肉用牛、乳用牛和兼用牛。尤其是肉用牛的养殖量随人们的需求而大大提高，主要品种有引进的西门塔尔牛(彩图 2)、海福特牛和夏洛莱牛等，本地品种有蒙古牛、秦川牛和鲁西牛等，均主要由黄牛肥育而来，也有用奶公犊牛培育的。

（1）肉质特点　牛的组织结构以及生活方式的特殊性，加之国内长期用淘汰的役用牛做食用牛，形成了牛肉的一般品质。牛肉虽然含水量比猪、羊肉多些，但是结缔组织多而发达，肌肉纤维粗而紧密，加热后组织收缩力强，持水性能反而降低，失水量大，肉质会变得老韧；脂肪含量相对较少，但牛肉具有膻味，使用范围受到一定限制。牛肉肌肉比例大，肉色较深，营养丰富，蛋白质含量高，脂肪少，成熟后有特殊香味，仍不失为良好的肉用原料。牛肉在全世界肉食消费中占 44%，每人每年平均消耗牛肉 11 kg，发达国家人均消耗 50 kg，最多的澳大利亚每人每年消耗牛肉 89.1 kg，在各种肉类消耗中占第一位。牛肉在我国肉食消费中占 8%，每人每年平均消耗牛肉仅 2 kg。所以在我国改良培育肉用牛，发挥牛肉的优良品质，丰富烹饪原料是一件大事。我国牧区及欧洲各国在牛肉的开发利用方面做得比较好。

近年来，肥牛肉风靡餐桌。肥牛肉(Fat-beef)主要是指选择优质的背腰部的肉，经过先进的排酸工艺处理后的牛肉，主要用年龄在 12～18 个月，体重在 450～495 kg 的肉用牛或乳用公牛加工而成。这些牛纤维细嫩，肌间脂肪充盈，呈大理石状，牛肉自然香味足，多汁易熟，大大提升了牛肉的质量。牛肉的肉质受牛的种类(表4-1)、部位、肥育状况、性别等因素的影响很大。

表 4-1　不同种类肉质比较

种　类	肉质特点
黄　牛	肌纤维细，组织紧密，色泽暗红；如肥育良好，肌间脂肪增多，膻味较轻，脂肪呈黄色。
牦　牛	肌肉发达，肉质细嫩，肉色鲜红，脂肪沉积多，但膻味较重。
乳　牛	质量类似肉用牛。肌纤维细，肌肉结实，肉层厚，肌间脂肪分布均匀，膻味较轻。
水　牛	肌肉纤维粗糙，松弛多筋，色为暗棕红色，切面有紫色光芒。脂肪为白色，稍有膻味。

(2) 烹饪运用　牛肉在烹饪中如果运用恰当，也是一种用途较广的原料。牛肉在菜肴中大多以主料形式出现，作配料不多，但特色性强（如麻婆豆腐）。牛肉因筋多膜厚，一般采用长时间加热的方法进行烹制，焖、卤、炖、煮、烧、蒸、酱是常用的烹调方法。牛肉通过加工会筋膜软糯，滋润可口，通常和根、茎类蔬菜原料合烹较多，如红烧牛肉、黄焖牛肉、番茄炖牛肉等。牛的背腰部及臀部的肌肉筋膜少，尤其是肥牛肉，肉质更细嫩，可以旺火热油爆炒或汆煮成菜。用于爆、炒的牛肉可与叶茎类蔬菜合烹，如葱爆肥牛、芹菜牛肉丝、水煮牛肉、粉蒸牛肉、干煸牛肉丝等，还可制作陈皮牛肉、麻辣牛肉干等炸收菜肴。烹调时一般要添加香辛料如丁香、八角、姜、葱等以及具有芳香味的蔬菜，掩盖牛肉膻臊气味。牛肉受热时形体收缩较大，切配时要充分考虑尺寸规格。牛肉也是面点、小吃等常用的配料和馅心原料。如牛肉焦饼、牛肉抄手、牛肉粉、夫妻肺片等。由于牛肉质地粗老，烹调加工前可以采取一定的致嫩措施，改进肉质。

3. 羊(Sheep)

羊是偶蹄目牛科羊亚科动物。原产巴基斯坦到小亚细亚一带，后引进我国。羊肉产量占国内肉类总量的 4.6%，世界肉类总产量的 24%。产地有以河南、山东、河北、江苏、安徽五省为主的中原产区；内蒙古中东部和河北北部为主的产区；宁夏、甘肃、青海、新疆四个省为主的西北产区；四川、重庆、云南、贵州、广西五省为主的西南产区。

根据组织结构、形态特征羊主要可分为绵羊(*Ovis aries*)和山羊(*Capra hircus*)两类；根据用途分为乳用羊、肉用羊和兼用羊等。山羊和绵羊都可改良为羯羊，获得很好的肉用特性。蒙古肥尾绵羊（彩图 3）、哈萨克绵羊、成都麻羊、新疆哈密山羊、宁夏中卫山羊是我国著名的肉用羊，波尔山羊、萨福克羊、夏洛莱羊等是引进的肉用良种羊。

(1) 肉质特点　羊是温顺的草食动物，身体大小适中，肌肉纤维细而柔软，结缔组织较多但柔软，羊肉有较好的黏着性和持水性。肥育良好的羊肉肥美多汁，细嫩柔软，脂肪较硬，有较强的膻味。幼绵羊俗称羔羊，味鲜美，肉细嫩，风味尤佳。种类不同的羊的肉质有一定的差异（表 4-2）。

表 4-2　绵羊、山羊的肉质比较

种　类	肉质特点
绵　羊	肉质坚实，颜色暗红，肌肉纤维细而柔软；肌间脂肪适中，呈纯白色，膻味轻。
山　羊	肉色浅，老龄羊肉色较深；贮备脂肪多，肌间脂肪少，膻味重。品质不及绵羊。

(2) 烹饪运用　羊肉是牧区的主要肉类，是清真菜的最常用原料，在汉民族地区食用较少。羊肉味甘性温，具有益气补虚，温中暖下的作用，国人历来视羊肉为冬日补品，每年冬至来临，都会掀起一股羊肉热。以羊肉制成的菜肴、粥品、面点和小吃都具有独特的风味。烤全羊、涮羊肉、羊肉泡馍、手把羊肉等都是最具特色的美食，全方位展示羊肉风味的全羊席更是别具一格。

羊肉在菜肴中多作主料，后腿肉和背脊肉是用途最广的部位，适合炸、烤、爆、炒、涮等，可制成大葱爆羊肉、炸五香羊肉、酱爆羊肉等；肋条、前腿、胸脯肉多用于烧、焖、煨等，如黄焖羊肉、扒茄汁羊肉条等菜肴。羊肉用酸、碱处理或以多种调味料合烹都可以去除膻味，用适量苏打粉拌和切好的羊肉片，不仅无膻味且肉质嫩。孜然、丁香、豆蔻等香料都有利于增香除膻。配菜选择也是根据除膻的原则，如胡萝卜、萝卜、西红柿等与羊肉合烹时，均具有一定的除膻作用。

4. 家兔(*Oryctolagus cuniculus domesticus*；Rabbit)

家兔是兔科穴兔属草食小型动物，生长快，繁殖力强，目前有六十多个品种。按其用途分为肉用兔、皮肉兼用兔、毛用兔和皮用兔。

(1) 肉质特点　家兔是体小灵巧的草食动物，兔肉微带草腥气，肌纤维细软，结缔组织少，脂肪含量低，肉质柔嫩，风味清淡。由于兔肉蛋白质含量高，脂肪含量低，消化率高达85%，是受到国内外消费者推崇的健康原料。

(2) 烹饪运用　烹饪中兔肉主要作主料。可剥皮或烫皮去毛后使用，可整只或斩块、取肉运用。在烹调加工时极易被调味料或其他鲜美原料赋味。生长期在一年内的仔兔肉质细嫩柔软，主要适合爆、炒、拌、炸、蒸等，如制成鲜熘兔丝、茄汁兔丁、花仁拌兔丁等。因兔肉质嫩、脂肪少，烹调时要用足油脂，快速成菜才能形成鲜嫩口感，或干煸、炸收去掉多余水分，形成干香酥的特点。生长期在一年以上的肥大成年兔，肉质较老一些，瘦肉比例高，多用烧、焖、炖、卤等方式成菜。如制成红烧兔、黄焖兔、红板兔等。

5. 驴(*Equus usinus*；Donkey)

驴是马科马属动物，由亚洲野驴驯化而来，主要是役用，其次是肉用。驴在我国主要分布在新疆、甘肃、陕西、山西、河南、山东、河北等黄河流域及其以北的地区。

驴肉肉色暗红，肌纤维粗，结缔组织多，肉质结实，比牛肉细嫩，脂肪呈淡黄色，滋味香，但稍有腥膻味，是高蛋白、低脂肪营养滋补型肉类，有补气益血、益肾壮阳等功效。食用驴肉在我国已有悠久的历史，在河北、山东一带人们取驴皮制成中药——阿胶，取肉制成美味佳肴。一直以来素有“天上龙肉，地上驴肉”之美誉。驴肉一般采用炖、煮、煨、焖、卤、酱、烧、扒等方式成菜，常用香辛味调料，调味以浓厚见长，也作嫩肉处理，使质感、风味更佳，菜品有砂锅驴肉、葱烧驴肉、清蒸驴肉、孜然驴肉、水煮驴肉等。

6. 狗(*Ganis familaris*；Dog)

狗是犬科犬属动物，由狼驯化而来，历史悠久，有三百多个品种，按用途可分为牧羊犬、猎犬、观赏犬和皮肉用犬等种类，烹饪中用的是皮肉用犬。广东、江苏、广西、江西、贵州和吉林延边狗肴丰富。狗肉的肉质坚实而呈暗红色，肌纤维细嫩，肌间脂肪少，脂肪色白而软，有腥味。狗肉味甘、性温，有益气、补肾胃、暖腰膝、壮力气的作用，是一种营养滋补的原料。民间还流传“三伏天吃狗肉避暑，三九天吃狗肉驱寒”的民谚。仔狗肉肌纤维细腻而鲜嫩，用来烹饪最佳。“狗肉滚三滚，神仙站不稳”形象地描述了狗肉的细嫩、香鲜的口感和口味。

除可以卤、煮、拌食之外，最能体现其特色的是通过炖、焖而成菜，也可煨、烧等。用砂锅烹制的汤锅菜，肉香汤醇，再配以青红鲜辣椒、葱、香菜、盐和味精调制的味碟佐料，味道更美。用狗肉烹制的著名菜肴有广东的狗肉包、江苏的沛县狗肉、贵州的花江狗肉、广西的灵川狗肉，吉林延边的狗肉汤和拌狗肉等，都具有鲜明的特点。

(二) 野畜类原料

野畜是指野外生活的兽类。我国地域辽阔，野生畜类种类繁多，资源较丰富。许多野畜类及其制品是珍贵的烹饪原料。野味是中国菜的重要组成部分，这不仅与其独特的风味有关，更重要的是许多野畜具有滋补功效。随着人们对美食追求的提高，野味的开发利用越来越广泛。但由于人类的活动，生态环境受到破坏，加上乱捕乱猎，野生动物越来越少，许多动物资源也濒临枯竭。改变这种状况除了要求人们遵守《野生动物保护法》，按一定的规律有节制的捕猎外，另一条途径就是采用科学的方法人工饲养。

1. 野生动物的利用原则

(1) 遵守《中华人民共和国野生动物保护法》和《野生动物保护条例》，按照动物生长繁殖的规律有节制地开展捕猎，法律中规定的保护动物必须加以保护。

(2) 保护生态环境，合理利用野生动物原料。

(3) 大力开展人工养殖，增加野生动物驯化种类和数量。

(4) 野生动物原料在烹饪前需经动物检疫部门和卫生防疫部门检验合格。

(5) 烹饪从业者应选择合理的烹调方法对野生动物原料进行加工，防止野生动物携带的病菌传播。

2. 家畜和野畜的肉质特点和烹饪运用特点比较

野畜肉的组织结构与家畜大致相同。但野畜易惊、善奔跑、跳跃和行走，所以肌肉组织发达结实，颜色深红，且肌纤维较粗，结缔组织多，脂肪组织特别是肌间脂肪含量少，活动量小的动物特别是肉食动物脂肪含量相对较多，肉质较细嫩。野畜一般都比家畜腥膻味大，但有的也无异味。部分野畜还有一定的药用价值。

由于大多数野畜肉质较粗糙、腥膻味较重，在烹饪时通常采用烧、焖、炖、煨、煮等方式加工，而且多加入香辛原料去异增香，调味时味较重，有类似牛羊肉的烹制要求。质优的野畜种类，如竹鼠、果子狸、鹿和野兔等烹饪运用的方式方法较为宽泛。

3. 主要野畜种类

(1) 果子狸　果子狸(*Paguma larvata*；Masked Palm Civet)为食肉目灵猫科动物(彩图 4)，别名花面狸、牛尾狸、白鼻狸等。分布于我国华南各省，现已人工饲养。果子狸体型中等，大小似家猫，体重约 2～2.5 kg，尾长约为体长的 2/3，四肢较短，体背、体侧、四肢毛色暗棕，腹部灰白，从鼻端向后延展至前背有白纹，双眼后各有一白斑。果子狸肉质腴美，鲜嫩，无膻臊异味，历来被誉为山珍之上品，适于多种烹调方法，如烧、焖、炖、烩、蒸、煎、炸等，通常以红烧居多，可制成如腐乳扣果狸、红烧果子狸、五彩果狸丝等。

(2) 竹鼠　竹鼠(*Rhizomys sinensis*；Bamboo Rat)为啮齿目竹鼠科动物，又称为竹豚、芒鼠等。主要分布于华南、西南各省及陕西南部地区。其体形肥壮，四肢粗短，体长30～40 cm，头钝圆，吻较大，有长须，尾细短，被稀毛，成鼠毛棕色。竹鼠食性洁净，肉质细腻精瘦，味极鲜美，为野味上品。宰杀后剥皮或烫刮去毛，去内脏，用明火燎去绒毛，便可入烹。适于蒸、烧、炖、煨、烩等烹调方法，用其烹制的名肴有清蒸竹鼠，双冬烧竹鼠等。

(3) 野兔　野兔(*Lepus* spp.；Hare)为兔形目兔科动物的通称。其分布较广，主要品种有蒙古兔、东北兔、高原兔、华南兔等，体毛大多为黄褐色、赤褐或褐色，腹面毛色为白色。野兔属草食动物，每年9～10月份是其肥壮期，此时其品质上乘。野兔肉淡红或红色，肌纤维细而柔软，结缔组织含量较少，肉质细嫩紧密，肌间脂肪含量少，蛋白质含量相对较高，是高蛋白低脂肪肉类。略带草腥，味香，是传统野味。野兔烹前应剥皮，去尽生殖和排泄器官。烹调时应重用油，主要适于爆、炒、烧、焖、烩、卤等烹调方法，如黄焖野兔、五香兔肉、红烧野兔、爆兔丁等。野兔以脊骨、肋骨不突出，肌肉丰满，新鲜者为佳。

(4) 黄羊　黄羊(*Procapra gutturosa*；Mongolian Gazelle)为偶蹄目牛科动物，又称为蒙古羚、野羊、山羊子，分布于内蒙、新疆、甘肃、青海、黑龙江等省区。体长1.3 m，重35～40 kg，颈细长，尾短肢细，体毛棕黄，故名黄羊。肉质以秋冬季为最肥美，有膻味，须用清水漂洗或加苏打浆，重用料酒、姜、葱等调味料去膻，烹调方法同羊肉。黑龙江菜油焖黄羊、炸卤黄羊，吉林菜熘黄羊肉等都体现了黄羊肉的特色。

(5) 岩羊　岩羊(*Pseudois nayaur*；Bharal)属于偶蹄目牛科岩羊属唯一的种，因其喜攀登岩峰而得名，又名石羊、崖羊，分布于青藏高原、四川西部、云南北部、内蒙古西部、甘肃、宁夏北部、新疆南部、陕西等地。其烹饪运用和食用方法同黄羊。

(6) 狍　狍(*Copreolus caprcolus*；Roe Deer)为偶蹄目鹿科动物，又称草上飞，山狍子，俗称傻狍子，分布于我国东北、华北、西北等地，体长1 m左右，尾短，雄狍有角，分三叉。冬季毛呈棕褐色，夏季毛短呈栗红色，有明显白色臀盘。狍子喜食浆果和野草。狍子肉品质随季节而异，秋后肉质肥嫩。狍子肉有一定的草腥和土腥气，在烹饪初加工时，可用冷水浸泡除腥增白。适于烧、烤、炸、焖、熘、卤、爆等烹调方法，可制成红焖狍子肉、干炸狍子肉、熘狍子肉、卤汁狍肉等。

二、畜类副产品

畜类副产品是指除胴体外的一切可食部分，是内脏、头、蹄、尾及血、乳汁等的通称。其内脏副产品俗称为"下水"、"杂碎"。副产品与畜肉相比具有特殊的风味和质感，有的还具较高营养价值或较特殊的滋补作用，常用于食疗和药膳菜肴中。由于畜类的种类不同，其副产品的大小、质感和风味也不相同。副产品的烹调，也因各自特点的不同而采用不同的方法。

(一) 肝(Liver)

肝是畜类的大型消化腺，呈红褐色或黄褐色，光亮，柔软而有弹性。猪肝分四叶，牛羊肝分叶不明显。肝的最基本的构成和功能单位为肝小叶，由肝细胞围绕中央静脉呈放射状聚集形成，无数个肝小叶组成了肝实质，其表面覆盖的结缔组织形成浆膜。肝脏细胞胞浆丰富，含水量很高，而连接肝细胞的结缔组织少而弱，因此其质感多汁柔嫩，软塌不易成形。肝脏的大小因动物大小有差异，质地受肝小叶大小以及周围结缔组织膜厚薄的影响。一般牛、猪肝质地较羊肝、兔肝粗老。

对肝进行刀工处理要求较高，否则不易成形或过厚。烹调加工时，要保持细胞内水分而使成品柔嫩，常采取上浆等方法形成保护层，防止水分流失，以爆、氽等快速加热成菜的烹调方法为好，亦可采用腌、卤、煮成菜，但质地较硬。常见菜肴有软炸肝片、白油肝片、熘肝尖、竹荪肝膏汤、盐水猪肝、金银肝等。

肝脏中的营养成分非常丰富，尤其是维生素和矿物质，如维生素 A、铁、锌等在肝脏中含量较高。肝脏具有明目补血之功效，是良好的营养滋补品。

(二) 肾(Kideney)

肾俗称腰子，是动物的排泄器官。其内侧缘中部向内凹陷，外侧缘向外突出使其形状似弯豆形。肾表面有纤维质的被膜，实质由皮质和髓质两部分构成。被膜为强厚的结缔组织膜，加工时应首先去除。肾皮质位于表层，呈浅红至红褐色，由排列紧密的实质细胞构成，为主要食用部分。肾髓质俗称尿臊或腰臊，位于皮层深部，颜色较淡，是由结缔组织形成的大小管道系统，是尿液形成的地方，有刺鼻的臊味，加工时一定要去净(图 4-1)。由于皮质部细胞的排列不像肌肉纤维有较强的方向性，也无内外筋膜，因而在刀工处理上可采取多种刀法，常用剞花刀切成外形美观的麦穗花刀、十字花刀等，不仅美化原料，并且能均匀入味，适合快速烹调方法，如爆、炒、炸、氽汤、拌、烫等。为保证其脆嫩质地，常用上浆等辅助手段保水。常见菜肴有宫保腰花、炸桃腰、清汤腰片等。肾膻味较浓，使用时要用料酒等去除膻味。马肾、羊肾的皮质与髓质合并，牛肾分叶，加工难度大，烹调中常用猪肾以及体小质嫩、膻味轻的兔肾。

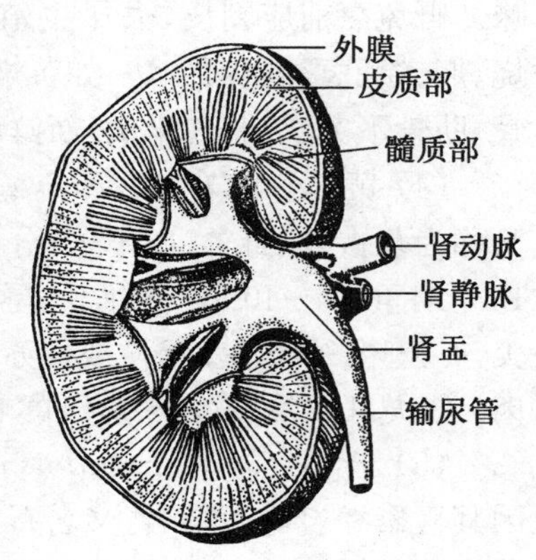

图 4-1　猪肾的纵剖面

(三) 胃和肠

胃和肠都是消化系统的组成部分，有着各自的功能，其基本结构相似。

1. 胃(Stomach)

畜类的胃俗称肚或肚子，是畜类的消化器官。胃从内到外由黏膜层、黏膜下层、肌层和浆膜层组成，胃黏膜会分泌有异味的黏液，初加工时可以盐、酒、明矾等去除。胃的肌层厚实，是供食用的主要部分。

从种类看胃可分为单室胃和多室胃。猪、马、犬、兔等为单室胃，牛、羊等反刍动物为多室胃(表 4-3)。单室胃肌层厚实，尤其是幽门部环形肌层最厚，结缔组织少，质地脆韧，俗称肚仁、肚头，可单独制菜。牛羊胃属多室胃，包括瘤胃、网胃、瓣胃、皱胃四个胃室。瘤胃最大，内有发达角质突起，形如“肉毛”；网胃俗称蜂窝肚，内表面黏膜层呈多角的蜂巢皱褶；瓣胃俗称百页肚、千层肚，黏膜及黏膜下层向内突起形成新月形的瓣叶，羊的瓣胃比网胃大，俗称羊百页或散丹（图 4-2）。

表 4-3　单室胃和多室胃的比较

胃的种类	单室胃（单胃）	多室胃（复胃）
代表动物	猪	牛、羊
外　形	贲门部、胃体、幽门部。胃体分：胃大、小弯，前、后壁。	瘤胃（毛肚）、网胃（蜂窝肚）、瓣胃（千层肚、百页肚）、皱胃。
结　构	从内到外：黏膜（黏膜上皮、固有膜、黏膜肌层）、黏膜下层、肌层（平滑肌）、浆膜	
特　点	肌层分三层（内斜、中环、外纵）；幽门部的环行肌特别发达，称为"肚头"。	前三个胃是食道的变形，皱胃才是胃本体；瘤胃、网胃肌肉层发达；瓣胃肌肉层不发达，结缔组织含量高。因有黏膜和黏膜下层向内形成角质突起（肉毛），称为"毛肚"。

对于胃肌层较厚的部位，如猪肚、牛羊的瘤胃和网胃等，可用爆、炒、煮、拌、煨、卤等方法成菜，如大蒜肚条、卤水拼盘、红油肚丝等。而瓣胃则切丝或整瓣炒、爆、拌、烫煮成菜，如炝爆毛肚、蒜泥毛肚等，还可以制成各种风味菜品，如鲁菜中的糖醋散丹、四川的毛肚火锅等。

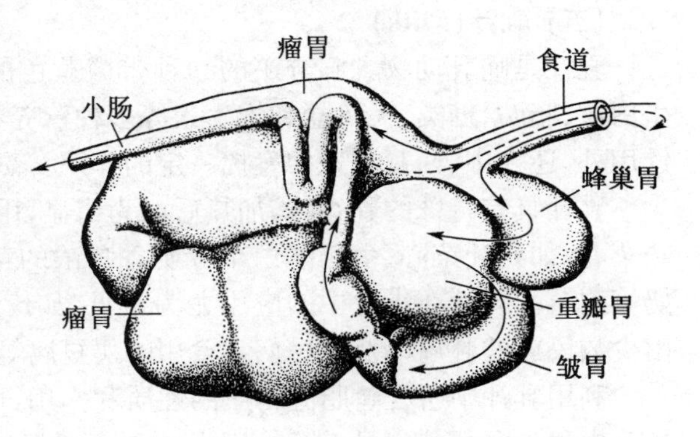

图 4-2　牛胃

特别提示，烹饪原料中提及的"小肚"是畜类动物的膀胱，因结构和质地类似肚子而得名。利用其韧性，通常用来制作灌制香肚的天然包装材料。

2. 肠（Intestines）

畜类肠的结构与胃相似，分四层，肌肉分内环行和外纵行两层。肠包括大肠和小肠。大肠管径较粗短，内表面光滑无肠绒毛，分为结肠、盲肠、直肠三部分，其中结肠又称肥肠，肌肉较厚实，结缔组织较多，内外面有大量脂肪，吃口油润，有特殊的香气，是烹饪时利用的主要部位。适合于烧、炒、卤、煨、酱等，或切小料火爆成菜，如九转大肠、炒肥肠、卤五香大肠等，或先煮卤成熟再烤制成脆肠。小肠细长黏膜内表面有许多丝状突起，脂肪较少，结缔组织多，有较强韧性，可用来作肠衣灌制香肠。烹饪中使用较多的是猪肠、羊肠。

（四）蹄筋和皮

1. 蹄筋（Tendon）

蹄筋是指有蹄动物四肢蹄跟部的肌腱及相关联的韧带，由以胶原纤维为主的致密结缔组织组成，常见种类有猪蹄筋、牛蹄筋和鹿蹄筋。蹄筋的长短、粗细、质地因动物种类不同而有差异。蹄筋分鲜品和干制品，尤其是干制品数量多，为主要的贮藏形式。蹄筋以身干、透明、长大者为佳，鹿蹄筋质量为上乘（彩图 5）。

干制品烹制前必须经过涨发，常用的方法有油发、盐发和蒸发等。蹄筋自身无显味，需赋味，适用于炖、煨、扒、烧、烩等多种烹调方法，如红油蹄筋、发菜蹄筋、鱼香蹄筋等。其成品柔糯不腻，上口润滑，滋味腴鲜。

2. 皮(Skin)

畜类动物的皮肤由表皮、真皮和皮下脂肪组成。烹饪中运用的是真皮部分，属致密结缔组织，胶原纤维含量丰富。皮经煮熬后发生明胶化后质地胶糯可口，特征与蹄筋相似。在烹饪中运用较多的是猪皮，猪皮质韧，胶质丰富，尤其是背皮和后腿皮厚实、无皱，质量较好。烹饪中鲜猪皮多作热菜的配料，在烧、烩菜中运用较多，如烧三鲜，烧什锦等；在凉菜中作主料，如玻璃猪皮，成菜清凉爽口，口感筋爽。宜制作各种硬冻、清冻和各种花冻，用于凉菜、特色面点及肉类加工制品的制作。也可经煮透晒干成干制品，直接做凉菜，如红油皮扎丝、蒜泥皮丝等；或经油发制成“响皮”，用烩，炖，扒等烹法成菜，还可效仿“鱼肚”运用。

(五) 乳汁(Milk)

乳汁是哺乳动物乳腺分泌的一种带微黄色的不透明胶体溶液。乳中含有水、蛋白质、脂肪、糖类、无机盐和维生素等多种营养物质，是一种全营养食品。除直接饮用外，还在中、西餐烹饪中发挥一定的作用。烹饪中多使用牛乳、羊乳、马乳等。

乳汁具有特殊的乳香味，加热后尤为明显，用乳汁烧菜可形成清淡有奶香的美味菜肴，如奶汁菜心、牛奶熬白菜等奶香味浓的菜肴。乳汁还可制作炒鲜奶、炸鲜奶等甜菜。乳汁在小吃中的应用尤为常见，如广东小吃双皮奶、北京的扣碗酪、云南少数民族的乳扇以及牧民们常食用的奶豆腐等。乳汁还可制酒和各种乳制品。

利用乳汁中所含磷脂等物质的性质和作用，可以改变原料的质地和口感，如在虾茸中加牛乳搅拌容易上劲。用牛乳和面可促进面团中水与油的乳化，改善面团的胶体性能，提高面团的筋力，同时提高制品的营养价值。

乳汁应保存在 0～5℃为宜。乳汁的吸附性强，其气味极易受外界因素的影响，特别是刺激性气味大的葱、蒜、姜等，所以在贮存乳时，应慎防窜味。正常乳呈均匀的胶体状，无沉淀，无凝块，无杂质，微甜，具有乳香。凡色泽呈微红色、灰白色、蓝色均属不正常颜色；有咸味、苦味，属不正常，是乳汁变质的表现。

三、畜类制品

畜类制品，也称畜肉制品，是用畜类动物的肉及其副产品通过盐腌、盐渍、熏烤、酱卤、干制等各种方法加工而成的原料的通称。

(一) 畜类制品分类

我国的畜类制品种类繁多，地方名产丰富，风味独特，在烹饪原料中占有重要地位，大多为家畜类制品，以猪为原料者居多，而且普遍，野畜类制品虽较少，但多为高档品类，如熊掌、鹿鞭、鹿筋等。畜类制品按加工处理方法不同可分为腌腊制品、烟熏制品、灌制品、熟肉制品、干制品、乳制品等。按地方风味特色又可分为广式、川式、京式、苏式、西式等。按取料方式分整体或整体开片制作，如风猪、缠丝兔；解大件制作，如咸肉、腊肉等；取部位制作，如腊猪头、腊猪心、腊猪舌等；切小件制作，如肉干、肉脯、肉松等；切小件或切碎灌制，如香肠、香肚、火腿肠等。根据加工后是否熟制可分为生制品和熟制品。

1. 腌腊制品

腌腊制品是用食盐、硝盐、糖、香辛料等对畜肉及其副产品进行腌制而成的产品,因多在寒冬腊月生产而得名。一般只作腌制处理的称为腌制品,如咸肉、培根等,腌制品干燥处理后称为腊制品,如风肉、腊肉、香肠等。腌制品主要利用食盐的高渗透压起防腐作用,硝酸盐和亚硝酸盐有利于形成腌制品的颜色,糖有助于稳定色泽并增添风味、保持湿度,香辛料主要用来调味。腌制方法有干腌法、湿腌法、混合腌法及注射腌制法,干燥方法有晾干、风干、晒干、熏干和烤干等。腌腊制品在腌制成熟过程中产生独特的风味和色泽,质地紧实,保藏性能良好。

2. 熏制品

熏制品是利用木柴不完全燃烧所产生的烟气对肉类及其副产品进行加工而成的产品。烟熏的杀菌作用可以延长熏制品的保藏期,烟气成分沉积在肉表面并逐渐渗透到肉的内部,使原料表面硬结,颜色呈褐黄色、黑色,并带有特殊的烟熏香味。烟熏有熟熏和生熏两种。对已经熟制的原料再熏烟称熟熏,如烟熏火腿肠等。制品只经腌制后就熏烟的称生熏,如培根、香肠、腊肉等。烟熏时的燃料一般以硬杂木为好,如栗木、山核桃木作烟熏燃料风味最佳,而松、柏、杉树一类含较多的树脂类物质不宜做烟熏燃料。

熏制品在我国南方地区使用广泛,种类很多,如熏肉、熏鱼、熏鸡、熏猪头,熏蹄膀、熏腿、熏灌肠等。湖南熏肉、广东叉烧肉都是很有名的熏制品。烟熏制品是一种受消费者欢迎的传统食品,烟熏赋予了食品独特的风味。烟熏香味剂的产生使得人们得到高品质的原料。烟熏香味剂是一种液态的香味剂,与传统烟熏食品熏烟的成分相似,但风味更佳。制作时将其与其他调味料混合,用水配制成所需风味的浓度,然后用浸渍、喷洒、涂抹、注射等方法将香味剂与原料混合腌制入味,再经晾晒或烘烤。烟熏香味剂有一定的发色、抑菌作用,与传统工艺相比,其工艺简单、不污染环境、质量有保证,适宜大批量制作。

3. 熟肉制品

熟肉制品是将原料经过煮、卤、烧烤、油炸成熟而制得的制品的统称。根据具体加工方法的不同可分为白切制品、酱卤制品、烤制品和油炸制品等。

(1) 白切制品　将畜类的肉及其副产品放入水中,加一些去腥除异的花椒、生姜、葱和料酒等煮制成熟,然后作切片、丁和丝等刀工处理,拌入调味汁而制成。如蒜泥白肉、红油耳片、夫妻肺片、拌兔丁等。白切制品充分显示了地方特色。

(2) 酱卤制品　酱卤制品是将畜肉及其副产品放在卤汁中烧煮成熟入味所得的成品。卤汁往往重用酱油和香辛料,烧煮时卤汁中的香味成分以及肉中的呈味成分一起形成制品的风味。各地根据长期实践积累的经验使用不同原料创制出许多酱卤制品,较为有名的有五香驴肉、酱肘子、酱牛肉、卤猪肝、五香板兔、张飞牛肉、腊汁肉等。酱卤制品多呈酱红色、酱紫色,香味浓郁。酱卤制品常作冷盘运用。

(3) 烤制品　将原料直接接触热源进行热加工得到的制品称为烤制品。热源有明火和暗火之分,目前红外线烘烤是安全卫生的烤制方式。烤与其他加工方式如熏制、腌制等结合,可形成烤制品的特有风味。东南亚国家尤其是韩国烧烤较为著名,我国新疆烤羊肉串风味独特,广东烤乳猪久负盛名。烤制品色泽美观、外焦里嫩、香味浓郁,但不易包装和贮藏,适合就地生产、就地供应,在烹饪中往往将烤制品直接成菜。

(4) 油炸制品　指将原料初加工后,用高温油炸使其酥脆或干香的制品,分挂糊和不挂糊两类。油炸制品口感酥脆或干香,香气浓缩,风味别致,如炸肉皮、炸丸子、酥肉等。但油炸制品易氧化哈败,保存期短,因而多用真空包装或充氮包装以延长其保存期。

4. 干制品

干制品是指利用自然或人工的方法对肉类进行脱水处理,并使之保持干燥状态的制品。一般可分为两类:一是将原料直接干制成生干品,如熊掌、猪皮、蹄筋;二是将肉类原料经调味熟制后再脱水形成的熟制品,如肉干、肉脯、肉松等。干制品风味独特,重量轻,不易腐败变质,便于贮藏。

5. 灌肠制品

灌肠制品是指将肉类或副产品切小件或切碎,加入调辅原料腌制,灌入人工或天然肠衣中,经晾晒、烘烤、煮、熏等得到的制品。天然肠衣有猪肠、羊肠、鸡嗉囊、猪膀胱等,人工肠衣是一些无毒、安全的有机物合成品。

我国生产的灌肠制品品种繁多,口味不一。一部分是按我国传统的方式加工的称香肠或腊肠,为中式灌肠。另一部分是使用欧美国家的加工方法和口味或做一些改进而制作的,一般称为西式灌肠。中式灌肠和西式灌肠在肉类原料、调味料及加工方法上都有一定的差异,而且中式灌肠多为生制品,而西式灌肠多为熟制品。

灌肠制品不仅工艺多样,在用料选择上也越来越广泛,除畜类胴体肉外,内脏等副产品也可单独或混合地作为灌肠制品的用料而使用,如血肠、肝肠、水晶肠、舌心肠等。其用料处理形式也多样,有块、片、丁、颗粒、糜等形式。

6. 乳制品

将鲜乳经过一定的加工方法(分离、浓缩、干燥、发酵等)所制得的产品称为乳制品,常见的乳制品有淡炼乳、甜炼乳、奶粉、奶油、干酪,多用牛乳进行加工,也用羊乳和马乳加工。

(二) 常用畜类制品

1. 火腿(Ham)

火腿是用猪的前后腿经修坯、腌制、洗晒、整形、发酵陈放等多道工序制成的腌制品,为我国传统名产,是腌腊制品的代表。其著名品种有产于浙江义乌、金华等地的金华火腿,又称为“南腿”(彩图6);产于江苏如皋、靖江等地的如皋火腿,又称为“北腿”;产于云南宣威、曲靖、腾越等地的宣威火腿,又称为“云腿”。

火腿的制作多采用干腌法,在选料和工艺上十分讲究。一般选用新鲜、皮薄、脂肪沉积少、腿心丰满、爪小骨细的55～60 kg的猪的猪腿为原料。如金华火腿以金华猪“两头乌”为原料,历时数月制成,成品火腿重量2.5～5 kg,皮色黄亮、形似琵琶、肉色红润、香气浓郁、营养丰富、鲜美可口,素以色、香、味、形“四绝”闻名于世,在国际上享有盛誉。

火腿种类较多,分类依据多样。根据生产季节不同分早冬腿、正冬腿和春腿,以隆冬加工的正冬腿品质最好，早冬加工的早冬腿和春季加工的春腿品质次之；根据风味不同分酱香腿、果味腿和花香腿等；根据形状不同分琵琶腿、竹叶腿等。一般依产地来命名的较为普遍，如金华火腿、如皋火腿、宣威火腿等。

检验火腿的品质一般采用看、扦、斩三步检验法。看主要是观察火腿的表面特征，包括形态、色泽，油头大小、有无霉斑和虫蛀等。扦是将竹签插入内部，取出后嗅其气味是否具有火腿特有的香味，一般采用“三签法”(图 4-3)。斩是观察其切面的特征以及进一步判断气味，以切面是否精多肥少、瘦红肥白，肉质是否紧实，香气是否浓郁为观察指标，由此产生火腿的等级(表 4-4)。

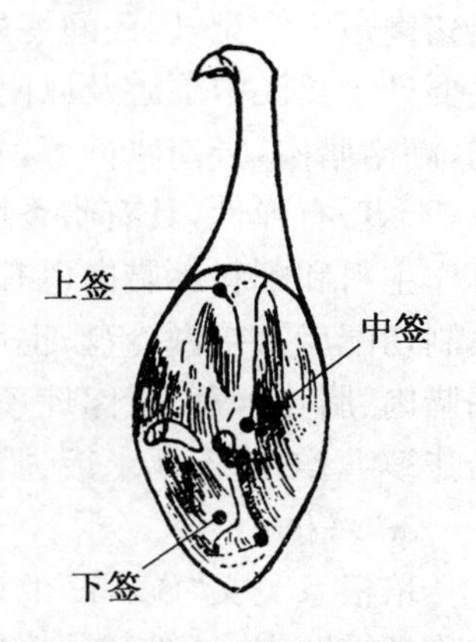

图 4-3　鉴别火腿的三签法

表 4-4　火腿的鉴别标准及分级

等级指标	优　级	一　级	二　级
香　气	三签香	三签香	上签香，中、下签无异味
肉　质	腿心饱满，瘦肉比例 65%	腿心饱满，瘦肉比例 60%	腿心饱满，瘦肉比例 55%
外　形	皮薄，腿脚细，油头小，无损伤、无虫蛀、无霉斑，肉面无裂缝，皮与肉不脱离	同优级	无损伤、无虫蛀、无霉斑

火腿的保藏主要注意避免油脂酸败、回潮发霉，应放在阴凉、干燥、通风处，避免高温和日照。尤其注意对新鲜切口进行保护，防止其成为腐败变质的薄弱点，可用涂油、保鲜膜密封的方式保存。

一只火腿一般分为五档：火爪(小爪)、火瞳(蹄膀)、上方、中方、油头(滴油)。其中上方又称火腿心，精肉厚实，肥肉少，骨最细，成形好，是最好的部位。

火腿色泽红艳，香气浓郁，滋味鲜美，为常用高档原料。其作主料可制作咸、甜味菜肴，如杭州名菜——蜜汁火方；作配料可与其他多种高低档荤素原料相配，常用于菜肴提鲜调味，为无显味的原料赋味，不仅主要用精肉部分，还可用皮、骨、火爪等吊汤来发挥作用；常作菜肴的配色、配形和装饰点缀的原料，如芙蓉鸡片、冬瓜燕、花色拼盘等；火腿是糕点、小吃的咸味馅料和配料之一。

为减咸增鲜和较好地成形，在火腿熟制时应加少量糖、料酒蒸透煮熟，并趁热抽出腿骨，用绳捆紧使骨孔闭合，冷却后才可切配，且使用刀工形式应多样，按菜肴的要求可切花刀片、大片、圆片、丝、丁、条、块等形式。烹饪中为突出火腿的色、香、味以及改善其质感，应忌少汤或无汤烹制，忌重味，忌粉糊，勾芡宜稀不宜稠，忌用色素，忌与异味重的原料同烹。

2. 腊肉(Cured Meat)

将鲜猪肉、牛肉、羊肉或其副产品经腌制、烘焙或晾晒而成的制品称为腊肉，以腊猪肉最为常见，因民间一般在农历十二月（腊月）加工，故名腊肉（彩图7）。腊肉主要产于长江中下游及以南地区。腊肉种类繁多，按产地分类有广东腊肉，四川腊肉，湖南腊肉，云南腊肉等，其成品要求色泽鲜明，肌肉呈暗红色，脂肪呈白色至黄色，干爽，有弹性，具有腊香风味。一般悬挂保存在阴凉干燥通风处。烹饪中腊肉可作主料和配料。腊肉也有提鲜增香的作用，多用蒸、煮、炒、烧等方法成菜，一般熟制切配后直接做冷盘，也可用生料和熟肉与其他原料配合成菜，如红糖腊肉、回锅腊肉、腊味合蒸、腊肉炖莲藕、腊肉甜烧白等。也可做糕点、小吃配料和馅料，如腊味萝卜糕、腊肉糯米饭、腊肉粽子、腊肉元宵等。

3. 培根

培根系英文"Bacon"的译音，意为烟熏咸猪肉。因大多是用猪的肋条肉制成，亦称烟熏肋肉，一般经过整形、盐渍、水浸、烟熏、包装而成，相当于我国的带烟熏味的咸肉，只是咸味较轻。培根为半成品，原料肉可带骨也可不带骨，可带皮也可不带皮，腌渍方式有湿腌、干腌、注射盐水三种。广义上的培根是指盐渍的猪胴体肉。狭义上只将盐渍、烟熏的猪腹肉（猪肋条）称为培根。按原料肉的多少和腌渍法不同，腌制时间长短不同，可在4～20天的范围内制成。培根根据原料的不同，分为：大培根：以猪的第三肋骨至第一节骑马骨处的肉为原料，去骨而制成，成品为金黄色，重7～10 kg；奶培根：以去奶脯、排骨的猪方肉（肋条）为原料制成，成品为金黄色，肥瘦相间，带皮的每块重约2～4.5 kg，去皮的一般不低于0.5 kg重；排培根：以猪的大排骨（脊骨）为原料，去骨后制成，肉质细嫩，色泽鲜美，是培根中质量最好的一种，每块约重2～4 kg；肩肉培根：以猪的前、后肩、臀肉制成；胴肉培根：用猪胴体肉制成；肘肉培根：用猪肘子肉制成。培根为西餐中常用的肉类原料。一般的食用方法是将培根去皮，切成片状和鸡蛋一起油煎成"培根蛋"。培根蛋是西式早餐中不可缺少的菜肴。也有将培根烤熟后食用，少数人喜食生培根。

4. 西式灌肠（Sausage）

西式灌肠源于欧洲，是将牛肉、猪肉等切块、绞碎后加入盐、淀粉、胡椒粉、大蒜粉等制成馅，灌入肠衣中，再经煮制或熏制而成。其制品组织细腻，切口整齐，风味多样。常见有小红肠、大红肠、蒜肠及火腿肠、粉肠、泥肠等产品。

（1）小红肠　亦称"热狗"、维也纳、沙生治，原产奥地利首都维也纳，口味鲜美。以牛肉、猪肉各一半为主料，以羊肠作肠衣。成品肠体细小，形似手指，稍弯曲，长12～14 cm，外皮红色，肉质呈乳白色，鲜嫩细腻，味香可口。常将其夹入面包中作为快餐食品，是目前世界上消费最大的一种肉制品。

（2）大红肠　亦称茶肠，为西餐常用灌肠，多作头盘或配茶点食用，以牛肉为主，辅以少量猪肉，采用牛盲肠肠衣或人工肠衣灌制。成品肠体大如手臂，长40～50 cm，红色，肉质细嫩，有明显烟熏香味、蒜味，切片后可见肥膘丁，肥瘦分明。

（3）色拉米香肠　色拉米香肠是一种固态自然发酵的高级灌肠，在西欧各国流行较早。它是以牛肉为主要原料，配以猪肉，经过备料、腌制、灌肠、发酵、烟熏等工序加工而成，分生、熟两种。色拉米肠每根长40～50 cm，外表灰白，有皱纹，内部肉质呈棕红色，食之风味浓郁，咸甜适宜，鲜嫩可口，略带辣味、蒜香和烟熏味。

灌肠熟制品可直接切片食用，也可炸、炒、烩等，单用或配其他荤素原料时，多作冷盘。

5. 中式灌肠(Sausage)

(1) 香肠 香肠是用猪肥瘦肉切条、片加入酱油、曲酒、白糖及香辛料拌制后灌入到猪小肠衣中,经干制而成,有的地区还进行烟熏处理以产生熏香。还有牛肉香肠、鸡肉香肠、兔肉香肠、鱼肉香肠、猪肝香肠、鸭肝香肠等。常见风味香肠有广东香肠、四川香肠、江苏香肠、浙江香肠、湖南大香肠等,特别有名的是广式和川式香肠。广式香肠具有外形美观、色泽明亮、味鲜气香、醇厚可口、皮薄肉厚的特色,花色品种较多,有生抽肠、老抽肠、猪心肠、牛肉肠、玫瑰猪肉肠等。川式香肠用料有猪、牛、兔等,味型多样,有麻辣、蒜香、咸鲜、五香、果味、花香味等,还添加虾米、花生、芝麻、枣子、橘皮等料灌制,风味各异,味重鲜香。香肠蒸、煮后可制成冷盘,或将生熟香肠用于热菜制作,如回锅香肠,蒜薹炒香肠等,宴席菜肴如广东的大鸡三味、百花棋子卷、八珍桂花肠、焗酿禾花雀和大鸭鸡卷等。香肠还可做糕点、月饼馅料。

(2) 香肚 香肚以猪膀胱灌馅加工而成,形状扁圆,名产有南京香肚(彩图 8)、天津桃仁小肚、哈尔滨水晶肚等。其中以南京香肚最为有名,形似苹果,皮薄,肉质紧密有弹性,切开后红白分明,香嫩可口,略带甜味。天津桃仁小肚配料中加入了核桃仁,色泽金黄,清香味美,具有核桃特有的甘香风味。哈尔滨水晶肚加入肉皮冻作配料凝固黏结肉馅,馅呈棕黄色,肉质紧密有弹性,切面光滑,肉、冻分明,口味清香爽口。香肚适于蒸、煮、炸等方法,可作冷盘、花拼,也可作配料成菜,用于菜肴的配色、围边及糕点馅心。

6. 肉松(Meat Floss)

肉松是将精瘦肉加入酱油、白糖、黄酒、香料等卤煮,经收汁浓缩,焙炒脱水制成的絮状干肉制品。按原料不同可分为牛肉松、猪肉松、鱼肉松、鸡肉松等,按产地及风味可分为福建肉松、江苏太仓肉松、四川肉松等。江苏太仓肉松呈絮状纤维状,疏松起绒,金黄色或淡黄色带有光泽,入口绵软有弹性,香味浓郁;福建肉松还加少量海藻、干贝、虾干等,其特点是油重糖多,呈均匀紫红色团粒状,酥松,入口即化,稍具甜味;四川肉松色泽红褐,肉纤维膨松,酥软易化味美香浓。肉松味鲜香酥,易于咀嚼,可用于冷盘及其垫衬、围边或热菜、点心的瓤馅料。也可作为佐餐小食。

7. 午餐肉(Luncheon Meat)

午餐肉是一种罐装压缩肉糜,通常都是用猪肉制成。午餐肉罐头在国际上工业发达的国家多作为午餐菜肴,午餐肉也因此得名。这种罐装食品方便食用,也易于保存,所以经久不衰。选择合格的鲜、冻猪肉,涂抹硝盐腌制,待肉成玫瑰红色肥肉发硬后将其绞成肉糜继续腌制,然后加入淀粉、食盐、砂糖和香辛料调料搅拌后装模煮制,冷却后脱模即为成品。午餐肉以有肉味、有肉块质感、少粉、少辛料的质量为佳。除最普遍的切片夹于面包中食用和炒饭外,通常作为冷拼、热菜和火锅原料运用,具有一定的配形、配色和提味的作用。

8. 乳制品

(1) 奶酪(Cheese) 奶酪又称为干酪、芝士、起士,是用小牛胃中的凝乳酶将鲜奶蛋白质凝固成豆腐脑状凝块，再经成形、加盐、发酵、成熟而成的制品。因制法不同有硬质奶酪(彩图9)和软质奶酪两种。前者有一层干硬外皮，切面白色至淡黄色，质地坚实致密，有的有圆形或椭圆形的气孔；后者质地均匀细致，口感稀软，入口易化。奶酪有特殊的发酵奶香，可直接切片食用或加糖食用，是西餐中最常见的增加奶香的菜肴配料之一，菜肴如芝士奶油蘑菇汤、芝士煎大虾、芝士焗菜花等。还常用于比萨饼、蛋糕的制作，也可供搭配面包、通心粉等食用。

(2) 炼乳　炼乳(Condensed Milk)是将牛奶或羊奶经浓缩、装罐、杀菌而成，市场常见有甜炼乳和淡炼乳。甜炼乳是在牛奶中加入约16%的蔗糖，并将牛乳浓缩至原体积的40%左右而成，成品含糖量高达50%，食用香甜可口。淡炼乳浓缩前不加入蔗糖，黏稠香浓。炼乳呈均匀的淡黄色，质地均匀，黏稠，倾倒可呈线状或带状流下，不凝块，不分层，耐贮藏，便携带。可加水稀释后代替牛乳使用，也可以作为一些小吃、甜菜的蘸料，还可用于糕点等制作。

第二节　禽　类

禽类原料主要包括家禽、野禽的肉及其副产品和制品。随着饲养业的发展，禽类占动物性原料的比例越来越高，目前我国饲养的家禽主要包括鸡、鸭、鹅、鸽、鹌鹑、火鸡等，近年来有些地方开始规模化养殖孔雀、鸵鸟等。

禽类体小，由于特殊的运动方式，禽类的胸肌和腿肌发达，所占比例较大，胸肌的重量可以占到全身肌肉的一半左右，是烹饪运用最多的部位。禽类肌纤维较畜类更细短，有明显的白肌和红肌之分。禽类的皮肤较薄，无汗腺和皮脂腺，只有尾部具有尾脂腺，水禽的尾脂腺特别发达。皮肤在翼部形成翼膜，在水禽趾间形成蹼，前者用于飞翔，后者用于划水。结缔组织占胴体的比例远比畜肉低，肉硬度较低。禽类脂肪多沉积于皮下和体腔内，熔点低，气味芳香，易为人体消化吸收。禽肉的鲜味物质含量高，比其他肉类更鲜美。所以，禽类是含优质蛋白，易消化吸收，风味独特的一类较高档的原料。体积较小的禽类原料，烹调时整只使用较多，体大者则多分档取料或剔肉使用。

一、家禽及野禽类原料

(一) 家禽

家禽是指人类为满足对肉、蛋、羽毛的需求，经长期饲养驯化的鸟类动物。驯养历史长，形成了很多著名的种类以及品种。

1. 鸡

鸡(*Gallus domestica*；Chicken)，鸡形目雉科动物。早在三千多年前由原鸡驯化而来，我国是世界上最早驯养鸡的国家。依不同的商品用途，分别驯化出具有较高经济价值的肉用鸡、蛋用鸡、肉蛋兼用鸡和药用鸡四类，每一类又有很多品种，极大地丰富了原料的来源，如我国山东的九斤黄和寿光鸡(彩图10)、江苏狼山鸡、江西泰和鸡、四川金阳丝毛鸡以及从国外引进的白科尼什鸡、白洛克鸡等。

（1）肉质特点　鸡是我国肉类原料的上等品，秋后宰杀的最肥美。鸡肉持水性高，肌纤维细软，结缔组织少，肉质细嫩，红白肌区分明显；鸡的脂肪一般分布在皮下或体腔中，肌间脂肪较少，鸡脂肪熔点低，易消化吸收，且香气浓郁；鸡肉中含有较多的呈鲜物质，而且随着年龄的增长而增加，甚至与性别有关，老母鸡表现出最佳的鲜香风味。故有"无鸡不鲜"之说。

（2）烹饪运用　在烹饪使用时，由于鸡肉的质地和风味因种类、年龄、性别和部位不同而差别较大，为达到良好的成菜效果，对同一品种而言，主要依据年龄和性别进行选料。一般对仔鸡、成年鸡和老年鸡选择不同的烹调方式。鸡肉在烹饪中主要做菜肴的主料使用，取料方式多样，刀工形式多样，成菜形式多样。体形较小的仔鸡生长时间短，肉质十分细嫩，但肉少骨多，适合整用或斩块制作菜肴，如炸八块鸡、油淋仔鸡、旱蒸童子鸡等。体形较大的仔鸡肌肉发达，肉质细嫩，可剔取胸肉、腿肉分部位或带骨斩块制作炒、爆、熘、拌等菜肴，如宫保鸡丁、红油鸡片、香酥凤脯、红酒烧鸡翅等；成年鸡肉质和风味介于仔鸡和老鸡之间，适用范围最广泛。母鸡肌肉丰满，肉质肥嫩，味鲜香，多用于蒸、炖菜。公鸡活动量大，肌肉发达，结缔组织较多而脂肪少，吃口不油腻，适合烧、拌成菜。老年鸡肉质粗、脂肪多，鲜味足，适合炖、煨、焖、烧而成菜。鸡胸肉和腿肌肉最为发达，成型条件好，菜式品种较多，由于蛋白质含量高、吸水能力强，还可剁成茸后做成茸、糕、丸式菜，极为滑嫩鲜香，成色和造型性好，如传统川菜"鸡豆花"。鸡肉还可用于制作各种营养粥品、滋补食疗品、糕点、小吃等，而且是制作高汤的主要原料。除肌肉外，其副产品也是高级的烹饪原料。

2. 鸭

鸭（*Anas domestica*；Duck），雁形目鸭科动物，是禽类中仅次于鸡的原料。由于生活方式和环境的要求，南方饲养较多，多以秋后田间放养的传统方式养殖，所以中秋前后体肥肉嫩，香气浓郁，此时最宜食用。根据商品用途不同，分为肉用鸭、蛋用鸭、肉蛋兼用鸭三类。著名品种有北京鸭、番鸭、金定鸭、高邮麻鸭（彩图 11）、建昌鸭等。

（1）肉质特点　鸭为水禽类，生活环境和方式的不同，使其形成独特的肉质特点。与鸡肉相比，鸭肉的肌纤维较粗，红肌纤维含量高，使肉色较深；结缔组织含量多；皮下脂肪沉积较多，肌间脂肪丰富，使鸭肉具有水腥气。虽说鲜味不及鸡肉，但脂香气浓厚，烹饪中常有"鸡鲜鸭香"之说。肥育良好的鸭更显肥嫩，烹调后带有浓郁的脂香特色，在熬制汤料时具有明显的提香增鲜作用。

（2）烹饪运用　鸭在烹饪中运用较为广泛，对同一品种而言，选料时以年龄为依据，分仔鸭和老鸭运用。主要作菜肴的主料运用，可加工成多种菜式。多整只烹制，宜烧、卤、烤、酱、蒸、炖、煮，以突出其肥嫩鲜香的特点，如北京烤鸭、南京盐水鸭、四川樟茶鸭、虫草鸭等。仔鸭可切块或取胸、腿肉爆、炒、烧成菜，如仔姜爆鸭丝、冬菜烧鸭、魔芋烧鸭等。也是制作高汤不可缺少的原料之一。鸭还可腌腊、烧烤，名产有板鸭、烤鸭、烧鸭、酱鸭、熏鸭等。鸭舌、血、掌、翅、肠、肫等均可烹制成名肴，如芥末鸭掌、油爆菊花肫、卤鸭肫等。

3. 鹅

鹅（*Anser domestica*；Goose），雁形目鸭科动物，是大型水禽的代表。与鸡鸭相比，品种少，用量也不多。根据商品用途分肉用鹅、蛋用鹅和肉蛋兼用鹅，有狮头鹅（彩图12）、五龙鹅、太湖鹅等著名品种。鹅在立冬至次年三月左右宰杀品质好。

鹅体型大，出肉率高达80%，肉质较鸭为老韧，略有水腥气。烹调时多以整只烹制为主，宜烤、卤、熏、酱、腌、腊，如著名的糟鹅、盐水鹅、挂炉烤鹅、脆皮鹅等；嫩鹅可加工成条、块、丁、丝，宜于烧、焖、炒、蒸、炖、炸、煎，名菜有浙江的扣鹅、花椒鹅，广东的焦蒸鹅肉等。其副产品舌、翅、掌、肫、肝、血均可入菜。

4. 火鸡

火鸡（*Meleagris gallapavo*；Turkey），鸡形目火鸡科动物，又名吐绶鸡，也为大型禽类。原产北美洲南部，身躯高大，颈部短直，头颈部没有羽毛而秃裸，头上长有珊瑚状的皮瘤，喉下有肉垂。繁殖期皮瘤、肉垂膨胀，颜色火红，故称火鸡。尾羽发达，公火鸡尾羽展开呈扇形，母火鸡尾羽不展开，前额有一肉锥。根据羽毛的颜色，火鸡主要分青铜火鸡、白色火鸡和黑色火鸡，因种类和性别不同大小差异较大，一般体重约8～16 kg。青铜火鸡（Bronie Turkey）饲养量最大，个体较大，羽毛黑色带红、绿、古铜色等颜色，颈部羽毛呈深青铜色。胸部很宽，头上的皮瘤由红色到紫白色，成年公火鸡体重约16 kg，成年母火鸡体重约9 kg。白色火鸡（White Holland）原产于荷兰，全身羽毛白色，肉质良好，成年公火鸡体重约14 kg，成年母火鸡体重约8 kg（彩图13）。黑色火鸡（Black Turkey）原产英国，羽毛黑色带绿色光泽，成年公火鸡约重15 kg，成年母火鸡体重约7 kg。我国从美国、加拿大引进火鸡，浙江、广西等地首先开始饲养，以舟山火鸡场较知名。

火鸡出肉率高，瘦肉多而集中，胸部和腿部肌肉特别发达，质嫩、脂肪少，蛋白质含量高，味香鲜美，是良好的肉用禽之一。通常整只烤制，也剔肉切丝、片、丁或斩块等，宜于烤、炸、熏、炒、熘等成菜，还可填馅制作。欧美各国食用普遍，感恩节、圣诞节大菜——烤火鸡闻名遐迩。

5. 鸽

鸽（*Columba liva domestica*；Pigeon），鸽形目鸠鸽科动物。一般分观赏鸽、信鸽和肉鸽，烹饪使用以肉鸽为主。肉鸽也称菜鸽、地鸽，体大而重，重达0.8～1.5 kg，肉质细嫩，生长时间在4周左右的乳鸽品质尤佳。肉鸽繁殖快，年可达10窝，是优质肉禽之一。近年来我国肉鸽饲养发展较快，全国各地均已建立肉鸽场。烹饪常用品种有石岐鸽、王鸽、赤鸽、法国地鸽等。鸽肉纤维短，脂肪含量少，肉嫩，滋味浓鲜，香气足，营养丰富，具有较高的药用价值，具有益肾补气的作用，属高档原料之一。多整只蒸、烧、炸、烤、焗、卤成菜，如玫瑰酒焗乳鸽、香酥八宝鸽等；鸽脯极嫩，可加工成丝、片或剞花后熘、炒、炸、拌成菜，如云南的红烧鸽脯、炸鸽排，淮扬的炒鸽松，四川的蒜泥鸽片等。鸽血常被视为较好的滋补品，故鸽子多用水溺杀。

6. 鹌鹑

鹌鹑（*Coturnix coturnix japonica*；Quail），鸡形目雉科动物，原为候鸟，现已广泛饲养，分蛋用型和肉用型两类。体长15～20 cm，野生者体小，家鹌鹑体重0.2～0.35 kg。头小尾秃，酷似鸡雏，周身羽毛有白色大型羽干纹，背羽呈斑驳的褐色。鹌鹑肉质细嫩，滋味香美，富于营养，有“天上的飞禽，香不过鹌鹑”之说。自古食用，宋代就有“炙鹌子脯”、“益鹌羹”等。因体小多整只烹制，也可取胸、腿肉入菜，宜于多种加工和烹调方法。菜肴有脆皮鹌鹑、口蘑炖鹌鹑、芙蓉鹑丁等。

（二）野禽

野禽是指野外生活的鸟类，我国野禽种类较多，由于大多数野禽主要行飞翔运动，且活动能力强，所以其形态、组织结构、肉质与家禽相比有其特点。

为适应飞翔，野禽体形都较小，胸肌较丰满，所占比例较家禽高，约为60%，成为主要的肌肉来源。由于体小，肌纤维细，红肌含量相对较多，肌肉颜色深红。不善飞的种类，白肌含量相对较多。由于飞翔，机体活动量大，皮肤与肉连接疏松，易从肉体剥离。脂肪含量低，肌间脂肪也少，但活动量小的含量多。

总之，野禽肌肉比例比家禽高，蛋白质含量高，滋味鲜美无异味，持水性强，成菜鲜嫩爽口。民间有“宁吃飞禽四两，不吃走兽一斤”的说法。一般以整只、切块和剔肉的形式，以烤、卤、烧、蒸、炸、炒、熘制成菜。由于生态环境的破坏，乱捕乱猎，野生鸟类资源逐渐减少，过去在烹饪中常用的许多野生鸟类，已被列入国家保护动物。所幸的是，一些利用价值较高的野生鸟类已被人工饲养，为利用野禽开辟了一条新的道路。

1. 环颈雉鸡

环颈雉鸡（*Phasianus colchicus*；Pheasant），鸡形目雉科动物，又称野鸡、山鸡、雉，在我国分布广泛。雄鸡体重1.2 kg左右，头部呈红色，颈部呈紫绿色，具有一明显的白色环，羽毛华丽，尾羽长且颜色鲜艳。雌鸡尾较短，全身羽毛为砂褐色和黑色相杂，体重0.8 kg左右（图4-4）。雉鸡是常见的野味佳肴，为山珍之一，其肉质细嫩，味鲜美胜家鸡，冬季肉质最肥嫩。各菜系广泛采用，名菜很多，如浙江的脆皮五香雉鸡、江苏的荠菜野鸡片、四川的韭黄山鸡卷、湖南的锅烧野鸡片等。雉鸡一般适宜烧、爆、卤、炒、煨、烤、熘、炖等方法烹制成菜。

图4-4　雉鸡

2. 绿头鸭

绿头鸭（*Anas pltyrhynchos*；Mallard），雁形目鸭科动物，一般称为野鸭，也称水鸭。体形一般比家鸭小，可飞行，趾间有蹼。雄鸭头、颈部的羽毛呈绿色，体上羽毛呈灰褐色，雌鸭体羽近棕褐色。绿头鸭春季在北方繁殖，秋冬到长江流域及其以南越冬，冬末春初最肥美。野鸭肉很香美，尤其以胸脯肉最为肥嫩，适宜炖、焖、炒、爆、蒸等烹调方法。名菜有江苏扬州的野鸭菜饭、浙江的盐水野鸭、广东的虫草炖野鸭、四川的葱烧野鸭、湖南的洞庭野鸭等。野鸭肉还可腌、腊及卤制。在使用时需注意其水腥气重，初加工时需将尾脂腺去净，烹调时多用姜葱、料酒、花椒等掩盖腥气。

3. 麻雀

麻雀（*Passer montanus saturatus*；Sparrow），雀形目文鸟科动物，又称家雀。体小，约14 cm。雌雄体羽毛颜色近似，头颈部呈栗褐色，背部稍浅。分布广，南北均有，以秋冬季最肥嫩。麻雀肉质鲜嫩，味清香，适宜卤、炸、熘、炒、烧等烹调方法，可制作下酒小吃。如江苏仪征的卤麻雀、炸麻雀等。也可为宴上佳肴，如黑龙江的辣味雀丁、云南的五香生炸谷雀等。

4. 斑鸠

斑鸠(*Streptopelia* spp. ;Turtledove),鸽形目鸠鸽科野生动物的通称,又称雉鸠。种类较多,我国有山斑鸠(金背斑鸠)、珠项斑鸠(花斑鸠)、灰斑鸠等。斑鸠形似鸽,大小和羽毛颜色因种类不同而有差异。我国主要分布的是山斑鸠(*S. orentalis*),其在华南一带较多。其背羽为淡褐色,羽缘微带棕色,而肋、腋羽及尾下复羽均为灰蓝色。冬季飞迁南方及长江中下游越冬。斑鸠肉质细嫩鲜香,是应用较多的野味原料之一,适宜炒、熘、烩、焖、煮、卤、炖、烧等烹调方法,菜肴有炸熘斑鸠、牡丹鸠片、樟茶斑鸠、元葱炒斑鸠等。

5. 黄胸鹀

黄胸鹀(*Emberiza aureola*;Yellow-breasted Bunting),雀形目雀科动物,也称禾花雀、麦黄雀、寒雀。形似麻雀,体长 15 cm,毛色花黄,嘴短,分布于我国各地。肉质鲜嫩,骨细而脆,宜于炸、炒、烧、卤、扒等烹调方法,吃时加少许柠檬汁,可使其肉松软,又可去腥。福建菜有酥炸花雀、广东菜有瓤禾花雀、广西菜有烧瓤禾花雀、福建菜有橘汁花雀等。

6. 鹧鸪

鹧鸪(*Linus pintadeanus*;Chinese Francolin),鸡形目雉科动物,又名越鸡、花鸡。体长 30 cm 左右,头顶呈棕色,全身羽毛黑白相杂,腹背有眼状白斑,足呈红褐色。鹧鸪食性杂,分布于南方的云南、贵州、福建、四川及广西等地,现已人工饲养。鹧鸪肉色白细嫩,骨细,出肉率高,肉味鲜美,是著名野味,可炖、烧、炸、蒸制成菜。如香酥鹧鸪排、清炖鹧鸪等。

7. 花尾榛鸡

花尾榛鸡(*Bonasa bonasia*;Hazel Grouse)属于鸡形目松鸡科动物,也称飞龙(彩图 14)。分布于东北,是黑龙江省林区的主要狩猎鸟类之一,偶见于河北兴隆等地。榛鸡比家鸡小,体长近 40 cm,重 0.4 kg 左右,体毛棕灰并带暗褐色横斑。雄鸡喉部黑色,两侧白色。雌鸡羽毛稍暗,喉部灰白色并带黑褐色斑纹。肉质细嫩,味极为鲜美,为八珍之一,适于多种烹调方法。黑龙江、吉林有串烤飞龙、汆三鲜飞龙、人参飞龙酒锅、参泉美酒飞龙、渍菜美味飞龙脯等菜,并可制作“飞龙宴”。飞龙作汤菜尤佳,汤清味香。飞龙营养丰富,民间视为滋补食品,现列为国家二级保护动物。由于过猎,种群数量已明显下降,需加强保护,现已经开始人工养殖。

二、禽类副产品

禽类副产品是指除动物胴体外的可食部分,其中禽胃、肝、心、肠等内脏俗称禽杂。也是极富营养和特点的原料,为人们所喜爱。

(一) 肌胃(Gizzard)

禽类由于食性和进食方式特殊,胃的组织结构虽与畜胃相似,但形态结构因功能不同发生了变化,一般分为腺胃和肌胃两部分(图 4-5)。腺胃类似肠道,分泌的黏液多,肉壁较厚实,俗称肫把子,与肠的烹饪运用相似。肌胃的功能是碾磨食物,也称砂囊,俗称肫肝、胗肝,呈圆形或椭圆形的双凸透镜状,重要结构有两层,一是强大的肌肉层，由环形排列的平滑肌构成，肌肉坚实发达，肌纤维因富含肌红蛋白而呈暗红色，肌胃的肌膜在肌胃两侧以厚而致密的腱相连接；二是肫皮，肌胃黏膜上皮的分泌物与脱落的上皮细胞在一起硬化形成的一层厚而韧的革质层，紧贴于黏膜上，又称内壁筋。其主要成分是酸性黏多糖—蛋白复合物，具有明显的药用价值，中药称“内金”。加工时去掉革质层，主要以肌胃发达的平滑肌供食。胗肝肉质脆韧，去除肌腱后，适于爆、炒、炸、卤、拌等烹调方法。所成菜肴脆嫩可口，如火爆双脆、盐水肫花、软炸肫花等。

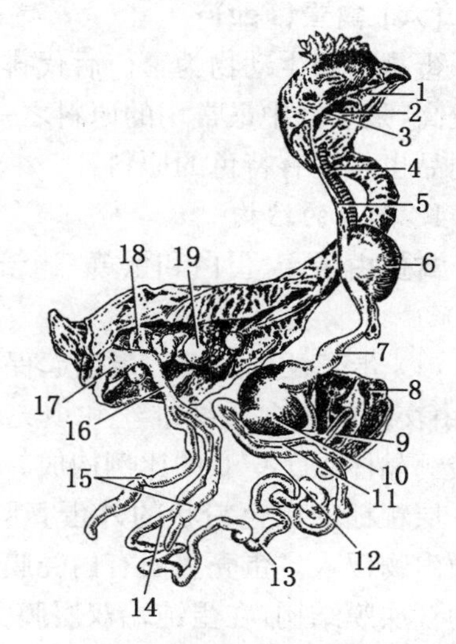

图 4-5 鸡的消化系统

1—口腔；2—喉；3—咽；4—气管；5—食管；6—素囊；7—腺胃；8—肝；9—胆囊；10—肌胃；11—胰；12—十二指肠；13—空肠；14—回肠；15—盲肠；16—直肠；17—泄殖腔；18—输卵管；19—卵巢

(二) 肝

禽类的肝脏结构类似畜类，一般呈红褐色或黄褐色，分两叶。由于体小，肝小叶不明显，质地更细嫩，适合爆、炒、熘、汆、卤制成菜。我国和欧洲国家都有食用肥禽肝的习惯，如我国用瘤头公鸭与北京鸭杂交的鸭可生产鸭油脂肝，欧洲人将鹅肥育产生肥鹅肝，可制作成佳肴鹅肝酱，是西餐中的一大美食，所以肥禽肝是一珍贵原料。通过肥育，可使禽类的肝脏含脂量增高，肝体大，重约 0.5～1 kg，呈姜黄色，质细嫩，味鲜美，有特殊香气。

(三) 舌(Tongue)

禽舌由舌尖、舌体和舌根三部分构成，形状因动物种类不同而异。禽舌体内有舌骨，舌表面被覆的黏膜上皮在舌背处高度角化，主要由结缔组织、脂肪组织和少量肌肉构成，烹饪中运用较多的是鸭舌，具有嫩、脆、滑的特点。在烹饪加工时，应去掉角质化的黏膜上皮和舌内骨，剩下的部分质地鲜嫩，脆滑，适合以烩、汆等烹调方法制作凉菜和热菜，如水晶鸭舌、酱烧鸭舌、烩鸭四宝、口蘑鸭舌汤、烩鸭舌腰等。

(四) 禽爪(Claw)

禽爪为禽类的足掌，食用部分为其真皮，富含胶原蛋白。烹饪中运用较多的是鸡爪和鸭掌，皮厚筋多，质地脆嫩。鸭掌还有发达的蹼，是由皮肤形成的褶，其食用价值更高，常作为高档的烹调原料。禽爪在烹饪中可带骨或去骨制作多种菜式，如热菜、凉菜和火锅等，适宜卤、拌、烧、蒸、烩、煎、泡等烹调方法。熟制后菜肴脆嫩可口或软糯细滑，如煎瓤鸭掌、芥末鸭掌、红烧鸭掌、泡椒凤爪等。

(五) 肠

禽肠与畜类一样分小肠和大肠，其组织结构也与畜类相似，但一般较短，肌肉层较薄，特别脆嫩，易成熟。禽肠可用来作肠衣或直接入馔，烹饪应用最为广泛的是鸭肠、鹅肠，其质韧，色浅红至浅黄，外附油脂，初加工去异味后，适合爆、炒、拌成菜，如火爆鸭肠、凉粉鹅肠等，特别适合作火锅原料，涮烫而食，脆嫩可口。

(六) 禽蛋(Egg)

蛋是指卵生动物为繁衍后代排出体外的卵。禽蛋营养成分丰富,蛋白质生物价较高,是烹饪中最常用的原料之一。常用的有鸡蛋、鸭蛋、鹅蛋、鸽蛋、鹌鹑蛋等,蛋制品也是富有特色的原料。

1. 禽蛋的结构

禽蛋由蛋壳、蛋白和蛋黄三个部分构成(图4-6)。

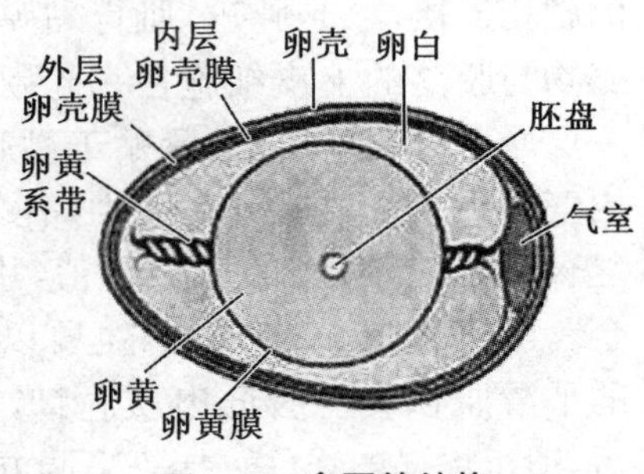

图 4-6　禽蛋的结构

(1) 蛋壳及蛋壳膜　蛋壳起保护禽蛋的作用,由交织的蛋白质纤维丝和填充在缝隙间的碳酸钙晶体以 1∶50 的比例构成。蛋壳外表面有一层粗糙的白色粉状的外蛋壳膜,可防止外界微生物侵入。蛋壳里面有内壳膜和蛋白膜组成的双层膜结构,在蛋钝端双层膜分开形成气室,随着保存时间的延长,水分蒸发气室逐渐变大,气室的大小,可以作为判断蛋新鲜度的一个标志。

(2) 蛋白　蛋白又称蛋清,是位于蛋壳与蛋黄之间的无色透明胶体,从内到外由约占 2.7%的卵带层、16.8%的内层稀蛋白、57.3%的中层浓蛋白、23.2%的外层稀蛋白构成。随着贮存时间的延长或受水解蛋白酶的影响,蛋白逐渐变稀,蛋的品质下降且变质的可能性增大。蛋白的主要成分是水分和蛋白质。

(3) 蛋黄　蛋黄为球形,两端有系带牵连而固定在蛋的中央。蛋黄由蛋黄膜、蛋黄液和胚胎三部分组成。蛋黄膜是介于蛋白和蛋黄液之间的透明薄膜,由纤维状角质蛋白组成,弹力很强,有韧性和通透性。蛋黄液是主要部分,除水分外,主要是脂质和蛋白质,也含有维生素、矿物质等。受精的胚胎在温度适宜时会吸收蛋黄液营养物质继续发育,俗称寡蛋,食用价值低,但在某些地方食用,如南京人喜食的传统小吃旺鸡蛋(毛鸡蛋)。

2. 禽蛋的理化特性

禽蛋表现出多种特殊的理化特性,其中与烹饪运用密切相关的是凝固性、乳化性和起泡性等特性。

(1) 易凝固性　禽蛋在加热、加盐、酸、碱等情况下均可发生蛋液凝固现象。尤其热凝固温度低,蛋白 60℃开始凝固,62℃失去流动性,80℃成为固体;蛋黄 65℃开始凝固,70℃失去流动性。禽蛋新鲜度越高,凝固点越低。由于其凝固性好,易加工成熟,易造型。

(2) 蛋清的起泡性　搅打蛋清时,大量空气混入蛋液中,由于蛋白质的表面变性作用形成丰富而稳定的泡沫,这就是蛋清的起泡性。当蛋清的 pH 值在等电点附近时,起泡性最大。新鲜禽蛋的起泡性大。通过加入少量蔗糖增加蛋液的黏度可增强起泡性。

(3) 蛋黄的乳化性　蛋黄含有丰富的脂类,约占蛋黄内容物的 33.3%,其中卵磷脂的含量较高。卵磷脂和脂蛋白都是良好的乳化剂,能使水和油均匀分布且高度分散。

3. 禽蛋的烹饪运用

禽蛋营养物质丰富，消化率较高，而且具有良好的加工性，运用形式多样，禽蛋在中西烹饪中都运用广泛。

（1）是制作主食、糕点、小吃、饮料的常用原料　禽蛋的加入不仅丰富营养，而且也起到一定的增色、增味的作用，如蛋炒饭、面包、蛋糕、鸡尾酒调制等。

（2）用于菜肴，可作主料，也可以作配料　运用形式多样，味型多样，常采取炒、煎、煮、炸、摊等方式快速成菜。不仅可以做炒菜，汤菜，冷盘，还可做大菜和造型菜，如鸽蛋裙边、珍珠鸡等，也可以用于制作蛋卷，蛋饺等特殊菜式。

（3）利用禽蛋的特殊理化特性作辅助原料　利用其热凝固性可作黏合料，用于制作糕、丸、茸等工艺菜以及上浆、挂糊的原料。还可加工出各式配形料，如蛋皮、蛋丝、蛋白糕、蛋黄糕、蛋丸等；利用蛋白、蛋黄的不同色泽可作调色和配色料；蛋黄的良好乳化性可调制沙拉酱、蛋黄酱，以及制作质地酥脆的金衣糊和全蛋糊；利用蛋白的特性和色泽可调制蛋清浆，良好起泡性可制作松软的蛋泡糊和蛋糕等，蛋泡糊常用于软炸菜式，还可以制成芙蓉等特殊菜式。

（4）可专门作为调味料使用　如蛋黄酱不仅利用蛋黄的乳化性和色泽，而且也呈现了禽蛋的风味。

禽蛋中运用最广泛的是鸡蛋，因为取料方便，而且无腥味，价格便宜。其他禽蛋运用较少一些。鸭蛋与鹅蛋有水腥味，食用加工方法和鸡蛋类似，但很少作辅助原料，多用于制咸蛋、皮蛋、糟蛋等。烹调时需加酒矫味。鹌鹑蛋体小质轻，玲珑美观，质地细腻，一般煮熟后剥壳整用，也可以打散入花模后用，可单用也可作大菜和工艺菜的配料，可烧、烩、卤、炸以及制作汤菜。菜肴如鹑蛋裙边、珍珠鸡等。鸽蛋的产量较少，是高档的菜肴原料之一，筵席常用。体形较鹌鹑蛋稍大，壳乳白光洁，煮熟后蛋白半透明，细嫩可口，一般剥壳整用，菜肴有象眼鸽蛋、龙眼鸽蛋、老蚌怀珠等。

三、禽类制品

禽类制品是指用家禽和野禽的肉以及副产品加工而成的制品。常见的禽类制品有烧鸡、扒鸡、熏鸡、风鸡、板鸭、烤鸭、烤鹅、盐水鸭、皮蛋、腌蛋、糟蛋等，其中有些种类可直接食用，为熟禽制品，有些种类必须经过加工后才能食用，为生禽制品，如板鸭、风鸡等。大多数制品的加工方法同畜类，分类方式也同畜类制品。但种类较少，且多整体制作。

（一）燕窝（Swallow Nest）

燕窝又称燕菜，是雨燕科金丝燕属的燕鸟用吐出的胶质唾液在岩石峭壁上筑成的窝巢，以唾液细丝供食用。燕窝主产于我国南海诸岛与东南亚各国，以海南万宁燕窝最为著名。燕窝根据颜色和品质不同，分为三种：①白燕，又称官燕、贡燕，是金丝燕第一次筑的巢。杂质比较少，外形整齐均匀，窝体呈碗状，根小、白色光亮，半透明，有清香味，涨发率高，品质最好（彩图 15）。②毛燕，又称乌燕、灰燕，是金丝燕第二次筑的巢。唾液较少，间杂羽毛、藻体等杂质，颜色较灰暗，窝体不甚规则、整齐，品质稍差。③血燕，是金丝燕第三次筑的巢。窝形小，唾液细丝少，且带有紫黑色血丝,海藻羽毛较多,涨发率低,品质最差。除成型燕窝外,加工时有不完整的燕条、燕碎、燕饼等形式,品质较低。

燕窝以形态完整、燕根小、棱条粗壮、身干而壁厚、色白为好。燕窝属珍稀烹饪原料,是八珍之一。其营养价值高,有养阴润燥、益肺补中的功效,可治虚损、肺痨、咳嗽、咯血、吐血等多种疾病,多作滋补原料用。泰国的康士山、罗兰岩山和宋卡山等处所产的燕窝,因为红色岩壁渗出液浸入而成红色,也称为血燕或红燕,具有较高的滋补作用。

燕窝一般为干制品,须经过涨发后使用,通常有蒸发、泡发、碱发等几种水法方式,视质地而选择。发制好的燕窝呈粉条状、柔软膨大,白色透明。燕窝多经蒸、煨、炖等方式制作汤羹菜式,咸甜菜均可,名菜有冰糖炖燕窝、清汤燕菜等,也有烩、拌、炒制成菜。因其自身无味,制作咸味菜肴应用上汤调制,宜清不宜浓,配料口感多柔软。

(二)板鸭(Pressed Salted Duck)

板鸭为传统的禽类腌腊制品。主要选用麻鸭经宰杀、剖腹、盐腌、控卤、复盐、整形等多道工序制成。因制作时整形为平板状且肉质紧密板实而得名。板鸭多在冬季生产,以小雪到次年立春间腌制的腊板鸭质量最好,立春后生产的春板鸭宜现制现吃,保存期短。板鸭主产于我国长江中下游及以南地区,著名品种如南京板鸭、福建建瓯板鸭、重庆白市驿板鸭、江西南安板鸭、湖南乾州板鸭等。南京板鸭尤为出名,有五百多年生产历史。鸭体皮白肉红,脂肪丰富,骨髓绿,肉质紧密板实,又称白油板鸭、贡鸭、琵琶鸭。板鸭的烹制方法直接影响其口感和风味,一般先用清水或淘米水浸泡3~4小时,漂去盐分,至鸭身柔软后,鸭头朝下入沸水,保证热汤灌入板鸭腹腔内,微火慢焐30~40分钟,可加入适量的姜、葱、料酒等增香。起锅冷却后切配,防止汁水流失。板鸭的肉紧实酥香而肥嫩,可蒸煮后作凉菜或作为炖、蒸、炒、烧等菜肴的配料,多选用清淡蔬菜与之配合,偶尔作高档菜肴,如油鸭鹌鹑松等。板鸭以鸭体平板呈扁圆形,八字骨扁平,两腿挺直,胸部稍突起,体肥、皮白、肉红,肉质紧密,食之香酥者为好。

(三)风鸡(Dry Breezed Chicken)

风鸡又称风干鸡,也是传统腌腊制品的代表,是将鸡宰后去内脏、腌制、风干加工成的制品。风鸡多在腊月生产,不易变质同时产生独特的腊香。各地加工风鸡方法略有差异,去内脏、去毛加工的为光风鸡。不去毛加工的为带毛风鸡。不去毛,在体外还裹上黄泥风干的为泥风鸡。一般悬挂于背阴通风处风干1~2月即成。河南固始风鸡、湖南泥风鸡、云南封鸡、成都元宝鸡等都是风鸡的著名品种。风鸡肉紧实,味鲜香可口,香味独特,以蒸、煮熟制为好。熟风鸡外表油亮,色浅黄,肉质红润结实,鲜香味浓。可切块或撕条制成冷盘食用,也可炒、烩、烧制菜,也可加入煮面条、粉丝、米粉中,别具腊香,煮制风鸡的汤汁也应充分运用。优质风鸡应脂肥丰满,肌肉略带弹性,皮色浅黄,无霉变及其他异味。储藏时应防止雨淋,防止阳光曝晒、受潮走油,一般可保藏6个月。

(四)蛋制品

蛋制品是禽类特有的加工制品。根据加工方法分为:一、蛋液制品,是将蛋液取出加工的，如蛋白粉、蛋黄粉、冰蛋黄、冰蛋白等；二、再制蛋，即保持蛋的原形而加工的制品，如皮蛋、腌蛋和糟蛋等。再制蛋是人们喜爱的传统原料。

1. 咸蛋(Salted Egg)

咸蛋是将禽蛋放在浓盐水中浸泡或用含食盐的裹料湿敷腌制加工而成的产品，又称为腌蛋、盐蛋。腌制咸蛋的时间多在清明前，主要用鸭蛋腌制，腌制方法有包泥(灰)法、浸泡法和包酒法。在腌制时，由于食盐的作用，蛋白和蛋黄逐渐变稠，蛋黄内脂肪析出，使咸蛋黄松沙油润。优质的咸蛋咸味适中，蛋白细嫩，蛋黄松沙带油，色橘红。江苏高邮双黄咸鸭蛋、湖南益阳朱砂咸蛋、湖北沙湖盐蛋、浙江黑桃蛋质量好，十分畅销。

咸蛋洗净煮熟可直接供作小菜食用，是端午节的食俗食品，可和其他原料配用于凉菜和热菜中，可取出蛋液蒸、炒、或做汤菜食用，可做糕点、小吃的配料和馅心，如咸蛋粥、莲蓉蛋黄月饼、蛋黄粽子等；可作配色和配形原料使用，如可与皮蛋、鸡蛋制成玛瑙蛋，用于拼盘制作，利用咸蛋的质感和颜色，可用于代替蟹黄，几乎可以乱真。

咸蛋腌制时间一般不超过三个月，否则蛋白、蛋黄变硬，咸味过重，质量变差。挑选时注意蛋壳完整，摇动时有轻微水荡声，以灯光透视时，蛋白透明，蛋黄缩小；打开蛋壳，可见蛋白稀薄透明，蛋黄浓缩，黏度增强，呈红色或黄红色。

2. 皮蛋(Preserved Egg)

皮蛋是指将禽蛋用碱性物质作用后使蛋白质变性成熟的再制蛋，又称变蛋。因色泽丰富也称彩蛋，因胶冻状蛋清有氨基酸结晶形成的松枝状花纹而得名松花蛋，是我国独特的风味制品。皮蛋一般以鸭蛋、鹌鹑蛋等为原料，加生石灰、烧碱、食盐、茶叶及其他添加物质加工而成，常见方法有包裹法和浸泡法。在碱性物质的作用下，鲜蛋的蛋白、蛋黄凝固，蛋白变成有弹性的琥珀状透明胶冻，蛋白质分解产生大量的氨基酸形成松枝状结晶，俗称松花，氨基酸是鲜蛋的11倍，不仅提高营养价值，还使皮蛋产生鲜味。氨基酸的继续分解产生氨气、硫化氢等也参与皮蛋独特风味的形成以及颜色的产生。因配料物质和加工方法的不同，所得的成品有溏心(汤心)皮蛋，俗称京彩蛋，以及硬心(实心)皮蛋，俗称湖彩蛋。名产很多，如江苏的高邮皮蛋，贵州的草塘蛋，湖南的湖彩蛋等。皮蛋风味独特、质感特殊，是烹饪中常用原料。多用于菜肴制作，主要用作冷盘，也可炸、炒、烩、熘、煮而制成热菜，如醋熘皮蛋、软炸皮蛋、烩皮蛋、夹沙皮蛋、焦皮蛋、黄瓜皮蛋汤等。皮蛋也是制作风味粥品、小吃和药膳的原料，如皮蛋瘦肉粥。可作配色和配形原料，作配形料时应蒸熟，以免影响成形。还可作调味提鲜的原料运用，如上汤时蔬就利用皮蛋形成风味。品质好的皮蛋蛋壳完整，无破损，两蛋轻击时有清脆声，并能感觉到内部的晃动，剥去蛋壳可见蛋清凝固完整，棕褐色，光滑整洁，不粘壳，富有弹性，晶莹透亮，内有松针状结晶，纵剖后蛋黄呈墨绿色至淡黄色，有清香味，无辛辣味与臭味。皮蛋在常温下可存放两个月。由于是直接食用，特别要注意卫生质量。

3. 糟蛋(Egg Pickled with Grains or in Wine)

是鲜蛋裂壳(不破坏壳内膜)后，埋在香糟、醪糟等低醇度的酒香类为主的原料中腌制而成的制品。腌制配料主要是酒糟，还要加入食盐、食醋等。由于酒精的作用，蛋白质变性，产生较多的鲜味和香味物质，致使蛋白呈乳白色或黄红色胶冻状，蛋黄呈橘红色半凝固状,形成醇香浓郁、鲜美可口的风味。糟蛋含有较高的维生素P和钙质,营养丰富,保健作用强。一般腌制约4个月可以食用。知名产品有浙江平湖糟蛋、四川叙府糟蛋。糟蛋一般可直接食用或作冷盘,改刀后加入糖、酒食之更有风味。

第三节 两栖爬行类

两栖爬行类原料包括两栖类动物和爬行类动物。自然界中两栖爬行类的动物很多,但多为国家保护动物。长期以来主要以野味的形式被利用,人工饲养的种类和数量较少,因此在烹饪中运用相对较少。

一、两栖爬行类动物的主要特征

(一) 两栖类动物的特征

两栖类动物是由水生向陆生过渡的一个类群,由于肺还不能完全适应陆地生活,所以通常水栖或陆栖于潮湿的山地、溪流、水田、池塘、水沟、小河和湖泽等环境之中。其外形有蛙形、鱼形和蠕虫形等,为卵生动物,有冬眠的习性,分无尾目、有尾目和无足目三个目,全世界约有两千多种,我国有220种。

两栖类动物的皮肤裸露而富于腺体,这与皮肤呼吸有很大的关系;皮肤由真皮和表皮构成,皮肤细胞内具有色素,色素细胞的形态变化可引起体色改变;无皮下脂肪,皮肤与躯体之间连接疏松,加工时易于剥除。有的皮肤有毒腺(如蟾蜍)。

两栖动物由于较低等,所以无肋骨,没有形成胸廓,胸腹部柔软,去皮后直接暴露扁平的背部;脊椎骨的数目在不同种类间差别很大,大约在10~200枚之间,无尾目脊椎骨较少,脊柱变短,尾椎骨愈合退化为一个尾杆骨;两栖类骨骼纤细。鱼状水生种类的躯体肌肉组织还保持分节现象,但到蛙类这些陆生种类,其躯体肌肉已分化为肌肉群,多为纵行或斜行的长肌肉群,腹侧肌肉多成片状并有分层现象,但无分节现象。鱼状类躯体部分的肌肉发达,而蛙类由于适应跳跃运动,所以四肢的肌肉发达,尤其是后腿肌肉,四肢肌肉围绕带骨和肢骨而分布。

两栖动物的肌肉纤维色白而细嫩,结缔组织含量少而不明显,脂肪组织含量低,因此成为受人喜爱的烹饪原料。我国大力发展养殖技术,且养殖种类日渐增多,有牛蛙、大鲵、虎纹蛙、中国林蛙等。

(二) 爬行类动物的特征

爬行类是真正的陆栖脊椎动物,但有的种类生活还不能离开水。为卵生动物,有冬眠的习性。分龟鳖目、喙头目、有鳞目和鳄目。爬行动物现存有五千多种,我国现有380种。常分布于海水或淡水区域以及山地森林、荒野草地和田地园林等环境中。爬行动物皮肤干燥、缺乏腺体。由于角质化皮肤粗糙,有的种类产生皮肤衍生物——鳞片或骨板,所以皮肤的食用价值有所降低。但也有例外,如:鳖的皮肤外衍部分肉质肥厚、质感柔软,具有较高的食用价值。皮肤色素细胞发达,可产生保护色而躲避敌害。已经具有发达的肋骨,与胸骨一起构成坚固的胸廓,支持和保护作用得到完善，胸部不再柔软。但蛇类由于四肢退化，其特殊的运动方式使得蛇不具胸骨，其肋骨的活动性增大。肌肉不再有分节现象，而是成为较两栖动物更为复杂的肌肉群，特别是出现了肋间肌和皮肤肌。肋间肌协助腹壁肌完成呼吸运动，蛇类的皮肤肌可节制鳞片活动，产生其特殊的运动方式，也使蛇皮具有较大的食用性。

爬行动物躯体的肌肉组织中肌纤维较两栖类粗糙，结缔组织含量高，所以胶质重。脂肪含量少，主要在腹腔内，肌肉间较少。就用于食用的两大类爬行动物来说，龟鳖类较蛇类肉质更粗，胶质更重，但他们都肉味鲜美，且对人有补益作用，所以也是常用的烹饪原料。目前通过人工养殖满足人们的需求。

两栖类和爬行类虽然身体形态相似，运动方式相似，但在外形上有着明显的区别(表 4-5)。

表 4-5　两栖类和爬行类在外形上的区别

类别 / 项目	两栖类	爬行类
主要区别	皮肤裸露、光滑、湿润	皮肤干燥、粗糙；具有鳞片、骨板等衍生物
	指(趾)端无爪	指(趾)端有爪
次要区别	颈部不明显，蛙类尾退化	四肢发达，颈部明显，尾发达

二、两栖爬行类动物的烹饪运用

(一) 两栖类

两栖类原料属于高蛋白、低脂肪、肉质细嫩、易被人体消化吸收的高档原料，营养价值高，可食性极强。由于肉质细嫩，在烹制时大多以红烧、清炒、滑炒、蒸、炸、鲜熘等方式成菜，烹制时用火不可太大。适宜多种调味，但多以咸鲜为主。蛙卵非常名贵，以制作烩菜和汤菜为主。蛙皮质感独特，以滑炒成菜较多，突出柔软滑爽的特点。

1. 牛蛙

牛蛙(*Rana catesbeiana*；Bullfrog)为无尾目蛙科动物，又称食用蛙、喧蛙。因鸣叫声大，远听似牛叫而得名。产于北美洲南部和墨西哥东部，我国 20 世纪 60 年代引进，现人工围池饲养。牛蛙体大粗壮，长约 18～20 cm，背部呈绿色或绿棕色，带有暗灰色细纹。雄蛙咽喉部黄色，雌蛙有淡黑色斑点。后肢很长，趾间具蹼，牛蛙体大肉肥，体重 0.5～1 kg 左右，是世界上体型较大的蛙类，也是目前使用较普遍的蛙类。牛蛙肌肉含量高，尤其是后腿肌肉发达，肉色白而细嫩。一般以腿肉、腹肉、皮肤和蛙卵供食。蛙腿可制成多种菜肴，烧、炒、炖、煨，爆、煮等均可，如红烧牛蛙、干炸牛蛙腿等。

2. 中国林蛙

中国林蛙(*Rana temporria chensinensis*；Chinese Forest Frog)为无尾目蛙科动物，又称哈士蟆、田鸡、雪哈(彩图 16)。蛙体长 5～8 cm，体色随季节而有变化，通常背部呈土灰色，散布黄色及红色斑点，鼓膜处有一黑色三角形斑。雄蛙腹面为乳白色，雌蛙一般为棕红色，散有深色斑点。主产于黑龙江、吉林等地，以长白山所产为佳。平时生活在阴湿的山坡树丛中，冬季多群居于河水深处石块下冬眠，秋冬季节捕捉供食。哈士蟆肉嫩味美,与熊掌、猴头蘑、飞龙并称为“东北四大山珍”。烹饪中可烧、炖、煨、炸,如软炸哈士蟆、宫保田鸡腿等。

哈士蟆油(Dried Oviduct Fat of the Forest Frog)是雌性中国林蛙的输卵管及其所附脂肪的干制品,又称田鸡油(彩图 17),是我国名贵的中药材,在国内外市场上享有较高声誉,有补肾益精、养阴润肺、补虚等功能。用于治疗体虚气弱、神经衰弱、病后失调、精神不足、心悸失眠、盗汗不止、痨嗽咳血。中国林蛙的生长期五到七年,第三年的哈士蟆油质量最好。哈士蟆油鲜品为乳白色,干品呈不规则块状,黄白色,油润,具有脂肪样光泽、薄膜状干皮,手摸有滑腻感,遇水可膨胀 10～15 倍,微有腥味,以吉林、黑龙江产为最好。哈士蟆油的鲜品干品均可入烹,烹制菜肴如什锦田鸡油、冰糖蛤蟆油、清汤哈士蟆油等,兼可做药膳食用。

3. 棘胸蛙

棘胸蛙(*Rana spinosa*;Giant Spiny Frog)属无尾目蛙科动物,又称石鳞、石蛤蟆、石鸡、石蹦(彩图 18)。分布于云南、贵州、安徽、江苏、湖北、浙江、福建、广东、广西等地区,生活于山区溪流下或附近岩石上,每年 6 月捕食。在黄山、庐山与石耳、石鱼并称为“黄山三石”和“庐山三石”。体长约 8 cm,皮肤粗糙,雄蛙胸部有疣刺,腿粗壮。其肉质细嫩,滋味鲜甜,可与仔鸡媲美。烹调中使用炸、溜、炖、炒等方法,尤以软炸味最美,如软炸石鸡、香油石鳞腿、清蒸石鸡等。

4. 青蛙

青蛙(Frog)又称田鸡,主要指黑斑蛙,现泛指黑斑蛙、虎纹蛙和金线蛙等无尾目蛙科的两栖动物。

(1) 黑斑蛙(*Rana nigromaculata*) 体长可达 8 cm,背面黄绿、深绿或带灰棕色,有黑斑。腹面呈乳白色或略呈微红色。头宽扁,略呈三角形,眼圆而突出。分布广,数量多,是我国最常见的蛙类。

(2) 虎纹蛙(*R. tigrina rugulose*) 体长可达 10 cm 以上,个体粗壮。背面呈黑棕色,间有深色结带状的斑点,腹面白色。前、后肢有横斑,皮肤粗糙。生活于近山的旷野、水田、池塘等地,分布于我国大部分地区,也产于南亚和东南亚地区。

(3) 金线蛙(*R. plancyi*) 体长约 5 cm,背面绿色或橄榄绿色,有两条宽厚的棕黄色背侧褶,股后方有一条黄色或褐色的纵纹。腹面黄,背面和体侧有分散的疣粒。生活于池塘、湖沼,分布于河北、山东、河南、山西、湖北、安徽、江苏、浙江和湖南等地。

青蛙肉质滑嫩、味鲜美,尤其以腿肉为筵席珍品,适宜于多种烹调方法,清蒸、油泡、炖汤皆宜。名菜有清蒸田鸡、熘田鸡、糊辣田鸡腿等。

5. 大鲵

大鲵(*Megalobatrchus japonicus*;Gint Salamander)属有尾目大鲵科。大鲵头宽阔而扁平,吻端圆,鼻孔和眼小,四肢均短,无爪,尾长而侧扁。皮肤光滑,自颈侧到体侧有皮肤褶。体色为棕黑色,背上有大黑斑。体长可达 50～150 cm,大的可达 180 cm,重 20～25 kg(图 4-7)。主

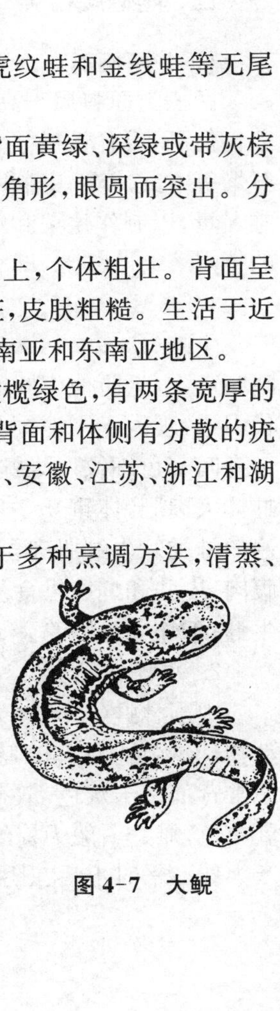

图 4-7 大鲵

要分布于华南、西南的山地溪流间，因叫声如幼儿而得名“娃娃鱼”，其肉为珍贵原料。肌肉色白而嫩，滋味鲜美。蛋白质含量高，脂肪含量低，还富含钙、磷、铁等矿物质。一般将其整体，或分段、分块，或取肉切片、丁通过烧、炖、焖、蒸或爆炒、熘滑而成菜。菜品有宫保娃娃鱼、红烧大鲵、豆瓣烧娃娃鱼、清蒸大鲵、糖醋大鲵等。大鲵属国家二级保护动物，严禁捕杀，但可通过人工养殖来满足食用需要。

（二）爬行类

爬行类动物属于高蛋白、低脂肪、多胶质、滋味美、具有独特口感和良好进补功效的一类原料。长期以来，多与中药材相配，调制滋补养生的食疗菜品，如：龟羊汤、砂锅人参鼋鱼、花胶鲍丝炖五蛇、龟肉胎盘汤、海龟肉汤、核桃炖龟肉、龟血冰糖等。常以龟鳖类和蛇类的动物为烹饪原料，近年来鳄鱼也成了世界烹饪的原料来源。龟鳖出肉率少，胶质最重；蛇类肉较多，胶质较轻；鳄鱼出肉最多，肉质较嫩，胶质轻，肉质似小牛肉，少筋膜，是一种美味的原料。

1. 鳖

鳖(Soft-shelled Turtle)是鳖科的爬行动物的统称，为中小型的淡水爬行类。甲板外有革质的皮，呈橄榄色或绿黑色，指(趾)间具蹼，吻延长呈管状。我国常见的种类有中华鳖(*Trionyx sinesis*)(彩图19)和山瑞(*T. steindacheri*)等。最常用的是中华鳖，又名鼋鱼、甲鱼、水鱼、团鱼、王八。外形明显地分为头、颈、躯干、四肢、尾等部分。具有鳖壳，在体背和腹面有坚固的甲板，甲板外被草绿色的革质皮肤，腹面青白色，背甲和腹甲由韧带连接，头颈可缩入壳内，皮肤在背部和腹部甲板相连处外衍，形成柔软的裙边，四肢扁平，指间具蹼，吻延长形成管状，尾短小，呈三角形。产于各地河流、湖泊、池塘等处静水细沙底的水域，我国除新疆、青海、宁夏、西藏尚未发现外，各地均产，以洞庭湖和鄱阳湖产量最大，目前已有人工养殖。鳖四季均产，以3～5月和8～10月为盛产期。

鳖肉细嫩鲜美，裙边胶质重，色泽玉白，软滑爽口，肥腴适口，历来被视为名贵的滋补食品。中医认为，其甲性寒味咸，可养阴清热、平肝息风；其肉可滋阴凉血，主治骨蒸劳热、久症久痢、崩漏带下；鳖血可治虚劳温热、脱肛等症。

鳖最宜整只清炖、清蒸、红烧，也可将裙边和鳖肉取出单独成菜。调味应清淡，以保持其原汁原味。由于鳖腥味重，宜热吃不宜冷吃。菜肴有红烧甲鱼、金丝甲鱼、瑞气吉祥、鸽蛋裙边、霸王别姬、冰糖甲鱼等。鳖以重500～750 g者为佳。过小的雏鳖骨多肉少，肉虽嫩，但香气不足，胶质少。过老过大则肉质老硬。鳖肉含组氨酸较多，死后转化为有毒的组胺，因此死鳖不宜食用。在宰杀时要注意收集余血，剖洗时不要弄破胆囊和膀胱以免污染鳖肉。

2. 龟

龟(Turtle)一是指龟科和平胸龟科的多种龟类。他们是陆栖性的或在淡水中生活，四肢粗壮，爪钝而强，具有坚硬的龟壳，由背甲与腹甲构成，甲板外被角质鳞板，颈部可缩入壳内。我国常见的种类有金龟(乌龟，*Geoclemys reevesii*)(彩图20)、黄喉拟水龟(*Clemmys mutica*)、平胸龟(*Platysternon megacephalum*)等。二是指海龟科和棱皮龟科的生活于热带和亚热带海洋中的多种龟类。它们是中大型的爬行动物，四肢特化为浆状，头不能缩进壳内，须上岸产卵、孵化。如玳瑁(*Eret-*

mochelys imbricata)和棱皮龟(*Dermochelys coriacea*)等。龟肉中结缔组织较多,胶质重,肉较老但味鲜,最宜采用烧、焖、煨、蒸等长时间加热的方法。烹饪中多以龟作为主料,也可配以其他原料或少量中药材成菜,菜肴如汽锅金龟、白果炖金龟、龟羊汤等。龟的食用和药用价值较高,中医认为食用龟肉性平味甘,具有滋阴降火等功效。

3. 蛇

蛇(Snake)是有鳞目蛇亚目动物的统称,是爬行类中数量最多的动物,全世界约有 2500 种,我国约有 180 种,主要分布在热带和亚热带地区的荒野草地、山川森林、海岛湖泊,以鱼、蛙、鼠、鸟及鸟卵为食。蛇的主要特征是:体分为头、躯干、尾三部分,体形细长,体表被有角质鳞片,四肢退化,靠皮肤肌节制鳞片运动。我国南方地区食用较多,尤以广东最为著名。有毒蛇和无毒蛇都能做烹饪原料运用,主要有蟒蛇(*Python molurus bivittatus*)(彩图 21)、金环蛇(*Bungarus fasciatus*)、银环蛇(*B. multicinctus*)、眼镜蛇(*Naja naja*)(彩图 22)、乌梢蛇(*Zaocys dhumnades*)、三索锦蛇(*Elaphe radiata*)、灰鼠蛇(*Ptyas korros*)等。通常把金环蛇、灰鼠蛇、眼镜蛇合称为“三蛇”,若加上三索锦蛇和尖吻蝮蛇则称为“五蛇”。民间有“秋风起,五蛇肥”之说,意指秋冬季节蛇最肥美。蛇肉含丰富的蛋白质和人体必需的氨基酸和脂肪酸,还含有锌、铁、钙等元素,脂肪含量低,有滋补健身的功能。蛇肉、皮、肝、肠、血等均可食用。蛇肉色白,质地较嫩,为筵席中的珍品,蛇柳尤为鲜嫩。蛇肉适合多种烹调方法,如烩、炖、炒、煎、炸、烧、焖、涮等。可与鸡、鱼翅、鲍鱼、干贝等配合使用,制成五彩蛇丝、龙凤汤、煎酿蛇脯等菜式。蛇在初加工时可先剥皮,也可以不剥皮而刮去鳞片。加工过程中,蛇肉不可浸水,否则会变得老韧,得不到细嫩的效果。烹饪时若用炒的方法,须注意用热锅冷油,否则蛇肉易散碎(图 4-8)。

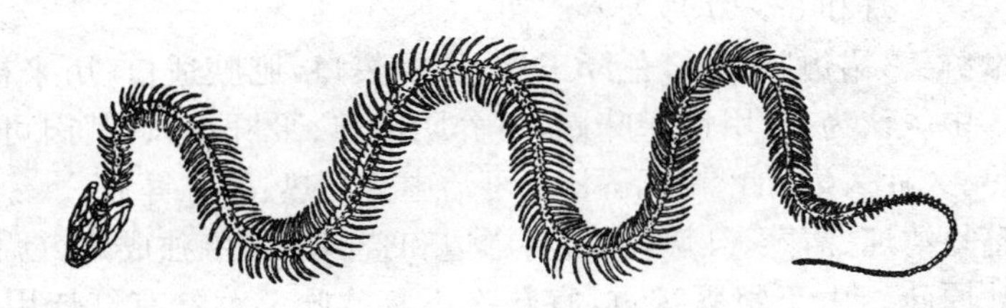

图 4-8　蛇的骨骼

4. 鳄鱼

鳄鱼(Crocodile)是鳄目的爬行动物的统称。其共同特征是:头部扁平,吻一般较长,鼻孔开于吻端背面。躯干部扁平,体表皮肤革质,覆盖大型角质鳞片,鳞下有真皮形成的骨板。躯干背、腹及尾部鳞片略成方形,纵横成行排列。四肢短,前肢五指,后肢四趾,趾间有蹼,趾具爪。属水栖类型。全世界有 25 种,我国有 2 种。20 世纪 80 年代以来,泰国、美国和澳大利亚等都大力养殖鳄鱼,主要养殖的是印度鳄(*Gavialis gangeticu*)、尼罗鳄(*Crocodilus niloticus*),从而满足人们对肉类原料多样化的需要。

鳄鱼的肉、骨及内脏含有丰富的优质蛋白质和人体必需的氨基酸、不饱和脂肪酸和多种微量元素。鳄鱼肉口感细腻,味道鲜美,无异味。在营养配比及口感方面,鳄鱼肉都达到理想的要求,适用多种烹调方式和味型。如红烧鳄鱼肉、酱爆鳄鱼肉、锦绣鳄鱼丝、蛋黄鳄鱼肉、鳄鱼排、橙汁鳄鱼羹等菜肴深受人们的喜爱。

第四节　鱼　类

鱼类原料是脊椎动物亚门鱼纲动物中可供人类食用的原料种类的统称,包括海产鱼类、淡水鱼类和洄游鱼类,以及它们的加工制品。

我国是世界上第三大水产国,绵延漫长的海岸线,纵横交错的江河,星罗棋布的湖泊为鱼类提供了丰富的生活环境资源。我国海洋鱼类约 2 000 种,淡水鱼类约 800 种,其中不乏经济意义较大的种类,如四大海洋渔业中的大小黄鱼、带鱼,四大家鱼中的青鱼、草鱼、鲢鱼和鳙鱼。由于特殊的地理环境和气候环境还产生了各地的优质鱼类,如著名的四大淡水鱼有松花江白鲑、兴凯湖红鲌、黄河鲤鱼和松江鲈鱼。由于营养价值高,符合健康原料的要求,鱼类原料已经成为主要的肉类原料,养殖量很大。

一、鱼类原料的特征

(一) 鱼类原料的组织结构

鱼体从外形上主要分为头部、躯干部和尾部三大部分,体有鳞片,以鳍游泳和保持身体平衡,以鳃呼吸(图 4-9)。鱼类在高等动物中属于较低等的一类,由于保持水生生活方式,所以在组织结构上有其独特的一面。

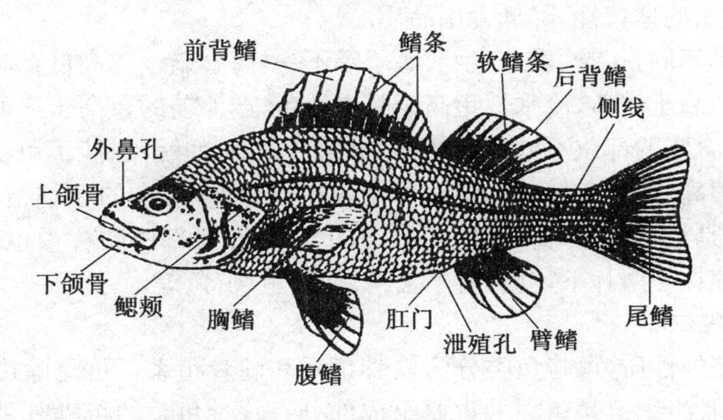

图 4-9　鱼的形态

1. 肌肉组织

鱼类的肌肉主要由横纹肌组成,分化程度不高,除头部以外,身体两侧的大侧肌呈“Σ”分节状态,肌节数与脊椎骨的数目相当,其肌隔中有肌间刺;此外,体侧肌肉被一水平侧隔分成上下两部分,上段称轴上肌,下段称轴下肌,轴上肌分化出背鳍的肌肉,轴下肌分化出偶鳍和臀鳍的肌肉,尾部的一部分肌节分化出尾鳍的肌肉;背部脊刺穿过,腹部联系较少,结缔组织膜薄而少;肌纤维较短,结构疏松,肌鞘薄而不明显,加热时易溶解。所以鱼类在烹制时容易松散,难以保形。烹饪中常以挂糊、拍粉、油炸、汽蒸等方法,保持其成菜的形状。

鱼类肌肉红肌、白肌区分明显。就一条鱼来说,红肌多分布于头部、胸鳍肌和尾部的表层肌肉以及轴上肌和轴下肌的结合处。从运动方式来看,红肌常分布于尾柄粗、尾鳍呈方形或圆形的运动缓慢的鱼类,白肌常分布于尾柄细、尾鳍呈新月形或叉形的运动快速的鱼类。从运动距离的长短来看,由于红肌的收缩持久性强,耐疲劳,则常分布于长距离运动的洄游性鱼类(彩图 23)。白肌收缩持久性差,易疲劳,多分布于近距离洄游和运动较灵活的鱼类。从食性来看,肉食性鱼类一般白肌发达而厚实、红肌较少,尤其是淡水鱼类表现得更为明显。由于红肌色深,脂肪含量高,所以红肌含量丰富的鱼类不适合做白色菜肴,也不宜制鱼茸,否则会妨碍蛋白质吸水,影响质量。白肌所含肌红蛋白较红肌少,色白,黏性好,是制作鱼丸的上好原料,同时白肌的结缔组织相对较少,口感细嫩,肉质纯度相对较高,便于切割和加工。

2. 脂肪组织

鱼类的脂肪含量较低,约占 1%~10%,在鱼体中分布广泛,主要分布在肌肉、体腔膜、内脏周围和脑箱等地。

鱼类脂肪中不饱和脂肪酸含量高,熔点低,常温下呈液态,所以很难形成像畜禽类的固体样脂肪组织。鱼类的脂肪消化率可达 95%左右,容易被人体吸收,有益于人体健康,如鱼脂肪中含丰富的 DHA(二十二碳六烯酸)和 EPA(二十碳五烯酸),多食能够降血压,预防心血管疾病的发生。虽然含脂量高的鱼味较鲜美,但鱼体死后,脂肪在保存时极不稳定,很容易与空气中的氧作用生成氧化物或过氧化物,甚至进一步分解成低级的醛、酮类和脂肪酸类,使之酸败,产生哈喇味和浓烈的鱼腥味,影响鱼的适口性,降低食用品质。

鱼的种类不同,年龄、季节、生活水层等不一样,含脂量的高低都不同。一般脂肪含量成熟鱼高于幼鱼,冷水性鱼高于暖水性鱼,产卵前的鱼高于产卵后的鱼。不同的鱼,主要含脂的部位不同:有的肌肉中含量很高,如鳀鱼、沙丁鱼、鲱鱼等;有在肝脏中含量很高,如鲨鱼、鳕鱼等,故可用来提取鱼肝油;有的在脑箱中含量高,如鳙鱼,其鱼头是最味美嫩滑丰腴的部分;有的皮下和腹部脂肪含量也较高;还有部分鱼类脂肪存在于鳞片下,食用时不去鳞,如鲥鱼、带鱼等。

3. 软骨组织

根据骨骼的性质,可将鱼类分为软骨鱼系和硬骨鱼系。可见除由骨组织组成的硬骨外,软骨组织也是鱼类的重要组成部分。软骨鱼系的鱼类其骨骼由软骨构成,属于透明软骨,含丰富的胶原纤维、软骨细胞和主要含软骨黏蛋白的基质。起支撑作用的部位发生钙化相对较硬,如脊椎。但头部的颅骨、支鳍骨等未钙化,具有一定的食用价值,通过加工可以成为高档原料,如鱼唇、鱼翅和鱼骨等。

(二) 鱼类原料的气味

鱼肉鲜美滋润,其鲜味主要来自于肌肉中含有的多种含氮有机物,如谷氨酸、组氨酸、天门冬氨酸、亮氨酸等氨基酸,以及氧化三甲胺、嘌呤物质等,还有琥珀酸、延胡索酸等有机酸。此外,鱼肉的风味还与蛋白质、脂类、糖原等组成成分有关。

鲜鱼的气味很弱，鱼类体表黏液中存在大量的蛋白质、卵磷脂、氨基酸等有机成分，一旦在细菌的作用下分解就会产生具有挥发性的腥臭味物质如氨、甲胺、硫化氢、甲硫醇、吲哚、粪臭素、四氢吡咯、四氢吡啶等。因此，体表黏液分泌多的鱼类，与空气接触后往往产生较浓的腥臭味。由于鱼的种类、生活环境和新鲜状况不同或轻或重地表现出腥味。

海水鱼和淡水鱼的鱼腥味明显不同。新鲜的海水鱼体内存在着大量氧化三甲胺(TMAO)，一般为 40～100 mg/100 g。当鱼死亡后，氧化三甲胺还原成具有腥臭味的三甲胺(TMA)，使得海水鱼死亡后往往带有浓重的腥臭气。另外，鲨鱼、魟鱼等板鳃类海水鱼的鱼肉中 TMAO 的含量达 700～900 mg/100 g，还含有 2%左右的尿素，在一定条件下分解生成氨，氨与 TMA 混合腥臭气更强。淡水鱼的腥味主要是泥腥味，其腥气成分主要是生活环境中大量的放线菌产生的六氢吡啶类化合物，以及鱼体表黏液蛋白中所含有的 δ-氨基戊醛和 δ-氨基戊酸。

烹饪中去除或减弱鱼肉的腥味非常重要。首先应保证原料的鲜活，尤其是淡水鱼可用清水喂养后减弱腥味。其次是初加工时，去鳃、内脏、鱼腹黑膜，洗净鱼体。由于导致产生鱼腥味的三甲胺、氨、硫化氢、甲硫醇、吲哚等物质都属于碱性物质，添加酸味物质使得酸碱反应可达到去腥的效果。因此，烹制鱼类菜肴时添加食醋、柠檬汁、番茄酱、酸菜、泡菜等酸味调味料可以大大降低鱼腥气，加入料酒、葱、姜、蒜也可达到减弱或掩盖鱼腥味的效果，还可加入其他香辛蔬菜和调味原料烹制。鲨鱼、魟鱼等板鳃类海水鱼类在烹制前宜先在热水中浸漂使尿素溶于水中以去除氨臭味。

二、鱼类原料的种类

鱼类分布广泛，无论是在冰冷的南北极还是在炎热的赤道，几乎有水的地方就有鱼。全世界现存的鱼类约 24 000 种，我国约有 3 000 种，是脊椎动物亚门中数量最多的一类。在生物分类学上根据其骨骼的性质分为软骨鱼系和硬骨鱼系，大多数食用鱼类都来自硬骨鱼类。根据鱼类的生活习性和水域环境，鱼类可分为海水鱼类、淡水鱼类和洄游鱼类三类。

(一) 海水鱼类

我国沿海地处温带、亚热带和热带，海岸线全长一万八千多公里，具有优越的地理环境和自然环境，鱼类种类繁多，资源丰富，不仅有寒带性、热带性、温带性鱼类，而且有远洋性和深海性鱼类，从生物分类上看大多数来自于鲈形目的种类，以及鲱形目、鳕形目、鲽形目的硬骨鱼和鲨目、鳐目的软骨鱼类。海水鱼类有独特的风味和肉质特点，如肌间刺少，肌肉富有弹性，有的鱼类肌肉呈蒜瓣状，风味浓郁。

1. 大、小黄鱼

(1) 大黄鱼　大黄鱼(*Pseudosciaena crocea*；Large Yellow Croaker)，鲈形目石首鱼科鱼类，又称为大黄花、大鲜，为我国首要经济鱼类之一。其体延长，侧扁，长约 40～50 cm，尾柄细长，头钝尖形，口裂大，端位，倾斜，吻不突出，上颌最外列齿扩大为犬齿，前端齿较大，但较疏，前端中央无齿。体侧上半部为紫褐色，下半部为金黄色，发光颗粒为橙黄色。背鳍浅、尾鳍呈浅黄褐色，末缘黑褐色，臀、腹及胸鳍为鲜黄色，口腔内白色，口缘浅红色(图4-10)。其肉质较松，呈蒜瓣状，细嫩鲜香，刺大。多供鲜食，适于多种烹调方法，如红烧、清蒸、干烧、糖醋等，整尾烹制或进行刀工处理，也可加工成淡鲞。其鳔可加工成鱼肚。其代表菜式有彩熘黄鱼、腐皮包黄鱼、带扎鱼筒、干炸黄鱼等。

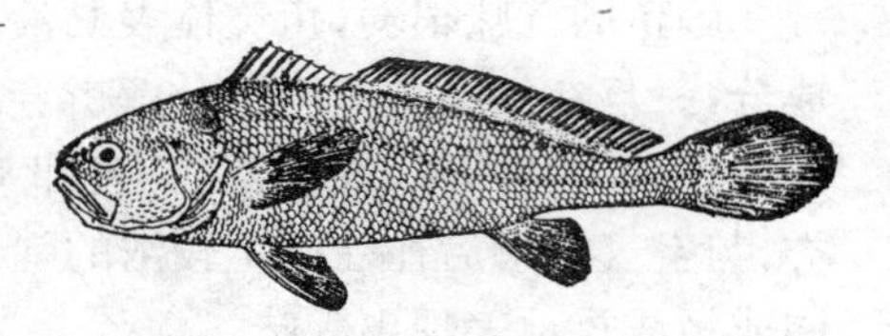

图4-10　大黄鱼

(2) 小黄鱼　小黄鱼(*P. polyactis*；Little Yellow Croaker)，鲈形目石首鱼科鱼类，又称为黄花鱼、小鲜，为我国首要经济鱼类之一。其体形类似于大黄鱼，鳞片较大而稀少；尾柄较短；臀鳍第二鳍棘小于眼径；颏部有6个小孔；上、下唇等长，口闭时较尖。长约20 cm，金黄色。鱼肉质细腻，呈蒜瓣状，味道鲜美。其含钙量高，适合成年人食用。食用方法同大黄鱼，多整尾烹制，也常加工腌制。

2. 带鱼

带鱼(*Trichiurus haumela*；Hairtail)，鲈形目带鱼科鱼类，又称为刀鱼、裙带鱼、鞭鱼等，以浙江舟山产的为最佳，为我国首要经济鱼类之一。体侧扁，呈带形；尾细长，呈鞭状；长可达1 m余。口大，具锐牙。背鳍很长，胸鳍小，无腹鳍，臀鳍鳍条退化呈短刺状；鳞片退化成为体表的银白色膜。带鱼为高脂鱼类，脂肪多为不饱和脂肪酸。带鱼肉质肥嫩而鲜香，具有补益五脏的功效。带鱼含有丰富的镁元素，对心血管系统有很好的保护作用，有利于预防高血压、心肌梗死等心血管疾病。常吃带鱼还有养肝补血、泽肤养发健美的功效。带鱼多鲜食，常采用蒸、烧、炸、煎、熏等烹制方法，也可腌制、罐制。其代表菜式有红烧带鱼、椒盐带鱼、糖醋带鱼等。

3. 鲐鱼、鲅鱼和金枪鱼

(1) 鲐鱼　鲐鱼(*Pneumatophorus japonicus*；Slimy Mackerel)，鲈形目鲭科鱼类，又称为青花鱼、油筒鱼、鲭鱼等，是主要的海产经济鱼类。体呈纺锤形，长可达60 cm，尾柄细。背部为青色，腹部为白色，体侧上部具有深蓝色波状条纹。第二背鳍和臀鳍后方各具5个小鳍，尾鳍叉形(图4-11)。鲐鱼肉每百克含蛋白质21.4 g、脂肪7.4 g，肉质坚实但较粗糙，呈蒜瓣状，脂肪含量高，味肥美，略带腥酸味。多鲜用，适宜多种烹调方法，如红烧、清蒸、干烧等。除鲜食外还可腌制和做罐头，其肝可提炼鱼肝油。其代表菜式有菠菜炖鲐鱼、清蒸鲐鱼。由于肌肉中组氨酸含量高，死后易变成组胺，可导致中毒，所以，应趁鲜食用或干制、腌制。鱼子也为美味原料，可鲜食或干制。

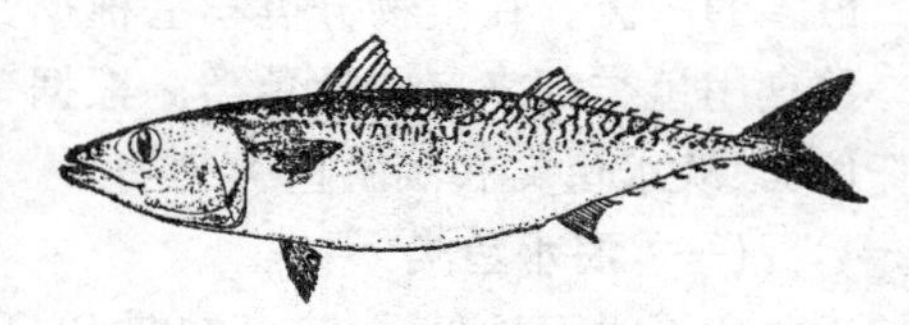

图4-11　鲐鱼

(2) 鲅鱼　鲅鱼(Spanish Mackerel)是鲈形目鲅科鱼类的统称，为海产经济鱼类。体延长，侧扁，长可达约1米，银灰色，具暗色横纹或斑点。吻尖突，口大，斜裂，牙尖利。鳞细小或退化。背鳍两个，第二背鳍和臀鳍后部各具7～9个小鳍。种类较多，常见的有中华马鲛(*Scomberomorus sinensis*)、康氏马鲛(*S. commersoni*)、蓝点马鲛(*S. niphonius*)、斑点马鲛(*S. guttatus*)。肉质厚实、肥嫩，有弹性，刺少，味鲜美。烹饪用途十分广泛。鲅鱼在海水中居上层，游速快、喜活食，其肉质细腻、味道鲜美、营养丰富，每 100 g 鱼肉含蛋白质 19 g、脂肪 2.5 g。除鲜食外，还可加工制作罐头或咸干品。民间有“山有鹧鸪獐，海里马鲛鲳”的赞誉。鲅鱼还具有提神和防衰老等食疗功能，常食对贫血、早衰、营养不良、产后虚弱和神经衰弱等症有一定辅助疗效。其代表菜式有红烧鲅鱼、鲅鱼韭菜饺、鱼圆青菜汤等。

(3) 金枪鱼　金枪鱼(Tuna)是鲈形目鲭科鲔属鱼类的统称，又名鲔鱼、吞拿鱼，是大洋暖水性洄游鱼类，主要分布于低中纬度海区，在太平洋、大西洋、印度洋分布广泛。金枪鱼体呈纺锤形，具有鱼雷体形，其横断面略呈圆形，背鳍分为两部分，第二背鳍和臀鳍后部各具 7～9 个小鳍。体背部呈蓝色、青蓝色，腹部白色。强劲的肌肉、新月形尾鳍、退化的小圆鳞，适于快速游泳，能作跨洋环游，被称为“没有国界的鱼类”。

金枪鱼的肉色为红色，蛋白质含量高达 20%，脂肪含量很低，营养价值高。鱼肉中脂肪酸大多为不饱和脂肪酸，含有人体所需的 8 种氨基酸。还含有维生素、丰富的铁、钾、钙、碘等多种矿物质和微量元素。金枪鱼中不饱和脂肪酸 DHA 和 EPA 的含量居各种食物之首。

味美新鲜的金枪鱼向来是日本人、台湾人最爱的海鲜料理之一，尤其是金枪鱼生鱼片堪称生鱼片之中的极品。除生食外，常用烧、煎、烤、炸等方式成菜，如金枪鱼寿司、糖醋金枪鱼球、豉汁吞拿爆生菜、洋葱金枪鱼炒蛋等。其熟食香浓美味，制成罐头的油浸金枪鱼非常可口，金枪鱼三明治很受人们的喜爱。

经济价值较大的种类包括蓝鳍金枪鱼(Tuna)、大眼金枪鱼(*T. obesus*)、黄鳍金枪鱼(*T. albacares*)、长鳍金枪鱼(*T. alalunga*)、鲣鱼等 6 种，其中蓝鳍金枪鱼、大眼金枪鱼、黄鳍金枪鱼等是生鱼片原料鱼，长鳍金枪鱼主要用来做金枪鱼罐头原料。

4. 真鲷

真鲷(*Pagrosomus major*；Genuine Porgy)，鲈形目鲷科鱼类，又称为加吉鱼、红加吉、红立，是鲷科名贵的上等食用鱼类(彩图 24)。体侧扁，呈椭圆形；背鳍后延，尾鳍叉形，背鳍和臀鳍具硬棘；全身淡红，有淡蓝色斑点，尾鳍后缘为黑色。头大，口小，具齿。体被栉鳞。加吉鱼是肉食性鱼，肉质细腻而紧实，味清淡而鲜美，嫩似豆腐，鲜胜仔鸡，头尤鲜美，越嚼越香。民间素有“加吉头，马鲛居，鳓鱼肚皮唇唇嘴”之说。适于多种烹调方法，以清蒸、清炖或白汁、作汤最能体现其本味。除整尾使用外，也可制鱼丸、馅心。其代表菜式有清蒸红加吉、白汁红立等。

5. 银鲳

银鲳(*Pampus argenteus*；Silver Pomfret)，鲈形目鲳科鱼类，又称为镜鱼、车片鱼，为名贵食用经济鱼类，我国沿海均产。体呈卵圆形，侧扁，一般体长 20～30 cm，体重 300 g 左右。头较小，吻圆钝略突出，口小，稍倾斜，下颌较上颌短，两颌各有细牙一行，排列紧密。体被小圆鳞，易脱落，侧线完全。体背部微呈青灰色，胸、腹部为银白色，全身具银色光泽并密布黑色细斑。成鱼腹

图 4-12　银鲳

鳍消失，尾鳍呈深叉形(图 4-12)。肉质细嫩鲜美，脂肪含量高，刺少而且多为软刺。烹饪中多整尾使用，适于红烧、红焖、清蒸、清炖、熏烤、煎炸等。其代表菜式有红烧鲳鱼、糟醉鲳鱼等。

6. 鲈鱼

鲈鱼(*Lateolabrax japonicus*；Common Sea Perch)，鲈形目鮨科鱼类，又称为花鲈、板鲈、真鲈。我国沿海均产，为常见的食用鱼类之一。体延长而侧扁，一般体长 30～40 cm，体重 400～1 000 g。眼间隔微凹，其间有 4 条隆起线。口大，下颌长于上颌。吻尖，牙细小，在两颌、犁骨及腭骨上排列成绒毛状牙带。前鳃盖骨后缘有细锯齿，隅角及下缘有钝棘。侧线完全与体背缘平行，体被细小栉鳞，皮层粗糙，鳞片不易脱落，体背侧为青灰色。腹侧为灰白色，体侧及背鳍鳍棘部散布着黑色斑点。随年龄增长，斑点逐渐淡化。背鳍2 个，稍分离。腹鳍位于胸鳍始点稍后方。第二背鳍基部呈浅黄色，胸鳍呈黄绿色，尾鳍叉形呈浅褐色(图 4-13)。其肉质坚实，呈蒜瓣状，细嫩而鲜美，味清香，刺少，为宴席常用鱼类。鲈鱼性温，有补中气、滋阴、开胃、催乳等功效。鲈鱼秋后始肥，肉白如雪，有“西风斜日鲈鱼香”之说。烹饪中可采取多种方法加工，但均应突出其本味。其代表菜式有清蒸鲈鱼、白汁花鲈、鲜熘鲈鱼片、菊花鲈鱼羹等。除鲜食外，也可用于罐制、熏制。

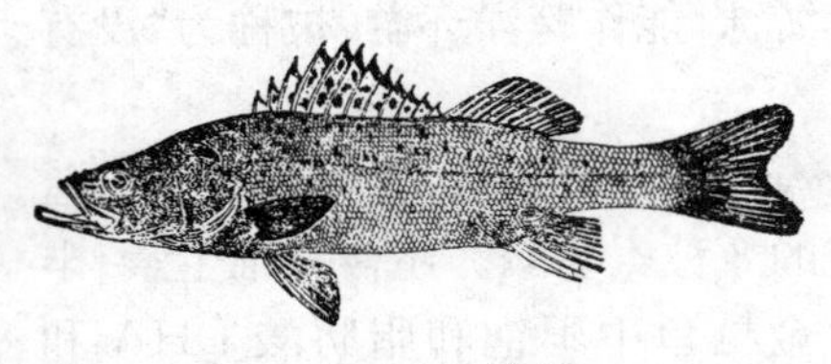

图 4-13　鲈鱼

7. 石斑鱼

石斑鱼(Grouper)为鲈形目鮨科石斑鱼属鱼类的通称，属于大中型海产名贵食用鱼类。我国南海、东海，北部湾及广东沿海产量最多，产期 4～7 月。石斑鱼体形椭圆，侧扁，头大，吻短而钝圆，口大，有发达的辅上颌骨，体被细小栉鳞，背鳍强大，成鱼体长通常在 20～30 cm。体色可随环境变化而改变，色彩变化甚多，常呈褐色或红色，并具条纹和斑点。种类颇多，常见的有赤点石斑鱼(*Epinephelus akaara*；俗称红斑)、青石斑(*E. awoara*)、网纹石斑鱼(*E. chlorostigma*)、宝石石斑鱼(*E. areolatus*)(彩图 25)等。肉质细嫩而鲜美，适于多种烹调方法，也可制鱼丸、鱼馅。其代表菜式有清蒸红斑、韭黄炒鱼球、碎蒸鱼腩等。

8. 比目鱼

比目鱼(Flatfish)为鲽形目所有鱼类的总称，包括鲆科、鲽科、鳎科、舌鳎科等科的鱼类。常用种类有牙鲆、高眼鲽、舌鳎等。

(1) 牙鲆　牙鲆(*Paralichthys olivaceus*)为鲆科鱼类，又称为偏口、地仔。我国沿海均产，为重要的海产名贵鱼类之一。体侧扁，呈长圆形。两眼均在身体的左侧。有眼的一侧为褐色，具暗色或黑色斑点；无眼的一侧为白色。口大，左右对称。鳞细小，背鳍和臀鳍被鳞(图 4-14)。其肉质细嫩而洁白，味鲜美而丰腴，刺少。烹饪中适于刀工处理成条、块、丁、片、茸等，可用于多种烹调方法，也

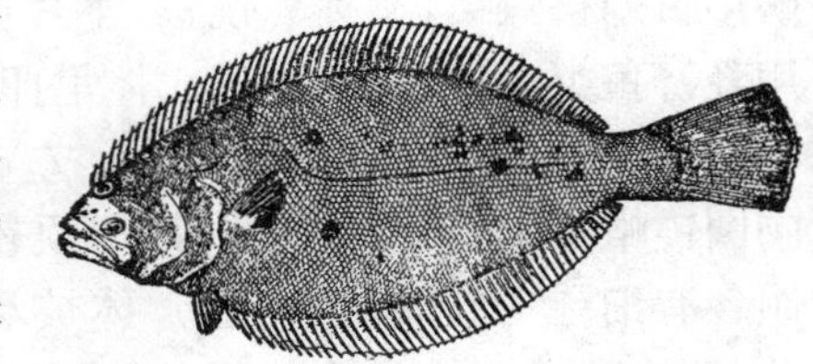

图 4-14　牙鲆

可干制、腌制、罐制。牙鲆还是药用鱼类，其肉有消炎解毒、健脾、益气等功效，其肝可提取鱼肝油。其代表菜式有白汁偏口、清蒸牙鲆。由于易腐败，须注意保管。

(2) 高眼鲽　高眼鲽(*Cleisthenes herzensteini*)为鲽科鱼类，又称为高眼、长脖、大嘴。我国产于东海、黄海和渤海，为一般经济鱼类。体长侧扁，一般体长20 cm左右、体重200 g左右、眼大而突出，两眼均在头部右侧，上眼位高，位于头背缘中线上。两侧口裂稍不等长，两额均有尖细牙齿，前鳃盖边缘游离、侧线完全，在胸鳍上方无弯曲、有眼一侧被弱栉鳞，体呈黄褐色或深褐色、无斑纹。无眼一侧白色，被圆鳞，头部及两眼间鳞片均细小而密。背鳍由眼部直至尾柄前端；胸鳍一对、较小；腹鳍由胸鳍后部起至尾部前端；尾鳍双截形、尾柄长。肉质及风味较牙鲆差。常用于爆、炒、炸、熘等烹制方法，也可腌制、熏制。其代表菜式有清蒸鲽鱼、鲜熘鱼片等。

(3) 舌鳎　舌鳎为舌鳎科鱼类的通称，又称为牛舌、龙利、箬鳎鱼。我国沿海均产，为高档的经济鱼类之一。体侧扁，不对称，两眼均在左侧。口下位，吻部下弯如勾。背鳍和臀鳍完全与尾鳍相连，无胸鳍。种类较多，常见的有宽体舌鳎(*Cynoglossus robustus*)、斑头舌鳎(*C. puncticeps*)和半滑舌鳎(*C. semilaevis*)等。其肉质坚实细嫩而肥美，适于多种烹调方法，代表菜式有红烧鳎板中段、清蒸鳎鱼等。由于鳎鱼的鱼皮易脱落且很易粘锅，烹调前需挂糊煎炸或在初加工时撕去鱼皮。

9. 鳕鱼

鳕鱼(*Gadus macrocephalus*；Cod)为鳕形目鳕科鱼类，又称为大头鳕、石肠鱼、大头鱼等，在世界上为渔获量第二位的鱼类(图4-15)。体延长，稍侧扁。头大，尾长，可达约50 cm。灰褐色，具不规则暗褐色斑点和斑纹，鳞细小。上下颌和犁骨具细牙，下颌前端下方有一触须。肉质细嫩洁白，水分多，脂肪少，蛋白质含量高。鳕鱼肝大而且含油量高，富含维生素A和维生素D，是提取鱼肝油的原料。烹饪中主要用于红烧、红焖、清炖等，也可熏制。其代表菜式有清蒸鳕鱼、红烧鳕鱼。

图4-15　鳕鱼

10. 绿鳍马面鲀

绿鳍马面鲀(*Navodon septentrionalis*；Black Scraper)，鲀形目革鲀科鱼类，又称为马面鲀、剥皮鱼、象皮鱼、马面鱼等。体侧扁，呈长椭圆形，一般长12～21 cm。体表呈蓝黑色，体侧具不规则暗色斑块。第二背鳍、臀鳍、尾鳍和胸鳍呈绿色，两个腹鳍退化成短棘，不能活动。吻长，口小，端位。由于马面鲀的皮厚而韧，食用前需剥去。肉质洁白，坚实而细嫩，味鲜美。鲜食常清蒸、红焖；煮熟干制后肉质更佳，经水发后，可炒、爆、熘、烩、汆汤等，口感柔韧滑爽。马面鲀肝大，可制鱼肝油，鱼骨可做鱼排罐头，头、皮、内脏可做鱼粉，皮可炼胶。由于马面鲀肌肉中含脂较低，需用重油烹调。其代表菜式有葱烧马面鱼、糖醋马面鱼等。

11. 太平洋鲱鱼

太平洋鲱鱼(*Clupea pallasi*；Pacific Herring)鲱形目鲱科鱼类，又称青条鱼、

图 4-16 太平洋鲱鱼

青鱼，为世界性冷水经济鱼类（图 4-16）。体延长而侧扁，腹部近圆形，体长约 20 cm；口端位，眼大有脂眼睑。鳞大而薄，易脱落，无侧线。背侧蓝黑色，腹侧银白色。肉质细嫩多脂，味道鲜美，常用烧、煎、烤、炸、蒸等方式成菜，如香煎鲱鱼配黑椒汁、双味葡萄鲱鱼、乳香鲱鱼、蟹粉鲱鱼狮子头等新款菜肴体现了鲱鱼的特色。

12. 鳐鱼

鳐鱼（Rays）是鳃孔腹位的板鳃鱼类的统称，包括鳐目锯鳐科、犁头鳐科、团扇鳐科和鳐科的种类。体多呈平扁形、圆形、斜方形或菱形；尾延长呈鞭状。口腹位，鳃孔 5 个，腹位。背鳍大多为 2 个，胸鳍常扩大，由吻端扩伸到细长的尾根部，尾鳍小或无。有些种类具有尖吻，由颅部突出的喙软骨形成。体单色或具有花纹，多数种类脊部有硬刺或棘状结构。生活于近海底层。主要种类有许氏犁头鳐（*Rhinobatos schlegelii*）、孔鳐（*Raja porosa*）和中国团扇鳐（*Platyrhina sinensis*）（彩图 26）等。鳐鱼肉质较粗，腥味大，加工时需刮砂去鳞，浸入加有 5%醋液的接近沸腾的热水中漂烫去腥，采用重味调味，通过烧、炖、焖、炸方式成菜，如鳐鱼烩、炖鳐鱼、鳐鱼汤等。

（二）淡水鱼类

我国的淡水鱼种类约 860 多种，主要是鲤形目的种类，占世界淡水鱼的 12.6%以上，居世界首位。主要的养殖种类约 20 种，不仅有四大家鱼，而且有些淡水鱼是我国的特有种类。淡水鱼味鲜美，是鱼类菜肴制作的常用原料。在海鲜热过后，兴起了一股河鲜热。目前，市场上销售的主要是人工养殖的鱼类，其中以四大家鱼为多。

1. 鲤鱼和鲫鱼

（1）鲤鱼　鲤鱼（*Cyprinus carpio*；Carp），鲤形目鲤科鱼类，又称为龙鱼、拐子、毛子等，是我国重要的食用鱼类之一，2～3 月最为肥美。身体侧扁，背鳍、臀鳍均具硬刺，最后一刺的后缘具锯齿，口部具两对须。鲤鱼的品种较多，名品有龙门鲤、淮河鲤、禾花鲤、荷包红鲤鱼、岩鲤等。鲤鱼体内含钙、磷营养素较多。具有和脾养肺、平肝补血之作用，常食鲤鱼对肝、眼、肾、脾等病有一定疗效，还是孕妇的高级保健食品，经济价值很高。鲤鱼肉质坚实而厚，细嫩刺少，味鲜美，适于多种烹调方法及调味，常整尾入烹，也可行多种刀工处理，代表菜式有干烧绍子鱼、糖醋脆皮鱼等。

（2）鲫鱼　鲫鱼（*Carassius auratus*；Crucian），鲤形目鲤科鱼类，又称为鲫瓜子、刀子鱼等，为我国重要的食用鱼类之一，以 2～4 月和 8～12 月肉质最为肥美。身体侧扁，青黑色或红色，背鳍和臀鳍具硬刺，最后一刺的后缘具锯齿，口部无须。鲫鱼的品种很多，常分为银鲫（质量较好，味鲜而肥嫩）、黑鲫（质量较次，稍有土腥味）两大品系。肉质细嫩，肉味甜美，但刺较多，营养价值很高，每百克肉含蛋白质 13 g、脂肪 11 g，并含有大量的钙、磷、铁等矿物质。鲫鱼药用价值极高，其性味甘、平、温，入胃肾，具有和中补虚、除湿利水、补虚羸、温胃进食、补中生气之功效，尤其是活鲫鱼氽汤在通乳方面有其他药物不可比拟的作用。适于煮、烧、炸、熏、蒸等多种烹制方法，一般整尾入烹。其代表菜式有豆腐鲫鱼、葱酥鲫鱼、萝卜丝鲫鱼汤等。

2. 鳊鱼

鳊鱼是鲤形目鲤科鳊亚科鱼类的统称。

(1) 团头鲂(*Megalobrama amblycephala*；Blunt Snout Bream)　又称为武昌鱼、团头鳊，主产于湖北梁子湖，现各地均有饲养。体高，甚侧扁，呈菱形，头后背部隆起，体长为体高的2.0～2.3倍。头小，吻圆钝，口端位，口裂宽，上下颌等长，上下颌的角质层较薄。胸部平坦，腹部仅自腹鳍基部至肛门，具有皮质腹棱。背鳍具光滑硬刺，其长度较头长为小；臀鳍长，具27～32根分枝鳍条，尾柄高而短。体背部呈青灰色，两侧呈银灰色，体侧每个鳞片基部都为灰黑，边缘黑色素稀少，使整个体侧呈现出一行行紫黑色条纹，腹部银白，各鳍条呈灰黑色(图4-17)。肉质细嫩，脂肪含量高，味鲜美，最宜清蒸、干烧、红烧等。其代表菜式有清蒸武昌鱼、油焖武昌鱼等。

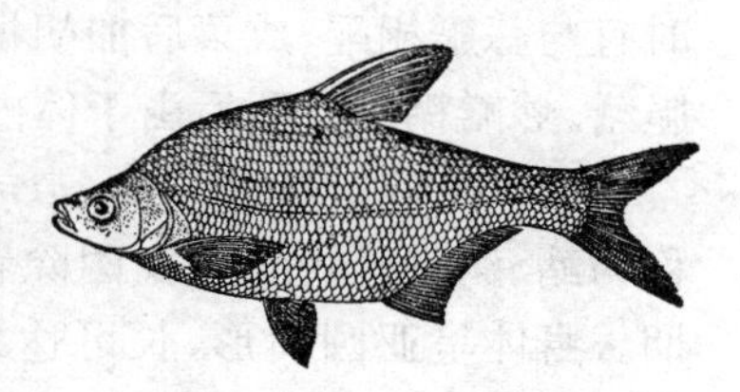

图4-17　团头鲂

(2) 长春鳊(*Parabramis pekinensis*；Beijing Bream)　又称为鳊鱼、长身鳊、鳊花、草鳊、油鳊、边鱼、方鱼、黄尖、川枪、莲子鱼，为我国主要经济鱼类之一。体高而侧扁，头后背部隆起，体呈菱形。头尖小，口小裂斜，上颌比下颌稍长，无须。侧线位于体侧中、微下弯。自胸鳍基部至肛门间有明显的腹棱。背鳍高大于头长，刺粗壮而光滑。臀鳍长，不分枝鳍条3根，分枝鳍条28～34根。尾柄短，尾鳍深叉形。整个身体呈银白色。背及头背部青灰色，带有浅绿色泽，体侧银灰色，腹面银白色。各鳍分别为灰色或灰白色，边缘呈灰黑色。其肉细嫩，味鲜美，脂肪丰富，每百克肉含蛋白质18.5 g、脂肪6.6 g。家常食用多清蒸、红烧。

(3) 三角鲂(*Megalobrama terminalis*；Triangular Bream)　又称为三角鳊、乌鳊，是一种较贵重的经济鱼类。体高，侧扁，头小，呈菱形。其外形特征与长春鳊基本相同。主要区别在于：三角鲂的上颌与下颌等长，长春鳊的上颌稍长于下颌；三角鲂的腹棱较短，由腹鳍基部起至肛门，长春鳊的腹棱较长，由胸鳍基部起至肛门；三角鲂的头背为灰黑色，侧面为灰色带浅绿色泽，腹面银灰色，各鳍青灰色，长春鳊整个身体呈银白色；三角鲂每个鳞片中部为灰黑色，边缘较淡，组成体侧若干灰黑色纵纹，长春鳊则无；三角鲂尾鳍叉深，下叶稍长，长春鳊尾鳍两叶等长。三角鲂因生长较快，个体较大，最大可达5 kg左右，其肉细嫩味鲜美，富含脂肪，多采用清蒸等方法烹调。

3. 鳜鱼

鳜鱼(*Siniperca chuatsi*；Mandarin Fish)，鲈形目鮨科鱼类，又称为桂鱼、季花鱼、花鲫鱼、淡水老鼠斑等，除青藏高原外，全国广有分布，为名贵淡水食用鱼类之一，2～3月最为肥美(彩图27)。身体侧扁，背部隆起，长可达60 cm，青黄色，具不规则黑色斑块；背鳍一个，硬刺发达；口大，下颌突出；鳞细小，圆形。肉质紧实细嫩，刺少，其味清香扑鼻，鲜脆可口，可谓“席上有鳜鱼，熊掌也可舍”。适于多种烹调方法,最宜清蒸、糖醋、红烧、干烧;可整尾入烹,也可切片。其代表菜式有红烧鳜鱼、松鼠鳜鱼、白汁鳜鱼等。由于鳜鱼的背鳍硬刺有毒,被刺伤后肿痛甚烈,发热、畏寒,初加工时应小心。

4. 鳝鱼和泥鳅

(1) 鳝鱼　鳝鱼(*Fluta alba*; Ricefield Eel),合鳃目合鳃科鱼类,又称为黄鳝、长鱼等,我国除西北高原外,均有分布,夏季肉质最佳(彩图28)。身体呈蛇形,最长可达50 cm,黄褐色,具暗色斑点,无胸鳍和腹鳍,背鳍和臀鳍低平,与尾鳍相连,头大,口大,眼小。身上有一种黏液,由黏蛋白和多糖类结合而成。

肉厚无细刺,鲜味独特,适于多种烹调方法和调味,常切段、丝、条入烹。烹制时宜与蒜瓣相配,成菜后加胡椒粉风味更佳。其代表菜式有干煸鳝丝、红烧鳝段、脆鳝、炒鳝糊等。死后由于体内含较多的组胺而具有毒性,所以不宜食用。

(2) 泥鳅　泥鳅(*Misgurnus anguillicaudatus*; Loach),鲤形目鳅科鱼类,又称为鳛、鳝、鳗尾泥鳅,我国除青藏高原外,各地淡水中均产,5～6月为最佳食用期。身体呈亚圆筒形,长可达10 cm左右,黄褐色,具不规则黑色斑点,尾鳍呈圆形,口小,有须五对,鳞细小且埋于皮下。肉质细嫩,刺少,味鲜美,营养价值很高,主要适于烧、炸及汆汤的烹制方法,其代表菜式有酥炸泥鳅、软烧泥鳅、泥鳅钻豆腐等。泥鳅味甘性平,有暖中益气,清利小便,解毒收痔之功效。其滑涎有抗菌消炎的作用,治黄疸湿热。小便不利时,可取泥鳅去肠污后炖豆腐食用。

5. 草鱼和青鱼

(1) 草鱼　草鱼(*Ctenopharyngodon idellus*; Grass Carp),鲤形目鲤科鱼类,又称为鲩、草青、草棍子等,为我国四大淡水养殖鱼类之一,以9～10月所产最佳。身体呈亚圆筒形,青黄色,鳍为灰色,头宽平,无须,背鳍无硬刺。一般重1～2.5 kg,最重可达35 kg以上。草鱼肉厚色白,质地细嫩,富有弹性,少刺味鲜美。草鱼肉性味甘、温、无毒,有暖胃和中之功效。适于多种加工方法,可整用或加工成片、块、条、茸等,其代表菜式有清蒸鲩鱼、蒜香草鱼、酸菜鱼等。

(2) 青鱼　青鱼(*Mylopharyngodon piceus*; Black Carp),鲤形目鲤科鱼类,又称为黑鲩、乌鲭、螺蛳青等,为我国四大淡水养殖鱼类之一,以9～10月所产为最佳。青鱼体较大,长筒形,尾部稍侧扁。头顶宽平。口端位,呈弧形,上颌稍长于下颌,无须。眼位于头侧正中。腹部圆。体被六角形大圆鳞。侧线在腹鳍上方一段微弯,后延伸至尾柄的正中,侧线鳞40～43个。背鳍短,无硬刺。尾鳍深叉,中间截形,上下叶等长。体青灰色,背部尤深,腹面灰白色,各鳍均为灰黑色。一般重7～8 kg,最重可达50 kg以上。青鱼肉厚而多脂,刺少味鲜美,适宜于多种烹调方法及味型,可切段或制鱼片、鱼茸、鱼条等,也可干制或腊制,代表菜式如菊花青鱼、红烧青鱼等。其鱼胆有毒,加工时应去除。

6. 鲢鱼和鳙鱼

(1) 鲢鱼　鲢鱼(*Hypophthalmichthys molitrix*; Silver Carp),鲤形目鲤科鱼类,又称为白鲢、扁鱼、苦鲢子等,为我国四大淡水养殖鱼类之一,冬季所产为最佳。身体侧扁,银灰色,从胸部至肛门具皮棱。头大,为体长的四分之一。肉薄,质细嫩,味鲜美,体较大者肉质更佳,但小刺较多。一般适宜于红烧、炖、焖、油炸等烹制方法，其代表菜式有红烧全鱼、豆瓣鲜鱼等。其鱼胆有毒，加工时应去除。

(2) 鳙鱼 鳙鱼(*Aristichthyns nobilis*; Bighead Carp)鲤形目鲤科鱼类，又称为花鲢、胖头鱼、大头鱼等，为我国四大淡水养殖鱼类之一，冬季所产为最佳。背部为暗黑色，具不规则小黑斑，头大，约为体长的三分之一，从腹鳍至肛门具皮棱。肉质细嫩鲜美，但小刺较多。主要适于烧、焖、炖、炸的方法，整用或经刀工处理。鳙鱼的头大而肥美，常单独烹制成菜，如砂锅鱼头、青炖鱼头、鱼头火锅等。

7. 鲶鱼和胡子鲶

(1) 鲶鱼 鲶鱼(*Silurus asotus*; Catfish)鲤形目鲶科鱼类，又称为鲇、鳀、土鲶等，分布于我国各地淡水中，为一优良的食用鱼类，9～10月肉质最佳。身体前部平扁，后部侧扁，一般重1.5～2 kg，灰黑色，有不规则暗色斑块。背鳍很小，臀鳍长，与尾鳍相连，胸鳍具硬刺，口宽大，有须两对，眼小，无鳞，皮肤富黏液腺(图4-18)。同属另种南方大口鲶(*S. sodatovi meridionalis*)又称为河鲶、叉口鲶、大口鲢、鲶巴郎等，形态特征与鲶类似，但口大，口裂末端至少伸达眼中部下方，上颌须达到胸鳍基部。为大型鱼类，一般重5～10 kg，大者可达50 kg。二者肉质细密柔嫩，刺少，脂肪含量为鱼类之冠，味腴而鲜美，为上等食用鱼类。适于多种烹调方法，尤以烧、蒸最为常用，其代表菜式有大蒜烧鲶鱼、清蒸鲶鱼等。

图4-18 鲶鱼

(2) 胡子鲶 胡子鲶(*Clarias fuscus*; Beard Catfish)，鲤形目胡子鲶科鱼类，又称为角鱼、胡子鱼、塘虱等，主产于我国长江以南淡水中，为南方食用鱼类之一。身体长约20 cm，灰褐色。背鳍和臀鳍均延长，胸鳍具硬刺，尾鳍呈圆形。有须4对，无鳞。肉质细密柔嫩，味鲜美，但具有一定的泥腥味，烹调时应注意去除。胡子鲶肉有一定的药用价值，具有补血、滋肾、调中、兴阴之功效，故被视为滋补食品，使用方法同鲶鱼。其代表菜式有清蒸胡子鲶、豉汁塘虱等。

8. 乌鳢

乌鳢(*Ophicephalus argus*; Snakehead)，鳢形目鳢科鱼类，又称为乌棒、黑鱼、蛇鱼、财鱼等(彩图29)，我国除西北高原外，均有分布，冬季肉质最佳，在国内外市场很受欢迎，经济价值较高。乌鳢体延长，前部圆筒形，后部侧扁，一般体长25～40 cm。头较长，前部扁平，后部隆起，头上被有小细鳞，颇似蛇头，口大，吻短宽圆钝，下颌向前突出，略长于上颌，上下颌具尖齿。体被中等大的圆鳞，侧线平直，在臀鳍起点上方断开，两个断头相隔2行鳞片。背鳍、臀鳍均很长，可达尾鳍基部，胸鳍长圆形，腹鳍短小，尾鳍圆形。全身青褐色，头、背部较深暗，腹部较淡。体侧有许多不规则的黑色斑条，头侧有两纵行黑色条纹。背鳍、臀鳍、尾鳍均有黑白相间的花纹。胸鳍、腹鳍浅黄色，胸鳍基都有一黑点。乌鳢肉质厚实而致密，刺少味鲜美，适于多种烹调方法，尤其适于清炖、熬汤，常进行刀工处理制作鱼片、鱼球、鱼丁、鱼卷等，其代表菜式有清汤鱼圆、清蒸乌鱼、鲜熘乌鱼片等。乌鳢含肉量高，肉白嫩鲜美，富有营养，每100 g肉含蛋白质19.8 g、脂肪1.4 g。其药用价值亦高，有祛湿利尿、去瘀生新、通气消肿等功效。

9. 鮰鱼

鮰鱼(*Leiocassis longirostris*；Long-snout Catfish)，鲤形目鮠科鱼类，又称为长吻鮠、肥沱、江团、肥王鱼等，主产于我国长江、淮河、珠江流域，为名贵食用鱼类(彩图30)。体长，吻锥形，向前显著突出。口下位，呈新月形，唇肥厚，眼小。须4对，细小。无鳞，背鳍及胸鳍的硬刺后缘有锯齿，脂鳍肥厚，尾鳍深分叉。体色粉红，背部稍带灰色，腹部白色，鳍为灰黑色。其肉嫩味鲜美，富含脂肪，又无细刺，蛋白质含量为13.7%，脂肪为4.7%，被誉为淡水食用鱼中的上品。此鱼最美之处在带软边的腹部。最宜于清蒸、红烧、粉蒸、清炖、汆汤等，其代表菜式有清蒸江团、汆鮰鱼、奶汁肥王鱼等。其鳔特别肥厚，干制后为名贵的鱼肚。

10. 黄颡鱼

黄颡鱼(*Pseudebagrus fulvidraco*；Yellow-head Catfish)，鲤形目鮠科鱼类，又称为黄鳍鱼、黄腊丁、黄骨鱼等，我国各地均产，为常见中小型食用鱼类(彩图31)。一般体长为11～19 cm，体重30～100 g。体长，后部侧扁，腹部平直。头大，吻钝，口下位，横裂，唇厚。须4对，上颌须长，末端达到或超过胸鳍基部，体无鳞。背鳍硬刺后缘具锯齿，胸鳍硬刺比背鳍硬刺长，前后缘均具锯齿，有短脂鳍，尾鳍深叉形。侧线平直。背部黑褐色，体侧黄色，体侧有宽而长的黑色断纹，腹部淡黄色，各鳍灰黑色。肉质细腻滑嫩，刺少，脂肪含量高，味鲜美。适于烧、焖、煮、烩等烹调方法。同属另种瓦氏黄颡鱼(*P. vachellii*)及光泽黄颡鱼(*P. nitidus*)等均可同样使用。其代表菜式有黄焖黄颡鱼、麻辣黄腊丁、清蒸黄骨鱼等。

11. 石爬鱼

石爬鱼是体小、扁平、偶鳍宽大，善吸附于卵石上生活的淡水鱼类的统称，主要来自平鳍鳅科和鮡科鱼类。

(1) 鮡　鲇形目鮡科鱼类的统称。栖息于亚洲热带、亚热带山涧溪流中，我国分布于华南和西南，常见的有外口鮡(*Euchiloglanis davidi*，主产于四川岷江等地)、中华爬岩鮡(*Glyptosternum sinensis*)等。体扁平，头大尾小，头部特别扁平，背鳍起点之前隆起，体后部侧扁。口宽大，下位，稍呈弧形。上下颌具呈带状排列的细齿，分布在整个口盖骨上。唇厚，肉质，有多数乳突和皱褶，稍成吸盘状。须4对，口角须最粗。鳃孔小，位于胸鳍基部上方。眼小，位于头顶，有皮膜覆盖。背鳍不发达，脂鳍长而低，胸鳍大而阔，呈圆形，吸盘状，富肉质。胸、腹鳍第一根软鳍条很发达，十分肥大。臀鳍短小，尾鳍截形；体无鳞。肉质细嫩，脂肪含量高，味很鲜美，为珍贵原料之一，适于烧、煮、炖、烩等烹调方法；也可晒干后煎食，香味较浓。

(2) 平鳍鳅　鲤形目平鳍鳅科鱼类的统称。为底栖小型鱼类，分布于我国西南、华南各地，主要栖息于山涧急流中，或高山湖泊和河流，或峡谷急流，或溶洞中。常见的有四川华吸鳅(*Sinogastromyzon szechuanensis Fang*)(彩图32)、短身间吸鳅(*Hemimyzon abbreviata*)等。体长圆筒形，头胸部宽，略平扁，腹部平，尾柄侧扁，细长。头大而宽，头宽大于头高，头背具细小皮质棱脊。吻钝圆。口大，下位，宽弧形。上唇具皱褶，下唇光滑。须4对，1对口角须，3对颏须，稍长。眼小。侧线鳞41～42个。背部及体侧鳞片大多具棱脊，腹面裸露，并扩展至部分体侧。背、腹鳍起点相对，位于体正中；胸鳍宽短，第三鳍条最长且突出；尾鳍深叉状。肉质细嫩，味鲜美，适于烧、炖、烫等烹制方法。其代表菜式有大蒜石爬鱼、清炖石爬鱼等。

12. 松江鲈鱼

松江鲈鱼（*Trachidermus fasciatus* Heckel；Mountain Witch），鲉形目杜父鱼科松江鲈鱼属鱼类，1840 年 Heckel 在菲律宾发现并定其学名，又名四鳃鲈、花花娘子、花鼓鱼、老婆鱼、老虎鱼、新娘鱼、媳妇鱼等。松江鲈鱼头及体前部宽且平扁，向后渐细且侧扁，体裸露无鳞，有粒状和细刺状的皮质突起。头大，口大，端位。眼上侧位，眼间距较狭下凹。前鳃盖骨后缘有四棘，上棘最大，端部呈钩状，翘向后上方。背鳍 2 个，在基部稍相连，胸鳍宽大，椭圆形，腹鳍腹位，尾鳍截形，后缘稍圆。鳃孔宽大，鳃膜上各有两条橙黄色斜纹，酷似两片鳃叶，繁殖期尤为鲜艳，故又称四鳃鲈。体背侧黄褐色、灰褐色，腹侧黄白。其体色可随环境和生理状态发生变化。松江鲈鱼与黄河鲤鱼、松花江鲑鱼、兴凯湖白鱼并称为我国的四大淡水名鱼，肉质细白肥嫩，久煮不老，肉中无刺，味道极其鲜美，自古被誉为鱼中的珍品佳肴，受到人们的欢迎。

13. 罗非鱼

罗非鱼（*Tilapia mossambica*；Tilapia），鲈形目丽鱼科鱼类，又称为非洲鲫鱼，南洋鲫鱼、越南鱼等，原产热带非洲，后传入东南亚，最后传入我国。体形似鲫鱼，长可达二十多 cm；灰褐色或暗褐色；背鳍棘部发达，臀鳍具三棘，尾鳍截形。肉质比鲫鱼细嫩而微甜，刺少但粗硬。适于煮、烧、炸、熏、蒸等多种烹制方法，一般整尾入烹，其代表菜式有清蒸罗非鱼、干烧越南鱼等。

14. 齐口裂腹鱼

齐口裂腹鱼（*Schizothorax prenanti*；Prenant's Schizothoracin），鲤形目鲤科鱼类，又称为雅鱼、细甲鱼等，是主产于四川岷江、大渡河等水系的重要食用鱼之一（彩图 33）。体延长，稍侧扁；背部暗灰色，腹部银白色；吻圆钝，口宽下位，下颌为肉质边缘，具 2 对须；体被细鳞，胸部和腹部均有明显的鳞片。体重一般为 0.5～1 kg，大者可达 5 kg 左右。肉厚多而细嫩，刺少，味鲜美，为优良的食用鱼类。适宜于多种烹调方法。四川雅安地区因盛产和烹制雅鱼而享有盛名，甚至有雅鱼席。其代表菜式有砂锅雅鱼、红烧雅鱼、清蒸雅鱼等。

15. 鲟鱼

鲟鱼（Sturgeon）为鲟形目鲟科鱼类，又称为腊子、着甲等，分布于欧洲、亚洲和北美洲，我国有史氏鲟（*Acipenser schrencki*）、中华鲟（*A. sinensis*）和达氏鲟（*A. dabryanus*）等，现人工养殖的主要是史氏鲟（图 4-19）。身体呈亚圆筒形，青黄色，腹部白色。吻尖突，口小，口前具须 2 对。体表背 5 行纵行骨板，其余部分裸露。鲟为大型鱼类，一般重 5 kg，大者可达 200～500 kg，长达 3 m 以上。肉质鲜美，刺少骨脆，适于多种烹调方法，或用于加工。其代表菜式有红烧着甲、炒鲟鱼片等。其卵亦为名贵原料，可加工成黑鱼子酱；鳔可制鱼胶；鼻骨、脊骨脆软，可制鱼脆，尤以鼻骨最为名贵。

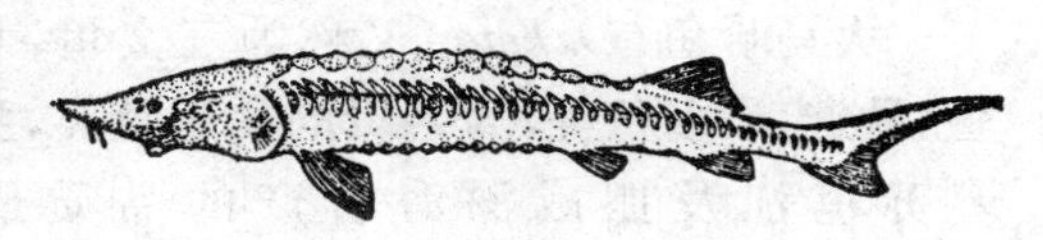

图 4-19　鲟鱼

（三）洄游鱼类

洄游是鱼类为了生殖、索饵和越冬的需求，进行的周期性、定向性和群体性的迁徙活动。根据洄游距离的远近分洄游和半洄游,根据洄游路线方向分降河性洄游和溯河性洄游。典型的洄游鱼类是指距离长、而且在淡水和海水间进行洄游的鱼类,主要是鲱形目的种类。

1. 鲥鱼

鲥鱼(*Macrura reevesii*; Hilsa Herring),鲱形目鲱科鱼类,又称为时鱼、三黎,为名贵食用鱼类(彩图 34)。体甚侧扁,呈长椭圆形,头中等大,吻尖。口大,端位,口裂倾斜,下颌稍长。上颌正中有一缺刻,与下颌骨正中的突起相吻合,上颌后端达眼后缘下方,眼有发达的脂眼睑。鳞片大而薄,上具细纹。尾鳍基部有小鳞片覆盖,腹面有大形、锐利的棱鳞,形成箭镞。无侧线,体背和头部呈灰黑色,中上侧略带蓝绿色光泽,下侧及腹部为银白色。腹鳍、臀鳍为灰白色,其他各鳍为暗蓝色。平时生活于海中,4～6 月从东海、南海溯河性生殖洄游到长江中下游、珠江和钱塘江水系,以江苏的镇江、南京、安徽的芜湖、安庆、江西的鄱阳湖为著名的产地,以镇江所产为最佳,端午节前后最为肥美。鲥鱼初入江时,丰腴肥硕,肉细脂厚,味极腴美,蛋白质含量为 11.4%～16.9%,脂肪为 11.1%～17.0%,还富含钙、铁、磷等,尤其是内脏含脂量为 18%～21.7%,鳞片与皮肤间满含油脂,故在烹制时特别强调"清蒸鲥鱼不刮鳞"。烹饪中适于清蒸、清炖和红烧,如清蒸鲥鱼、酒酿蒸鲥鱼等。

2. 鲑鳟鱼

鲑鳟鱼是鲱形目鲑科鱼类的统称,一般分三文鱼(Salmon)、鳟鱼(Trout)和鲑鱼(Char)三大类。为一群大、中型的冷水性鱼类,种类很多,全世界年渔获量甚大,为首要经济鱼类之一,秋季食用最佳。体延长而稍侧扁,口大而斜,牙圆锥状。体背小圆鳞,头部无鳞。背鳍和脂鳍各一个,尾鳍稍凹入或呈叉形,各鳍均无硬棘。在我国每年 9～10 月从太平洋北部海域溯河性洄游到乌苏里江、松花江、图们江等水系。重要的种类有大马哈鱼、虹鳟、哲罗鱼(*Hucho taimen*)和细鳞鱼(*Brachymystax lenok*)等。

虹鳟鱼(*Oncorhynchus mykiss*; Rainbow Trout)(彩图 35)是世界性广泛养殖的重要冷水性鱼。因成熟个体沿侧线有一棕红色纵纹,似彩虹,故名。原产北美洲的山涧、河流中。加拿大、美国、墨西哥的太平洋沿岸部分水域以及哥伦比亚的河流里均有分布。我国 1959 年起开始养殖。虹鳟肉多刺软,少腥味,为高级食用鱼。

大马哈鱼(*O. keta*)又称为三文鱼、北鳟鱼、秋鲑、果多鱼等,为名贵的食用鱼类,我国乌苏里江及挪威深海所产的品质最佳(图 4-20)。体大而肥壮,肉质紧实,弹性好,肉色橘红。肉味鲜美而刺少,脂肪含量高,且含有极为丰富的磷、钙质,维生素 A、D。适于烧、炖、蒸、酱、熏等多种烹调方法,生食鱼片更体现其细嫩和鲜美。其鱼子是名贵的原料,可加工红鱼子酱。

图 4-20 大马哈鱼

3. 鲚鱼

鲚鱼(Anchovy)是鲱形目鳀科鲚属部分鱼类的通称。口大,体侧扁,尾部延长,向后逐渐变得尖细。胸鳍上部有游离的丝状鳍条,臀鳍延长与尾鳍相连。体被圆鳞，腹部具有棱鳞。常见的有刀鲚、凤鲚、短颌鲚及七丝鲚等。沿海均有分布，每年4～5月溯河性洄游到长江及沿江湖泊，长江中下游、珠江口最多。常见的是凤鲚和刀鲚。

刀鲚(*Coilia ectenes*)又称凤尾鱼、河刀鱼、烤子鱼、黄齐、刀国、毛鲚、子鲚、刀鞘、海刀鱼。体长，甚侧扁，向后渐细尖呈镰刀状，故而得名，一般体长18～25 cm。吻短圆，口大而斜，下位。体侧两边被大而薄的圆鳞，腹部具棱鳞，无侧线。胸鳍上部有丝状游离鳍条6根。臀鳍长直至尾尖与尾鳍相连，尾鳍小而成尖刀形。头及背部呈浅蓝色，体侧呈微黄色，腹呈部灰白色。各鳍基部均呈米黄色，尾鳍边缘黑色。

凤鲚(*C. mystus*)又称黄鲚、凤尾鱼、子鲚、烤子鱼。鱼体长12～16 cm，体形与刀鲚相似，但臀鳍条数目较少，仅73～86根，体侧纵列鳞也较少。体呈淡黄色，其吻端和各鳍条均呈黄色，鳍边缘黑色。刚孵化不久的仔鱼就在江河口的深水处肥育，以后再回到海中。凤鲚是长江、珠江、闽江等江河口的主要经济鱼类。

鲚鱼性温，味甘，骨嫩鳞细，银光闪闪，肉质肥嫩。富有营养价值。以其肉质细嫩、鲜肥、时令性强而著名。尤其雌鱼怀卵丰满季节，其肉和卵肥嫩鲜美。此鱼最宜制作罐头，我国出产的凤尾鱼罐头遐迩闻名，不仅畅销国内，而且是出口的重要水产品之一。鲜食以清蒸或红烧最佳，也可将鱼去内脏后剁碎，做成风味独特的红烧"鲚鱼饼"。

4. 银鱼

银鱼(Salangid)为鲱形目银鱼科鱼类的统称，分布于我国、日本、朝鲜等地。体细长，无鳞，半透明。前部近圆筒形，后部侧扁，头扁平，眼大口大，吻长而尖，具锐牙，呈三角形，上下颌等长，骨软。背鳍和脂鳍各一个，体表光滑，雄鱼臀鳍上方具一纵行扩大鳞片。栖息于近海、河口或淡水，产卵时进入淡水中，以小型甲壳类动物为食料。我国种类较多，春季从东海、黄海溯河性洄游到长江中下游及附属湖泊(太湖、鄱阳湖、巢湖等)，以太湖所产最著名，为小型经济鱼类。常见的有大银鱼(*Protosalanx hyalocranius*)、太湖新银鱼(*Neosalanx taihuensis*)(彩图36)、间银鱼(*Hemisalanx prognathus*)。太湖新银鱼、间银鱼为春季重要捕捞对象，渔获量大。银鱼肉嫩刺软，具独特鲜香风味。烹饪中适于炸、炒、熘、氽、作汤等，也常用于干制。其代表菜式有银鱼炒鸡蛋、软炸银鱼、银鱼紫菜汤等。

5. 河鲀

河鲀(Puffer Fish)又称为河豚、龟鱼等，为鲀形目鲀科鱼类的通称。体粗大呈亚圆筒形，一般体长15～35 cm，体重150～350 g。头部宽或侧扁，体无鳞或被刺鳞。体表有艳丽的花纹，因品种不同花纹的色泽、形状各异。其食道扩大为气囊，遇敌害时吸水或空气，使腹部膨胀为球状，浮于水面以自卫。每年4月溯河性洄游到长江、钱塘江和珠江、鸭绿江和辽河等地。以长江所产最多，集中在江阴、镇江一带。每年春、夏两季为主要捕获季节。常见的有虫纹东方鲀(*Fugu vermicularis*)(图4-21)、弓斑东

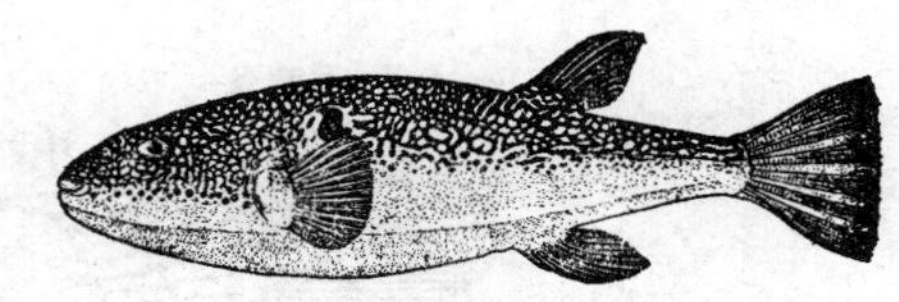

图4-21　虫纹东方鲀

方鲀(*F. ocellatus*)、暗纹东方鲀(*F. obscurus*)、星点东方鲀(*F. niphobles*)、条纹东方鲀(*F. xanthopterus*)等。河鲀肉质肥腴，味极鲜美，但其卵巢、肝脏、血液、皮肤等中均含剧毒的河豚毒素，须经严格去毒处理后方可食用。我国有关部门规定未经去毒处理的鲜河鲀及其制品严禁在市场出售。对于混杂在其他鱼货中的河鲀鱼，经销者一定要挑拣出来并作适当的处理。去毒后的河豚可鲜食，也可加工成盐干品和罐头食品。为满足需求现在已经开始培育养殖弱毒、微毒的暗纹东方鲀，从此打破了“拼死吃河豚”的说法。由专职厨师烹饪的河豚系列菜肴有十多个花样，如河豚刺身、白汁汤、河豚乳盅、红烧河豚、椒盐河豚排、巴鱼汤、滑炒西施肝、河豚三鲜煲、河豚火锅等。

6. 鳗鲡

鳗鲡(*Anguilla japonica*; True Eel)，鳗鲡目鳗鲡科鱼类，又名日本鳗鲡、白鳝，青鳝，风鳗，鳗鱼。身体细长如蛇形，体长最大可达 1.3 m，前端圆柱形，自肛门后渐侧扁，尾部细小，头尖长。吻钝圆，稍扁平，口大，端位，上下颌及犁骨均具尖细的齿，唇厚，为肉质，前鼻孔近吻端，短管状，后鼻孔位于眼前方，不呈管状。鳞细而长，隐蔽于表皮内。背鳍低而长，无腹鳍，臀鳍低长，与尾鳍相连，尾鳍短，呈圆形。体背部呈灰黑色，腹部灰白或浅黄，无斑点。鳗鲡是一种降河性洄游鱼类，平时生活在淡水中，每年 8～10 月降河性洄游入海产卵，幼鱼又从海中回到江河生长肥育，分布于长江、闽江和珠江等水系。鳗鲡肉质细嫩，味美，含有丰富的脂肪，肉和肝的维生素 A 的含量特别高，具有相当高的营养价值。适宜蒸、炖、烧、煨成菜，味型多样，如清蒸青鳝、红煨白鳝、豉汁蟠龙鳝等。

三、鱼类制品

鱼类制品是以鱼肉、鱼卵或鱼体上的某个器官，采用不同的加工方法制作而成的产品。主要有干制品、腌制品、鱼糜制品和罐头制品等，以干制品为多。很多干制品是名贵的烹饪原料。对常用鱼类制品介绍如下。

(一) 鱼翅

鱼翅(Shark's Fin)是用鲨、鳐等大中型软骨鱼类的鳍经干制加工成的制品，又称金丝菜。鱼翅被称为海味八珍之一，与燕窝、海参和鲍鱼合称为中国四大“美味”。我国沿海均产，以福建、海南、浙江、广东、台湾为主产地。其供食部位主要是鱼鳍中细长而不分节的角质鳍条(软骨鳍条)(图 4-22)，在烹饪中将其称为翅针或翅筋(彩图 37)。

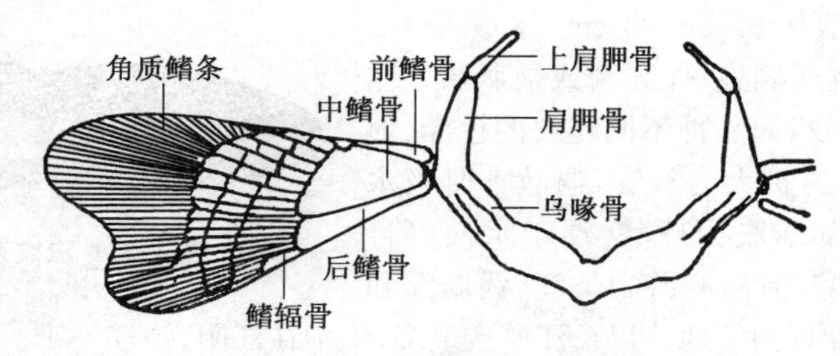

图 4-22　鲨鱼胸鳍(示角质鳍条)

由于鱼的种类不同，鳍的生长部位不同，加工方法不同，鱼翅的品种繁多，质量差别也较大。在实际应用中鱼翅的分类方法多样。

1. 按鱼鳍的生长部位分类

按鱼鳍的生长部位可分为背翅（披刀翅、脊翅）、胸翅（翼翅、肚翅、划翅、青翅）、腹翅和臀翅（上青翅、荷包翅）、尾翅（钩翅、尾勾翅、勾尾）。背翅呈三角形，板面宽，顶部略向后倾斜，后缘略凹，两面灰黑色，肉少，翅针多而粗壮，质量最好。胸翅呈三角形，板面背部略凸，一面为灰褐色，一面为白色，翅少肉多翅体稍瘦薄。

2. 按鱼的种类及鱼翅的大小分类

按鱼的种类及鱼翅大小的不同可分为群翅（即六件翅）、锯鲨翅、白骨翅、杂翅和翅仔等五类。群翅由犁头瑶的鳍制成，价值最高；锯鲨翅由锯鲨的鳍制成，价值与群翅一样高；白骨翅主要用白眼鲨的鳍制成；杂翅是其他多种鲨鱼鳍制品的总称；翅仔用较小的鲨鱼鳍制成，价值最低。

3. 按加工与否分类

按加工与否或加工品的形状又分为原翅、毛翅、净翅三大类。

原翅直接干制而成，即将鲨鱼或头犁鳐的背鳍、胸鳍和尾鳍割取后，用清水洗净基部血污，晒干即为原翅。原翅可分为咸水翅（以海水漂洗）和淡水翅（以淡水漂洗）两种，以淡水翅质量为佳，其中以翅板大而肥厚、不卷边、干燥、有光泽、完整、无血污水印，基根皮骨少，无油根、夹砂、石灰样变化的为上品。

毛翅即为无沙翅，是取原翅为原料，经冷水、热水浸泡处理后，刮去表层砂皮，洗净晒干而成。以翅块完整，干燥，洁净，色浅黄有光泽的为上品。

净翅（明翅）是以原翅为原料，经过浸泡，刮去表层砂皮，再经煮翅，然后取出翅针晒干制成。将翅针团成圆形或方形饼状，晒干即为翅饼。以翅针长而粗壮，坚硬有弹性，无折断，色金黄透明，有光泽的为上品。

鱼翅的营养成分主要是软骨黏蛋白、胶原蛋白和软骨硬蛋白等，均属不完全蛋白质，烹制时应与肉类、鸡、鸭、虾等共烹，以达到蛋白质的互补和赋味增鲜的目的。中国传统认为食鱼翅可益气、清神、去痰、利尿、开胃、润肤、养颜。

鱼翅在使用前均需用水涨发。净翅涨发：将翅针或翅饼用开水浸泡1～2小时，加热煮沸十余分钟，待软化后便可捞出备用。原翅涨发：将原翅用清水浸泡一天，然后用80℃热水煮30分钟，取出刮去表皮砂层，再放入锅中保持80℃煮十多分钟，捞出，取翅丝，并拣除残肉杂物，洗净得纯净翅针，再用清水浸泡1小时，加热煮沸十余分钟，待其软化后备用。发制好的鱼翅其翅针全部软化，无硬心，有弹性，色洁白或微黄。由于鱼翅无显味，所以必须在烹制前或烹制过程中用高汤或鲜美原料赋味增鲜。常采用烧、扒的方法成菜，也可烩、蒸、炖、煨等，适于多种味型。其代表菜式有黄焖鱼翅、红烧大群翅、蟹黄鱼翅、鸡茸鱼翅、蚝油扒鱼翅等。

（二）鱼肚

鱼肚（Fish Maw）为大黄鱼、鳇鱼、鲟鱼、鮸鱼、鮰鱼等大中型硬骨鱼类的鳔的干制品。富含胶质，故又称为鱼胶，花胶，自古便属于海珍之一（彩图38）。鱼鳔由致密结缔组织构成，主要成分是胶原蛋白。鱼肚主要根据鱼的种类而分类，如常见的有黄唇肚、黄鱼肚、鳝肚、鮰鱼肚、毛鲿肚、鮸鱼肚、鲟鱼肚等多种。黄唇肚是鱼肚中质量最佳的一种,成品为金黄色、鲜艳有光泽、具有鼓状波纹,稀少而名贵。来源于不同鱼类的鱼肚有很多别称,如广东、广西、福建、海南沿海一带的毛鲿肚和鮸鱼肚在行业上称为"广肚"。原产于中南美洲的鱼肚称为札胶,当地原称"长肚",肚形长而窄。湖北一带的鮰鱼肚因外形似笔架山而称笔架鱼肚。

鱼肚一般以片大纹直、体壁厚实、色泽淡黄、半透明、体形完整的为上品;体小壁薄、色泽灰暗、体形不完整的为次品;色泽发黑的,说明已经变质不能食用。鱼肚中的"花心鱼肚"是由于鱼肚外干,但内囊未能干透,因其不易涨发,品质差。鱼肚的涨发常采用油发、水发或盐发。发好的鱼肚色白、质地松软、柔糯润滑。

鱼肚营养丰富,其蛋白质含量达80%,还含有脂肪、钙、磷、铁等物质,具有强肾、益精、平火、补气等功效,是筵席上的珍品。烹饪中常采用烧、扒、烩、炖等方法成菜,多做热菜,偶做凉菜,如淮扬菜芝麻酱㸆广肚。调味咸甜均可,咸味菜肴制作需用高汤以及鲜美的配料赋味。如红烧鱼肚、白扒鱼肚、鸡茸鱼肚、鸡丝鱼肚、三丝鱼肚、桂花鱼肚、高汤鱼肚及奶汁烩鱼肚等名菜。也有用鲜鱼鳔入菜的,可做热菜、凉菜或火锅原料,口感嫩滑。常与桂圆、红枣、核桃仁一起煎制成冬令进补品——鱼鳔胶。

(三)鱼皮

鱼皮(Fish-skin)主要由鲨鱼、鳐鱼等软骨鱼和少数硬骨鱼(黄鱼、鲟鱼)的皮肤加工而成(彩图39)。主产于我国福建、广东、山东、辽宁和浙江等沿海地区,主要品种有犁头鳐皮、青鲨皮、真鲨皮、姥鲨皮等,以犁头鳐皮质量为最佳。鱼皮一般有两种加工形式,一种是原样干制品,未去砂,表皮不平,质硬而厚,因鱼种不同颜色各异;另一种是已经去砂和腐肉的半成品,片薄、淡黄色、光洁,呈半透明状。选择时以皮厚身干、无肉、洁净无虫伤、有光泽者为上品。食用前应先用70℃的温水浸泡30分钟,取出刷去皮层上的砂质,然后再放在40℃温水锅中泡2小时,取出清水浸泡。涨发时应根据其厚薄度的不同而掌握受热时间,以免薄皮熔化。经涨发后,因本味不显,也需赋味,由于富含胶原蛋白,需采用烧、烩、扒、焖等烹制方法制作,表现出软嫩滑爽、味道鲜香的特点,如白汁鱼皮、焖鱼皮等。目前市场上还有一些硬骨鱼的鲜鱼皮供应,主要是做凉菜食用,如酸辣鱼皮、芥末鱼皮等。

(四)鱼唇

鱼唇(Dried Fish Lip)为鲟鱼、鲨鱼、鳐鱼、魟鱼等鱼的唇部软肉的干制品,又称鱼嘴。通常从唇中间劈开分为左右相连的两片,带有两条薄片状软骨。以犁头鳐制成的鱼唇为佳品。南北沿海均产,尤以浙江为多。干制品以体大、有光泽,近光时透光面大,洁净无污物为好。把干货鱼唇放入清水中浸泡一夜,使其回软,再把鱼唇放入沸水中用中火煮2分钟熄火,加盖焖至水冷。取出鱼唇,用刀刮去表面余砂、黑皮和腐皮,然后用清水冲漂2个小时。把冲好的鱼唇放入蒸盒内,再放入料酒、姜片、老母鸡、火腿、干贝、瘦肉等原料,送入笼中蒸至鱼唇软即可。发好后的鱼唇软糯、滋润,肥美不腻。鱼唇主要成分为胶原蛋白,本味不显,烹制时需用上汤赋味或与鸡、火腿、干贝等鲜美原料合烹。烹调时适合烩、烧、炒、扒、煲等多种技法制作菜肴、羹汤,其成品以柔软腴嫩的口感取胜。其代表菜式有红烧鱼唇、白扒鱼唇、肉末鱼唇等。

（五）鱼骨

鱼骨(Light Fish Catilage)以鲟鱼、鳇鱼的鳃脑骨、鼻骨或鲨鱼、鳐鱼等软骨鱼类的头骨、支鳍骨等部位的软骨加工干制而成，又称为明骨、鱼脑、鱼脆。其成品为长形或方形的块和片，白色或米色，半透明，有光泽，坚硬。由于鱼的种类及原料骨的位置不同，质量有所区别，以块条均匀，体表完整，色泽洁白，呈半透明状，无灰质硬壳和血斑者为上品。通常以头骨或颚骨制得的为佳，尤以鲟鱼的鼻骨制成的为名贵鱼骨，称为龙骨。明骨的主要成分是胶原蛋白，其所含硫酸软骨素对人体的神经、肝脏、循环系统起着滋补作用。从明骨中可提取药用明胶。明骨在食用时，需泡、蒸发制。先将明骨用温水洗净晾干，加入调料搅拌均匀，上笼蒸透回软时取出，然后用开水浸泡待用。全部发透后，色洁白，无硬质，如同凉粉状，柔脆滑嫩，可用刀切成薄片或长条，通过烧、烩、煨等方法烹调成芙蓉明骨、桂花明骨、烩三鲜明骨、氽鱼骨等各种风味的名菜，也可配以果料做甜菜，用它还可制作胶冻，以及调制夏季解暑用的冷饮。

（六）鱼信

鱼信为鲨鱼、鲟鱼、鳇鱼等大型鱼类的脊髓干制品，又称为鱼筋。成品呈长条状，色白，质地较脆。鱼信属于神经组织，含丰富的蛋白质和脂肪，产量较低，为名贵原料。烹制前一般进行蒸发，先将鱼筋用清水浸软，然后上笼蒸，时间长短视鱼筋的老嫩程度而定，以用手能掐断为度。由于本味不显，需用高汤赋味或与肉类、鱼类、鸡鸭、虾蟹等鲜美原料合烹。其代表菜式有鲜熘鱼信、蟹黄鱼信、芙蓉鱼信等。

（七）鱼子酱

鱼子酱(Caviar)是指用新鲜鱼子经盐水腌制而成的制品。除青鱼子外，最为著名的是红鱼子和黑鱼子，被欧美人誉为世界三大美食之一。

红鱼子：以大马哈鱼的鱼卵腌制而成。成品大小似鱼肝油颗粒，半透明，亮红色，有黏液(彩图 40)。

黑鱼子：以鲟鱼的卵腌制而成。成品为黑色，半透明，比红鱼子难得。品质最好的鱼子酱是用产于黑海海域中的 Beluga、Asetra、Sevruga 三种鲟鱼的卵制成的(彩图 41)。

鱼子的加工方法是将鱼卵块从鱼腹取出后，用筛子将鱼卵擦下，然后浸泡于 5%的盐水中发酵而成。成品鱼子酱味咸鲜，有特殊的腥味。品质好的鱼子酱颗粒肥硕、饱满圆润，透明清亮，略带金色的光泽。

鱼子是中、西餐中的名贵原料，在西餐中一般作开胃小吃，或在热菜、冷菜、冷点、面食、寿司中赋味以及作配色、装饰用料，也可用于少司的制作。

四、鱼类原料的烹饪运用

鱼类原料由于种类繁多，滋味鲜美，营养丰富，加工品很有特色，是烹饪中运用极其广泛的一类原料。在具体的应用过程中，需根据各种鱼的不同运用部位、形态结构、组织特点、风味特点等，选择相适应的加工方法和运用范围。

(一) 鱼类是制作菜肴的常用原料,主要作主料使用

鱼类主要运用的是躯干的肌肉组织,其次是加工制品。体大、肉厚实、刺少的鱼类,如鲤鱼、青鱼、草鱼、鮰鱼、鳕鱼、鮰鱼、大马哈鱼、鳜鱼等,可整只利用,由于肉厚,多剞花刀处理;可剔肉,切丁、片、丝、条、块和剞鱼花;可分部位和分段利用,部位有头(上颌、下颌),躯干(中段),腹部(肚裆、软边),尾(划水)。体小、肉薄、刺多的鱼类,如鲫鱼、鲳鱼、鲚鱼、银鱼等,一般多整用,多油炸做凉菜。洁白肉厚的鱼类(青鱼、乌鳢等),吸水性、黏性好,色白,剁成鱼茸,制成形状各异的原料,用于加工一些成形菜肴,如葡萄鱼。根据各种鱼的特点,可采用多种烹调方法:炒爆、蒸、熘、烧、煮、炸、炖、烤等;味型多样:咸鲜、鱼香、家常、糖醋、茄汁、酸辣、蒜香、麻辣等。肉质细嫩、无腥味、卫生质量高的一些深海鱼类可直接生用,如三文鱼、金枪鱼等;含脂量高,肉味鲜美的鱼,如鲷鱼、鳜鱼、鲥鱼、石爬鱼、武昌鱼和石斑鱼等,选料新鲜时,最宜清蒸、清炖和氽汤,以突出其原汁原味;大多数鱼都有轻重不同的腥味,所以常配以味重的配料和调味原料合烹,常通过红烧、干烧等方式成菜。

带皮烹制的鱼类容易产生明胶,其汤汁变稠,即行业上所说的"自来芡"。所以烧、煮、烩时火力应小或宽汤,勾芡时芡汁要少而稍薄。

(二) 作小吃、面点、风味粥类的主配原料以及馅心

不仅营养价值高,而且极富风味特色,如清汤鱼面、灯笼鱼汤、鱼皮饺、鱼皮馄饨、各类鱼片粥等。

(三) 是常用的配色、配形原料,起着极强的点缀装饰效果

用白色、红色鱼肉切配后做包卷料,简洁美观,如三色鱼卷、鱼卷寿司、紫菜鱼卷、顺德鱼皮角(此鱼皮为鱼肉片)等。鱼子在拼盘造型中也起到良好的作用,红色和黑色的鱼子在菜点中点缀装饰作用更为突出。

(四) 作调味原料运用

干鱼炖煮制汤可提供独特的风味,鱼肉干制或油炸后撕成细丝拌入菜肴中,为其增添特殊风味,如银鱼干常用于提味,鱼子酱也是调味佳品。

检　测

复习思考题

1. 猪肉和牛肉的烹饪运用为何有差异?
2. 为什么猪肉的运用非常广泛?
3. 为什么说兔肉为保健肉? 该如何烹制成菜?
4. 在运用野生动物时应注意什么问题?
5. 肝、腰为什么能合烹成菜?
6. 肚头、胗肝为什么要快速烹制成菜才脆嫩?
7. 以火腿为例,谈谈怎样利用腌腊制品。
8. 以乳汁成菜时,对主配料有何要求?
9. 制作高汤时为什么要选老母鸡?
10. 鸡肉和鸭肉最突出的肉质特点是什么?
11. 什么是燕窝,有何烹饪运用特点?
12. 禽蛋作为辅助原料有哪些运用?

13. 优质咸蛋的特点是什么？有何运用？

14. 加工风鸡有哪些方法？烹饪中如何运用？

15. 蛙类的肉质有何优点？烹饪中怎样运用才能体现特色？

16. 龟鳖有何运用规律？

17. 鱼肉在烹制时为何容易碎散？

18. 为什么鱼类都适于味重的红烧和干烧等方法烹制成菜？

19. 用鱼肉制作菜肴时有哪些取料方式？

20. 蹄筋、鱼翅等含胶原蛋白丰富的干制品该如何烹调？

21. 红鱼子有哪些运用？

22. 解释概念：腌腊制品、火腿、燕窝、再制蛋、蛤士蟆油、裙边、鱼翅、鱼肚、红鱼子、黑鱼子、鱼信。

第五章 低等动物性原料

学习目标

◎ 了解各类低等动物性原料的生长状况、分布区域、上市时间、品种数量、营养成分、药用价值等。

◎ 理解各类低等动物性原料组织结构、品质质量的鉴定方法，各类加工制品的加工方法。

◎ 掌握低等动物性原料的鲜品、加工制品的肉质和风味特点以及在烹饪中的运用规律。

◎ 能利用所掌握的知识指导菜肴的设计、加工和创新。

本章导读

高等动物性原料在烹饪运用中占据重要的地位，但种类和数量较多的低等动物性原料以其高营养价值、独特的结构、质地和风味给人们提供了更广泛的利用价值，形成了各大菜系的特色。本章按照从棘皮动物到腔肠动物的从高到低的顺序，按商品分类、组织结构、肉质特点以及加工制品的种类和特性、烹饪运用规律和特点进行阐述。通过本章节的学习，我们可以充分认识和掌握这些原料存在的特殊性，达到物尽其用的目的。

引导案例

“刺身”的原料选择

日本料理以清淡、精致、营养、注重视觉、味觉与器皿搭配的特色为世人所瞩目，而刺身可谓日本的国菜。日本语“刺身”，发音“sashimi”，汉语音译为“沙西米”，即指生鱼片。刺身是生的料理，是原始的料理，是日本料理中最具特色的食品，是日本料理的代表。

以前，日本北海道渔民在供应生鱼片时，由于去皮后的鱼片不易辨认其种类，故经常取一些鱼皮，用竹签刺在鱼片上，以便于识别。这刺在鱼片上的竹签和鱼皮，当初被称作“刺身”，后来虽然不使用这种方法了，但“刺身”这个名称却保留了下来，泛指各类生鱼片。江户时代以前，生鱼片主要以鲷鱼、鲆鱼、鲽鱼、鲈鱼为材料。明治以后，肉呈红色的金枪鱼、鲣鱼等成了生鱼片的上等材料。之后，日本人把贝类、龙虾等也切成薄片做刺身。

现在这种做法已经被全世界美食者所接受，并将“刺身”定义为将新鲜的鱼、虾、贝螺等肉，依照适当的刀法切成薄片，佐以日本浓口酱油与山葵泥（绿芥末）调和的蘸酱而食的一种生食料理。一般多选用半圆形、船形或扇形等精美餐具作盛器，再以新鲜的番芫荽、紫苏叶、薄荷叶、海草、菊花、黄瓜花、生姜片、细萝卜丝、酸橘等作配饰料。这些配饰料既可作装饰和点缀，又可起到去腥增鲜、增进食欲的作用。

国内目前较常见的刺身原料主要源自深海中洁净腴美的高等动物和低等动物类水产品，主要有三类：

(1) 鱼类：主要有鲷鱼、三文鱼、鲔鱼、青花鱼、鲣鱼、鲈鱼、针鱼、旗鱼等等。

(2) 甲壳类：主要有龙虾、对虾、合鼓虾等等。

(3) 贝螺和头足类：主要赤贝、青柳贝、鸟贝、鲍鱼、牡蛎、荣螺、平贝、水松贝、象拔蚌、北极贝、帆立贝、墨鱼、章鱼等等。

制作刺身的原料较为广泛，这些原料经过刀工切配，即可装盘食用，不需要加热烹调。所以选料非常严格，应保证原料的新鲜、洁净、无污染。一是鲜活的，二是经过保鲜处理的，三是真空包装、低温速冻的冷冻品。良好鲜嫩的肉质、精良的刀工、独特的作料、漂亮的摆饰，对食用者味觉、视觉产生强烈的刺激，因此成为中西方钟爱的一种佳肴。

刺身原料有的完全是生用，有的会稍微经过加热处理以后再用。一是炭火烘烤，如将鲔鱼腹肉用由炭火略微烘烤，鱼腹油脂经过烘烤而散发出香味，再浸入冰中切片而成。二是热水浸烫，将生鲜鱼、贝类肉以热水略烫过后，浸入冰水中，让其急速冷却，取出切片，即会呈现表面熟但内部生的特点，口感与味觉上会有另一种风味。

刺身是特色性很强的菜肴，之所以选用鱼肉和各类低等动物为原料，就是因为它们的肌肉纤维细而短，结缔组织少，脂肪含量少，含水量高，口感鲜嫩、脆爽，入口化渣，容易消化吸收，再加之配以风味独特的调味原料，更好地体现了这些原料的特点。

充分掌握低等动物与高等动物的不同点，合理加工，将其特色尽量呈现在菜肴中，正所谓一菜一格。

在自然界中，除高等动物外，还有一类没有脊索、咽鳃裂和背神经管的无脊椎动物，也称之为低等动物，占动物种类总数的95%，它们分属十八个门。它们不仅身体结构简单，机体组织以及器官分化不明显，而且与高等动物相比在形态、结构、生活方式上表现出特殊性。

低等动物中食用价值较高、作为烹饪原料加以利用的动物主要是软体动物、节肢动物、棘皮动物，另外少数来自于环节动物和腔肠动物等无脊椎动物。众多形态各异、质感独特、风味别致的无脊椎动物原料大大地丰富了菜肴的花色品种。由于蛋白质含量较高，味道鲜美，营养价值高，含有很多对人体有益的成分，有些低等动物是传统的高档原料和药膳原料，如：海参、龙虾、中华绒螯蟹、蝎子、蜗牛、鲍鱼、牡蛎等。

第一节 棘皮动物

棘皮动物绝大多数生活在盐度正常的海水(少数如海参生活在半咸水)中,多营底栖生活,固着、移游或埋栖。已知的棘皮动物有2万种,其中化石种较多,约占3/4。生活的种约有5 000种,分属海百合纲、海参纲、海星纲、海胆纲和蛇尾纲五个纲。棘皮动物体形多样,有星形(海星)、球形(海胆)、树枝型(海百合)、圆柱形(海参)。幼虫时期左右对称,成体呈五辐射对称。其大小从几毫米到大约20 m不等。

棘皮动物整个体表都覆盖着纤毛上皮,体内有由中胚层产生的内骨骼,呈骨片状(骨板),由结缔组织和肌肉组织连接为一完整结构,埋在外胚层的表皮下面,常向外突出成棘,所以称棘皮动物。棘皮动物的身体具有特殊的水管系统,它是由围在口周围的环水管和由环水管发出的5条辐水管构成。在辐水管上分出成对的侧小管与管足相连。管足除运动功能外还有呼吸和排泄的功能。

棘皮动物中最常见的名贵烹饪原料主要来自海参纲,此外,海胆纲的部分种类也有一定的食用价值。

一、海参纲动物原料

海参分布于世界各大海洋,是潮间带很常见的棘皮动物,全世界有900多种,种类最多的在印度洋至西太平洋区,我国约有120种。垂直分布于从潮间带到水深10 000 m的深海沟中。大多数海参栖息于各种地质上营底栖生活,一般埋于泥沙中,两端露在外面,通过触手和体壁肌肉的收缩作蠕虫状的爬行,常成堆聚集生活,少数种终生营浮游生活,以混在沉积物里的有机碎屑和微小生物为食物。海参类的再生力很强,少数种海参能用自切或分裂法增殖。幼虫营浮游生活,经20天发育成稚参,2～3年成熟。我国有20多种海参可供食用,其中刺参、乌元参、梅花参等经济价值较高。

(一) 海参纲的主要特征

1. 外形

由于特殊的生活方式和栖息环境,海参的形态与其他棘皮动物有很大的区别。海参身体延长成长筒形、蠕虫形或腊肠形。体长在3～150 cm之间,多数种类在10～30 cm之间,热带种类体型较大。身体柔软,有前、后、背、腹之分。海参用身体的腹面附着在海底,靠管足爬行运动。背面隆起,步带区管足退化或变为圆锥状的肉刺,称为疣足。口在前端,周围有由管足变成的10～30个触手,触手本身可伸缩,必要时可随体壁收缩完全缩入体内。肛门在后端。海参体表颜色深暗,多呈黑色、褐色或灰色等,偶有淡绿色、橘红色或紫色等。

2. 组织结构

海参的体壁从外到内可以分为角质层、上皮、真皮层、肌肉层和腹膜。真皮层是构成体壁的主要部分,决定体壁的厚度(彩图42)。体壁厚的种类,其肌肉和结缔组织也特别发达，因此厚实发达的体壁是海参的主要食用部位。海参体壁中的骨板埋于体壁组织中，退化得极其微小，人的感觉器官都无法感觉，所以海参身体柔软，使其可食性更佳。海参的体腔很宽阔，体腔具有纤毛上皮。消化道很长，后端有一膨大的排泄腔，腔壁向体腔突出两枝树状的管，称为呼吸树，可进行气体交换，还兼有排泄作用。海参雌雄异体，有一个生殖腺，呈树状悬于体腔，从外形上不易区别，烹饪中将其称为“参花”(图 5-1)。

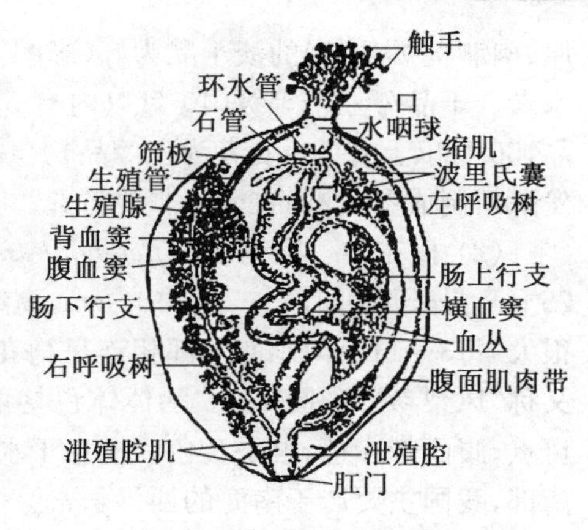

图 5-1 海参结构图

(二) 海参的主要种类

我国在数百年以前已发现海参这一高档原料。《本草纲目》中记载“海参有补肾、补血和治疗溃疡的作用”，真所谓海中人参，海参由此得名。据现在的研究证明，海参具有补肾益精的作用，对肺结核咯血、再生障碍性贫血、糖尿病等都有一定疗效。海参体内含有一种酸性黏多糖，对恶性肿瘤的生长、转移具有抑制作用，因而受到人们青睐。

商品供应时，根据海参背面是否有圆锥状肉刺(疣足)分为刺参和光参两大类。其中“刺参类”主要是刺参科的种类，刺参体表有肉疣(图5-2)，体壁厚实且柔软，口感好，涨性好，刺参科中仿刺参、梅花参、绿刺参和花刺参都是上等品。“光参类”主要是海参科、瓜参科和芋参科的种类。光参表面光滑没有肉疣，体壁较薄，品种杂，质量参差不齐。

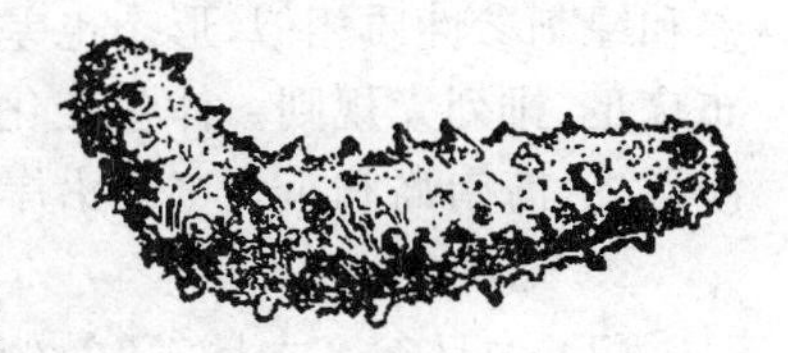

图 5-2 刺参

新鲜的海参味苦涩，一般干制去异味后食用。加工时从肛门处插入脱肠器，从口端拔出，除去内脏，然后将腹腔清洗干净，放入盐水中煮 1～2 小时，捞出冷却，以70℃左右温度烘 1～2 小时再晒干，如此反复两次，即得干制品。干制品一般为黑色。

海参品种较多，选择海参时，应以体形饱满、质重皮薄、肉壁肥厚，水发时涨性大、出水发参率高，水发后糯而滑爽、有弹性，质细无砂粒(砂粒即为石灰质骨片)者为好；凡体壁瘦薄，水发涨性不大，成菜易酥烂者质量差。

1. 刺参类

(1) 刺参　刺参(*Sticuopus japonicus*)又称仿刺参、灰刺参、灰参、海鼠。体长 20～40 cm，呈圆筒形，背面隆起 4～6 行大小不等、排列不规则的圆锥形肉刺，腹面平坦，管足密集，排列成不规则的 3 行纵带，用于吸附岩礁或匍匐爬行。口位于前端，偏于腹面，有楣状触手 20 个，肛门偏于背面。皮肤黏滑，肌肉发达，身体可延伸或卷曲。体形大小、颜色和肉刺的多少常随生活环境而异。刺参分布于日本、朝鲜和我国的山东、辽宁和河北沿海，主产于大连、烟台、长山岛等，捕捞期分春秋两季。刺参体壁厚而软糯，是北部沿海食用海参中质量最好的一种。刺参以体肥壮、肉厚、肉刺挺拔、干燥的淡干品为好(彩图43)。水发涨性大,每500 g可发2.5～5 kg水参。干品分三个等级(40只以内有500 g者为一等品,55只有500 g者为二等品,56只以上有500 g者为三等品)。其生殖腺俗称“参花”,味甚鲜美。常经腌渍、发酵后制成参花酱而食用,非常名贵。

(2) 梅花参　梅花参(*Thelenota ananas*)又称凤梨参、海花参。体长一般60～75 cm,最长可达1.2 m,宽约10 cm,高约8 cm,是海参纲中最大的一种。背部肉刺很大,每3～11个肉刺的基部相连呈梅花状,故名“梅花参”;又因体形很像凤梨,故又称“凤梨参”(彩图44)。活体体色艳丽,背呈橙黄色或橙红色,散布黄色和褐色斑点;腹面带赤色;触手黄色。栖息于水深3～10 m的珊瑚沙底,分布于太平洋西南部,我国主要产于南海的西沙群岛。它体大肉厚,品质佳,是中国南海的食用海参中最好的一种。梅花参干品体色纯黑,一只海参重量可达200 g以上,水发后可出参2.5 kg(彩图45)。

(3) 绿刺参　绿刺参(*Stickups chlorinates*)又称方柱参、方刺参。产于南北各海,产量较高。体长一般30～40 cm,活体体色为浓绿色或墨绿色,疣足顶端为橙色。体呈四棱形,每一个棱面有一行圆头小刺,个体不大(彩图46)。干品呈灰黑色,棱明显,大的500 g 30～40只,小的500 g有70只以上。500 g涨发出参3～3.5 kg斤。品质较好,但质地过于软嫩。

(4) 花刺参　花刺参(*Stichopus variegatus*)又称方参、黄肉参、白刺参。花刺参和绿刺参性质相似,形态也差不多。体呈四方柱形,一般长30～40 cm。背面遍布疣足,排列无规则。体色变化很大,一般为深黄色,并带有橄榄色斑点。我国西沙群岛、海南岛和雷州半岛沿岸浅海地区大量出产,为南海主要食用海参之一。

2. 光参类

(1) 大乌参　大乌参(*Actinopyga nobilis*)又称乌元参、黑乳参、开元参、猪婆参,产于南海一带。活体呈黑色,或有黄白色斑点,两侧有数条横线和乳状突起,体呈长椭圆形,30 cm长。干品皮细肉厚,黑褐色,肉为青棕色或青色,呈半透明状,为优质参,每500 g可水发3 kg左右。上海名菜“虾籽大乌参”、福建名菜“扒烧四宝开元参”、谭家菜“扒大乌参”即以此参成菜。

(2) 图纹白尼参　图纹白尼参(*Bohadschia amarmorata*)又称白瓜参、白乳参、二斑参等。它体形肥胖,前后两端几乎一样宽,酷似冬瓜,活体体色变化很大,腹面为白色或浅黄色,背面略呈浅黄褐色,前后各有一块赤褐色横斑,故称“二斑参”。它是一种大型食用海参,肉质较薄,皮细,有小皱纹,浅灰褐色,肉为黑褐色,产于浙江宁波、福建宁德、莆田等地。以皮面平滑而皱褶少,肉厚者为上品。

(3) 蛇目白尼参　蛇目白尼参(*Bohadschia argus* Jaeger)又称虎鱼、豹纹鱼、斑鱼等。大形食用海参,体长可达50 cm,管足遍布全身。背面为深灰、灰白色,带黄色蛇目状斑纹,排列成不规则纵行。我国仅见于西沙、中沙和东沙群岛。生活于热带珊瑚礁内水深6～18 m处有少数海草的沙底,肉质肥嫩,品质较好。

(4) 白底辐肛参　白底辐肛参(*Actinopyga manritiana*)又称赤瓜参、靴参、白底靴。产于南方沿海,主产于西沙群岛。体长30 cm左右,体呈长筒形,体表光滑无刺,背部有细小颗粒,近腹缘两侧各排列着数行大凹眼。体色白中带黄。干制品背面呈灰黑色，腹面平坦如脚掌，有白粉状的石灰层，似鞋底，故名白底靴(鞋)参。一般捕后开膛展平晒干。皮厚，水发前火燎去外皮，肉为青色略微黄。500 g 干品可出水参 2.5 kg 左右。

(5) 糙海参　糙海参(*Holothuria scabra*)又称糙参、白参、明玉参。体形近似圆柱形，两端钝圆。背部有很多疣状突起，排列无规则。背面呈暗绿褐色，并有数条不规则的黑色横纹，腹面略平坦带白色，产于广东、海南等地，以参体粗壮，肉质肥厚为上品。

(6) 海地瓜　海地瓜(*Acaudina amolpadioides*)又称乌虫参、香参、茄参、南参。体呈圆柱形，两端略尖，略似红薯，长一般 4～12 cm。皮细，无颗粒和肉刺，体为黑灰透棕红色，腹面呈浅棕色，我国沿海均产。价廉味美，每 500 g 干品可水发 2.5～3 kg 水参。

(7) 海棒槌　海棒槌(*Paracaudina chilensis* var. *ransonnetii*)又称海老鼠，体呈纺锤形，长约 10 cm。有延长的尾状部。体色灰褐或黄褐，体表光滑，无管足或肉刺，活体呈灰褐色或黄褐色，体壁很薄，半透明，稍能透视其纵肌和内脏。我国南北沿岸常见，潜居沿岸沙泥中，食用价值很低。

(三) 海参的烹饪运用

市场上供应的海参主要有鲜品、干品和罐藏制品三类。由于海参的品质因素，一般鲜品多在产地使用，在烹饪上使用更广泛的是干品。

干品在使用前要经过涨发处理，涨发的方法有泡发、煮发、碱发、盐发等，依海参品种品质不同灵活选择不同的涨发方法。海参一般有涩口之味，餐饮行业中一般都采用醋酸中和的办法去除。即把涨发好的海参，放在加了醋(最好是白醋或醋精)的开水中浸泡十几分钟，待海参遇酸收缩变硬，酸与海参中的碱性物质中和后，再将海参放入清水中漂 3～4 小时，中途还要换几次清水，直至将海参漂至回软且无酸味和涩口之味为止。还要注意发制适度，以免影响品质，造成浪费。

海参本身无显味，口感细腻滑嫩，具有弹性，营养丰富。可整用或切成段、块、片、丝、丁以扒、烧、焖、蒸等主要方法烹饪成菜，可以和很多原料一起合烹，并适应咸鲜、酸辣、蚝油、沙茶、鱼香、怪味等多种味型。北京的葱烧海参、四川的家常海参、陕西的鸡米海参、广东的红焖海参都是名菜。烹制之前和之中的赋味工作非常重要。除做菜肴外，海参还可以用来制作汤羹，做面码和馅心，有时也利用海参的颜色和形状制作一些工艺菜。

二、海胆纲动物原料

海胆纲动物约有 600～700 种，我国约有 90 余种。一般生活在岩石的裂缝中，少数穴居于泥沙中，我国南北方常见的有马粪海胆、紫海胆、盾海胆、细雕刻肋海胆、心形海胆、石笔海胆。

本纲动物体多呈球形，有少数是扁平的楯形或心形。它们没有伸展的腕，五辐射的腕向上卷起，在反口面的中央互相接合形成球形。表面骨板互相嵌合成“壳”，壳分 10 带，其中 5 带具小孔，名“步带”，管足可从小孔伸出。5 带缺小孔，名“间步带”，壳上生有能活动的棘。海胆借助管足和棘运动。壳腹面中央为口，背面中央为肛门板，周围为生殖板、筛板和眼板。

海胆类多为雌雄异体，但在外形上很难识别。生殖腺2～5个，常随种类的不同而异，它们以肠系膜连在壳内的各间步带板(间辐部)内。成熟或接近成熟的生殖腺成块状，充满间辐部和消化道之间的空隙。雌的生殖腺一般为橙黄或橙红色，雄的为黄或淡黄色。发达的生殖腺体是海胆食用价值的体现者。海胆的生殖腺称为海胆黄、海胆春，有强精、壮阳、益心、强骨的功效，被视为海洋之珍品。近年，在国内外市场上，都出现了以海胆黄为原料制作的抗疲劳的保健品，对精力不足、神经衰弱等亚健康状态，有明显的改善效果。每100 g海胆黄含蛋白质20 g、脂肪7.2 g、糖14.9 g、钙475 mg、磷456 mg。除此之外，海胆黄还含有较多的维生素A、维生素D与其他多种矿物质。海胆黄含有的蛋白质由17种氨基酸组成，包括人体不能合成的8种必需氨基酸，如赖氨酸、色氨酸等，尤其含有大量的蛋氨酸；所含脂类中主要是对健康有益的不饱和脂肪酸和磷脂。鲜海胆黄和以其为原料加工而成的海胆酱不仅味道非常鲜美，营养价值也高，深受香港、日本等国内外客户的欢迎。其壳可入中药，具有较高的药用价值。

马粪海胆(*Hemicentrotus pulcherrimus*)属于球海胆科。壳为低半球形，直径6 cm。棘短而尖锐，长仅5～6 mm，密生在壳的表面，壳为暗绿或灰绿色(彩图47)。栖息在潮间带到水深4 m的沙砾底和海藻繁茂的岩礁间，常藏在石下或石缝内，以藻类为食，是我国和日本的特有种，我国的黄海、渤海沿岸和浙江、福建沿岸均有分布。

紫海胆(*Heliocidaris crassispina*)属长海胆科，俗称刺锅子。大连是中国的紫海胆主产地，产量占全国同类产量的95%以上。其体呈球形，直径一般6～8 cm，高3～5 cm。大棘坚硬端尖，棘呈黑紫色(图5-3)。生活于低潮区岩石处、海藻丛生处或石缝中。紫海胆的生殖腺营养价值极为丰富，不仅具有较高的经济价值，而且还具有药用价值。

马粪海胆的繁殖期在3～4月，紫海胆的繁殖期在6～8月份。因此，在这两个时段上市的海胆黄最为肥美。不过，近年人工育苗养殖成功，所以，四季都有海胆上市，由于运输方便快捷，内地食客也可以品尝到新鲜的海胆黄。

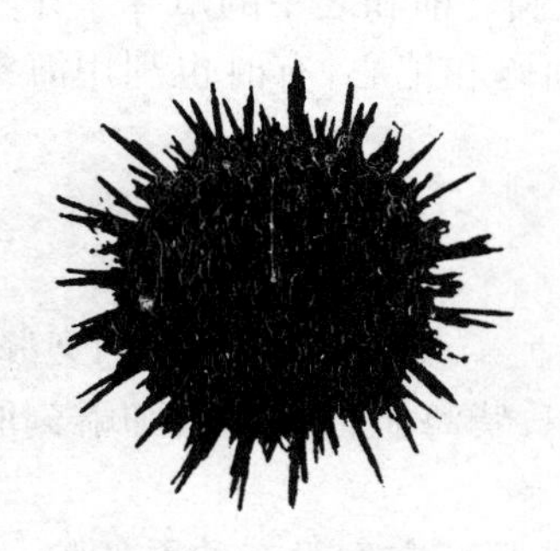

图5-3　紫海胆

图5-4　海胆蒸蛋

海胆黄通常的吃法是生吃。将海胆剖开外壳，挑取新鲜海胆黄直接入口尝吃或蘸调料吃，其味鲜美至极。可与其他肉类、蛋类混合蒸、炒、油炸、氽汤食用(图

5-4)。还有用海胆黄入馅，包馄饨和饺子。我国沿海渔民有用海胆黄腌酱的习俗，日本人把海胆酱叫做“云丹”，将其视为上品，用法与蟹黄相似。

第二节 节肢动物

节肢动物门是动物界最大的一门，包括人们熟知的虾、蟹、蝉、蝎、蚂蚁等。已知有100多万种，占现存动物种总数的75%，在水体、陆地、空中都能生活，分布非常广泛。节肢动物是两侧对称的真体腔动物。身体由许多体节组成，一般分头、胸、腹三部分，有的有愈合现象，可组成头胸部或胸腹部。每一体节通常具一对附肢，附肢分成若干以关节连接的分节，即肢节，故名为“节肢动物”。

节肢动物体表具有一层有一定硬度和弹性的外骨骼，它的成分是几丁质-蛋白质复合体(由碳酸钙、几丁质和蛋白质相结合而成)，起着和脊椎动物的骨骼相似的作用。外骨骼限制着动物的生长，所以节肢动物在生长阶段会出现“蜕皮现象”。节肢动物肌肉分体壁肌和内脏肌。体壁肌肉为横纹肌，高度发达，形成独立的肌肉束，肌肉束无肌腱，直接附着在外骨骼内部。内脏肌分环肌和纵肌。节肢动物的神经、排泄、循环系统较发达，感觉器官齐全，大多数节肢动物都具有眼。眼有单眼、中眼、复眼之分。复眼由许多类似单眼的小眼体组成，能感受外界物体的形状和运动，是真正的视觉器官。节肢动物的呼吸器官因适应各种环境，可有各种变化，有些类型用体面直接呼吸。节肢动物一般雌雄异体，卵生。

节肢动物门分肢口纲、昆虫纲、蛛形纲、甲壳纲和多足纲等。其中经济意义和食用价值较大的是甲壳纲和昆虫纲，其次是蛛形纲、肢口纲的少数动物。

一、甲壳纲动物原料

甲壳动物主要栖息于海洋中，有些种生活于淡水中，有的栖于地下水中，还有少数为陆栖，可分布于4 000 m的高山上，也有营共栖或寄生生活的种类。甲壳动物形态变化很大，最小的如猛水蚤体长不到1 mm，最大的巨螯蟹在两螯伸展开时宽度可达4 m。发育常有变态，全世界共有30 000余种，我国已知的超过3 000种。

(一) 虾蟹的形态和组织结构

甲壳纲中供食用的主要是十足目的虾、蟹两类，所以以虾、蟹为主介绍其形态和组织结构特点。

1. 外形

甲壳纲动物的身体分头胸部和腹部。头胸部因愈合而不分节，腹部和附肢分节。外骨骼在头胸部成为坚硬和较坚硬的头胸甲(壳)来保护体内的柔软组织，也有的种类或部位壳薄而透明。外骨骼上有许多色素细胞，在动物活着时虾青素与蛋白质结合在一起，使体色呈青灰色。加热(或遇酒精)时蛋白质变性，虾青素析出被氧化(脱氢)为红色的虾红素，色泽艳丽。虾红素不溶于水，但能溶于酒精或脂溶液中。幼小的甲壳类色素细胞少，色泽变化不明显。头部五对和胸部前三对附肢是感觉、摄食和呼吸器官；胸部后五对附肢成为行走的器官“步足”；腹部七对附肢保持原形为游泳足，最后一对附肢和体节愈合成尾扇。

2. 组织结构

虾的腹部肌肉发达（腹部屈肌、斜伸肌、斜屈肌），其鲜品称虾仁。蟹的螯肢、其他附肢和头胸部中连接螯肢和其他附肢的地方的肌肉发达。虾、蟹的肌肉均属横纹肌。肌肉洁白，无肌腱，肉质细嫩，持水力强。虾、蟹肉中浸出物含量达10%～20%，使其具有鲜甜而略带咸味的独特风味。内脏器官主要集中在头胸部，虾有一肠线穿过腹部背面开口于尾扇。

(二) 虾蟹原料的主要种类

1. 虾类

虾类属于甲壳纲、十足目、游泳亚目。身体大而侧扁，外骨骼薄而透明，前端额剑侧扁具齿，腿细长。腹部发达，腹部的尾节与其附肢合称尾扇，其形状是鉴别虾类的特征之一。虾类出肉率高。最常见的是对虾、龙虾、毛虾、青虾、草虾、白虾、基围虾等。

(1) 对虾　对虾(*Penaeus* spp.；Prawn)是对虾科对虾属虾类的通称，又称明虾、大虾。全世界共有28种，我国有10种，主要产在黄海和渤海湾中。对虾体长大而侧扁，甲壳薄而透明，头胸甲前缘中央突出形成额角，额角上下缘均有锯齿，第二对触角很长。雌虾体长一般16～22 cm，重约50～80 g，最大的可达30 cm，重250 g；雄虾较小，体长13～18 cm，重30～50 g。在中国北方常成对出售，故称对虾。

根据生态习性，对虾可分定居型（如日本对虾、宽沟对虾、欧洲对虾等）和洄游型（如中国对虾、墨吉对虾、长毛对虾），前一类栖于沿岸浅海，白昼常潜入沙底，不作大范围的移动；后一类栖于河口沿岸混浊海域，常作大范围的移动和洄游。中国对虾(*Penaeus chinensis*)为一年生虾类，少数可达2年，对环境的适应性较强，食性很广。雌体呈青蓝色（青虾），雄体呈棕黄色（黄虾）。对虾皮薄肉多，色白肉嫩，滋味鲜美，营养价值高，经测定，含蛋白质20.6%，并含有钙、磷、维生素A、维生素B等各种营养成分。由于肉味鲜美，营养丰富，老幼皆宜，深受人们的喜爱。对虾还具有一定的医药作用，具有补肾、壮阳、滋阴之功效。其代表菜品有玻璃虾球、翡翠虾仁、干烧大虾等。

(2) 龙虾　龙虾(*Panulirus* spp.；Lobster)是龙虾科龙虾属动物的通称。有12种之多，最常见的有锦绣龙虾、日本龙虾和中国龙虾。其中锦绣龙虾最大，可达55 cm（彩图48），日本龙虾较小。龙虾是虾中体型最粗大的一种，不善游泳善爬行，行动缓慢，昼伏夜出。夏秋季是产销旺季，在我国主要产于东海和南海。龙虾壳坚硬，身体粗壮，色泽鲜艳，常有美丽的斑纹。两眼向前突出，并有强大眼后棘。头胸甲为圆筒状，坚硬有棘，占身体全长的三分之一以上。两对触角，第二对触角长而发达、坚硬，步足发达似龙爪，所以称龙虾。腹部呈半圆柱形，背甲甲壳平滑，每一腹节背甲中间均有横沟，横沟前沿呈细小波纹状。尾节很宽，尾肢与尾节构成宽大的平扁形尾扇。成虾体长约20～40 cm，体重一般在1～2 kg，最大的可达3～5 kg。

龙虾体大肉多，滋味鲜美，生吃刺身肉质脆嫩、爽滑，烹调加热后肉鲜嫩，味略甜。适合焗、滑炒、熘、炸、清蒸等烹调方法，一般多做宴席大菜，代表菜品有灌汤龙虾球、美极龙虾刺身、上汤龙虾粥等。注意在初加工时不要被龙虾身上的棘划破虾身，尽量保持其完整，虾壳通常用来进行菜品装饰。

(3) 美洲螯龙虾　美洲螯龙虾(*Homarus americanus*；American Lobster)属于海螯虾科螯龙虾属，又称波士顿龙虾、加拿大龙虾、美国龙虾、缅因龙虾。分布于大西洋的北美洲海岸，特别是加拿大海洋省份、纽芬兰与拉布拉多、美国缅因州和马萨诸塞州。体色多为橄榄绿或绿褐色，体形与一般龙虾相似，但有发达的螯足，体表光滑，甲壳坚厚。第一对螯足左右不等，表面光滑，螯掌部和两指平扁，宽展，特别坚厚，其重量约占龙虾体重的15%(彩图49)。体长可达60 cm，体重可达20 kg，最能体现其品质的虾重量在0.5～1 kg。因为在低温海域生长，生长期长，肉质特别饱满，鲜甜脆口，肥美多汁。中西餐烹饪中常以蒸、扒、烧、煎、烤、盐焗、煮制成菜。

(4) 基围虾　基围虾(Greasyback Shrimp)又叫麻虾、虎虾、砂虾、红爪虾等。将虾苗刀额新对虾(*Metapenaeus ensis*)和近缘新对虾(*M. affinis*)进行淡水育种，然后海水围基养殖，得名"基围虾"。主要分布于日本东海岸，我国东海与南海，菲律宾、马来西亚、印尼及澳大利亚一带。在我国沿海5～8月为其产卵盛期。基围虾形态似对虾而略小，壳色透明泛青、泛黄，壳薄肉厚。柄眼突出，额角上缘6～9齿，下缘无齿，第二触角长。腹部第1～6节背面具纵脊，尾节无侧刺。第1对步足具座节刺，末对步足不具外肢。基围虾生命力较强，一般充气后装袋1～2天不死，故其销售范围较广，且应用较普遍。

基围虾皮薄肉多，略有腥味，是大众最常消费的品种。适宜多种烹饪方法，代表菜品有桑拿基围虾、火焰基围虾、百花酿蜜等。

(5) 虾蛄　虾蛄(*Oratosquilla oratoria*；Mantis Shrimp)属虾蛄科，又称螳螂虾、富贵虾。有20多种，体背腹扁平，长约15 cm。头胸甲小而短，其上有发达的隆脊，最后的四个胸节露在外面，能曲折。胸部附肢八对，前五对是颚足，后三对是步足。第一对颚足很小，第二对强大，似螳螂的前足，末节扁平，具有锐齿。腹部长大。因提上水面时会从腹部射出一股水流而得名"赖尿虾"(彩图50)。虾蛄穴居在浅海泥沙质的海底或珊瑚礁中，游泳能力强。主要产于热带和亚热带地区，在南海种类最多。虾蛄的肉和成熟的卵巢味鲜美。但壳外周围尖棘多，进食时要小心，防止刺伤。烹饪时先横刀切开，过油后再烹制。

(6) 日本沼虾　日本沼虾(*Macrobrachium nipponense*；Freshwater Shrimp)属长臂虾科，又叫沼虾、青虾、河虾，分布于我国各地江河湖沼中(白洋淀、微山湖、太湖等)，每年春夏季产卵，盛期为6～7月份，其卵可制虾子。日本沼虾是分布最广，经济意义最大的肉质鲜美的淡水虾之一。日本沼虾的身体一般长6～9 cm，体色青丽透明，有的身上带有棕色斑纹，甲壳较厚；其前面两对步足呈钳状，其中第二对步足特别长，超过身体的长度，雄虾常超过身体的两倍。日本沼虾肉质鲜嫩，可用多种烹调方法制作菜品。还可以加工成湖米，制作调味品。

(7) 蝲蛄　蝲蛄(Crayfish)是蝲蛄科虾类的总称。常见的种类有克氏蝲蛄(*Cambaroides schrenkii*)、东北拟蝲蛄(*C. dauricus*)和朝鲜拟蝲蛄(*C. similis*)等。最常见的克氏蝲蛄，又称螯虾、小龙虾、牛头虾、大头虾，是一大型的淡水虾，体长10～15 cm，重60 g左右，体形粗壮，头胸部特别粗大，几乎占体长的一半。体表具有坚硬的外骨骼，头胸甲发达，螯肢特别强大。体表呈深红色或红黄色。此虾原产于美国南部,1930年被日本人养殖,40年代引种养殖于我国江苏省,尤其以南京最为多见。现在已经在江苏、安徽、浙江、北京、天津、湖北等地人工养殖或自行野生。常栖息于水草较为丰富的静水湖泊、沼泽、池塘和水流缓慢的河流和小溪中。此虾虽可食部分较少,但味鲜美。目前不仅国内市场销售,还冰冻后外销瑞典、法国等欧美国家。一般多带壳炒爆、蒸煮成菜,多用于家常菜品。也可剥取虾仁,经刀工成型后做一些筵席菜品,如桃花泛、玉液琼盅、云腿虾胶鸳鸯夹等。

2. 蟹类

蟹类是甲壳纲、十足目、爬行亚目的动物。身体背腹扁平近圆形,额剑背腹扁平或无。头胸甲发达,腹部大多退化紧贴在头胸甲的腹面,其形状可用于识别雌雄,雌蟹的腹部为圆形,称圆脐;雄蟹的腹部为三角形,称尖脐,其步足发达,螯肢更甚。蟹的种类多,尤其是以海蟹为多。海蟹盛产于4～10月,淡水蟹则产于9～10月。蟹的出肉率低于虾,在繁殖季节,雌蟹卵巢充满大量卵粒,呈橘黄色卵块称为蟹黄;雄蟹精巢发达为青白色半透明胶状体,称脂膏,它们都是名贵美味的原料,所以吃蟹最讲究季节。目前,市场上最常见的海蟹有梭子蟹、青蟹、雪蟹、珍宝蟹、皇帝蟹等,淡水蟹有中华绒螯蟹、溪蟹等。

(1) 三疣梭子蟹　三疣梭子蟹(*Neptunus trituberculatus*; Swimming Crab)属梭子蟹科,又叫做梭子蟹、海螃蟹、海蟹、蝤蛑、枪蟹、盖子等(图5-5)。头胸甲呈梭形,稍隆起。表面有3个显著的疣状隆起,1个在胃区,2个在心区,额缘具4枚小齿,故有三疣梭子蟹之名。两前侧缘各具9个锯齿,第9锯齿特别长大,向左右伸延。额部两侧有1对能转动的带柄复眼。有胸足5对。螯足发达,长节呈棱柱形,内缘具钝齿。第4对步足指节扁平宽薄如桨,适于游泳。雄蟹背面为茶绿色,雌蟹为紫色,腹面均为灰白色。梭子蟹肉多,脂膏肥满,味鲜美。烹饪中可整只蒸煮剥食,也可拆出蟹肉、蟹黄制作各式菜肴。还可盐渍加工,便于贮存运输。其代表菜品有清蒸梭子蟹、海味蟹肉汤、沙滩梭子蟹等。

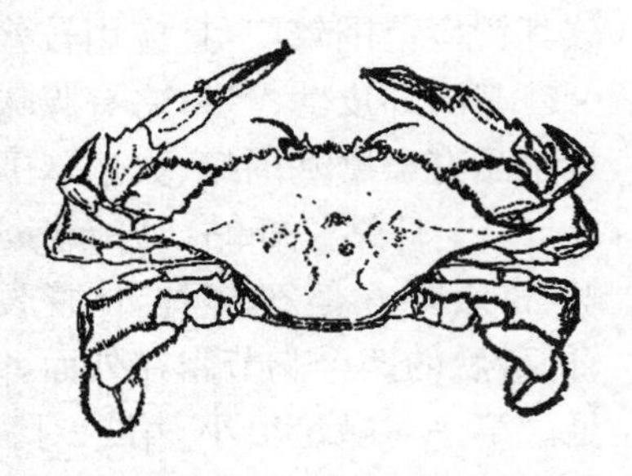
图5-5　三疣梭子蟹

(2) 锯缘青蟹　锯缘青蟹(*Scylla serrata*; Mud Crab)属蝤蛑科。又称青蟹、肉蟹。我国广东、广西、福建、浙江、台湾等省沿海均有分布。它具有生长快、适应性强的特点,是我国出口创汇的水产品之一。头胸甲略呈椭圆形,表面光滑,中央稍隆起,分区不明显。背面及附肢呈青缘色(彩图51)。背面胃区与心区之间有明显的“H”形凹痕,额具4个突出的三角形齿,较内眼窝突出,前侧缘有9枚中等大小的齿,末齿小而锐突出,指向前方。螯足壮大,两螯不对称。长节前缘具有3棘齿,后缘具2棘刺;腕节外末缘具2钝齿,内末角具1壮刺;前三对步足指节的前、后缘具短毛,末对步足的前节与指节扁平桨状,适于游泳。一般我们把肥大多肉的雄蟹俗称“肉蟹”,把卵块丰满的雌蟹俗称“膏蟹”。锯缘青蟹是我国著名食用蟹,营养丰富。特别是维生素A含量高达5 000以上国际单位,是对虾的16倍多。中秋至冬初,其肌肉、蟹黄脂膏很丰满、鲜嫩。可以整只使用也可以取蟹肉进行烹调,其代表菜品有蛋黄焗螃蟹、香辣蟹、清蒸肉蟹等。

(3) 蟳 蟳(*Charybdis* spp.)是指梭子蟹科蟳属的部分蟹类。头胸甲呈横六角形或梭形,背面有横向脊棱。螯肢强大,不对称,步足各节背腹缘均具刚毛。第四对步足扁平似桨。腹部密被软毛。栖息在有水草或泥沙的浅海中或潜伏石下。

我国最常见的是日本蟳(*Charybdis japonica*),体形较青蟹小,长 6 cm,体宽 9～12 cm,螯肢较小,背壳呈深绿色。斑纹蟳(*C. crueiata*),又称兽面蟳,背壳上有一个十字斑纹,又称十字蟳。头胸甲宽 15～20 cm,壳薄而光滑,侧缘有 6 个锯齿。肉多且拆肉容易。中部及前侧部有红色带状斑纹,又称红蟹。异齿蟳(*C. anisodon*),每年 6～8 月是捕获季节,主要产于福建、广东、山东、河北等地,为重要的食用海蟹之一。

(4) 黄道蟹 黄道蟹是黄道蟹科黄道蟹属(*Cancer*)食用蟹类的通称,分布于世界各海洋中,生活在大陆沿岸浅海,栖息于潮间带岩石质海底,肉食性,以鱼类、甲壳动物、贝类以及棘皮动物为食,为欧美重要的经济蟹类。主要用来食用是的首长黄道蟹和普通黄道蟹。

首长黄道蟹(*C. magister*),又称珍宝蟹、登杰内斯蟹(因华盛顿州小镇 Dungeness 而得名),分布于太平洋北美洲沿海,即阿拉斯加、加拿大和美国加州沿海。其主要产地集中于北加州、俄勒冈州和华盛顿州近海水域,该蟹渔获量最大。珍宝蟹的背盖长度在 16 cm 以上,平均体重在 0. 7～1 kg,最大可达 1. 5 kg,附肢出肉率高达 60%。

普通黄道蟹(*C. pagurus*),最大雄体头胸甲长达 20 cm,宽 28 cm,重量达 3. 3 kg,分布在大西洋东北部和东中部,从挪威罗弗敦群岛向南,直到地中海,并伸入黑海。为欧洲各地十分普通的食用蟹,德国人称为皮荚蟹,英国人叫做拳击蟹。

本属中的大西洋西北部的斑纹黄道蟹(*C. irrotatus*)[大西洋岩蟹(Atlantic Rock Crab)]和北方黄道蟹(*C. borealis*)[不幸黄道蟹(Jonah Crab)]以及太平洋东中部的长形黄道蟹(*C. productus*)[太平洋岩蟹(Pacific Rock Crab)]和日本特有的日本黄道蟹(*C. japonicus*)等 4 种也都有一定的产量。

(5) 蜘蛛蟹 蜘蛛蟹科(*Majidae*)种类多,有刺状的背甲、尖锐的帮脚、长步行足,因形似蜘蛛而得名。但可供食用的却不多,主要是来自魁蟹属、二王蟹属等的种类。

皇帝蟹(彩图 52)分布于从美国阿拉斯加至俄罗斯堪察加半岛的北太平洋两岸,阿拉斯加产量最大,有 3 个种类经济价值大。红色皇帝蟹(*Paralithodes camtschatica*)个体最大,数量最多,大约占阿拉斯加皇帝蟹总产量的 70%以上。蓝色皇帝蟹(*P. platypus*)因其腿端显著的黑色而区别于红色皇帝蟹,两者个体大小几乎一样,且通常以相同价格销售。棕色皇帝蟹(亦称金色皇帝蟹)(*Lithodes aequispina*)个体较小,一般小于 3 kg。金色皇帝蟹可根据其腿部匀称的红色、橙色而很容易区别于其他两种蟹(红色和蓝色皇帝蟹腿部底端呈乳白色)。棕色皇帝蟹的价格通常因为其个体较小,产肉率较低而低于其他两种黄帝蟹。

大螯蟹(*Macrocheira kaempheri*),又称为日本巨蟹或巨型蜘蛛蟹,为世界上最巨大的蟹类,也是世界上最巨大的节肢动物。未成熟个体全身密布长毛,而成熟个体的长毛几乎完全脱落。雄性成体头胸甲长达 33. 5 cm,宽 30. 5 cm,螯足长 150 cm,前一对步足长 110 cm，为日本的特有种，分布于东京湾以南直到九州的太平洋沿岸。生活在水深 50～300 m 的砂质或泥质海底通常在春秋两季捕捞。

二王蟹(*Paranaxia serpulifera*)分布于澳大利亚西部和北部的近海。头胸甲长 10.9 cm，宽 8.3 cm。

牧人魁蟹(*Chionoecetes opilio*)通称女王蟹或雪蟹，分布于大西洋西北部。同属的近似种戴氏魁蟹(*C. tanneri*)、贝氏魁蟹(*C. bairdii*)以及日本魁蟹(*C. japonicus*)分布在太平洋北部，常混在一起捕捞，合称太平洋雪蟹(Pacific Snow Crab)，也是深海蟹类中的捕捞对象。

合团蜘蛛蟹(*Maja squinado*)通称多刺蜘蛛蟹，分布在地中海以及大西洋欧洲沿岸，为意大利、法国以及英国南部居民喜爱的一种食用蟹。7 月间在英国沿岸 1.5 m 深的海底常可见到成熟的雌雄蟹抱团，雌蟹一般在"蟹团"中央，内含 60～80 只个体，到 9 月中旬，"蟹团"就逐渐解散。

(6) 中华绒螯蟹　中华绒螯蟹(*Eriocheir sinensis*；Chinese Freshwater Crab)属方蟹科，又称河蟹、湖蟹、毛蟹、螃蟹。头胸甲为墨绿色，呈方圆形，俯视近六边形，后半部宽于前半部，中央隆起，表面凹凸不平，共有 6 条突起为脊，额及肝区凹陷，其前缘和左右前侧缘共有 12 个棘齿。额部两侧有一对带柄的复眼。腹部紧贴在头胸部的下面，周围有绒毛。第一对步足强大呈棱柱形，末端似钳，密生绒毛为螯足，第四、五对步足呈扁圆形，末端尖锐如针刺(彩图 53)。广泛分布于我国南北各地湖泊，著名的品种有：湖北霸县的胜芳蟹、江苏常熟阳澄湖的红毛湖蟹、南京江蟹、安徽清水大闸蟹、上海崇明螃蟹等。每年从寒露到立冬为捕获季节，可人工养殖。中华绒螯蟹一般整只运用，适合多种烹饪方法，其代表菜品有麻辣鲜蟹、姜葱炒河蟹、蟹黄狮子头等。

3. 虾蟹制品

虾蟹原料除鲜用之外，经常加工成一些富有特色的制品。

(1) 干虾　干虾(Dry Shrimp)又称虾干，是用多种中小型虾经盐水煮后晒干制成(彩图 54)。由于选取制作原料不同，常见的浅黄色或白色的、体形大的称作大干虾，色淡红或者橘红、体形小的称作小干虾。干虾以体形完整，大小均匀，清洁干燥有光泽者为好。干虾在烹饪中经常代替虾米作为配料制作菜肴，也可以制作馅心。也将干虾用水泡软后挂糊炸食，做佐酒小菜。

(2) 虾皮　虾皮(Dried Small Shrimps)又称毛虾皮，是以毛虾为原料加工干制而成的制品。毛虾甲壳薄，额角短小，侧面略呈三角形，下缘斜而微曲，上缘具两齿。尾节很短，末端圆形无刺；侧缘的后半部及末缘具羽毛状。仅有 3 对步足并呈微小钳状。体无色透明，唯有口器部分及触角呈红色，第六腹节的腹面微呈红色(图 5-6)。因体小壳薄肉嫩，不仅适合加工成虾皮，也是虾酱的主要原料。虾皮的营养价值很高，在水产品中属价格比较低廉的大众化海味品。每 100 g 虾皮中含蛋白质 39.3 g，脂肪 3 g，糖类 8.6 g，钙 2 000 mg，磷 1 005 mg，铁 5.5 mg，硫胺素 0.03 mg，核黄素 0.07 mg，尼克酸 2.5 mg。虾皮

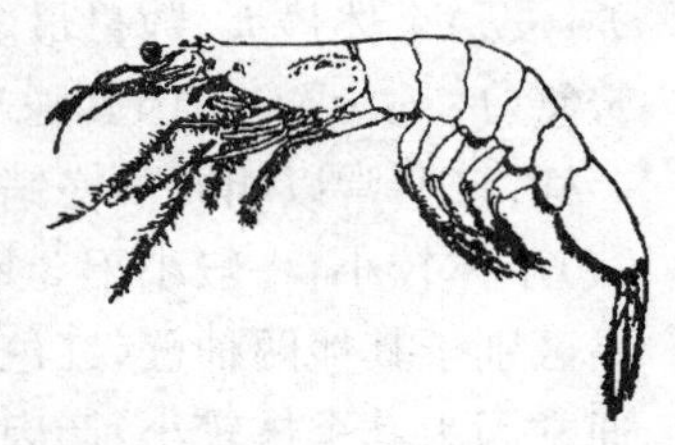

图 5-6　毛虾

中钙和磷的含量在水产品中最为可观，儿童适当地食用虾皮，对其生长发育大为有益。家庭食用方法多而简便，如虾皮炒鸡蛋、熬冬瓜、烧白菜或萝卜、炸丸子、作馅及汤料，均很鲜美。

(3) 金钩　金钩(Dried Shrimp Meat)，即干虾仁，又名虾米、开洋、海米、湖米，是用鹰爪虾、脊尾白虾和周氏新对虾等多种虾加工制作的无外壳的熟干品(彩图55)。虾米的加工方法主要有水煮法和汽蒸法。虾米一般在春、秋两季加工，经选洗、煮制或蒸制、晒干、去头脱壳等过程制作而成。成品前端粗圆，后端呈尖细弯钩形，色泽有淡黄、浅红或粉红之分。我国沿海及内陆淡水湖区均产。由海虾制者称海米，由淡水虾制作者称湖米。海虾米种类多、产量大，有大、中、小之分。一般体长在 2.5 cm 以上者为大海米，2～2.5 cm 为中海米，2 cm 以下的为小海米。按其形状和色泽特征可分为：金钩米，有红、黄两种，略有干壳，前部圆粗，色鲜艳，体弯如钩，肉坚味鲜，为海米中的佳品；白米，为常见的米色海米，产量多，质较次；钱子米，因体形如铜钱而得名，为对虾的幼虾制成，现已少见。

虾米肉质细致缜密，虾味浓郁绵长，是制作菜肴的佳品。不论何种虾米均以大小均匀、体形完整、丰满坚硬、光洁无壳或少壳、盐度轻、干度足、鲜艳有光泽者为上品。从颜色上看，质量好的虾米，色泽应是杏黄色或红黄色，存放时间过久的虾米呈暗红色；黄白色的虾米一般都是含盐量太高，或者含水量太多；深褐色的虾米一般是存放太久，或者已经开始变质。虾米有较高的营养价值，据测定每 100 g 虾米含蛋白质 58.1 g，脂肪 2.1 g，糖类 4.6 g，钙 577 mg，磷 614 mg，铁 13.1 mg，还有多种维生素等。虾米的食用相当方便，先用冷水洗一下，立即捞出，再用少量的温开水浸泡，当虾米变软时即可烹调入菜，用虾米烧白菜，炒芹菜，熘肉片，拌粉丝，拌黄瓜，做面卤或煨汤等，味道皆很鲜美，有鲜虾所不及之特点。

(4) 虾酱(Shrimp Paste)　用小白虾、眼子虾、蚝子虾、糠虾等各种小型虾为原料，经研碎、拌盐、发酵制成。虾酱发酵完成后，色泽微红，味道较咸，一般都是制成罐装调味品后，在市场上出售。亦有将虾酱干燥成块状出售，称为虾羔，味道较虾酱浓郁。上等虾酱颜色紫红，呈黏稠状，气味鲜香无腥味，酱质细，无杂鱼，盐度适中。虾酱是我国沿海地区、香港、韩国以及东南亚地区常用的调味料之一。可入菜、做汤、拌和面食等或作味碟。如虾酱牛肉炒通菜、虾酱蒸鲮鱼、虾酱鲜鱿、虾酱炖鱿鱼、虾酱肉排、泰式酸辣大虾汤、蒸虾酱肉饼等。

(5) 蟹粉(Crab Meat)　蟹粉是将体型相对较大的蟹煮熟后，取出蟹肉和蟹黄干制或速冻而成的名贵原料。成品蟹粉色泽油润带黄，里面有橘红色的卵块和白色丝状蟹肉，大多用海蟹制成。蟹粉营养丰富，味道鲜美，在烹饪中经常做提鲜的主料和配料，适合多种烹调方法。代表菜品有蟹粉狮子头、蟹粉水晶饺、蟹粉烩粉丝、蟹粉扒辽参等。

(6) 虾子和蟹子　虾子(Dried Shrimp Roe)用海虾或河虾的卵干制而成。凡产虾的地区都能加工虾子。辽宁的营口、盘山和江苏的高邮、洪泽等地区生产较多，以色红或金黄、粒圆、身干、味淡、无灰渣杂质为佳。将抱卵的虾放入水中搅拌，使虾卵落入水中，捞出后微火焙干即可。

蟹子(Dried Crab Roe)用海蟹的卵粒干制加工而成。将从蟹身中挤出的卵块经漂洗晒干即成。有生、熟两种，均是海味品中之上品。沿海地区均产，以杏红色或深红色、光洁鲜亮、颗粒松散光滑为佳。

夏秋季节为虾子和蟹子的加工期，虾子和蟹子均营养丰富、味道鲜美、颜色艳丽。均可用作烧豆腐、烧肉类、烧鲜菜、蒸蛋、煮汤、沙拉等菜肴和寿司、面包、面条等主食、糕点、小吃的调味原料，提供独特的美味。鲜艳的色泽使其成为不可多得的配色料。代表菜品如虾子大乌参、虾子管廷、虾子烧豆腐、虾子萝卜条和蟹子紫菜寿司饭、蟹子豆腐、蟹子烧腐竹 、蟹子燕条等。

4. 虾蟹及其制品的烹饪运用

虾蟹是烹饪中运用的一类质地风味优良、营养价值极高的原料，很多种类及其加工制品就是传统的高档原料，用于不同风格的高档筵席中。可在热菜、凉菜、大菜、汤菜及粥品、点心馅料的制作中发挥其独特的形、质、味和色等品相，其运用特点表现在：

(1) 在菜肴制作中主要作主料　虾体的肉质含量高低和大小决定着运用方法的不同。大中型的虾类，其肉嫩鲜美，新鲜者最宜煮、蒸、干烧、炝、爆、滑炒、焗、熘、炸成菜，如盐水虾、干烧明虾、腐乳炝虾、油爆虾。

可带壳或不带壳烹制；可整用也可将头、身、尾分段用(头烧、身炒、尾炸)；还可将虾身去壳成虾仁，可整用或经刀工处理成片、丁、虾花，尤其是体型较大的龙虾，由于肌肉块大，所以刀工形式多样，成菜美观别致，通常制作档次高的菜肴，如滑炒虾花、鲜熘虾片等；还可将虾仁剁成虾胶，制作梅花虾、锅贴虾、琵琶虾等成型菜肴；还可去头留肉，留尾做虾排等。

最能显示蟹的风味的食法是整只清蒸或煮，然后蘸以姜醋味碟食用。烹制前宜将蟹充分清洗，捆牢螯足，脐向下上笼蒸或入锅煮，一定要熟透。也可以切半带壳使用或拆取出肉、蟹黄、脂膏单独成菜。可通过炸、炒、烧、烤、醉、糟、熘、烩、蒸、焖、焗等方法烹制，如咖喱皇炒珍宝蟹、香辣肉蟹、芙蓉蟹片、软炸蟹油等。也可作配料，主要是配色、提味，如蟹黄烧豆腐、蟹黄排翅、炒燕窝等。

小型虾、蟹一般油炸作凉菜食用，或用来制作加工品。

(2) 用于风味点心、小吃、粥品制作　如虾饺、虾子烧卖、蟹黄炒面、蟹黄汤包、蟹黄小饺等都是富有地方特色的品种。

(3) 虾蟹制品通常作配料和调味原料使用，不仅呈味也有配色的作用　如金钩、虾皮等，常在拌、炒、烧、汤菜中作配料，兼有提鲜调味、配色的作用。如虾子、虾油等专门作赋味、配色的原料使用。有的也可作主料运用，如干虾。

由于虾、蟹蛋白质含量高，含水量大，特别是淡水虾、蟹易带菌和污物，离水后容易腐败变质，再加之属于高档原料，所以使用时一要讲鲜活，以个大的为好；二要精心加工，除尽不可食用的部位(鳃、肠)和污物等；三要仔细挤仁剔肉，不要浪费原料；四要尽量突出其原汁原味；五是忌过长时间烹煮，否则肉质粗老变硬；六是蟹是性凉食物，肠胃不好的人应少吃，吃时应配以姜醋味碟蘸食。

二、昆虫纲动物原料

昆虫在节肢动物中属一大类群，大多数营陆生生活。已知有 85 万多种，分布广，生长快，产量高。昆虫纲的典型特征：昆虫体较小，一般在5～40 mm之间；身体由若干体节组成，分头、胸、腹三部分，有的愈合成头胸部和腹部；成虫一般具一对或两对翅膀（为皮肤衍生物），三对附肢；腹部没有足或翅等附属器官着生，腹内存在着生殖器官及大部分内脏；头胸部和附肢中有强大的肌肉组织；生长发育过程中一般要经过变态（幼虫和成虫不一样）。

昆虫的蛋白质含量比牛肉、猪肉、鸡、鱼都要高，约为虫体干重的55%～80%，而且含多种人体必需氨基酸，丰富的铜、铁、锌、硒等多种矿物质和多种维生素，以及不饱和脂肪酸等。可以说昆虫是一个微型的营养库，具有营养、保健、治疗、滋补的作用，是一个值得开发的原料来源。

地球上到底有多少昆虫可供人类食用，现已查明约有五百多种，我国可供食用的昆虫约在100种以上，如：蚂蚁、蝉、蚂蚱、蝗虫、蜂蛹、肉蛆、龙虱、螳螂、爬沙虫等等。现在很多国家都在开发昆虫食品。在我国保健食品市场正崛起一支新军——昆虫营养保健品，如蚕蛹豆酱、蚕蛹面包、蚕蛹粉、蚂蚁粉等。

其实，吃昆虫的历史不论是在我国还是在世界各地，都已有很长的历史。我国的少数民族地区食虫历史悠久，如中国云南白族、傣族、仡老族都善用昆虫，如油炸蝗虫、腌酸蚂蚱、甜炒蝶蛹、油炸竹蛹等菜肴，每年农历六月初二，仡老族还有吃虫节。东南亚地区的泰国人用水蟥、盐蚂蚁一起制辣椒酱，印度尼西亚有烘烤蝴蝶。在南非一些地区，居民摄入的蛋白质中有三分之二来自昆虫。在经济高度发达的欧美等国，目前也在寻找和开发可食的昆虫，在巴黎的“昆虫餐厅”可以吃到炸苍蝇、蚂蚁狮子头、清炖蛐蛐汤、烤蟑螂、蒸蛆、甲虫馅饼以及蝴蝶、蝉、蚕等昆虫幼虫或蛹制成的昆虫菜一百多种。

昆虫的卵、幼虫、若虫、蛹和成虫都可以用于烹饪。传统的食用方法是多以整体油炸烹制成菜和小吃，调味多以咸味为主，可在烹调前腌制或炸后蘸味食用；还可根据成虫和幼虫的不同，选择多样的烹调方法，炒、蒸、煮、焗均可。如与其他动物性原料相配，味更鲜美，营养价值更高，其用料形式有保持虫体原形、有将虫体剁碎后加入其他肉茸泥中成菜；还可将虫体烘干磨粉加入面粉中做糕点、小吃等。

1. 蛹

完全变态的昆虫（如苍蝇、桑蚕），从幼虫过渡到成虫时的虫体形态叫蛹。处于蛹发育阶段时，虫体不吃不动，体内却在发生变化，原来幼虫的一些组织和器官被破坏，新的成虫的组织器官逐渐形成。

(1) 蚕蛹　蚕蛹是鳞翅目家蚕蛾科家蚕和柞蚕的蛹。蚕蛹的体形像一个纺锤，分头、胸、腹三个体段。头部很小，长有复眼和触角；胸部长有胸足和翅；鼓鼓的腹部长有9个体节。外被红褐色几丁质的外壳，内包浓稠的淡黄色乳状体。

蚕蛹蛋白质含量高，占干重的60%左右，含18种氨基酸，其中有人体所必需的8种氨基酸，所含蛋白质较易被水解或被人体消化吸收；脂肪25%～30%，含多种不饱和脂肪酸；还含多种微量元素。民间有“七个蚕蛹一个鸡蛋”的说法，所以蚕蛹是一种天然的营养滋补品，尤其适宜中老年人食用，既可降血脂，又可健脑强身。

烹调时多以清水煮和油炸而食，有花生米的风味；可和其他原料合烹，如蚕蛹烧豆腐、炒鸡蛋、炒韭菜，也可以将煮熟的蚕蛹用胡萝卜条、芹菜等混合，加酱油等佐料腌渍后食用，都是鲜美可口的佳肴，又是具有食疗功效的珍品；或将蚕蛹焙干磨成粉加入米粉和面粉中制成其他食品而食用。

(2) 蜂蛹　蜂蛹一般为膜翅目昆虫胡蜂、黄蜂、黑蜂、土蜂等的幼虫和蛹。采取时间在高龄幼虫至变蛹期最宜。

蜂蛹是高蛋白、低脂肪、含有多种维生素和微量元素的理想营养食物。蜂蛹的营养价值不低于蜂花粉，尤其是维生素 A 的含量大大超过牛肉，蛋白质仅次于鱼肝油，而维生素 D 则超过鱼肝油 10 倍。蜂蛹既可作为食品，又可作为营养保健品。蜂蛹系鲜活产品，风味香酥嫩脆，可用炸、煎、炒、蒸等方法制作高级菜肴。除鲜用外，大部分采用干制法加工或制成罐头，以便贮藏。

2. 蚂蚁

蚂蚁是昆虫纲膜翅目蚁科动物的通称，古称“玄驹”。种类甚多，群居，包括雌蚁、雄蚁与工蚁三种不同的类型。成虫体小，多呈红褐色、黄褐色或黑色，一般雌雄蚁有翅，而工蚁无翅。大多数种类挖土筑巢，亦有栖息于树枝等孔穴中，食性杂。常采集体大的蚂蚁油炸而食之，或焙干磨粉加入米、面粉中混合食用，可烹制蚁酱芝麻鱼条、玄驹球、蚁粉山药包子、蚁浆粥等菜品和糕点、小吃。由于含药用成分，有免疫增效，抗衰老，抗疲劳和增强性功能的作用，也用于生产保健品，如蚂蚁雄风酒。在泰国和我国傣族地区，常将一种个体较大的黑蚂蚁的卵作为美味佳肴的原料。

3. 蝉猴

蝉猴是昆虫纲同翅目蝉科柞蝉、黑蝉等的刚出土蜕皮而尚未羽化的若虫，又称蝉蛹。形同蝉，但尚无翅，体色由奶白至浅褐色。蝉猴多炸制而食，炸制后外皮很酥脆、肌肉鲜美、清香可口。糖醋蝉猴为山东一带的筵席名菜，或将其他动物性原料制成的肉茸填入蝉的腹部，上笼蒸制作成型菜肴—荷色火腿蝉，不仅味鲜美，且营养价值高。

4. 蝗

蝗是昆虫纲直翅目蝗科虫类的通称。我国有 300 多种，如飞蝗、稻蝗、棉蝗和蔗蝗等。身体一般分头胸部和腹部，体色多为绿色或黄褐色。头胸部的肌肉发达，后足也强大肉丰满，适于跳跃生活。由于肌肉含量高，脂肪和维生素 A、维生素 D 丰富，蝗是餐桌上味美的昆虫类原料，常码味后油炸或油炸后拌味、蘸味而食用。

5. 豆虫

豆虫属鳞翅目天蛾科豆天蛾属，又称豆天蛾、豆参、豆丹，是危害大豆的一种昆虫。所食的原料是豆天蛾在化蛹前的幼虫，长约 8～10 cm。夏时节，大豆成熟前期，豆天蛾幼虫以大豆叶片为食，深秋大豆成熟时便纷纷爬到大豆植株的基部或土层中作穴休眠。在种植大豆的地方均有生长。将其从土中挖出洗净放入沸水中，将其烫死，这时虫体呈米黄色，可比原来伸长 2 cm。然后进行盐渍，再整段或切成 3～4 cm 的小段，挂糊或不挂糊油炸成菜，吃起来口感酥脆，风味似油炸鱼、虾。也可切细作汤或剁茸和其他动物性原料相配成菜或作馅心。

山东的很多地区、江苏的连云港和北京地区都有很长的食用历史。食用豆虫既获得了高营养价值的烹饪原料，又为农作物消灭了害虫。

6. 爬沙虫

爬沙虫属于广翅目齿蛉科巨齿蛉属东方巨齿蛉的幼虫(彩图56)。多生于四川、云南等的干热河谷地区。繁殖期间，成虫在靠近岸边的卵石隙缝中产卵，在适宜的湿度和温度条件下卵被孵化成幼虫。躲藏在清水和滚圆的鹅卵石缝之间的幼虫，长约6～9 cm，头小、色墨绿、多足、扁平嘴、形状丑陋狰狞。含高蛋白、多种氨基酸及多种药用成分。寒冬腊月为捕捉旺季，每逢晨雾，更是良机。爬沙虫性温味甘，补肾益气，具有滋补强壮、抑虚缩尿固本之功效。俗称"土人参"，堪称药膳佳品，也是美味佳肴。对爬沙虫的用法不同，其初加工方法就不一样。可直接将爬沙虫洗净，主要用于泡制药酒；或是将活的爬沙虫掐去头尾，除净沙肠洗净，主要用于拖糊炸制，香酥可口；更讲究可食性的作法是将虫体用沸水烫漂、洗净、去头尾和内脏、剥皮取纯净白嫩的肉，用炒、爆、熘、烩等方法烹制爬沙虫菜品，如和鸡蛋一起蒸制蛋羹，其味甚鲜。

三、蛛形纲动物原料

蛛形纲动物约有36 000余种，是节肢动物门中仅次于昆虫纲的一大类群。身体一般分为头胸部和腹部(蝎)，或分头、胸、腹三部分，或三部愈合为一(螨)，无触角。头胸部除有一对螯肢、一对脚须可助摄食外，还有四对步足。多为肉食性动物，它们用螯肢或尾节螯咬人或螯刺猎物，注入毒汁和含消化酶的唾液麻醉、毒杀以至分解食物，进行体外消化，然后吮吸入消化道中。雌雄异体，卵生，唯有蝎目为卵胎生，直接发育。此纲动物一般分为蝎目、蜘蛛目和蜱螨目等7个目。其中食用价值大的主要是蝎，不过在东南亚一些地区，如泰国、柬埔寨以及我国的云南等地有吃蜘蛛的习惯。

蝎目有的种类有毒腺，所产的蝎毒素与蛇的神经毒素类似，对人有致命的危害。但能息风镇痉，攻毒散结，通络止痛。所以蝎子可入药入馔，许多地区除捕捉自然种群外，还大力发展人工饲养，以满足医药和饮食上的需要。我国主要分布的是钳蝎科的东亚钳蝎(*Buthus martensii* Karsch)，为夜行肉食性动物。体表被高度骨化的外骨骼。头胸部短，具头胸甲。腹部较长，分前腹部和后腹部，后腹部末端有一尾刺，内有毒腺，可分泌神经性毒素螯杀猎物。第一、二对附肢皆有螯，脚须发达。卵胎生，初生幼蝎常负于母体背面，经一次蜕皮后开始自行生活。蝎营养价值高，且是一种传统的中药，可运用于药膳菜品中。如炸山蝎、蝎吸羊排、麻鸭金蝎等。

第三节 软体动物

软体动物也是动物界中种类和数量较多的一类，有10万多种，仅次于节肢动物，多数种类适应海中生活，淡水和陆地上也生活着不少的种类，鲍鱼、田螺、蜗牛、牡蛎、贻贝、乌贼等都是人们熟知的软体动物。

一、软体动物的形态结构

软体动物的身体柔软，不分节，由头、足、内脏团三个部分组成，不同的软体动物形态差异较大。

（一）头

头部在身体的前端，有口和触角、眼等摄食和感觉器官。行动活泼的头部发达；行动迟缓的头部退化，甚至完全消失。

（二）足

足位于头之后，内脏团之下，身体的腹面。它由肌肉组织构成，是软体动物的运动器官。由于生活方式的不同以及对环境的适应情况，表现出不同的形状，而且发达程度也不同。有块状、斧状和腕状，也有的完全退化无足。

（三）内脏团

内脏团一般在足背部，是各种内部器官所在地。内脏团常常衍生出一些重要的附属结构。

1. 外套膜

外套膜是软体动物身体背侧皮肤褶襞向下伸展而形成的特殊性结构，它通常向下包裹整个内脏团和足部。外套膜有的是一片，有的是左右对称的两片。外套膜与内脏团之间的空腔即为外套腔。水生种类的外套膜的一部分密生纤毛（鳃），陆生种类的外套膜富有血管（肺），可以进行气体交换。

外套膜通常由三层组成，内层和外层都是表皮细胞层，中间一层由肥厚的结缔组织及少量的肌肉纤维组成。头足类的外套膜发达，覆盖全身，并且高度肌肉质化。

2. 贝壳

贝壳是外套膜分泌的物质产生的一种坚硬结构。一般在身体最外层，是软体动物的保护器官。它的主要成分是碳酸钙，还有少量壳质素和其他有机物。外层是由壳质素形成的角质层，中间是棱柱层，内层为珍珠层，后两层主要由碳酸钙构成，珍珠层因碳酸钙晶体结构不同，散发出珍珠光彩。

软体动物的形态结构不同，贝壳的数量不一，有的只有单个，有的成对，有的退化，有的特化为内壳。

二、软体动物的食用性状

软体动物类原料作为主料和配料广泛运用于菜肴、小吃、面点、饭粥中，以其独特的质感和鲜美的风味满足人们的需求。软体动物的食用种类主要来自于腹足纲、瓣鳃纲和头足纲的动物。其食用部位主要是肌肉质的器官和一些结缔组织丰富的部位。

具体说来，腹足类主要可食部分是发达的扁平腹足；瓣鳃类主要可食部分是闭壳肌柱和斧足；头足类可食部分是足和肌肉质的外套膜。这些肌肉主要是分化程度不高的骨骼肌，但有平滑肌参与构成，平滑肌多呈灰色或乳黄色，不透明，骨骼肌呈淡红色。

软体动物类属于高蛋白、低脂肪、低胆固醇的优质原料，含有丰富的水分，还富含维生素 A、维生素 B 和 Cu、Zn、Se、Ca、Fe 等多种矿物质。所含的营养物质及呈味物质容易溶解于汤汁中，这样一来不仅汤汁鲜美，而且易被人体消化吸收。

软体动物的足的肌纤维中含多量的糖原，结缔组织较多，肉质稍粗，而且有的种类连同以结缔组织为主要成分的外套膜一起食用，所以脆韧性最强，烹调时尤其讲究火候，成菜质脆而味鲜美；而闭壳肌柱和肉质化的外套膜肌肉组织含量高，结缔组织较少，肉质相对细嫩些，可以使用多种方法成菜。由于组织含水量大，结缔组织多，肉质细密脆嫩，脂质少，持水性低。还由于肌纤维之间含较多热凝固蛋白，加热后易发硬。所以生食或多以炝、爆、炒、氽煮等方法旺火短时间快速成菜，突出脆嫩质感；或长时间烧、炖、烩、煨成菜，体现其软糯绵香。一些味鲜、质脆嫩、卫生质量高的原料，如牡蛎、北极贝、象拔蚌、鱿鱼等常作“刺身”生用；可带壳或取肉，将其作多种刀工处理，烹制成味型、风格各样的菜肴。其中鲜品多快速成菜、突出本味和脆嫩质感，而罐头制品和涨发干品多长时间烹制成菜，突出软糯绵香，因多次加工和涨发，其本味受到影响，应善用高汤和鲜香味浓的原料赋味和用调味汁芡补足风味。

软体动物呈现独特的鲜甜味（其中甜味主要来自甜菜碱、甘氨酸、丙氨酸和脯氨酸，鲜味主要来自琥珀酸），所以其鲜品或干品在作主配料而成菜时，能为菜品提供鲜美的滋味，有的干品就是常用的鲜味调味品，如淡菜、干贝、墨鱼干、蛏干及蛏油、蚝豉及蚝油等。

软体动物的贝壳形状多样，造型独特，是一天然的盛器，使用时要注意清洗消毒。对一些容易受微生物、寄生虫污染的贝螺类一定要用符合卫生质量要求的选料和加工方法，防止对进食者带来危害。

三、软体动物的主要种类

（一）腹足类

生活于大海及湖泊、河流、沼泽及水田等地。大多数有单一的呈螺旋状的贝壳，有的没有，因种类不同，贝壳在形状、颜色和花纹上表现出多样性。头、足、内脏团主要存在体螺层中。腹足类具有扁平、宽阔，适于爬行的足。大多数具有由足腺分泌物形成的角质或石灰质的厣，当头足缩回壳内时，可密封壳口，起保护作用（图 5-7）。腹足类以宽大的足部在陆地、水底或水生植物上爬行，喜食多汁的水生植物的叶子和藻类。

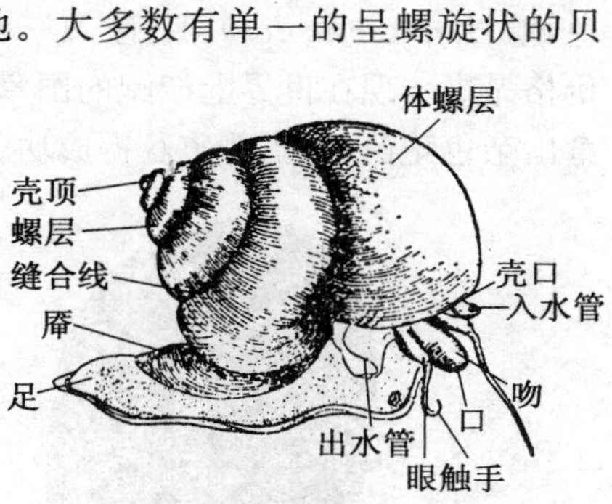

图 5-7　腹足类外形

1. 中华圆田螺

中华圆田螺（*Cipangopaludina cathayensis*；Field Snail）属腹足纲田螺科，俗称田螺、螺蛳、蜗螺牛，广泛分布于华北和黄河平原、长江流域等地，是我国常食的淡水螺之一。贝壳大，呈圆锥形，螺层有 6～7 层，壳质坚实且大型；壳口边缘成黑

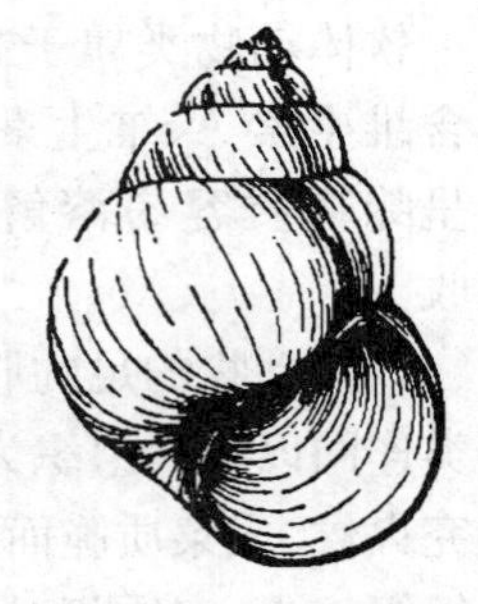
图 5-8 中华圆田螺

色，壳体呈绿色、褐绿色或墨绿色等；肥大的足上有厣(图 5-8)。田螺可食用部位是其足，肉中水分含量高，结缔组织多，故适合于快速加热烹调，质地才脆嫩。如用爆、氽、炒、炝等方法烹制生炒田螺、五香糟田螺、熘田螺片等菜品。加热时间稍长，会变得硬缩，显得老韧。一般调味要厚重。烹调前要用清水反复洗净，并用竹刷搅洗致污物去尽。再用清水养3～4天，每天换水几次，直至螺内的泥沙、粪便全部排净为止。然后剪去壳顶，便于烹调入味和食用。

2. 蜗牛

蜗牛(Snail)是对腹足纲玛瑙螺科和蜗牛科软体动物的通称。蜗牛营陆生生活，全球分布，特别在阴暗、潮湿、腐殖质多的湿热地带分布多。目前，主要的食用蜗牛有法国蜗牛(*Heliz pomatia*)，又称苹果蜗牛、葡萄蜗牛(彩图 57)；意大利庭园蜗牛(*H. aspersa*)，又称散大蜗牛；褐云玛瑙螺(*Achatina fulica*)，又称非洲大蜗牛、法国螺等，其变种——白肉蜗牛具有呈玉白色肉质肥大的足，备受人们的青睐。贝壳呈长圆形、宝塔形、圆锥形等，壳质较厚，一般有 6～8 螺层，体螺层膨大，缝合线深，壳表呈黄色、深黄色、黄褐色等色。壳内为淡紫色或蓝白色。足发达，呈褐色、白色等色。蜗牛作为高蛋白、低脂肪的健康食品，在国际上享有"软黄金"的美誉。它肉嫩味美，营养丰富，尤其深受欧美人的喜爱，是西餐中的上等原料。蜗牛肉可做热菜、凉菜，烹调方法多样。可整体(或带壳)入菜，体大者可经刀工改形为丝、片、丁等烹制。其菜品有法式焗蜗牛、银芽蜗牛丝、蚝油蜗牛片、宫保蜗牛丁等。

3. 鲍鱼

鲍鱼(Abalone)是腹足纲鲍科动物的通称，又称九孔螺(彩图 58)。全世界约有 100 种鲍，它们的足迹遍及太平洋、大西洋和印度洋。澳洲、日本、新西兰、南非及我国产量大，以日本、南非所产鲍鱼最佳。我国著名的鲍鱼有产于北方沿海的皱纹盘鲍(*Haliotis discushanuai*)(鲍中个体较大者)(图 5-9)，有产于南方沿海的杂色鲍(*H. diversicolor*)、耳鲍(*H. asinina*)(图 5-10)等。由于天然产量很少，因此价格昂贵。现在世界上产鲍的国家都在发展人工养殖，我国在 20 世纪 70 年代培育出杂色鲍苗，人工养殖获得成功。

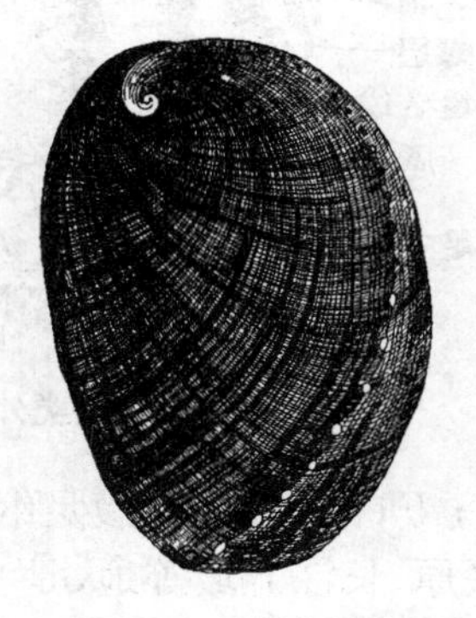
图 5-9 皱纹盘鲍

图 5-10 耳鲍

壳大而坚厚，扁而宽，形状有些像人的耳朵，所以也叫它“海耳”。螺层有三层，螺旋部只留有痕迹，占全壳的极小部分，体螺层突出。壳的边缘有9个孔，海水从这里流进，排出，与鲍的呼吸、排泄和生育有关。壳表面粗糙，有黑褐色斑块，内面呈现青、绿、红、蓝等色交相辉映的珍珠光泽。鲍鱼有鲜鲍、速冻鲍鱼和罐藏制品及干制品，干制品是最佳的贮存方式。鲍鱼肉质鲜美，营养丰富，与海参、鱼翅、鱼肚一样，都是珍贵的海味。鲍鱼可与多种荤、素原料相配，可调制多种味型，可整用或切片、丝、丁等形用，并适用于多种烹调方法。爆、炒、炝、熘、拌多适合烹制鲜品，突出其原汁原味、鲜美脆嫩；烧、烩、扒、焖、蒸多适合于罐藏制品和干制品。各大菜系都以鲍鱼为名贵原料，菜品甚多，如四川的明珠酥鲍，广东的蚝油网鲍片，山东的扒原壳鲍鱼，福建的红焖鲍鱼等等。

4. 东风螺

东风螺是蛾螺科东风螺属泥东风螺（*Babylonia lutosa*）和方斑东风螺（*B. areolato*）（图5-11）的通称。俗称花螺、海猪螺和南风螺。分布于我国东南沿海，东南亚及日本也有分布，我国近年来已在东南沿海养殖，并形成了生产规模。

图5-11　方斑东风螺

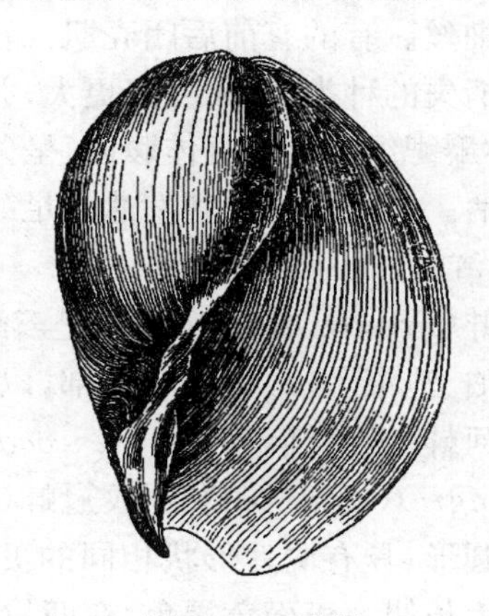

图5-12　瓜螺

贝壳呈长圆卵形，壳质厚而坚实，壳宽约为壳高的2/3，缝合线明显。螺旋部呈圆锥形，体螺层膨大。壳面光滑，黄褐色，常有褐色花斑。腹足入菜，质脆嫩而鲜，白灼东风螺最能体现其特色。

5. 瓜螺

瓜螺（*Cymbium melo*）（图5-12）属涡螺科贝类。见于我国台湾、福建、广东沿海，主要产于海南岛三亚、琼海和文昌沿海。贝壳大，近球形，似椰子的果实，壳一般高15.4 cm，宽10.5 cm。螺旋部较小，低于体螺层。体螺层大，贝壳表面光滑，呈灰褐色，有横行排列的红褐色大斑块。壳口大，壳内面呈橘黄色有光泽。取出白色肥厚的足，切片白灼，口感脆嫩。

6. 泥螺

泥螺（*Bullacta exarata*；Paper-bubble）属阿地螺科，又名“吐铁”。泥螺为太平洋西岸海水及咸淡水特产的种类。我国沿海均有分布，冬季和夏季都能生活，栖息在海湾内的潮间带泥沙滩。体呈长方形，头盘大而肥厚，外套膜不发达，侧足发达，遮盖贝壳两侧之一部分。贝壳呈卵圆形，幼体的贝壳薄而脆，成体较坚硬，白色，表面雕刻有螺旋状的环纹，足上无厣，肉供食用。泥螺的吃法各异，各有特色。民间一般油煎煮熟食用，更喜欢用酒渍腌食。市场上常见醉泥螺出售。挑选个大且鲜活的泥螺，去除泥螺表层的黏液，洗净，去掉水分，放入容器内，加盐、黄酒若干，然后将容器口封住，腌制一星期左右，取出食用异香扑鼻，或作成罐头。

（二）瓣鳃类

瓣鳃类动物多生活于海水中，少数生活于淡水环境。一般具有两个贝壳，身体侧扁，头部完全退化，所以又称“双壳类”或“无头类”。其贝壳左右对称或不对称，贝壳表面有环形生长线和放射状排列的壳肋（图5-13）。两个贝壳在背缘以韧带相连，两壳间有闭壳肌柱相连。闭壳肌由外套膜分化形成，一般由平滑肌和横纹肌组成，呈现肌肉纤维细丝。有的有前后闭壳肌，有的种类前闭壳肌退化，后闭壳肌变大，前闭壳肌完全消失的种类，后闭壳肌更大，并移行到贝壳中央。以外套膜形成的瓣状鳃呼吸，故称瓣鳃纲。足在身体腹面，呈斧状，故又称斧足类。有的种类足退化，以足丝附着生活。此类动物以其发达的足或闭壳肌柱作为食用部位。

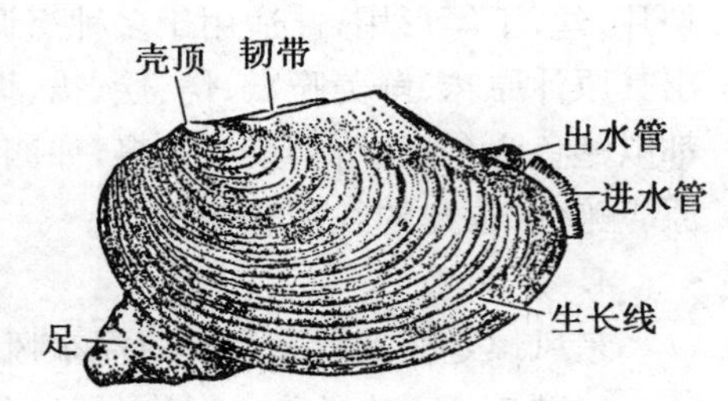

图 5-13　瓣鳃类外形

1. 河蚌

河蚌（Freshwater Mussel）是瓣鳃纲蚌科动物的通称。它们分布广，多栖息在江河湖泊、池沼水田、水沟的底部，以其肉质的足掘入泥沙内而生活。民间主要运用的是河蚌（无齿蚌，*Anodonta woodiana*）（图 5-14）、三角帆蚌（扯旗蚌，*Hyriopsis cumingii*）（图 5-15）和褶纹冠蚌（鸡冠蚌，*Cristaria plicata*）。身体侧扁呈椭圆形和卵圆形，具有两片形状相同的贝壳，壳形多变化，壳前端圆，后端较尖，壳面有明显的生长线。壳面黄褐色，有两枚闭壳肌柱，有肌肉发达的足。

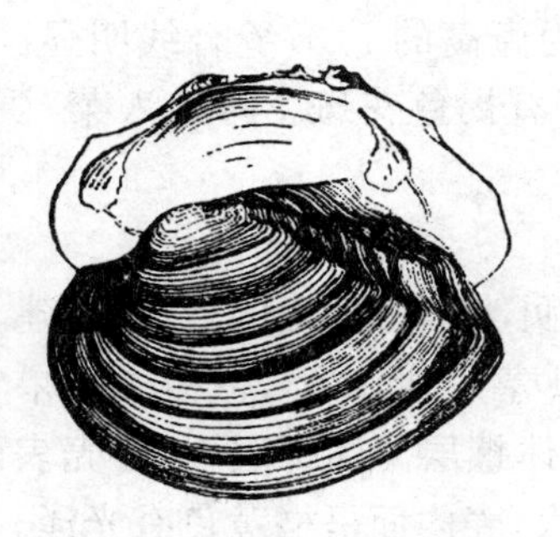
图 5-14　河蚌（无齿蚌）

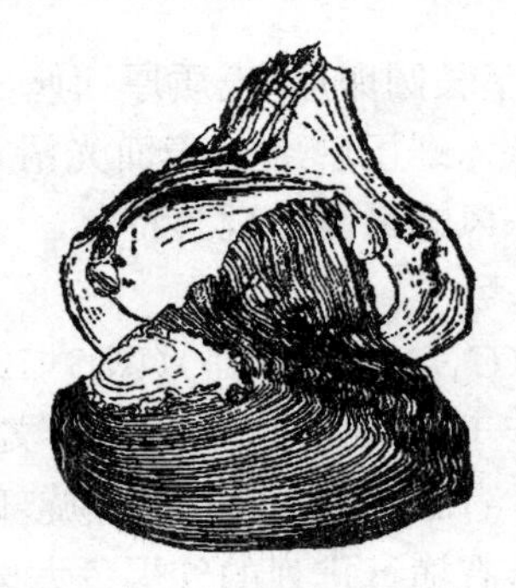
图 5-15　三角帆蚌（扯旗蚌）

以制汤烹制为多，汤汁浓白，味鲜美，也可用烧、烩、炖、煮等方式成菜，可与咸鱼、咸肉同炖，别有风味，如江苏吴江肉烧蚌肉，扬州蚌肉狮子头，安徽河蚌豆腐羹，浙江火腿炖蚌肉等。民间还有用蚌肉炒韭菜、烧青菜等。河蚌生于泥沙内，烹制前取河蚌肉需摘去其灰黄色的鳃和背后的黑色泥肠，要注意清洗，洗涤时可加一点盐和明矾，去其黏液。用刀把将斧足拍松，否则煮后不易嚼。一般小河蚌肉质较嫩，大河蚌肉次之。

2. 河蚬

河蚬（*Corbicula fluminea*；Corbicula）属蚬科动物。多栖息于基质为沙底或泥沙底的河流及湖泊内，特别在咸淡水交汇的江河中数量较多。福建人养殖河蚬已有三百多年的历史。河蚬的贝壳较小型，壳厚、坚硬，外形略呈三角形。壳顶膨胀突出，壳面有光泽，呈棕黄色、黄绿色或黑褐色，生长线明显。烹调时常氽煮、烧制成菜，可去壳取肉炒爆、烩制成菜。菜品有蚬肉石榴花、蚬肉蛇崧生菜包、蚬子煮木瓜，还可制作味美的蚬子粥。珠江三角洲的居民习惯在大年初二，用蚬肉、酸芥菜粒、菜粒加上糖醋，烹制成味鲜酸甜的“西湖蚬肉”——“天宫赐福”，作为开年饭上的吉祥菜。

3. 蚶

蚶（Ark Shell）是蚶科动物的通称，又称瓦垄子、瓦楞子（彩图 59）。我国沿海均有分布有 10 种，生活于浅海或稍有淡水流入区域的海底泥沙礁石缝隙中。有泥蚶（*Arca granosa*）、毛蚶（*A. subcrenate*）和魁蚶（*A. inflata*）等。肉味鲜美，是我国著名的经济海产品之一。多产于 7～9 月，辽宁、河北沿海均产。两枚贝壳形状、大小相同，分别呈圆形、卵圆形或微带方形。壳质坚硬而厚实，壳上有自顶端发出的十几条到几十条壳肋（泥蚶 18～20 条，毛蚶 34 条，魁蚶 42～48 条），肋上有小结，状如瓦楞，铰合部有很多垂直的小齿突。前后闭壳肌发达，足短，大部分有足丝。食用前先用清水浸泡半天，使它吐尽泥沙，然后可炒、蒸、熘、烩、焖或氽汤而成菜，但加热时间都应在 5 分钟以上，忌生食，因为蚶是病原微生物、寄生虫的寄主。食用时最好蘸醋和姜汁味碟。

4. 牡蛎

牡蛎（Oyster）是牡蛎科贝类的通称，又称蚝、蛎黄、蛎子、海蛎。我国沿海均产，约有二十多种，可人工养殖，以冬、春季为好（彩图 60）。常见的有近江牡蛎（*Ostrea rivularis*）、褶牡蛎（*O. plicatula*）（图 5-16）、大连湾牡蛎（*O. talienwhanensis*）等。大的可达 24 cm，小的 3～6 cm 不等，常以藻类为食。由于黏着力和闭合力较强，采集时需用铁器撬取。贝壳的形状因种类而不同，有三角形、卵圆形、狭长形、扁形等；色彩由青灰至黄褐，有的有彩条纹；壳面厚重层层相叠、粗糙、坚硬似岩石；左右壳不等，左壳（下壳）较大而凹，以此面生活于礁石上，右壳（上壳）较小而平，盖于下壳上；连接两壳的韧带在壳内，闭壳肌位于壳的中央，无足和足丝。牡蛎肉肥美爽滑，味道鲜美，营养丰富。鲜品及其干品“蚝豉”，以及“蚝油”为我国传统的出口商品。鲜牡蛎肉除生食外，可洒少许豆粉，轻轻揉搓后用清水冲洗，使其雪白干净，即可烹制。可作主配原料，以氽、炒、煎、烧、烤、熏、炸等多种方法成菜，可作冷菜、热菜、大菜、汤羹及至火锅、馅料等，如山东的清氽蛎子、烤蛎黄，广东的炸芙蓉蚝、生炒明蚝等。

图 5-16 褶牡蛎

5. 西施舌

西施舌(*Mactra antiquata*; Surf Clam Shell)是蛤蜊科的贝类,又称沙蛤。主要产于福建沿海,常栖息在干潮线外1~7 m深处的海底泥沙中。以福建闽江口长乐一带出产的最好(图5-17)。贝壳大,略呈三角形,较薄,表面平滑,生长线细密而明显。壳顶位于贝壳中部稍靠前方。壳表具有黄褐色发亮的外皮,顶部淡紫色。贝壳内面淡紫色,壳顶部颜色较深。其斧状肉足大而肥厚,形如舌,白里透红,脆嫩甘美。西施舌肉质细嫩,口感润滑,味道鲜美,清淡别致,成菜时对火候的要求特别高,常生爆、氽煮而食用,突出其本味和本色。

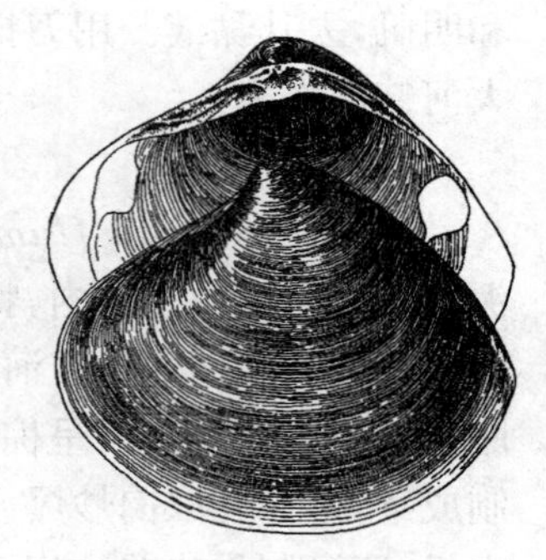

图5-17 西施舌

6. 文蛤

文蛤(*Meretrix meretrix*; Hard Clam Shell)是帘蛤科的贝类,又称花蛤、黄蛤、海蛤,仅分布于日本、朝鲜和中国沿海,是我国传统养殖的主要贝类之一,辽宁、江苏产量大。贝壳呈三角形,其长度略大于高度,壳质坚硬而厚。两壳大小相等,壳顶突出,位于背面稍靠前方。贝壳表面光滑,被有一层黄褐色光滑似漆的壳皮。生长线清晰,由顶部开始有锯齿状的褐色带,无放射肋。壳内面呈灰白色,后部边缘呈紫色。闭壳肌前后各一枚,斧足较发达。文蛤肉嫩味鲜美,通常爆炒、氽煮成菜,如炒文蛤、文蛤冬瓜汤、文蛤蒸蛋、文蛤饼等。

7. 蛤仔

蛤仔(Manila Clam)是菲律宾蛤仔(*Ruditapes philippinarum*)和杂色蛤仔(*R. variegata*)等软体动物的通称,属帘蛤科。壳呈卵圆形,壳厚,壳面有细密的放射肋,与生长线交织成网状,壳面稍粗糙,呈黄色、黄褐色或黄棕色。我国沿海均产,是一常见种类。通常带壳烹制,味鲜美,汤汁洁白。烹调时应注意清洗泥沙。

8. 彩虹明樱蛤

彩虹明樱蛤(*Moerella iridescens*)是樱蛤科的贝类,又称为梅蛤、扁蛤,俗称"海瓜子"。生活于潮间带的泥沙滩,潜入泥中约5~6 cm,产于我国浙江、江苏沿海,4~9月采捕。贝壳长卵形,长达2 cm,左右壳大小相近,质薄,是一形似葵花瓜子的小型瓣鳃类软体动物。壳面平滑,表面灰白略带肉红色,有闪光,生长线细密明显。肉供食用,味鲜美,常清洗泥沙后带壳炒爆而成菜。

9. 江珧

江珧(Pen Shell)是江珧科贝类的通称。中国沿海均产江珧,已发现39种,主要有栉江珧(*Pinna pectinata*)、细长裂江珧(*P. Attenuata*)等,属大型贝类。江珧主要分布在热带和亚热带沿海,我国以广东、福建沿海产量最多。其壳呈锐三角楔形,壳质脆,表面具放射肋,一般长30 cm左右。无足丝,闭壳肌两枚,前小后大,后闭壳肌约占体长的1/4,体重的1/5。闭壳肌是主要食用部位,除运用鲜品外,可加工成干制品——江珧柱,又称角带子、马甲柱、大海红。江珧柱鲜味浓烈,营养价值很高,蛋白质含量达63%,还含有糖、钙、磷、铁、核黄素、尼克酸等成分。其代表菜式有爆江珧柱、豉汁珧肉、鲍汁玉环江珧等。

10. 扇贝

扇贝(Scllop)属扇贝科。广泛分布于世界各海域,以热带海的种类最为丰富。中国沿海均产,已发现三十余种。主产栉孔扇贝(*Chlamys farreri*),又称干贝蛤。贝壳呈扇形,色彩多样,壳上有肋,肋上有棘;左壳较平,右壳稍凹,咬合部有耳突;足很小,有一枚发达的后闭壳肌。以鲜贝为主要食用部位,其干制品称干贝(肉柱、海刺)。其肉质细嫩,味道鲜美,营养丰富,蛋白质含量达60%以上,含有钙、铁、镁、钾等多种矿物质和维生素。扇贝的烹制方法多种多样,清蒸、水煮、油爆均可,代表菜式有粉丝蒜茸蒸扇贝、金银蒜蒸扇贝、酥皮扇贝、滑熘鲜贝等。

11. 日月贝

日月贝(Asian Moon Scallop)是扇贝科日月贝属的通称(彩图61)。我国多产于南海,广东、广西沿海产量较多。日本日月贝(*Amusium japonicum*)和长肋日月贝(*A. pleuronectes*)经济价值很高。贝壳扇形,有耳突,壳上有放射肋,但无棘。因左壳呈玫瑰色或红色如太阳,右壳黄白色或白色如月亮而得名,又称日月螺、带子螺、飞螺。贝肉除鲜食外,将其闭壳肌和外套膜数个编在一起加工干制,即成为有名的海珍品“带子”。

12. 贻贝

贻贝(Mussel)是贻贝科动物的通称。又称壳菜、海红和淡菜。生活于我国沿海,有三十多种,经济价值较高的有10种,最常见的是紫贻贝(*Mytilus galloprovincialis*)、厚壳贻贝(*M. coruseus*)和翡翠贻贝(*Perna viridis*)。我国辽宁、山东、浙江等省出产,产期为春秋两季。贻贝身体左右对称两壳同型,表面光滑,角质层发达。壳呈楔形,前端尖细,后端宽广而圆。一般壳长6～8 cm,壳高是壳长的2倍。后闭壳肌发达,前闭壳肌退化,足很小,细软。以足丝附于他物上生活(图5-18)。鲜贻贝可汆汤、炒爆、烩制成菜。干制品可于烧、炖、焖、扒菜肴中作配料使用或制汤使用,都可增加菜品的鲜美滋味。

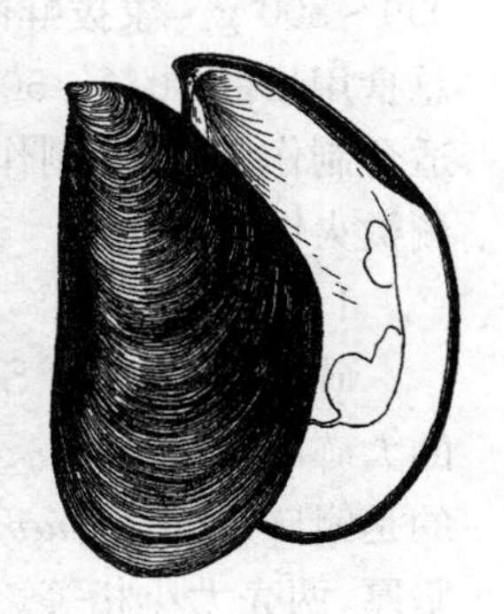

图5-18　贻贝

13. 蛏

蛏(Razor Clam)是竹蛏科种类的通称,又称蛏子、蛏子皇。栖息于近河口和有少量淡水注入的浅海内湾,以足部掘穴居住,深达10～20 cm,以水管进行呼吸和摄食。中国沿海均分布,江苏、福建、山东、浙江为著名的产地,日本也盛产蛏。我国沿海养殖的主要是缢蛏和竹蛏。

缢蛏(*Sinonovacula constricta*)(图5-19)贝壳呈长卵形或柱形,四角呈圆弧。生长线显著,壳面呈黄绿色,常磨损脱落而呈白色。从壳顶至腹缘有一条微凹的斜沟形似缢痕,因此得名。壳顶低,壳质脆薄,好像两片破竹片,生活时垂直插入浅海泥沙中。足强大,多少呈圆柱形,雄贝生殖腺呈白色,雌贝生殖腺呈淡黄色。竹蛏(图5-20)多数特征都与缢蛏相似,但在外形特征上与缢蛏有明显的区别:贝壳延长呈长方形,更似两片竹片,且两壳合抱成竹筒状,故而得名。壳面凸出,被有一层发亮的黄褐色、褐绿色外皮。常见种类有大竹蛏(*Solan grandis*)和长竹蛏(*S. strictus*)等。

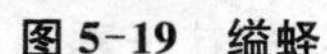

图 5-19　缢蛏

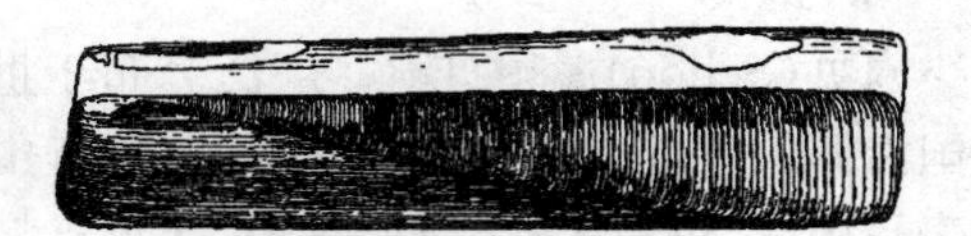

图 5-20　竹蛏

缢蛏和竹蛏肥大的足可干制为蛏干。将活蛏放入 2%盐水中使其吐尽沙泥，然后煮至贝壳张开，剥取蛏肉晒干即成，以色泽密黄、干燥、无折碎、气味清香者为上品。加工时留下的汤汁经浓缩后即为蛏油，也是一种鲜味调味品。鲜蛏和速冻蛏色泽白润，质脆鲜嫩，经加热煮熟后，汁白而清淡，鲜味纯香，做菜时讲究旺火、沸油、快速烹调。此法能将蛏子的色、形、味、滋等特色恰到好处地体现出来。

14. 太平洋潜泥蛤

太平洋潜泥蛤（*Panopea abrupta*；Geoduck）属潜泥蛤科海神蛤属的大型贝类，俗称女神蛤、皇蛤、管蛤等，因其水管大而多肉被人们形象地称为“象拔蚌”。原产于美国和加拿大北太平洋沿海，具有个体大、生长快、味道鲜美、经济价值高等优点，盛产期为 5～6 月。我国的象拔蚌主要来自美国和加拿大。象拔蚌是埋栖型贝类，终生营穴居生活，不再移动。两贝壳形状、大小相同，呈长方圆形，颜色灰白，生长线明显，贝壳一般长 12～15 cm。有发达的形如象鼻的水管（彩图 62），一般体重 500～800 g。象拔蚌的出肉率高，达 60%～70%，其中主要食用部位为水管肌，占总食用量的 30%～50%。质地脆嫩而鲜甜，具很高的营养价值。象拔蚌的肉质最适合制作刺身，或制作白灼象拔蚌、蒜茸蒸象拔蚌、象拔蚌北菇鸡汤等菜肴，还用于涮烫火锅。

15. 砗磲

砗磲（Tridacna Shell）是指砗磲科砗磲属的贝类。我国南海均有分布。常见的大砗磲（*Tridacna gigas*）是瓣鳃类最巨大者，重 250 kg，壳长超过 1 m。最常用的是鳞砗磲（*T. squamosa*），生活时外套膜缘呈现极美丽的红褐色。贝壳大，重而坚厚，两壳大小相等。贝壳表面呈黄白色，生长轮脉细密，具有 4～6 条粗大的放射肋，似车轮所碾的渠，故而得名。肋上有宽而翘起的大鳞片。贝壳内面呈白色，具有光泽。足块肥大。鳞砗磲的肉块颇肥厚，一面为棕褐色，另一面为浅土黄色，质脆嫩，常又称为“蚵肉”、“蚝肉”，其闭壳肌也是干贝的一种，颗粒大，称“蚝筋”，但较少见。烹调时整体或将肉批片、切丁成菜，菜品有椰奶咖啡蚵、炒贝丁、红烧贝肉及砗磲汤等，都是海南名菜。

（三）头足类

头足纲动物的身体特化为头部、躯干部和漏斗三部分。头部两侧有发达的眼，以及由足特化而来的腕。形成了头足愈合的头足部，故称头足类（图 5-21）。有 8～10 条腕，用于捕食，腕上有吸盘。漏斗位于身体腹面躯干的前端，也由足特化而来，前端细长，其开口指向前端，后端宽大，可伸入外套腔中，漏斗后端两侧有一软骨凹陷与外套膜腹缘前端的软骨突形成一闭锁器，以封闭外套腔的开口。外壳往往退化为内壳，整个身体的躯干部被肌肉质的外套膜覆盖包围，外套膜的边缘有鳍。

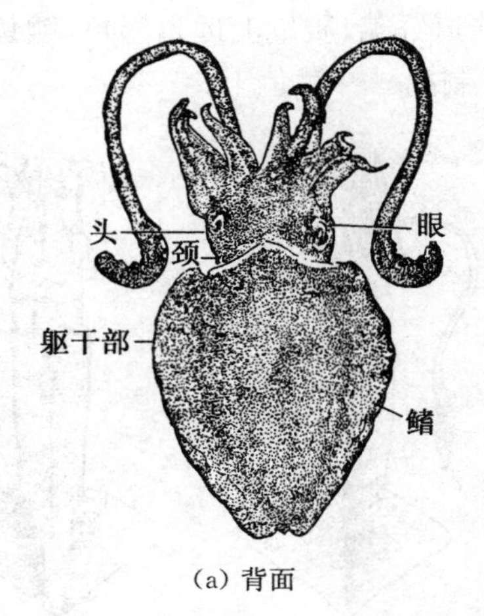

(a) 背面

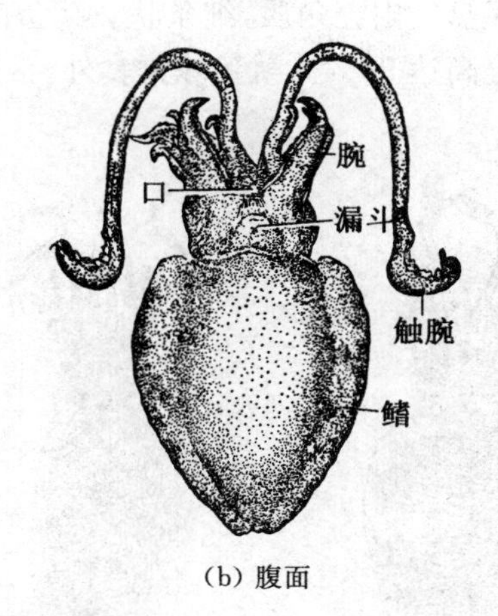

(b) 腹面

图 5-21　头足类的外形

头足类动物的运动以外套膜的肌肉收缩为动力，以躯干边缘的鳍起舵的作用。快速运动时，闭锁器扣合，关闭了外套腔的开口，外套腔中压力增大，迫使水流由漏斗喷出，所以头足类向后倒退运动较向前运动更迅速。现在存在的头足类动物约有 650 多种，常见供食用的有乌贼、枪乌贼和章鱼。

1. 乌贼

乌贼(Cuttle Fish)是乌贼科动物的通称，又称墨鱼、乌鲗，主要产于南海、东海和黄海等海域。中国沿海各地常见的乌贼是金乌贼(*Sepiella maindroni*)(图 5-22)和曼氏无针乌贼(*S. esculenta*)(图 5-23)。乌贼身体呈袋形，背腹略扁平，胴体的侧缘有肉鳍；头足发达，腕 5 对，其中有 1 对勺状触腕，腕上有吸盘 4 行；外套膜肌肉厚，内壳称海螵蛸；雄体身上有花点，雌体背上发黑。体内墨囊发达，遇敌即放出墨汁而逃走。金乌贼活体呈黄褐色，体长约 20 cm，体宽约 13 cm；曼氏无针乌贼体长约 15 cm，体宽约 7 cm，肉鳍前端窄，后端宽。肉厚味美，供鲜食或干制。除此之外，雄性乌贼的生殖腺可加工成干制品，称“墨鱼穗”或“乌鱼穗”，雌性乌贼的缠卵腺干制品称“墨鱼蛋”或“乌鱼蛋”。这两样都是海产珍品，是高蛋白的食品。乌鱼蛋呈椭圆形，外面裹着半透明的薄皮(脂皮)，里面是紧贴在一起的小圆片，俗称乌鱼钱(彩图 63)，经发料后，可一片片的揭开供烹制。鲜品乌贼宜冷藏。外表多呈青灰色和灰黑色，肉质洁白光亮。若体色转红，则质量下降。

2. 枪乌贼

枪乌贼(Squid)(图 5-24)是枪乌贼科动物的通称，又称鱿鱼，主要产于泰国、中国、菲律宾和越南。我国产量最大的是中国枪乌贼(*Loligo chinensis*)，其次是日本枪乌贼(*L. japonica*)，为重要经济头足类动物之一。身体细长，呈圆锥状，鳍较长占身体后半部或稍长，左右愈合成箭头状；有十条腕，腕上有两行吸盘，两条触腕呈条状或带状，其上有四行吸盘，比墨鱼的稍粗、短；内壳不发达，如一条细线。烹饪中所称鱿鱼还包括来自柔鱼科的太平洋斯氏柔鱼(*Ommastrephes sloani pacificus*)，分布于我国黄海南部；夏威夷柔鱼，(*O. hawaiiensis*)分布于我国南海。柔鱼胴体呈长筒形，末端尖细。肉鳍短，在胴体后端，左右相接近似心形。腕和触腕有两行吸盘。内壳角质，细条状。鱿鱼肉细嫩，味道鲜美，质量上远超墨鱼，鱿鱼的可食部分高达98%。鱿鱼除鲜食外，常加工成干制品——鱿鱼干。

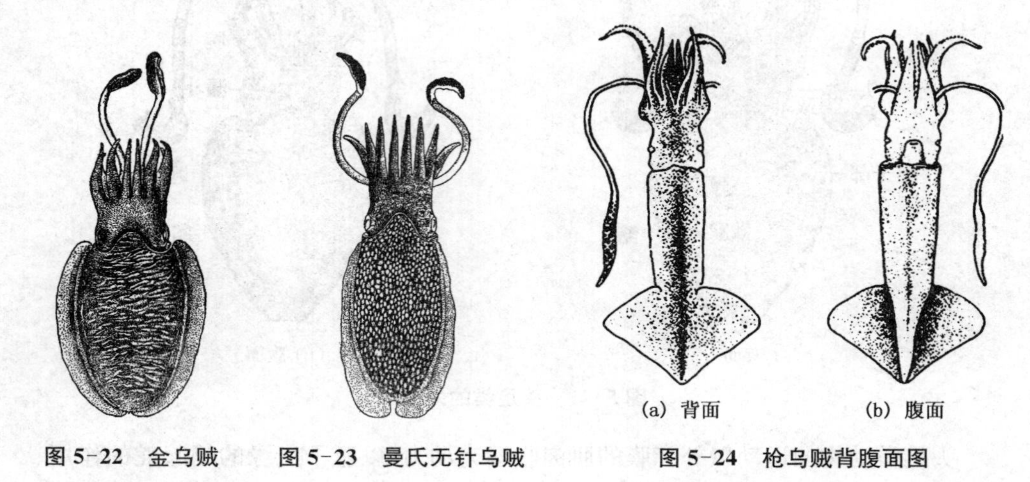

图 5-22　金乌贼　　图 5-23　曼氏无针乌贼　　图 5-24　枪乌贼背腹面图

3. 章鱼

章鱼(Octopus)是八腕目章鱼科动物的通称，又称八带鱼、蛸，别称“望潮”，多栖息于浅海沙砾或软泥底以及岩礁处。头部有腕四对，各腕彼此相似，而且比躯体长，无触腕，有较宽的腕间膜。腕上吸盘多为两行。躯体部外套膜呈球形，无鳍。内壳一般退化或完全消失。雌体无缠卵腺。常见的有短腕蛸(*Octopus ochellotus*)(图 5-25)，身体较小。头部与躯干部共长 5 cm，各腕较短，长度相近，第一对腕约为 20 cm。我国东海均产；长腕蛸(*O. variabilis*)(图 5-26)，体略大，头部与躯干部共长 7 cm，各腕长短不等，第一对腕特长，约有 40 cm。我国南北沿海均产。章鱼鲜品和干品都味道鲜美，是有较高食用价值的海产品。

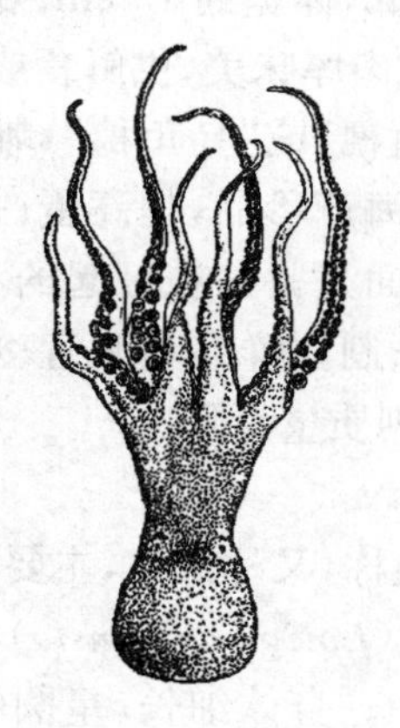

图 5-25　短腕蛸

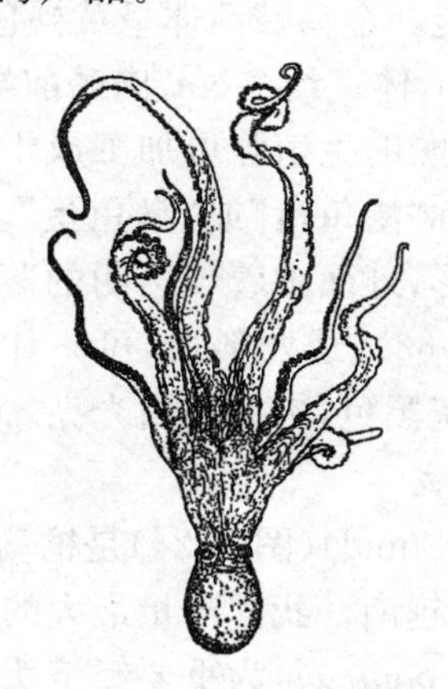

图 5-26　长腕蛸

四、软体动物的制品

软体动物不仅有丰富的鲜品供制作菜肴使用，还有种类较多的制品，尤其是干制品丰富了软体动物在烹饪中的运用。

1. 干鲍鱼

干鲍鱼(Dried Abalone)是将新鲜鲍鱼经风干后而制成,是海鲜里相当名贵的食材,其中又以日本青森县的网鲍品质最佳(彩图 64)。将鲜鲍去壳取肉,浸入盐水中渍 5～6 小时,然后在盐水中煮熟,烘烤、晾晒后置于凉处风干,再反复烘、风干,至少要一个月才完成干制。刚干制的叫“新水”,存放两年以上的叫“旧水”。干制品以干燥、形状完整、色紫或黄、个大质重、大小均匀、贮存年份长为好。干鲍鱼的大小通常以每斤的“头数”来计算,如九个头,即表示每斤有 9 只鲍鱼,因此头数愈小,代表每只鲍鱼愈大,价钱也愈昂贵。应密封好存放于冷冻库中,只要不受潮,约可存放半年到一年。干鲍鱼也是菜肴的主料,其涨发、赋味和烹制一气呵成,特别适合整粒以砂锅慢煨的方式来烹调,以保存它的鲜美原味。具体方法为:于前一晚将干鲍鱼泡于冷水中,隔天取出鲍鱼,将四周刷洗干净,加水淹过鲍鱼,置于蒸笼内以大火蒸 10 小时。将蒸发好的鲍鱼入砂锅中,再加入老母鸡、猪小排、生猪油与糖等配料,慢炖 10 小时。慢炖后取出,加入原汁、蚝油整颗慢煲,即可品尝到口感绝佳的鲜美鲍鱼。

2. 干贝

狭义的干贝(Dried Occlusor)只指由扇贝的闭壳肌柱所加工制成的干制品;广义的干贝是瓣鳃纲动物闭壳肌的干制品的总称(彩图 65)。闭壳肌柱鲜品呈短圆柱形,色白,质地柔脆,称为鲜贝(彩图 66),一般作主料应用,可与多种原料相配,通过油爆、清蒸、烤、炸、煮、烧(铁板烧)、扒等烹调方式成菜,味型多样。常常用作冷菜、热菜、大菜、汤羹及火锅、馅料等。干贝因干制而收缩,呈淡黄色至老黄色,质地坚硬。15～25 kg 鲜贝可加工成 500 g 干贝,故价格昂贵,属高档原料,有“海味极品”之誉,以粒大、形饱满圆整、均匀、色浅黄而略有光泽、表面有白霜、干燥有香气的为好(表 5-1)。

表 5-1 干贝的种类

名 称	来 源	质 量
干贝,又称肉柱、肉芽、海刺	扇贝	最佳
带子	日月贝	较佳
江珧柱,又称大海红、马甲柱、角带子	江珧	次佳
海蚌柱	西施舌	较好
面蛤扣	面蛤	一般,有粉状感觉
车螯肉柱	大帘蛤或文蛤	味美,极少出售
珠柱肉	珠母贝或合浦珠母贝	味美
蛤丁	蛤仔、四角蛤蜊	体小如绿豆,但味鲜美
海蚌筋,又称蚝筋、蚵筋	鳞砗磲	量少,南海诸岛名产

干贝一般入水中清洗后撕去结缔组织膜,放入器皿中加适量水和黄酒、姜、葱,上笼蒸2～3 小时,原汤泡起待用。其汤汁味鲜美,一般不丢弃。干贝涨发后也常作主料、配料使用。由于干贝含呈鲜物质谷氨酸、酰胺、肽类和琥珀酸等,所以常用于给无显味的原料赋味增鲜即作鲜味剂使用,可直接配用或吊汤使用。

3. 蚝豉

蚝豉(Dried Oyster)是牡蛎肉的干制品，又称牡蛎干。近似淡菜，但较枯瘦，分生、熟两类，主要产于广东、海南一带。牡蛎肉直接晒干的称生蚝豉，以色金黄，肉质饱满为佳。牡蛎肉入沸水锅煮20分钟后捞出晒干为熟蚝豉，以色深黄，形态饱满为佳。煮牡蛎肉的汤经浓缩后即为鲜味调味品——蚝油。蚝豉多作配料和调味品使用，也可作主料。如发菜扣蚝豉、干汁烧蚝豉、火腿炖蚝豉、海带蚝豉汤等菜肴。

4. 淡菜

淡菜(Dried Mussol)是指用贻贝煮熟去壳的肉制成的干制品，因干制时不加盐而得名，主要产于浙江、福建沿海地区。淡菜以体大肉肥、大小均匀、棕红色或浅紫色、有光泽、干燥、无破碎、味鲜美者为上品。淡菜主要做调味原料和配料，为菜肴、小吃、粥品等提味增鲜，如梅干菜焖淡菜、淡菜氽萝卜丝鲫鱼汤、淡菜猪蹄膀煲、淡菜菠菜粥、淡菜焗饭等。

5. 蛏干

蛏干(Dried Razor Clam)是用缢蛏和竹蛏的肉加工成的干制品。用缢蛏加工的为双角蛏干，竹蛏加工的为单角蛏干。将蛏子煮熟去壳留肉干制即成，其加工的汤汁可成蛏油。优质的蛏干体形完整、色淡黄、肉质厚实、质地坚硬，烹制前需经蒸、煮而涨发，用筷子搅动去沙。发好的蛏干色泽白中泛黄，柔滑，软而韧。汤汁过滤后可作鲜味剂使用。涨发的蛏干多作配料使用，不仅用于菜肴，也用于煮粥做汤，具提味增鲜的作用，也作主料应用，但在色泽、滋味和嫩度上稍逊于鲜品。

6. 墨鱼干

墨鱼干(Dried Cuttlefish)是用金乌贼和曼氏无针乌贼加工成的干制品。我国南北沿海均有加工。将新鲜乌贼剖开胴体去内脏，以海水或淡盐水漂洗干净，晒至七成干，然后压制、罨蒸和发花而成。墨鱼干以个体均匀，身体平扁而肉厚，身干且完整，色棕红略透明，表面有白霜，有香味者为佳(彩图67)。乌贼的干制品称“墨鱼干”，曼氏无针乌贼的干制品称“螟蜅鲞”。

鱿鱼干和章鱼干也是常见的加工品，其加工方法与墨鱼干相同，质量鉴别要求也基本一致。烹饪运用也基本相同。可涨发后作主料和配料运用，有些菜品可以直接运用，如干煸鱿鱼丝。它们更是常用的提鲜增味的原料，如墨鱼炖鸡、章鱼排骨汤、鱿鱼冬菇粥等。

第四节 其他低等动物

一、星虫类和螠虫类原料

1. 星虫

星虫类动物是星虫动物门无脊椎动物的通称。此类动物现存的约有320种，个体大小从3 cm到72 cm不等，多数在10 cm左右。身体呈圆柱形，无体节，可分为躯干和吻两部分。吻通常很长，有收吻肌缩入体内，吻端有口，口边有许多触手环绕，如星芒状，故称星虫。皮肤表面多乳头突。体腔大，体内充满体腔液和内脏器官，消化道很长，先盘旋而下，籍悬肠悬于体壁上，再从后端向前，由直肠通至吻部背面的肛门。星虫类动物常生活在海底泥沙、珊瑚礁、岩石缝中或栖息在贝壳内，摄取有机物作为食料。我国常见的有土钉（*Physcosoma similis*）和方格星虫。

方格星虫（*Sipunculus nudus*）又称海肠子、沙肠子、沙虫、泥蒜（彩图 68），产于黄海及以南沿海。闽、浙一带沿海居民常挖掘食用。成体一般呈棍状或卵圆形，体肥大如拇指粗细，长约 20 cm，形似肠。体腔柔软，体表常分泌黏液，因体壁富含肌肉，质脆嫩爽滑，历来被视为海产美味。鲜食、干制均可，格外清香可口。常炸、烧、烤、炖、烩、炒、煮制成菜，具有独特的脆嫩质感。但烹制前要将沙清洗干净，否则难以入口。一般将其剪成小条断，在锅中翻炒去沙，再放在水里泡洗干净。由于海肠子钻沙速度快，所以挖捕时动作也得快，有经验的渔民每天能挖二十多斤鲜品。

2. 螠虫

螠虫类动物是螠虫动物门动物的通称。目前已报道的种类约有 100 种。螠虫类体长在 1.5～50 cm 之间，多数不超过 10 cm，呈柱形或长囊形，身体由吻及躯干部组成，一般呈淡灰色或褐色，某些种呈绿色、玫瑰色、或呈透明状。躯干表面光滑，或散布有大量的乳突，或乳突成环状排列。乳突分泌的黏液可形成穴道。躯干部前端腹面具有两枚大的弯曲的刚毛，有的种尾端也有 1～2 圈小刚毛，这些刚毛来自刚毛囊，并有肌肉控制其运动，用这些刚毛固着身体及清洁穴道。螠虫的体壁结构类似于环节动物，体表有薄的角质层（吻沟中没有），上皮细胞基部有色素颗粒，肌肉排列成片状或束状，其纵肌纤维发达。螠虫类全部是海产底栖动物，分布在各海域，在从潮间带到几千米的深海中均可发现，但主要在浅海海底泥沙中、岩石缝隙及珊瑚礁中、腹足类或海胆的空壳中穴居。我国食用价值大的是单环刺螠。

单环刺螠（*Urechis unicinctus*）俗称海肠、海肠子。我国仅渤海湾出产，以胶东地区烟台、蓬莱沿海为主要产区。虫体呈长圆筒形，体粗大，长 20～25 cm，体表布满大小不等的粒状突起，吻呈圆锥形。腹刚毛 1 对，粗大。肛门周围有一圈 9～13 条褐色尾刚毛。消化道很长，口位于吻的基部，经食道、胃之后为肠，肠高度盘旋，经直肠以肛门开口在身体末端。海肠子真正用来制肴不过几十年的历史。其肉质和风味特点和方格星虫相似，烹饪方法也一致。韭菜炒海肠、氽海肠汤等都是很有地方特色的菜肴。鲜海肠子还可作馅心包在水饺、包子中食用，它的干制品又是不可多得的调味品。

方格星虫和单环刺螠因形状、结构、生活环境和生活方式相似都被称为海肠子。海肠子的季节性很强，只有在早春大风浪的天气里才能捞到，随着天气的变暖而失去其时鲜的价值。

二、沙蚕类原料

沙蚕类动物是指环节动物门多毛纲的以沙蚕为代表的一些经济动物，包括沙蚕（*Nereis* sp.）、矶沙蚕（*Eunice* sp.）、背鳞沙蚕（*Lepidonotus* sp.）等，是水栖的环节动物。除少数外，都是海产的。它们的特点在于有发达的头部，背面为口前叶，有眼两对,前触手和触角各一对。无环带,雌雄异体,发育过程中有自由生活的担轮幼虫期。以沙蚕为例可了解其内部结构。体壁外具角质膜,其下有柱形表皮细胞形成表皮。表皮内有一层环肌和一层纵肌,纵肌常分为四束(两束在背面,两束在腹面),其内为壁体腔膜。每节都有条联系正腹方和背侧方环肌的腹背斜肌,可以牵动疣足。中间为肠腔。由此可见其肌肉发达,蛋白质含量高。

多毛类动物约有 5 000 种,大多数生活在浅海滩至约 40 m 深的海底。少数居住在3 300 m 深的海底。一般在水底爬行,潜伏在石下、珊瑚骨骼或水生植物间或临时的孔穴中,一些隐居的种类还居住在永久性管子内,如鳞沙蚕、螺旋虫等。还有少数种类在海洋中游泳,有少数侵入淡水,生活于淡水湖泊的淤泥中。由于其身体柔软,富含蛋白质,除了作其他动物的饲饵外,也成了人们餐桌上的一道有特色的菜肴。

我国供食用的主要是疣吻沙蚕(*Tylorrhynchus heterochaets*),又称禾虫、沙虫。体细长稍扁,长约 4~8 cm,宽约 0.5 cm,全身有 60 多个体节。前端背面到口腔基部呈绿褐色,后面稍带红色,背中央呈浅红色(彩图 69)。生于珠江三角洲近海地区咸淡水交界的稻田中,涨潮退潮时从稻田中大批涌现出来,形成捕捞季节,其季节性很强,主要产于广东、福建、上海等地。沙蚕体内含白浆,肉质韧而脆爽,味很鲜美。沙蚕腹内有泥沙,可剪去头尾,剖身洗净后使用,可烹制炖禾虫、焗沙蚕、韭菜炒沙蚕、酥炸沙蚕、沙蚕煎蛋和海鲜沙虫煲等菜肴及鲜沙蚕粥等小吃。沿海居民以沙蚕掺入虾酱中食用,还可用于加工沙蚕干。

三、蚯蚓类原料

蚯蚓类动物是指环节动物门寡毛纲以环毛蚓(*Pheretima* sp.)为代表的一些经济动物。蚯蚓又称地龙、曲蟮。体圆而细长,常见的长 20 cm 左右,但产于四川峨眉山的大蚯蚓可长至 60 cm 左右。身体前端尖、后端圆,由许多相似的体节构成。由于适应在土壤中钻洞生活,所以体表有黏液,湿润光滑,头部退化,疣足也退化。口前叶可以伸缩,眼点退化。蚯蚓的体壁由角质层、表皮细胞、环肌、纵肌和体腔膜组成。

蚯蚓约有 2 500 多种,我国约有 140 种,是世界性分布的种类。我国常见的是参状环毛蚓(*Pheretima aspergillum*),体形较大,体长 40~47 cm,宽 1.0~1.4 cm,生活于富含有机质的果园、菜园和花园中,目前我国人工养殖了北星 2 号、太平 2 号、赤子爱胜蚓、威廉环毛蚓等优良品种,满足市场的需要,风行国际市场上。蚯蚓本身含有丰富的蛋白质和各种氨基酸。鲜品含蛋白质 40%,干品含蛋白质 60%~70%,含氮浸出物丰富,达 10%~14%,脂肪 9%~12%,含 18 种氨基酸,其中精氨酸和色氨酸含量颇高。蚯蚓是一种全价动物蛋白的原料,还可入药,有解热、镇痉、定惊、降压、平喘和利尿的作用。蚯蚓蛋白质含量高,肉质鲜美,多采用油炸、炝炒、干煸、盐爆等方式成菜。

四、腔肠类原料

腔肠动物是一种结构简单的动物。其体型具有两种基本形态,即营固着生活的水螅型和营漂浮生活的水母型，两种体型均为辐射对称或两辐射对称。其体壁有两层皮肌细胞分别构成表皮层(外胚层)和胃层(内胚层)，中间是中胶层。在表皮层中，特别是在口区和触手等部含有较多特化了的皮肌细胞——刺细胞，可刺杀入侵者，用以捕食及防卫；胃层还含有大量的腺细胞，产生大量分泌颗粒转化为消化酶，可促进食物的细胞外消化。

腔肠动物的水母型表皮层和胃层之间的中胶层十分发达，几乎占据了身体的整个厚度。其中含有纤维及少量来源于外胚层的细胞。中胶层主要成分是水分，其中含有少量的胶原蛋白和粘多糖，浓度一般低于1%，并且形成凝胶。这些物质都是由内外胚层细胞分泌而来的。中胶层的胶原纤维能伸长至自身长度的三倍，且弹性和黏合力强，所以中胶层使腔肠动物可以伸缩及保持体形。由于具原始的消化腔，故称腔肠动物。腔肠动物中，中胶层肥厚者具有较大经济价值。海蜇和某些水母为食用原料。

1. 海蜇

海蜇(Jellyfish)(图5-27)属根口水母目水母科海蜇属的动物。海蜇的身体从外形上分为伞部和口腕部。伞部隆起呈半球形，直径一般为30～50 cm，最大的可达1 m。伞体表面光滑，中胶层很厚，含大量的水分和胶质物。体色变化较大，一般是青蓝色，有的是暗红色或黄褐色(彩图70)。口腕愈合，大型口消失，在口柄的基部各有8个口腕，下部的口腕又分成三翼，在其边缘有很多小孔，称吸口。海蜇就是靠吸口吸食一些小动物、植物为食。

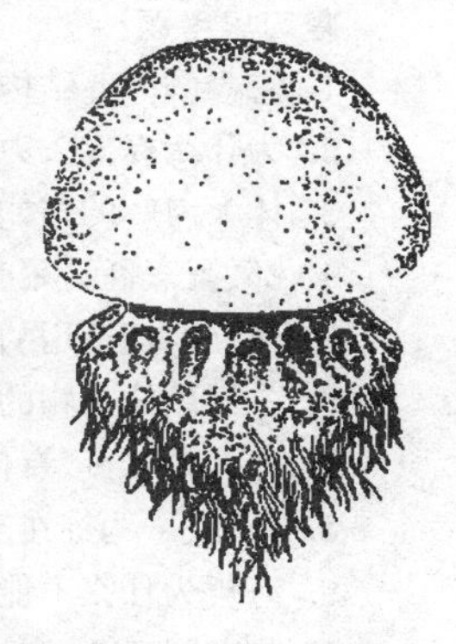
图5-27 海蜇

由于海蜇的自溶性很强，捕得后应马上加工，生产者在海滩上构筑矾池，船一靠岸即将海蜇投入池中，用40%饱和盐水加矾混合腌制3次。伞部称蜇皮，成品海蜇皮以片张完整，破孔少，色白或淡黄，光泽鲜润，无泥沙，无红点，松脆适口，韧性不大者为上品。口腕部称蜇头或蜇爪，海蜇头以形状完整，肉质坚实，无泥沙，无异味者为佳。海蜇怕风干，必须放在不透风的包装物或食盐水中保存，一旦风干，再去泡，甚至用开水煮也不能恢复原状，吃起来像嚼蜡，不易咬烂。

海蜇是我国沿海渔业的重要捕捞对象，早在1 600多年前的晋代就已经开始食用。依产地不同分南蜇、北蜇和东蜇。南蜇主要产于浙江、福建、广东、广西和海南等地，个大肉厚，色浅黄，水分高，质脆嫩。最常见的是黄斑海蜇(*Rhopilema hispidum*)。东蜇产于山东、江苏和浙江等地，又分棉蜇(肉厚不脆)和沙蜇(肉内含沙，不易洗掉)，质稍次；北蜇主要产于天津等地，色白个小，质感脆硬，质更次。

海蜇含水分88%，蛋白质4.95%，脂肪0.05%，碳水化合物1.25%及钙、磷、铁和维生素B_1、维生素B_2等。海蜇还可入药，有清热解毒、化痰、降压、降湿、润肠等功效。海蜇入菜前需用冷水泡发或用温水烫后再用凉水清洗。由于其特殊的质地，多作凉拌菜，如糖醋蜇皮、蜇皮拌虾仁，还可拌金针菇、黄瓜、芹菜等蔬菜原料；也可用于烧、汤菜中或挂糊油炸，如海蜇羹、芙蓉海底松、炸玉蝗等。由于海蜇在河口附近的泥质海底的海水中最适合生长，所以食用蜇头时，要注意清洗泥沙。一般蜇头多批成薄片，蜇皮多直切成丝而成菜，口味上以咸鲜、酸甜、葱油和酸辣味为主。亦可制成真空包装或软罐头的即食海蜇。

2. 桃花水母

桃花水母(*Craspedacusta sowerbyi*；Minnow)属淡水水母目花笠水母科，俗称桃花鱼、伞花鱼。体呈扁半球形，略是无柄之伞，伞径 1.5～2.0 cm，形似钟罩，边缘有一圈向内折的缘膜。中胶层比较厚，留有大口。水母鲜活时呈微绿色，体透明，有时也呈粉红色或天蓝色。栖息于与河流隔绝的水质清澈、水温变化不大的小水池或小沟渠中，分布于长江流域的湖北宜昌、四川乐山、河南信阳及长江以南的东南沿海地区。因体型小而柔嫩，多在春暖花开之时飘浮于水面，似随波荡漾的桃花瓣而得名。因其小而柔软，桃花水母多作汤菜食用，可配以其他鲜香味浓的原料合烹或用上等汤料烹之，加热时间不宜太长。其代表菜品有鸡泥桃花鱼，成菜色泽淡雅，滑嫩软溶，汤汁清澈香鲜。

检　测

复习思考题

1. 海参的体壁结构如何？怎样烹调才能展现其特色？
2. 为什么提倡大力开发昆虫类原料？
3. 体大肉厚的虾如何烹调运用？
4. 虾、蟹烹饪运用时应注意哪些问题？
5. 作“刺身”运用的贝螺类、头足类动物应满足什么条件？
6. 各类软体动物的主要食用部位是什么？肉质有何特点？
7. 什么是干贝，有何烹饪运用？
8. 虾皮、金钩等在烹饪中怎样运用？
9. 海蜇为什么不能长时间加热？
10. 乌贼(墨鱼)和枪乌贼(鱿鱼)的外形区别是什么？
11. 解释概念：干虾、虾仁、金钩、虾皮、蟹粉、干贝、蚝豉、蚝油、淡菜、蛏干、墨鱼干、乌鱼蛋、乌鱼穗、蜇皮、蜇头。

第六章 植物性原料

学习目标

◎ 了解植物学和商品学的分类知识、各种植物性原料的生长和分布特点、品种特点。

◎ 理解植物性原料总体的组织结构、营养组成以及特性。

◎ 掌握主要的粮食、蔬菜和果品以及加工制品等植物性原料的组成成分、组织结构、质地风味等特点以及烹饪运用特点和规律。

◎ 能利用所掌握的知识指导菜肴、主食、糕点和小吃的设计、加工和创新。

本章导读

植物性原料是菜肴的主配料原料之一，按照商品学的分类，植物性原料分为粮食、蔬菜和果品类三大类。粮食主要来源于含淀粉丰富的植物种子，蔬菜主要来源于种子植物的根、茎、叶、花、果等器官，还有一部分蔬菜来自于孢子植物，果品即种子植物的果实或种子。植物种类的不同，组织器官的不同，决定了植物性原料的营养特点和质地、风味特点的不同。果蔬等植物性原料入菜，不仅丰富了菜点的花色品种，也使营养物质合理搭配。本章着重阐述粮食、蔬菜和果品三大类植物性原料的分类、形态、组织结构、营养成分、鉴别方法及烹饪运用特点等内容。

引导案例

八公山豆腐

豆腐作为一种传统养生原料，已有2 000多年的历史。明朝李时珍在《本草纲目》中记载："豆腐之法，始于汉淮南王刘安。"

刘安是西汉高祖刘邦的孙子，公元前164年封为淮南王，建都于寿春(今安徽寿县)。刘安才思敏捷，好读书，善文辞，乐于鼓琴。更好黄白之术，广召天下道士、儒士、郎中以及江湖方术之士炼丹制药。最有名的八个门客是苏非、李尚、左吴、田由、雷被、毛被、伍被、晋昌，世称"八公"、"淮南八仙"。刘安由八公相伴，在寿春北山造炉炼仙丹，以求长寿。他们取山中清冽的泉水磨制豆汁，又以豆汁培育丹苗，不料炼丹不成，豆汁与盐卤混合，即成白色凝乳状的东西。有胆之人取而食之，竟然美味可口、清香回甜、柔嫩绵实，于是取名"豆腐"。北山方圆数十里的百姓争相效仿，制之食用。由此，刘安成为豆腐的老祖宗，北山从此更名"八公山"。

八公山豆腐不仅使本地人过足了豆腐瘾，就连国内外宾客和游人也常常云集八公山下，品尝"寿桃豆腐"、"琵琶豆腐"、"葡萄豆腐"、"金钱豆腐"等400多种造型逼真、色彩纷呈、鲜美异常、风味独具的豆腐菜。随着豆腐文化的传播,各大菜系不断发展和丰富豆腐菜的制作方法,都有了本菜系著名的菜肴,如四川成都的"麻婆豆腐"、浙江杭州的"八宝豆腐"、河南周口的"泥鳅钻豆腐"、江苏无锡的"镜箱豆腐"等。

两千多年来,随着中外文化的交流,豆腐不但走遍全国,而且走向世界。鉴真东渡日本,带去了豆腐制作方法。继日本之后,朝鲜、泰国、马来西亚、新加坡、印尼、菲律宾等周边国家也从中国学到了豆腐制作技艺。以后随着大批华人远渡重洋,中国豆腐走到了西欧、北美,世界上几乎所有国家都有了大豆食品的生产与销售。

豆腐营养丰富,含有铁、钙、磷、镁等人体必需的多种微量元素,还含有糖类、植物油和丰富的优质蛋白,素有"植物肉"的美称。豆腐的消化吸收率达95%以上。豆腐不仅味美,还具有养生保健的作用。常食之,可补中益气、清热润燥、生津止渴、清洁肠胃。豆腐不含胆固醇,为高血压、高血脂、高胆固醇症及动脉硬化、冠心病患者的药膳佳肴。豆腐含有丰富的植物雌激素,对防治骨质疏松症有良好的作用。豆腐中的豆甾醇等是抑制癌症的有效成分,具有抑制乳腺癌、前列腺癌及血癌的功能,

俗话说"青菜豆腐保平安",这正是人们对豆腐营养保健价值的赞语。经过千百年的演化,豆腐及其制品已经成为中国烹饪原料主角,由此烹制出了脍炙人口的各种菜肴、小吃等。当今,豆腐及其制品以其高蛋白、低脂肪、低热量、低胆固醇的突出优点而成为公认的理想食品,受到国内外人们的青睐。

可以看出,植物性原料有较之动物性原料不同的营养价值,以及独特的色、香、味、形、质。植物性原料入菜,不仅丰富了菜点的花色品种,而且使营养物质合理搭配,提高了食用价值。充分掌握植物性原料的品质特点,是丰富和创新菜点的基础。

第一节 粮 食 类

粮食是对用以制作各类主食的植物性原料的统称。粮食类原料主要提供碳水化合物,其存在形式主要是淀粉。不同种类的粮食还分别提供一定量的蛋白质、脂类和维生素、矿物质等营养物质。

长期以来,充当粮食的是含碳水化合物较多的植物的种子以及含碳水化合物较多的块根、块茎等。粮食类一般分为谷类、豆类和薯类以及它们的加工品。

一、粮食作物种子的结构及组成成分

种子是植物的繁殖器官,主要由种皮、胚和胚乳构成。谷类和豆类种子的构造存在一定的差异。

1. 种皮

种皮是由胚珠的珠被发育而来,是种子的保护结构。组成种皮的细胞在成熟时都已死亡,这些细胞大多具有加厚的细胞壁,有的木质化或角质化,含丰富的纤

维素和半纤维素、木质素等，所以老熟的种子在运用时一般要去掉种皮。种皮细胞中含有色素，所以种子有各种颜色。

豆类种子的种皮单独存在，而谷类种子的种皮和果皮愈合在一起称为谷皮，这种果实叫颖果。

2. 胚乳

胚乳是种子贮存营养物质的地方，占粒重的80%。蛋白质、淀粉、脂肪和无机盐、维生素主要存在于胚乳中。这种胚乳发达的种子称为有胚乳种子，胚乳也是主要的食用部位，如大米、小麦、玉米等。而豆类种子在成熟的过程中胚乳中的营养物质转移到子叶中，这种胚乳退化、子叶肥厚发达的种子称为无胚乳种子。胚乳和子叶中贮存的物质因种类不同而有差异，如大豆种子中蛋白质、脂类含量高，而豌豆种子中淀粉含量高。谷类种子胚乳表面有由大型多角形细胞形成的特殊结构——糊粉层。糊粉层细胞中含多种营养物质，主要是维生素 B_1、维生素 B_2 和矿物质、脂类。随加工精度不同残留量不同。

3. 胚

胚是幼小的植物体，由胚芽、胚轴、子叶和胚根构成。谷类在加工时，胚往往已经被除掉。但胚中含丰富的营养物质，应充分加以利用。

谷类的主要营养成分如蛋白质、矿物质、维生素等大多数集中在胚乳表面的糊粉层和胚芽上，因此与普通精米、精面相比，糙米、普通粉的营养就更加突出，甚至成倍或数倍增加。一些主要谷物的基本组成为：水分含量0%～14%，碳水化合物58%～72%，蛋白质8%～13%，脂肪2%～5%，不可消化的纤维2%～11%，每100 g谷粒可提供300～350千卡的热量(表6-1)。

表6-1 谷物粒子的基本组成

谷 物	水 分	碳水化合物	蛋白质	脂 肪	不可消化的纤维	热量(kcal/100 g)
玉 米	11%	72%	10%	4%	2%	352
小 麦	11%	69%	13%	2%	3%	340
燕 麦	13%	58%	10%	5%	10%	317
高 粱	11%	70%	12%	4%	2%	348
大 麦	14%	63%	12%	2%	6%	320
黑 麦	11%	71%	12%	2%	2%	321
大 米	11%	65%	8%	2%	9%	310
荞 麦	10%	64%	11%	2%	11%	318

——引自《食品科学》(第五版) Norman N. Potter Joseph H. Hotchkiss 著，王璋等译

二、粮食的种类

粮食是重要的烹饪原料，又是人们赖以生存的基本物质。根据南北的饮食习惯，作为主粮运用的主要是大米和面粉，其余的一般称为杂粮。

(一) 大米(稻米；Rice)

稻米是禾本科植物稻(*Oryza sativa*)的种子经脱壳碾去麸皮而制成。我国是

稻谷种植大国，有很多种类的稻谷。根据其生长环境可分为水稻和旱稻；按生长期可分早稻、中稻和晚稻；按米粒性质可分为籼稻、粳稻和糯稻，这三种稻谷加工后分别得到籼米、粳米和糯米(彩图71)。

1. 不同米质的特点和运用

(1) 籼米　我国籼米的产量居世界首位，四川、湖南、广东是籼米的主要产区。籼米的米粒一般呈长椭圆形或细长形，长约7 mm左右。横切面扁圆形。色泽灰白，半透明，腹白较大。以直链淀粉为主要形式，所以质地较疏松，硬度小，加工时容易破碎产生碎米。涨性大，黏性小，口感较干而粗糙。主要做米饭或粥等主食，也可用于糕点、小吃、菜肴的制作，或制成米粉作粉蒸类的辅助原料，由于粉质较硬所以比较适合做发酵性的糕点，如四川的"白蜂糕"等。

(2) 粳米　产量仅次于籼米，主要产于华北、东北和江苏等地。粳米呈椭圆形，横切面接近圆形，色泽蜡白，透明度较高，腹白少而小，俗称"珍珠米"。由于支链淀粉的含量高于籼米，所以米粒坚实，硬度高，加工时不容易破碎。涨性小，黏性大，口感滋润柔软。由于支链淀粉含量高，消化较慢。用途和籼米相同，由于米团黏性大，所以一般不作发酵性糕点。

(3) 糯米　又称江米、酒米。产量低，主要产于我国江苏南部、浙江等地。米粒一般呈椭圆形，粳糯短胖，又称圆糯米，籼糯稍长，又称长糯米。呈乳白色，不透明。几乎全部由支链淀粉组成，所以米粒硬度较低，涨性最小，黏性最大，煮熟后透明度高。最难于消化，一般不作主食，主要用于制作糕点、小吃、菜肴和发酵制品，如八宝饭、粽子、凉糍粑、油糕、汤圆、叶儿粑、江米藕、三鲜豆皮、醪糟等。单独使用也不做发酵性糕点。中医认为其味甘性温，有补中益气的功效，民间常用于作滋补食品。

在各种米质的大米中，都有一些品质较优，富有特色的特种稻米。特种稻米是指具有特殊遗传性状或特殊用途的水稻，主要以其用途的特殊性区别于普通稻米，是我国极其珍贵的一类稻种资源。我国稻作区域辽阔，种植历史悠久，生态环境复杂，稻种资源极为丰富，品质优异和具有特殊米质的水稻品种更是多姿多彩，遍布大江南北。其品质优良、香味浓郁、口感好、能增强人们的食欲，并且有些还兼具食疗的作用，主要包括香米、有色米、专用米等。虽然其品种数量仅占水稻种质资源的10%左右，但由于其特殊的营养、保健和加工利用的特点，受到国内外的广泛重视。

(1) 香米　因煮熟后香气浓郁，质地滋润细腻而得名。著名的有四川岳池的黄龙香米，四川宣汉的桃花米、河南的凤台大米、陕西洋县香米、山西晋祠大米、山东章丘明水香米、广东曲江的马坝油占米等。

(2) 有色米　主要包括黑米、紫米、红米、绿米等品种。有色米由于遗传特性和加工方法的不同，在蛋白质、脂类、维生素、矿物质的含量上略高一筹，使得有色米具有较高的营养价值，甚至作为营养滋补品利用，享有"神仙米"、"补血米"、"药米"、"长寿米"之美称。历史上都曾作为贡品。

① 黑米：在籼稻、糯稻中都有黑色种，米粒外皮呈色，糊粉层呈紫褐色、紫黑色或黑色，胚乳呈白色。我国黑米品种多达300个，有名的有陕西洋县黑米、云南墨

江紫米、广西东兰墨米、贵州惠水黑糯米等。营养价值较高,含蛋白质 11.43%,脂肪 3.84%,其他人体必需的成分也很丰富,据古农书记载,黑米具有开胃益中、滑涩补筋、补肺益肝、补血益气等功效,旧时被列为贡品。但由于糊粉层的存在,质感粗糙,尤其是黑籼米,常与糯米配用。

② 红米:是一种优质稻米,米粒细长稍微带有红色,煮熟后色红如胭脂,气香而味腴。江苏的胭脂赤,又叫胭脂米,古时为御用胭脂米,经过康、雍、乾三朝,已传至大江南北。常熟的鸭血糯,干后呈血红色,为红稻之佳品,熬粥亦佳。

黑米、红米的胚乳外层糊粉层的纤维素排列比较紧密,蒸煮时阻碍了水分的进入,且蒸煮时温度升高,色素等物质溶出,使之结构更加紧密,外层结构的紧密性和完整性,导致其不易糊化,黏度低,蒸煮品质差,口感差。因此一般不单独使用,需配以黏性强的糯米一同烹煮,或加少量入大米中成饭,达到改善口感的目的。

③ 绿米:最初产于河北省玉田县,叫做玉田碧粳米,在清代作为贡品,米粒细长,微带绿色,烹煮时香气浓郁。

(3) 强化米　外加营养成分的米。糙米随着碾白精度的提高,其蛋白质、维生素、无机盐等营养成分逐渐减少。为了弥补上述损失或给予加强,就要进行强化加工。方法一是在抛光了的大米上涂强化混合物,即将由维生素 B_1、烟酸和铁的化合物等所配的溶液(即营养添加剂)涂抹在米粒上,然后在强化层外再涂上可食性防水膜。硬化的防水膜可防止大米的强化成分在淘洗过程中被溶解和洗去。方法二是将谷粒在热水中浸泡或预煮,可使米糠和胚乳中的维生素、矿物质沥滤入胚乳中,经预煮处理后得到的米粒又被称为速煮米。

谷类种子的胚只占糙米的 3%,但营养成分多,占 66%。米糠层占糙米的 5%,营养成分占 29%。胚乳虽然占糙米的 92%,但绝大部分是淀粉。大米在烹饪运用中除以完整的米粒运用外,在加工糕点小吃时通常以米粉的形式加以运用。大米中 70%的成分是淀粉,蛋白质的含量是 10%左右。由于蛋白质是以非面筋性蛋白为主,所以米团相对于面团而言,其黏性、弹性、韧性和延展性差,但可塑性较好。不同米质黏性不同,糯米粉的黏性最大,所以经常将糯米混合于其他米粉中制成掺粉,以增强米团的黏性,达到制作工艺的要求。

2. 大米的品质鉴定

大米的质量主要决定于不同品种的品质,不同种类的大米其硬度、黏性、香味、色泽等都有差别。就同一品种而言,其质量主要由粒形、腹白和新鲜度来决定。优质的大米应该米粒整齐、均匀,碎米、爆腰米的含量少或无,无未成熟米、虫食米等;腹白少,甚至没有(腹白是指米粒中部呈乳白色的部分,蛋白质含量少,米质疏松,容易产生碎米);新鲜度高,大米的新鲜度可以从光泽、香气、颜色等方面来判断。

(二) 面粉

面粉(Wheat Flour)是用禾本科植物普通小麦(*Triticum aestivum*)的种子碾磨加工而成的粉状原料。是我国北方的主要粮食品种,是制作主食、小吃、糕点的主要原料之一。普通小麦主要产于长江流域及其以北的地区。面粉的性质特点不同源于小麦的品种以及产地、生产季节等因素。小麦按生产季节分有冬小麦和春小麦;按麦粒的颜色分有红麦、白麦和黑麦;按麦粒的性质分有硬质小麦和软质小麦。硬质小麦又称为角质小麦，主要产于北方地区，其胚乳结构紧密，其断面呈半透明状。出粉率低，蛋白质含量高，面筋性强。多适合做面包、馒头、面条等要求筋力性强的面食。软质小麦又称为粉质小麦，主要产于南方地区，其胚乳结构松散，其断面为粉状。出粉率高，但蛋白质含量较低，面筋性较差。适合制作蛋糕、酥点等筋力性要求不高的面食。

面粉的性质决定于麦粒的性质。面粉含70%～80%的淀粉，其中支链淀粉占76%，直链淀粉占24%，所以使面团有较好的黏性。含蛋白质10%左右，主要是面筋性蛋白，面筋性蛋白在面团中可形成面筋，从而使面团具有一定的弹性、韧性和延展性等特性。

1. 面粉的种类

由于不同品种的小麦，以及不同地区出产的小麦在性质上都有一定的差别，所以我国面粉加工厂生产面粉时一般都将不同的小麦搭配制粉，使面粉的品质达到一定的质量要求，通常有等级粉、专业粉等。

(1) 等级粉　普通面粉的等级是按加工精度的高低，即主要从色泽和含麸量的高低来确定的。

① 特制粉：又称特粉、精白粉、富强粉。加工精度高，色白，含麸量低，灰分含量低于0.70%，面筋性好，面筋质湿重高于25%，是面粉中的上品。还可分为特一粉(三五粉)和特二粉(七五粉)。在面点中作为精细点心或要求色白、筋力性强的高级品种所用的面粉，如小笼汤包、口蘑鲜包、烧卖、荷花酥、鲜花酥等，而且多用于筵席中。

② 标准粉：又称八五粉，是面粉中常用的一类，色稍黄，灰分含量低于1.10%，面筋性稍差，面筋质湿重高于24%。标准粉是兼顾营养价值和面粉品质两方面要求的粉，所以可制作一切面食品种，既可用于大众便餐，又可用于筵席品种，也是一些甜菜的主要原料，如玫瑰锅炸、高丽雪球等。

③ 普通粉：色较黄，灰分较多，含量低于1.40%，面筋性差，面筋质湿重高于22%。但因为含较多的糊粉层，所以维生素、矿物质和膳食纤维丰富，营养价值高。一般用于大众化面食及带色的油酥品种的制作，如油条、牛肉煎饼、锅盔、麻花、馓子等。

④ 全麦粉：由整个籽粒磨成的面粉。粉色较黄，口感粗糙，但有丰富的膳食纤维、维生素、矿物质和脂类，营养价值最高。烹饪中可直接用于制作面食，更多的是与其他粉质掺和制作面包、馒头、面条等面制品，既增强营养，又改善口感。

(2) 专业粉　在等级粉的基础上为满足制品工艺需要，通过相互混合或加入其他成分混合而制成的面粉原料，或用特殊品种的小麦，或小麦种子的某部分(胚心)来制作的面粉。现在有专门的面包粉、饼干粉、蛋糕粉、面条粉和自发粉等。

(3) 筋力粉　主要根据其面筋质的高低来分类，有高筋粉、中筋粉、低筋粉和无筋粉。前三者可分别对应特粉、标准粉和普通粉，后者称为澄粉。澄粉，又称为麦粉、小粉，是将面粉中的面筋蛋白去除后的一种面粉，干粉色白细腻，其主要成分是淀粉和可溶性蛋白质。以澄粉制成的面团色泽洁白，无筋力，可塑性强，熟制后色泽白而光亮，略透明，韧性强，口感细腻柔软，入口易化。所以通常用来制作象形面点或用于装饰的面花、面果等，易染色和造型，如金鱼饺、玉兔饺、白菜饺和玻璃烧卖等。

2. 面粉的品质鉴定

面粉的质量一般可从水分含量、新鲜度、杂质含量等方面加以鉴别。一般色白、粉质细腻、正常含水量、新鲜度高、无异味者为优质面粉。使用时要根据用途掌握用量，视制作品种的要求选择相应的面粉种类。

(三) 玉米

玉米(*Zea mays*；Corn)属于禾本科玉米属一年生草本植物，又称玉蜀黍、包谷、苞米、珍珠米等，是世界上重要的谷类粮食作物之一，种植面积和总产量仅次于小麦和水稻，居第三位，单位面积产量居谷类作物的首位。我国玉米种植面积和总产量仅次于美国，居世界第二位。玉米原产墨西哥和秘鲁，美国、前苏联等许多国家大规模种植。大约在16世纪传入我国，我国以马齿形和硬粒形为多，主要产于四川、河北、山东及东北各地。

玉米雌雄同株，雌花呈肉穗花序，生于叶腋间，内有排列于柱形穗轴上的籽粒，有的籽粒近乎圆形，顶部平滑，如硬粒型玉米。有的籽粒长而扁平，顶部凹陷，如马齿型玉米等。颜色有白、红、黄红、黄、红褐、紫、暗紫及各种斑纹色等，外有总苞。栽培上最常见的为黄色与白色两种。

玉米品种甚多，按籽粒形态及结构分类，根据籽粒胚乳淀粉的结构分布以及籽粒外部稃的有无为标准，玉米可分为硬粒型、马齿型、半马齿型、糯质型、爆裂型、粉质型、甜质型、有稃型和甜粉型等九个类型，其中糯质型是在我国形成的，又称中国蜡质种。按用途与籽粒组成成分分类，根据籽粒的组成成分及特殊用途，可将玉米分为特用玉米和普通玉米。特用玉米是指具有较高的经济价值的玉米，有特殊的用途和加工要求，一般指高赖氨酸玉米、糯玉米、甜玉米、爆裂玉米、高油玉米等。按直链淀粉和支链淀粉的比例不同分为粳玉米和糯玉米两类，前者直链淀粉占20%，支链淀粉占80%；后者直链淀粉只占0～2%。现在还培育出直链淀粉高达70%～80%的品种。籽粒味甜者多属糯玉米，供煮食和制作罐头，爆裂形适合制作爆米花，除马齿形和硬粒形外，均适合于制玉米片，美洲国家多用作谷类早餐食物。此外广泛用于制取淀粉、玉米胚芽油、酒精和饲料以及提取玉米色素。

玉米籽粒中平均含淀粉72%，蛋白质9.6%，脂肪4.9%，糖分1.58%。另外还含有1.92%的纤维素和1.56%的矿物质元素。玉米籽粒中的脂肪含量较多，高于面粉、大米及小米，蛋白质含量高于大米，略低于面粉及小米。此外，玉米籽粒还含有较多的硫胺素、核黄素，单位重量的发热量也比较高。

玉米籽粒和大豆混合磨粉可做成多种食品，能提高玉米籽粒中蛋白质和脂肪的营养价值。我国各地农村都有玉米粗粮细做的习惯。用玉米掺和其他食物，制成玉米烤饼、蒸饼、金银花卷、发糕以及其他点心，品种繁多，味美可口，颇受群众欢迎。籽粒约含蛋白质10%，但赖氨酸、色氨酸含量极少，故不能长期作主食。玉米除作为主食运用外，也是小吃、糕点、汤羹的原料，如丝糕、白粉糕、玉米饼、玉米烙、玫瑰玉米羹等。在菜肴中运用形式多为嫩玉米，如松仁玉米、青椒玉米、翡翠珍珠、三丁炒包谷等。

20世纪70年代以来，世界上一种玉米膨化食品迅速发展起来，在高温高压条件下使玉米籽粒喷爆，然后磨碎去渣，添加赖氨酸、维生素、牛奶、鸡蛋、可可等优质配料即可加工制成各种形、色、香、味俱佳的膨化食品。这种食品疏松多孔，结构均匀，质地柔软，提高了营养价值和食品消化率。另外，还用玉米粉加工制成早餐玉米片、玉米面包、玉米饼，以及其他强化玉米方便食品，特别在以玉米为主食的国家中较为普遍。

玉米籽粒的营养价值虽然较高，但蛋白质中为人类所必需的氨基酸，如赖氨酸和色氨酸的含量却较低，影响玉米食用品质。20世纪70年代以来，玉米育种工作者已成功地培育了品质良好的高赖氨酸玉米杂交种，使籽粒蛋白质中的赖氨酸含量增加50%～80%，色氨酸含量增加25%～30%。同时还研究利用人工合成赖氨酸作为玉米食品添加剂的方法，进一步提高了玉米的食用价值。

(四) 小米

小米(*Setaria italica*；Millet)又称黄粱、黄米、粟谷、白粱米，为禾本科植物粟的种仁，含蛋白质9%～10%，脂肪3%～4%，碳水化合物73%。为我国特产粮食品种。种子呈卵圆形，粒小，色泽黄白。按米质黏性分粳小米、糯小米两个品种，按颜色分有黄、白、青三种，以黄色为好。主要分布于黄河流域及以北的地区，为山东、河北、陕西、山西等地人们的主要粮食。山西沁县所产的"沁州黄"最有名，色泽金黄，颗粒饱满，圆润晶莹，煮饭松软可口，味美清香。小米在烹饪中既可做干饭，又可做稀粥，还可磨粉做糕点、小吃等。糯性小米可酿酒、制醋和制糖。

(五) 高粱米

高粱(*Sorghum vulgare*；Sorghum)又称木稷、番黍、蜀秫，为禾本科植物。其种子为卵圆形，微扁，质黏或不黏，颜色有褐、橙、白或黄色，白高粱的品质最好。高粱是制酒、酿醋的原料之一。它分糯性和粳性两种，前者宜于磨粉后加工制作糕团品种；后者宜于制作干饭、稀粥。主要产于东北地区。脱壳的种子成高粱米，营养价值较高，其中脂肪和铁的含量高于大米，但高粱皮层中含鞣酸，加工粗糙的高粱米则会出现发红和味涩的不良变化和口感，而且还会影响蛋白质的消化吸收。所以对高粱米应该精加工，主要食其种仁，质地滋润软糯，也便于消化吸收。

(六) 荞麦

荞麦(*Fagopyrum esulentum*；Buckwheat)又称乌麦、三角麦、荞子，为蓼科植物荞麦的种子(彩图72)。荞麦籽粒是有一坚硬外壳的三棱形瘦果，外壳呈黑、褐或灰色。原产黑龙江，现在我国分布较广。荞麦有甜荞、米荞、翅荞和苦荞，以甜荞的品质好，又称普通荞麦。荞麦含丰富的蛋白质、维生素B_1、维生素B_2、铁。荞麦磨粉后可单独食用，也可和其他粮食的粉质原料掺和制作馒头、蛋糕、面条、饼及凉粉等。荞麦饸饹为西北地区的名小吃，拌荞面也是南北方的常见吃法。

(七) 燕麦

燕麦(*Avena sativa*；Oat)又称雀麦、乌麦。禾本科一年生草本植物，因其籽粒外壳及芒皮形如燕雀而得名，成熟时内外稃不易与籽粒分离。产于欧洲和美洲，我国内蒙古、西北和东北等牧区有栽培，但产量不多。燕麦磨粉，可直接煮粥糊、制作小吃、面条、糕点等，在欧美国家常加工成燕麦片食用，还可酿酒或用作家畜饲料。

因其富含蛋白质、膳食纤维素等成分，被誉为营养健康食品。对降低和控制血糖、胆固醇有明显的作用。虽有益肝脾的作用，但多食易引起腹胀。

（八）青稞

青稞（*Hordeum vulgare* var. *nudum*；Highland Barley）亦称裸粒大麦、裸大麦、裸麦、元麦、米麦。属禾本科植物大麦的一个变种。一年或二年生草本，成熟后种子与稃壳分离，易脱落。我国西藏、青海、云南和四川等地均有栽培。有产生白色、花色、黑色、紫色籽粒的四个品种，含蛋白质 10.5%～13.5%，脂肪 1.8%～2.7%，碳水化合物 70%～72%，钙、磷、铁、尼克酸等含量高。熟青稞粉或掺入豌豆粉后，称为“糌粑”。

（九）裸燕麦

裸燕麦（*Avena nuda*；Naked Oat）又称莜麦、油麦，禾本科植物。主要分布于西北、东北、西南等高寒地区。以内蒙古自治区种植面积最大，产量最高。裸燕麦籽粒与燕麦相似，只是成熟时籽粒与外稃分离。裸燕麦主要营养成分高，富含多种其他谷类作物所没有的营养物质。

裸燕麦磨成粉可采用蒸、炒、烙等方法加工成独具风味的面食，如饸饹、烙饼和猫耳朵面条。裸燕麦食用须经过三熟：磨粉前要炒熟，和面时要烫熟，制坯后要蒸熟，否则不易消化，引起腹胀或腹泻。

（十）大豆

大豆（*Glycine max*；Soybean）是豆科一年生草本植物。古称戎菽、菽、戎豆、荏菽，是主要的食用豆类。原产我国，我国大部分地区都有出产，其中以东北所产质量最佳。

按种子的皮色可分为黑大豆、黄大豆、褐大豆、青大豆、斑大豆。黑大豆：包括黑皮青仁大豆、黑皮黄仁大豆；细分为乌黑、黑两种。山西的太谷小黑豆、五寨小黑豆、广西柳江黑豆、灵川黑豆等。黄大豆：可细分为白、黄、淡黄、深黄、暗黄等四种。有辽宁的大粒黄、黑龙江的小黄粒、大金鞭等。中国大豆绝大部分为黄大豆。褐大豆：细分为茶色、淡褐色、褐色、深褐色、紫红色等。有广西、四川的小粒褐色泥豆，云南酱色豆、马科豆，湖南的褐泥豆。青大豆：包括青皮青仁大豆、青皮黄仁大豆。细分为绿色、淡绿色、暗绿色三种。如广西小青豆，大部分地区产大青豆。斑大豆：常见的是鞍垫、虎斑两种。如吉林的鞍垫豆、虎斑状猫眼豆、云南的虎皮豆。

按播种季节可分为春大豆、夏大豆、秋大豆、冬大豆。春大豆：春天播种秋天收割，一年一熟。在温带地区种植，华北、西北及东北出产。夏大豆：夏天播种，暖温带地区种植，主要分布在我国黄淮流域、长江流域以及偏南地区。秋大豆：7～8 月播种，11 月上旬成熟，一般在暖温带与亚热带交接地区种植。主要分布在浙江、江西、湖南三省的南部及福建、广东的北部。冬大豆：11 月份播种，次年3～4 月收获，亚热带地区种植，主要分布在我国的广东、广西的南部、海南省。

大豆品种较多，其中以黄豆产量最高。未完全成熟者称毛豆。大豆中含丰富的营养物质，蛋白质 40%，脂类 20%，碳水化合物 25%，矿物质 4.5%～5%，并含有维生素 B_1、维生素 B_2、维生素 B_3、维生素 B_6 等水溶性维生素，少量胡萝卜素、维生素 E，以及大豆磷脂、大豆皂苷、大豆异黄酮、胰蛋白酶阻碍因子、凝血素等成分。

属于高蛋白质的植物性原料，是植物蛋白的良好来源。中医认为其味甘，性平，可健脾宽中，润燥消水。

大豆在烹饪中用途非常广泛。可制作糕点小吃。将大豆磨粉掺入米、面粉中制作三合泥、窝窝头、特色馒头、花卷等，或炒香磨粉作糕团裹用的豆面，如糍粑、驴打滚和凉糕等裹上豆面既可分离不粘连，又增加香气。也是常用的大众蔬菜。黄豆炒香可作渍糖醋黄豆、鱼香黄豆等。可直接与猪肘、猪蹄、排骨等同炖、烧、煨制成菜；可加工成豆制品后作蔬菜使用，如豆芽、豆筋、豆皮、豆腐等；也可发酵制作传统调味品酱油、豆酱和豆豉等；更是提炼食用油脂的良好原料。近年来已经成为解决世界蛋白质资源不足的主要产品，如制成人造肉、纤维蛋白、豆奶等，此外也可用于制作食品发泡剂、香肠的油脂分散剂等。

大豆在使用时，其中所含的胰蛋白酶阻碍因子、抗凝血素及形成豆腥味的醛类物质都会影响大豆蛋白质的消化吸收，所以将大豆制成豆制品，破坏其不良因素，可提高蛋白质的吸收利用率(表 6-2)。

表 6-2　大豆食品蛋白质的消化率　　单位：%

食品名称	炒豆	煮豆	熟豆粉	豆豉	豆腐	豆奶	冻豆腐
消化率	60	68	83	85	95	95	96.1

——引自《功能性大豆食品》　李里特，王海主编

(十一) 绿豆

绿豆(*Phaselus radiatus*；Mung Bean)又称青小豆、菉豆，古称菜豆、植豆。豆科菜豆属一年生草本植物。原产我国，全国各地均有栽培，主要集中在黄河、淮河流域平原。我国约有两千多年的栽培历史，现在全国绿豆品种约有两百多个，比较著名的有安徽的明光绿豆，河北的宣化绿豆，山东的龙口绿豆等。绿豆荚果圆而细长，被短毛。种子呈短矩形，绿色或黄绿色。一般商品按种子的皮色分为青绿、黄绿和墨绿三类，其中以青绿色为最好，因为含淀粉较多，适于煮食或加工粉丝。种子中含碳水化合物约 60%，蛋白质 20%～30%和钙 80 mg、磷 360 mg、铁 6.8 mg 和维生素 B 等，含脂肪量约 0.5%～1.5%。入馔药用重于食用，中医认为绿豆性味甘、凉，有清热解暑、止渴利尿、消肿止痒、明目解毒的功效，是夏令消暑清热的佳品，因此被誉为“济世之良谷”。可用于粥、羹、菜、点的制作，如绿豆粥、冰绿豆汤、绿豆南瓜汤、绿豆炖肘、绿豆糕、糯米绿豆丸子等。民间用绿豆壳作枕头，清热去火，用种皮煮服可解酒精中毒。绿豆还含有降血压及降血脂的有效成分，能防止动脉硬化及高血压病。

(十二) 赤豆

赤豆(*Phaseolus angularis*；Red Bean)又称小豆、红豆、红饭豆，古称小菽、赤菽。豆科菜豆属一年生攀缘草本植物。荚果无毛呈长筒形，种子椭圆形或短矩形，暗红色。原产亚洲，我国栽培较为广泛，以陕西、江苏、广西为多。种子含碳水化合物约 60.7%、蛋白质约 21.7%、脂肪约 0.8%，含有钙 76 mg、磷 386 mg、铁 4.5 mg 和 B 族维生素。种子多用于作粮食配料，用以增香、增色，如赤豆饭、赤豆粥、赤豆糕；也用作饮料配料，如赤豆桂花汤、赤豆羹、赤豆雪糕等。种子也是著名的糕团用

馅料豆沙的主料，以细腻著称，如瓤枇杷、高丽肉、夹沙苹果、雪衣香蕉等均用其作馅心。赤豆性平味甘，供药用有消肿利尿、解毒排脓等作用。另有一种赤小豆（*P. calcaratus*）也称米赤豆，较小，性状功用与赤豆相似，但以入药居多。

（十三）雪豆

雪豆（*Phaseolus lunatus*；Sieva Bean）又称雪山大豆、大白芸豆，为豆科植物多花菜豆的种子。一年生草本植物。茎蔓生，荚果呈扁长形，微有毛，长 5～10 cm，宽 1～2 cm，稍弯曲，尾端有嘴状突起。种子呈肾形，白色、褐色或赤色，从种脐处发出放射状线条。原产南美洲，我国云南、四川、贵州、陕西等地栽培。四川主要分布在冕宁、汉源、茂县和盆地四周海拔较高的地区。以颗粒大而饱满，皮薄而色白，质地细软为好。含蛋白质 20%～22%、淀粉 38%～48%，脂肪含量 1.6%～2.1%，含有钙、铁、磷等无机盐。入药能滋养、利尿、消肿，可治水肿、脚气等症。入馔则主要用于炖汤，成品色白而浓香。如四川名菜东坡肘子、雪豆炖猪蹄。

（十四）木薯

木薯（*Manihot esculenta*；Cassava）又称槐薯、树薯，大戟科的亚灌木（彩图 73）。原产热带美洲，我国南方栽培较多，尤以广西为多。地下肉质块根呈长圆柱形，因品种不同皮色不同，有白、灰白、淡黄、紫红等颜色。块根肉质部分为白色，富含淀粉，也含一定的钙、磷、铁、维生素 B_1、维生素 B_2、维生素 C。块根可直接供食充饥，但现在多用于提取淀粉，成品色白细腻，可作芡粉使用，更适合加工西米。由于其根、茎、叶内均含有氰基苷，有毒，要用水久浸并煮熟后方可脱毒食用。

（十五）甘薯

甘薯（*Ipomoea batatas*；Sweet Potato）又称番薯、红薯、山芋、白薯、地瓜、红苕等。属旋花科一年或多年生草本植物。原产热带美洲，我国各地均有栽培，以黄淮平原、四川、长江中下游和东南沿海栽培面积较大。甘薯主要以肉质膨大的块根供食，块根由皮层、内皮层、维管束环、原生木质部、后生木质部组成。根据品种不同，甘薯表皮有白、黄、红、紫等色，肉质部分有白、黄红、黄橙、紫等色。主要有食用品种和加工品种两类。食用品种生食或蒸、煮、烤或做菜，肉质滋润，味甜，薯香味浓郁。加工品种主要用于提取淀粉或要求有较高的符合食品加工的特性，如薯块表面平整，薯皮薄，无条沟，淀粉颗粒细，薯肉暴露在空气中氧化变色小。甘薯块根含淀粉 10%～30%，糖分约 5%以及少量的蛋白质、油脂、纤维素、果胶等。甘薯与其他粮食混合食用可提高主食的营养价值，甘薯还是一种生理性碱性食品。通常单独或与其他粮食混合做饭、粥等。也是菜肴、糕点、小吃的常用原料，如灯影苕片、蜜汁红芋、芝麻苕圆、红薯粉蒸肉、红薯饼、烤红薯等。现在广东、广西、香港等地培育有食用叶型的甘薯，地上茎叶繁茂，茎叶无毛、柔嫩、口感好，称为“长寿菜”。可拌、炒或作汤或作馅心食用，口感滑嫩，味清香。

（十六）马铃薯

马铃薯（*Solanum tuberosum*；Potato）马铃薯又称地蛋、土豆、洋山芋等，属茄科多年生草本植物，块茎供食用，已成为世界上仅次于小麦、玉米、稻谷的第四大重要的粮食作物。2015 年，我国将启动马铃薯主粮化战略，把马铃薯加工成馒头、面条、米粉等主食，马铃薯将成稻米、小麦、玉米外的又一主粮。

马铃薯原产于南美洲安第斯山区，人工栽培历史最早可追溯到大约公元前8 000年到5 000年的秘鲁南部地区。16世纪时马铃薯已传入我国。现在我国马铃薯的主产区是甘肃、内蒙古和东北地区，是世界马铃薯总产最多的国家。马铃薯块茎呈圆形、扁圆形、长圆形、卵圆形、椭圆形等，皮色为白、黄、粉红、红、紫和黑色，薯肉为白、淡黄、黄色、黑色、青色、紫及黑紫色。马铃薯块茎含有大量的淀粉，2%的蛋白质。也是所有粮食作物中维生素含量最全的，可提供大量的维生素C，含有丰富的膳食纤维，含有丰富的钾盐，属于碱性食品。

马铃薯的质量以形状好，整齐均匀、皮薄光滑、芽眼较浅、肉质细密为佳。

马铃薯为粮菜兼用的作物，除做主食和加工淀粉外，在菜肴制作中是常用的主料和配料，可通过炒、烧、炖、煎、烤、煮、烩、焖、蒸等方式成菜。

三、粮食制品

粮食制品是指以谷类、豆类和薯类为原料加工制作的制品。

(一) 粮食制品的种类

粮食制品是以植物性原料为主的饮食结构中重要的组成部分。这些制品多数供家常使用和一般筵席用，现在高级筵席中也较多使用。根据原料不同，一般将粮食制品分为三类。

1. 谷制品

以大米、面粉为主的谷类粮食加工的制品，可分为米制品，如糯米粉、年糕、阴米、锅巴、饵块和米豆腐等；面制品，如挂面、面包渣、通心粉、面筋等。

2. 豆制品

以大豆为主的豆类原料加工的制品，可又分为豆脑制品，如豆腐、豆皮、豆丝和豆干等；油皮制品，如腐衣、腐竹等；豆芽制品，如黄豆芽、绿豆芽、豌豆芽等；其他制品，如豆沙、豆渣、豆豉、人造肉等。

3. 淀粉制品

以谷类、豆类和薯类提取的淀粉加工成的制品，如粉丝、西米、粉皮、凉粉等。

(二) 常用的粮食制品

1. 面筋(Gluten)

又称面根、百搭菜。选取优质高筋粉加水调和成面团，静置20分钟，再于35～40℃的加有0.1%食盐的水中揉洗，洗去淀粉、麸皮和其他物质，最后得到的有弹性的、柔软的灰色胶状物就是面筋。每500 g面粉可洗出125～175 g面筋。面筋为南北朝时所创制，到元代大规模生产，到清代面筋菜肴已经丰富多样。面筋是一种复合物，主要由麦醇溶蛋白和麦谷蛋白水化和混合后形成。以干物质计算，面筋中有约75%～85%的蛋白质，5%～10%的脂类，还含有不定量的淀粉、非面筋蛋白等。中医认为面筋味甘性凉，有和中、解热、益气、养血、止烦渴的功效。刚洗出的面筋称生面筋、生麸、子面筋。易发酵变质，不耐贮存，为了延长保存时间以及满足烹调工艺的要求，故将生面筋加工成多样的半成品。可将其摘块入沸水氽熟成水面筋；可将生面筋和水面筋摘块油炸成金黄色的泡状油面筋；可蒸制成烤麸；可煮制成管状面筋；发酵成臭面筋；入炉烤制成贴炉面筋；干燥磨粉成活性面筋粉。

面筋在烹饪中可作菜肴的主料和配料运用。可与多种荤素原料搭配,适合多种烹调方法,适合多种刀工处理。可制作冷菜、热炒、汤羹、小吃等,用途非常广泛。水面筋、管状面筋等结构类似肌纤维,经适当处理后,用于制作仿荤菜式,如:素鸡、素鳖、素肠等。所以面筋是素馔的主要原料。油面筋成泡状,常用于酿馅成菜,别具风格。面筋本身无显味,加之有大小孔洞,极易吸收汤汁,极易被所配原料赋味,如香菌烩面筋、面筋烩菜心、糖醋面筋等。面筋还可作食品添加剂,改善面制品的品质,如面包粉、面条粉中就要专门添加面筋增加筋力性,使成品有良好的品质。

2. 通心粉(Macaroni)

亦称通心面、空心面,以小麦粉为原料,是用挤压法制成的一种面条。在面粉中加水及配料,使含水量约达30%,经混合、模压成型后,干燥至含水量约12.5%即为成品。它起源于中国,13世纪后由意大利旅行家马可·波罗传至意大利。一般分长形和短形两大类。前者又分管状、棒状、带状;后者又分贝壳状、车轮状、文字状、环状、星状、新月状等。按需求还可分空心和实心两种,实心长形面与我国的挂面十分相似。按所加配料的不同又有大麦面、桂花面、鲜蛋面等品种。典型的通心粉原料由杜隆小麦磨制的粗粒粉制成,也有用普通小麦掺加鸡蛋、豆粉、牛奶、桂花、洋葱、芹菜、蒜等辅料制成。含蛋白质约12%,在暗处可室温贮存两年以上,品质不变。可作主食、点心,有的则宜作菜肴。

3. 年糕(New Year Cake)

年糕是由糯米、粳米、籼米等制成的一类米制品,系春节期间的传统食品。因糕与高同音,有“年年高”的隐喻。分淡、咸、甜三类,品种繁多。淡的如“宁波水磨年糕”,由粳米浸泡、水磨、压干、蒸熟、捣烂、成型而成,切片后配菜或加糖食用。咸的如“广东咸年糕”,由糯米粉、籼米粉等加水制成浆料,加入由萝卜丝、香肠、腊肉、猪油、糖、盐和胡椒粉等煮成的配料,混合均匀后蒸熟,再撒上蛋皮丝、葱末、香菜末等而成,食时切片油炸。甜的有桂花糖年糕、猪油年糕、海南年糕、芋艿年糕、白果年糕等,基本上由糯米粉、猪油块、各种果仁、糖花朵等经调制、蒸熟而成。因用料各异,风味亦各不相同,但均有软、糯、香、甜(或鲜)等特色。可蒸食、煮食、油炸或冷食,还常作为火锅原料运用。

4. 锅巴(Rice Crust)

又称饭焦,指米饭稍焦香、脆硬的底层。一般采用糯米、粳米制成,以片薄,色泽淡黄,酥香松脆为佳。中国锅巴历史悠久,现代食品加工已经采用烘箱烤制。按谷物的品种分为籼米锅巴、糯米锅巴、粳米锅巴、小米锅巴等。锅巴性味甘、淡、平,具有厚肠胃、助消化之功效。不但可以作为主食泡煮食用,而且是锅巴系列菜品的主要原料。可作主料,也可配以其他高中低档的荤素原料运用,适宜于咸鲜、酸辣、茄汁、荔枝等多种味型。作菜肴时宜将锅巴烘干后,在八成热的油温中油炸,锅巴涨发快,不吸油,产生松脆的口感。

5. 豆腐(Soybean Curd)

豆腐古称小宰羊、菽乳、豆乳、脂酥、黎祁、没骨肉、鬼食等,是以大豆为原料,经过浸泡、磨浆、滤浆、煮浆、点卤、压榨等工序制成的制品。中国是豆腐的发源地,创始人是两千多年前西汉淮南王刘安,元、明朝间传到日本、印尼等地,清代传到欧洲，现在世界大多数地方都将豆腐视为健康食品。在我国已由家庭、小作坊生产发展到工厂机械化流水生产，而且出现了许多品种。传统豆腐有南豆腐和北豆腐。南豆腐以石膏($CaSO_4$)为凝固剂，成品含水量高达92%，色雪白、质细嫩、味微甜而鲜，为嫩豆腐的代表；北豆腐以盐卤($MgCl_2$)为凝固剂，成品含水量低于85%，色乳白、质较老、有韧劲，味微甜略苦，为老豆腐的代表。内酯豆腐是用葡萄糖酸-δ-内酯(GDL)作为凝固剂点制的豆腐，以葡萄糖酸产生的酸性使蛋白质凝固。此种豆腐色洁白、质更细嫩、含水量高、味微甜而鲜，类似南豆腐。蔬菜汁豆腐是利用蔬菜中的有机酸或可溶性钙盐等无机盐作为凝固剂而制得。色泽多样、营养全面、质地细嫩。营养豆腐是将多种营养物质混合制作的豆腐，如海藻豆腐、肉类豆腐、花生豆腐和乳酸豆腐等。冻豆腐是将新鲜豆腐置于冷冻环境中，水经冷冻变成冰晶，蛋白质分子极度收缩，分子与分子密集成多孔的网状组织，色灰，有弹性，质地坚韧。烹调中极易吸入汤汁而提高风味，宜烧、烩制成菜。脆豆腐是四川火锅中的常用原料，将豆腐浸泡在0.4%～0.5%的NaOH溶液中，20℃中泡12小时，20℃以下泡16～38小时，再用1%～2%的醋酸溶液中和，20℃中浸泡2～5小时，用清水漂洗即可，因脆爽口感得名。

豆腐所含蛋白质约为40%～60%，而且含有人体必需的8种氨基酸。中医认为豆腐味甘性凉，具有益气和中、生津润燥、清热解毒的功效。豆腐色白质嫩，营养价值高，形式多样，不仅是家常菜肴的原料，而且已用于高级筵席菜中。如四川的麻婆豆腐、豆腐帘子、三虾豆腐，上海的炒豆腐松，浙江的砂锅鱼头豆腐，河南的兰花豆腐，广西的清蒸豆腐圆、口袋豆腐，孔府菜一品豆腐等。不仅有代表性的豆腐菜，而且已有以豆腐唱主角的豆腐宴。豆腐的品种丰富，用途非常广泛，是制作冷菜、热菜、大菜、汤菜、火锅等的重要原料。豆腐可与任何荤素原料配用，宜于多种烹调方法，由于自身无显味宜于多种调味和制作甜菜，特别适宜作酿式菜、丸式菜和糕式菜等工艺菜。在具体运用时，一般以质地老嫩而选择烹调方法。

嫩豆腐以突出鲜嫩为主，烹调时间应短，主要烹调方式是拌、烩、炒、烧、煮汤和汤羹；老豆腐宜于厚味，易成形，加工时间长，主要烹调方法是煎、炸、熬、酿、炖等。烹制前须氽煮去豆腥味。

6. 腐衣和腐竹

将豆浆煮沸，搅拌后静置，脂肪和蛋白质上浮凝结成薄膜，挑出薄膜平摊干制成腐衣，又称油皮、豆腐皮、挑皮；如果将挑出的薄膜卷成杆状就制成腐竹(Dried Bean Milk Cream in Tight Rolls)，又称豆笋、皮棍、豆棒、豆筋。所以腐衣和腐竹只是形状不同，组成物质和质地几乎是一样的，这两种制品都是我国的特产。

腐衣以最初挑起者为好，膜薄、半透明、油亮、淡黄色、手感柔韧，一般每500 g在20张以上即为上品。浙江富阳的腐衣每500 g可达40～60张，因质好色黄而称为“金衣”。腐竹以支条挺拔、色泽淡黄、有油光、手捏易碎者为上品。桂林腐竹、河南长葛腐竹、陈留豆腐棍等都是腐竹中的佳品。二者均要干燥保存，但不宜久贮。

腐衣、腐竹含蛋白质50.5%，脂肪23.7%，碳水化合物15%，为豆制品中的高营养烹饪原料。中医认为腐衣、腐竹有清肺热、止咳等功能。腐衣、腐竹清鲜素净，为制作菜肴，尤其是制作素菜的上等原料。使用前均需发制柔软。腐衣可单独成菜,也可与其他原料配用,通过炸、拌、烧、焖制而成菜,最适宜作汤,配以蔬菜、肉类,汤汁奶白鲜美;还可作包卷料制作肉卷,如炸响铃;可作仿荤菜原料仿制素肉松、素鸡、素鸭、素火腿、素香肠等。腐竹可作主料和配料成菜,可配以荤素原料,运用广泛,可用于冷菜、热菜、火锅等;可作仿荤菜原料,仿制干贝等。

7. 西米(Sago)

西米是用淀粉加工而成的圆球形颗粒制品。西米原产东印度和马来群岛等地,是由当地生长的西谷椰树的树干中提取的淀粉加工而成的。目前市场上所售的西米大多用木薯粉、小麦粉、玉米粉、马铃薯粉等制成。用沸水冲熟、搅匀、成粉团,轧成圆形小粒,然后焙干而成。西米色泽白净,光滑圆润,颗粒坚实。有直径为8 mm的大西米和直径为2～3 mm的小西米。以熟制后晶莹透明,口感爽滑,有一定韧性为佳。西米常用于制作甜羹、甜菜和一些工艺点心,如白果西米羹、银耳莲子西米羹、珍珠丸子等。发制和烹制时均不宜久煮,以免黏糊和失去韧性和形状。

8. 粉丝和粉皮

(1) 粉丝(Vermicelli) 是指用豆类、薯类和玉米等的淀粉加工制成的线状制品,古时称索粉,现在称粉丝、粉条、线粉,通过磨粉、提粉、打糊、漏粉、拉锅、理粉、泡粉等十几道工序加工而成,有干湿两类。湿粉丝不干制,泡于水中出售和运用,又称活粉、水粉;干粉丝经过干制,可供贮藏和远销。以干粉丝为主要形式。根据所用的淀粉原料不同,一般将其分为三类。

① 豆粉丝:以绿豆、蚕豆、豌豆、豇豆、赤豆等豆类中提取的淀粉加工而成的粉丝。质量最好的是绿豆粉丝,光洁透明,银光闪闪,直径在0.7 mm以内,弹性和韧性强,又称“绿粉”、“牛毛粉”。山东所产龙口粉丝是质量最好的牛毛粉。质量稍次的是蚕豆粉,韧性较差,主要产于湖南、江苏、浙江和贵州,以湖南所产为好,又称“湘粉”、“南粉”。其他粉丝偶见于民间制作,产量少。

② 混合粉丝:以蚕豆、红薯、玉米、高粱、马铃薯等的淀粉混合制成的粉丝。一般用蚕豆粉、玉米粉、红薯粉以5∶3∶2的比例制作,主要产于江苏、浙江等地。品质不及豆粉丝,光洁度低,吃口软糯,韧性差。

③ 薯粉丝:以红薯或马铃薯的淀粉制成的粉丝,又称地瓜粉、土粉丝,主要产于河南、安徽、黑龙江等地。成品一般质粗条短,扁宽或圆粗,色呆白或灰黄、黄褐。不透明或透明度不高,韧性差,易断碎,品质最差。但黑龙江、浙江所产的薯粉丝质量较好。

粉丝既是大众化食品,又可用于筵席菜肴的制作。作菜肴的主料、配料时,可拌、煮、炒、炖、烧制而成菜。如凉拌三丝、蚂蚁上树、酸菜粉丝汤、猪肉炖粉条等;可用作糕点的馅心和制作小吃,如用作包子、饺子的馅心,小吃有酸辣粉、肥肠粉、火锅粉等。通过加工可制作成配形和装饰原料,如将干粉丝炸制成松泡状,用于菜肴的垫底、围边等,可浸湿编制成容器状,经油炸定型作盛器造型。

(2) 粉皮(Sheet Jelly) 是豆类、薯类的淀粉加工成的片状制品。有干粉皮和湿粉皮两种,纯绿豆粉皮质量最好,片薄平整,色泽银白有光泽,半透明,有弹性和韧性,久煮不溶,口感筋道,名产有邯郸粉皮、河南汝州粉皮。其次是混合粉皮,以蚕豆、绿豆、豌豆淀粉混合制成。品质最差的是红薯、马铃薯的淀粉制作的薯粉皮,成品灰黄或灰白，色泽暗淡，韧性差。用干粉皮制作菜肴前须先用温水泡发。可作主料和配料使用。切块、条后，可直接拌制凉菜或小吃，如黄瓜粉皮、鸡丝粉皮等，配荤素原料可制成热菜、凉菜等菜式。粉皮柔软滑润，并有一定柔挺感，可仿鱼皮、裙边制作仿荤菜肴。

四、粮食在烹饪中的运用

粮食是人们饮食活动中最基本、重要的烹饪原料，在烹饪中有着广泛的运用。

1. 粮食是制作主食的原料来源

大米、面粉是绝大多数南北方人民主食的来源，大米可做米饭和各种粥类，面粉更能制作出馒头、包子、饺子、花卷、拉面等品种繁多的面食。个别地区和山区还用红薯、土豆、玉米作为主食的原料来源。

2. 粮食是菜肴制作中的独特原料

粮食及其制品在菜肴中运用广泛，如糯米鸡、葫芦鸭、甜烧白、锅魁回锅肉、鲜果锅巴、八宝锅蒸、煮干丝、文思豆腐等菜肴。尤其一些粮食制品含丰富的蛋白质，而且质感独特，是素馔和仿荤菜肴的重要原料，如面筋、腐竹、腐衣等。由于粮食及其制品本身无显味，搭配的适应性较强，烹调方式多样，味型多样。

3. 粮食是各种糕点、小吃不可缺少的原材料

除加工主食和菜肴外，粮食及其制品还用于制作有着浓厚地方特色的小吃、糕点，形成各地的饮食特色，如糍粑、凉粉、烧卖、馓子、油条、麻花、凉面、甜水面、三合泥、油茶、蛋烘糕等。

4. 粮食是烹调中常用的辅助原料

如黄豆粉、糯米粉、面粉、绿豆粉、红薯粉等，常用作裹料使用，有助于被裹原料形成软嫩或酥脆的质感以及特殊的香味和颜色。

5. 粮食还可用来加工风味独特的调味品

烹饪中使用的一些调味品是用粮食加工的，如酱油、醋、味精、醪糟、黄酒等。

第二节 蔬 菜 类

蔬菜是可供佐餐食用的草本植物，以及木本植物的幼芽、嫩叶和孢子植物以及加工制品的总称。我国蔬菜大约有 200 多种，包括野生和半野生的种类。每一种蔬菜中，又有丰富的栽培品种，我国是世界上种植资源最为丰富的国家之一。我国栽培蔬菜至少有 2 000 年以上的历史，许多主要蔬菜如白菜、萝卜等都是我国原产。在我国不仅有丰富的传统蔬菜，近 10 多年来特种蔬菜不断引进和培育，其良好的质地和风味、丰富的形态和色泽对丰富菜肴的花色品种起到了极大的作用。对某一地区来说，最近几年从国外引进的蔬菜；或很早以前就引进，但现阶段才从异地大力引种的蔬菜；或本地区新近发现和培育的蔬菜；野生蔬菜；新型芽菜类；可作蔬菜使用的观赏植物类就是特种蔬菜。一般讲特种蔬菜具有明显的时间性、区域性、驯化性和创新性。

蔬菜含丰富的维生素、矿物质、有机酸、芳香物质、纤维素，一定量的碳水化合物、蛋白质、脂肪等，不仅提供机体的建成物质，更重要的是提供了调节机体代谢的物质，具有其他食物不可替代的营养，是人们生活中不可缺少的一部分。结合生物属性和商品属性，将蔬菜分为种子植物蔬菜和孢子植物蔬菜两大类。

一、种子植物蔬菜

绝大多数蔬菜都是由种子植物提供的。按照栽培特性、主要食用部位不同，可将其分为根菜类、茎菜类、叶菜类、花菜类和果菜类五大类。

（一）根菜类

根菜类是指以植物变态膨大的肉质根作为主要食用部分的蔬菜。按其变态方式和形状不同，分为肉质直根和肉质块根两类。肉质直根由植物的主根发育变态而来，一棵植株只有一个肉质直根，是由短缩茎，下胚轴和主根上部膨大而成，可分为根头、根茎和真根三部分。其形状有圆锥形、圆柱形、圆球形等。肉质化部分有的是发达的次生木质部，如萝卜；有的是次生韧皮部，如胡萝卜；有的由次生木质部和次生韧皮部共同组成，如根用甜菜。肉质块根由植物的侧根或不定根发育变态而来，一棵植株可产生多个块根，完全由真根构成，形状一般不规则。

根是植物的贮藏器官，所以根菜类蔬菜发达的薄壁组织含有较高的碳水化合物以及蛋白质、矿物质和维生素等，而且产量大，贮存期较长，是我国秋冬春季主要的大众化蔬菜。根菜类蔬菜中味道清鲜、甘甜、水分含量高的种类可直接代替水果。如豆薯、萝卜、红菜头等。更广泛的是作菜肴的主配原料使用，可切丝、丁、片，以拌、炒、炝等烹调方法成菜，体现脆嫩、清香的特点；或切块、条、段，以烧、炖、煮、烩、蒸的方式成菜，突出软糯、鲜香的特点；可作主食、甜菜、糕点、小吃的配料和馅心，如红苕饼、红苕粉、萝卜卷、蜜汁红芋等；是常用的食品雕刻原料，如心里美萝卜、胡萝卜、红菜头等；常加工成风味独特的蔬菜制品，如萝卜干、酸萝卜等；含有特殊芳香物质的种类是特色调味原料的来源，如辣根、大头菜等。

1. 萝卜

萝卜（*Raphanus sativus*； Radish）（图 6-1）为十字花科萝卜属一二年生草本植物，又称莱菔，芦菔，原产于我国。主要以肉质根供食用，其嫩叶也可食用。多于夏秋季栽培上市，是全国各地的主产蔬菜之一。萝卜肉质根形状有长圆筒形、圆锥形、圆形、扁圆形，皮有白、绿、红、紫等色。主要分为中国萝卜和四季萝卜两大类群。中国萝卜依栽培季节可分为四个基本类型：①秋冬型：中国各地均产有红皮、绿皮、白皮、绿皮红心等不同的品种群，主要品种有薛城长红萝卜、北京心里美萝卜等（彩图 74）。②冬春型：主产于长江以南及四川等地，主要品种有成都春不老萝卜，杭州笕桥大红缨萝卜等。③春夏型：中国各地均产，主要品种有北京炮竹筒、蓬莱春萝卜、北京五日红等。④夏秋型：主产于黄河以南地区，常作夏、秋淡季蔬菜，主要品种有杭州小钩白、广州蜡烛

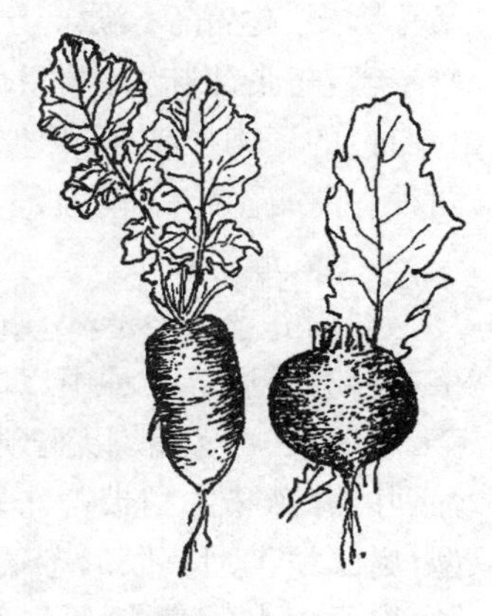

图 6-1 萝卜

莛等。四季萝卜皮红肉白,茸毛多,肉质根较小且极早熟。主产于欧洲,中国近年来栽培较多。适于生食和腌渍,多用于西餐及菜肴装饰。

萝卜品质以新鲜脆嫩、外皮光滑、无开裂糠心、无黑心、不抽薹、无外伤者为佳。萝卜富有营养,含淀粉酶、芥子甙、多种维生素等,民间有"十月萝卜赛人参"的说法。其烹饪方法多样,适于烧、炖、煮、炒、作汤等菜式,与牛羊肉同烧可去除腥膻味,突出鲜味。常用于制作各种馅心和糕点小吃,如萝卜酥饼、萝卜糕等。同时也是食品雕刻和菜点装饰的重要原料。适合腌渍,作酱菜,作开胃小菜等。如麻辣萝卜干。嫩叶适合炒或凉拌,口感清鲜。

2. 胡萝卜

胡萝卜(*Daucus carota* var. *sativa*; Carrot)为伞形科胡萝卜属一二年生草本植物,又称红萝卜、金笋、黄萝卜等,以肥硕的肉质根供食用。各地均有栽培,是冬春季节的主要蔬菜之一,以山东、江苏、浙江、云南、四川、陕西品种最佳。胡萝卜品种较多,一般按其肉质根形状分为三种类型:①短圆锥形:为早熟品种,主要品种有烟台三寸胡萝卜,其皮肉均为橘红色,单根重 100～150 g,肉厚,心柱细,质嫩味甜,宜生食。②长圆锥形:多为中、晚熟品种。主要品种有内蒙黄萝卜、烟台五寸胡萝卜、汕头红萝卜等,味甜,耐贮藏。③长圆柱形:为晚熟品种,根细长,肩粗壮,主要品种有南京、上海的长红萝卜、湖北麻城棒槌胡萝卜、浙江乐阳、安徽肥东的黄萝卜和广东麦村胡萝卜等。

胡萝卜以颜色正、根皮光滑、形状整齐、质地均匀、心柱细、味甜、汁多脆嫩者为佳。烹饪中可生食、熟食。适于炒、拌、烧、蒸、煮、做馅等。空腹喝胡萝卜汁易于胃肠吸收,对美容健肤有独到作用。因含有丰富的胡萝卜素,烹饪中适于与富含油脂的食物一起烹饪,利于吸收。胡萝卜色泽鲜艳,常用于制作各种胡萝卜花,点缀菜肴。

3. 芜菁

芜菁(*Brassica rapa*; Turnip)为十字花科芸薹属芜菁亚种两年生草本植物,又称圆根、蔓菁等。原产于地中海沿岸,目前种植面积已显著减少。芜菁肉质根柔软致密,略带甜味,外观呈球型或扁圆形,多为白色。也有上部为绿色或紫色,下部为白色的。肉质致密,味似萝卜,无辣味略甜。按肉质根类型可分为圆形和圆锥形两种。芜菁上市量较小,多作调剂菜和腌制用,也可炒、煮食用。

4. 根用芥菜

根用芥菜(*Brassica juncea* var. *napitormis*; Tuberous-rooted Mustard)为十字花科芸薹属芥菜种中以肉质根为产品的一个变种,一二年生草本植物,又称大头菜,疙瘩菜、冲菜等,以肥硕的肉质根供食用。肉质根质地紧密,水分少,纤维多,有强烈的芥辣味并稍带苦味。依肉质根形状分为圆锥根类型,圆柱根类型,荷包根类型,扁圆根类型。以形态端庄,无空心,硬心,无分叉者为佳。根用芥菜主要用于腌制,也可焯水后凉拌,是民间常食用的开胃小菜和佐餐佳品。

5. 根甜菜

根甜菜(*Beta vulgaris* var. *rosea*; Beetroot)为藜科甜菜属甜菜种的变种,二年生草本植物,又称为红菜头、根菾菜等,是欧洲和美洲国家的重要蔬菜之一,我国少量栽培。肉质根有球形、扁圆形、卵圆形、纺锤形、圆锥形等。扁圆形品质最好。富含糖分和矿物质,并有花青素甙,呈鲜艳的红色、黄色等色泽。多用于西餐制作,如罗宋汤、甜菜沙律等。

6. 豆薯

豆薯(*Pachyrrhizus erosus*; Jicama)为豆科一年生草本植物蔓性蔬菜,又称地瓜、凉薯等。原产于热带美洲,我国南方及西南普遍栽种。肉质根呈纺锤形,根皮黄白色,肉白色,脆嫩多汁,甜味重。种子和茎叶中含鱼藤酮,有剧毒,不可食用。豆薯以个大均匀、皮薄光滑、脆嫩多汁、肉质白者为佳。豆薯可代替水果食用,南方多作菜用,适于炒、烧、炖等菜式。适合短时间烹调,突出其脆嫩质感。

7. 牛蒡

牛蒡(*Arctium lappa*; Great Burdock)为菊科牛蒡属二三年生草本植物,别名大力子、蝙蝠刺、东洋萝卜等(彩图 75),以肥大的肉质根供食用。原产于亚洲,日本产量最多。根圆柱形,长 60～100 cm,直径 3～4 cm,皮粗糙,暗黑色,肉质灰白色。牛蒡有"蔬菜之王"的美誉,在日本可以与人参媲美,是一种营养价值极高的保健品,对癌症和尿毒症有很好的预防和抑制作用。烹饪中适合煮食,多以汤品成菜,如五行蔬菜汤、牛蒡炖肉等。

(二) 茎菜类

茎菜类是指以植物的嫩茎或变态肉质茎作为主要食用部分的蔬菜。与根菜类相比,在外观上都具有茎的基本特征,即有顶芽或侧芽,节和节间,叶或叶痕。按照供食部位的生长环境不同,可分为地上茎类蔬菜和地下茎类蔬菜。地上茎类蔬菜以嫩茎或肥大肉质的变态茎供食用,呈杆状、圆锥状、圆柱状、球状等,如莴笋、茎蓝、茭白、竹笋、红油菜薹等。地下茎是生长于土壤下的变态肉质茎。虽然生长于地下,但仍具有茎的各种特征,有顶芽,有节和节间,节上有退化的鳞叶,叶腋内有腋芽,顶芽和腋芽能发育成新的地上茎和地下茎,地下茎储藏丰富的养分。球形、椭圆形、卵圆形等为球茎,如荸荠、慈姑、芋艿等;不规则形状为块茎,如马铃薯、薯蓣等;外形如根的为根状茎,如姜、莲藕(图 6-2)、菊芋等;节间缩短为茎盘,叶变态为鳞片叶的为鳞茎,如洋葱、大蒜、藠头、百合等。

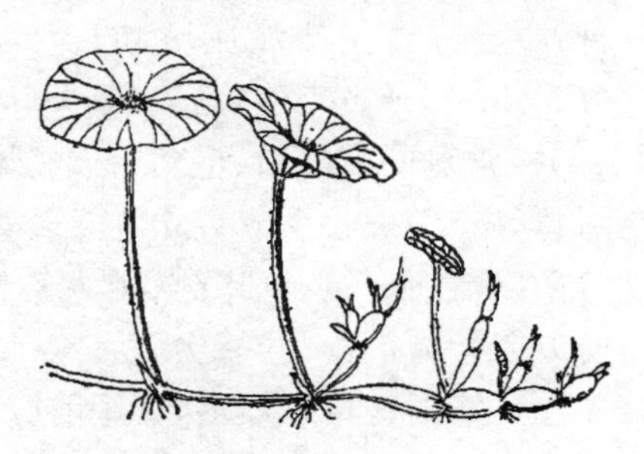

图 6-2　莲藕(示根状茎)

茎菜类蔬菜营养价值高,用途广。一般地上茎类质地较嫩,水分含量较高,淀粉含量较少,含纤维素较少,适于短期贮存。地下茎类大多含较高的淀粉,纤维素多,水分含量少,较地上茎耐贮存。现由于大棚蔬菜广泛栽培,交通运输发达,一年四季均有供应。茎菜类的质地构造和风味特点与根菜类非常相似,烹饪运用方法和适宜范围几乎相同。茎菜类蔬菜中味道清鲜、甘甜、水分含量高的种类可直接代替水果,如莲藕、荸荠、慈姑等;是制作菜肴的主配原料,其中地上茎蔬菜肉质细嫩,在烹饪运用上以突出其脆嫩、清香口感为佳。地下茎中的块茎、球茎等一般含淀粉较多,适于烧、煮、炖等长时间加热的方法,以突出其柔软、香糯口感。可切丝、丁、片，以拌、炒、炝等烹调方法成菜，体现脆嫩、清香的特点，或切块、条、段，以烧、炖、煮、烩、蒸的方式成菜，突出软糯、鲜香的特点；可作主食，甜菜、糕点、小吃的配料和馅心，如土豆饼、土豆泥、藕盒子、芋饼等；是常用的食品雕刻原料和点缀、围边的配形配色原料，如莴笋、芋头、洋葱等；常加工成风味独特的蔬菜制品，如玉兰片、榨菜等；具有香辛味的茎菜种类，起着较强的去腥除异作用，如姜、蒜、洋葱等，有的是鲜味的提供者，如竹笋、玉兰片等。

1. 地上茎类蔬菜

(1) 茎用莴苣　茎用莴苣(*Lactuca sativa*；Asparagus Lettuce)为菊科莴苣属一二年生蔬菜，又称莴笋、青笋等，原产于地中海沿岸，全国各地均有栽培，是春季主要蔬菜之一。以肥大的地上嫩茎供食。品种较多，依叶形大体分为尖叶类和圆叶类两大类。①尖叶莴苣：叶片披针形，先端尖，叶簇较小，叶面平滑或微皱，节间较稀，肉质茎下粗上细呈棒状。主要品种有北京紫叶莴苣、陕西尖叶白笋、成都尖叶子等。②圆叶莴苣：叶片长呈倒卵形，顶部稍圆，叶面多皱，叶簇大，节间密，茎粗。主要品种有北京鲫瓜笋、南京紫皮香、湖北孝感莴笋等。依皮色分白皮莴笋、青皮莴笋和紫皮莴笋。

茎肉质细嫩，多汁，味清淡，以茎粗大、皮薄肉厚、质脆嫩、无空心抽薹为佳。莴苣可生食、凉拌、炒、炝、烧、煮等，以突出其清鲜口感，如口口脆、青笋拌折耳根、青笋烧肚条、莴苣烧鸡等。莴苣叶俗称凤尾，可凉拌、炝炒、煮汤成菜，如麻酱凤尾、美极凤尾等。

(2) 竹笋　竹笋(Bamboo Shoot)为禾本科竹亚科多年生木本植物竹的嫩芽或嫩茎，主要以肥硕鲜嫩的笋肉供食用，原产中国。中国竹的品种约有30属三百多种，主要分布在珠江流域和长江流域，以竹笋供食用的竹种主要来自于刚竹属(*Phyllostachys*)、慈竹属(*Sinocalamus*)、刺竹属(*Bambusa*)和苦竹属(*Pleioblastus*)。常见的有楠竹、毛竹、桂竹、刚竹、淡竹、石竹、哺鸡竹、慈竹、苦竹、方竹、麻竹、绿竹等。照采收季节直立茎又分为冬笋、春笋、毛笋，而夏初采收的匍匐茎称为鞭笋。以节间短、色正味纯、肥大鲜嫩、竹箨完整、干净整齐、无外伤及虫害者为佳。所以冬笋为最佳，春笋次之。

鲜笋因含草酸较多，食用前应水煮后用清水漂洗。除产地外，多以干品或罐头制品上市。竹笋味道鲜美，我国自古食用，且有“宁可食无肉，不可居无竹”之说，烹饪中多采用拌、炒、烧、煸、焖的方法，具有提鲜、增香、配色、配形的作用。代表菜式有油焖冬笋、酱烧冬笋、红油笋片、烧素烩、竹笋腌鲜等。

(3) 芦笋　芦笋(*Asparagus officinalis*；Asparagus)属百合科天门冬属多年生宿根草本植物，又称露笋、龙须菜、石刁柏等。原产于地中海东岸及小亚细亚，世界各国都有栽培，以美国最多，以嫩幼茎供食用。出土前采收的色白柔嫩，称为白芦笋。幼茎见光后呈绿色，称为绿芦笋。以色泽纯正、条形肥大、顶端圆钝、幼芽紧实、上下粗细均匀、质鲜脆嫩者为佳。

芦笋是一种有较高药用价值的营养蔬菜和保健食品，是国际市场上的喜食蔬菜之一。烹饪中炒食、做汤、凉拌、作菜肴装饰均可，名菜有鲜菇龙须、素炒芦笋、虾仁芦笋、芦笋熘肉片、上汤芦笋、芦笋烧干贝、芦笋鲍鱼汤等。

(4) 茭白　茭白(*Zizania latifolia*；Annual Wildrice)为禾本科菰属多年生宿根水生草本植物,又叫茭笋、高笋、茭瓜等,是我国特有蔬菜,以太湖流域最著名。黑粉菌侵染后,茎受激素刺激膨大,成为肥嫩的肉质茎。茭白呈纺锤形或棒形,茎肉白色,纤维少,味清香。夏茭一般在四、五月始收,秋茭在九、十月收获上市。

以皮色黄白、光滑、节间密集、嫩茎肥厚、肉色洁白、无糠心黑斑者为佳。茭白口感嫩滑香糯,适于拌、炒、烧、烩、制汤等,也可作馅心。因含草酸,烹饪前可先焯水处理。

(5) 茎用芥菜　茎用芥菜(*Brassica juncea* var. *tsatsai*；Mustard Stem)为十字花科芸薹属芥菜种的一个变种,原产我国西南,长江两岸为主产区,栽培历史悠久。茎用芥菜品种丰富,仅四川就有四十多个品种。供鲜食的品种有肉质茎呈瘤状的羊角菜,有肉质茎上各侧芽发育成小肉质嫩茎的儿菜,有肉质茎呈圆柱状的棒菜等。以茎肥大、鲜嫩、纤维少、质细嫩紧密、无空心者为佳。烹饪中多用于鲜食,可炒、烧、煮或做汤,如干贝菜头、菜头汤等;也是腌渍菜的主要蔬菜。

(6) 球茎甘蓝　球茎甘蓝(*Brassica caulorapa*；Turnip Cabbage)属十字花科芸薹属的二年生草本植物,又叫苤蓝、洋蔓青等。原产于欧洲地中海沿岸,茎块肥大呈球形,其叶、花俱似甘蓝故名球茎甘蓝。以肥大的球茎供食,体形扁圆、椭圆或球形,含水量大,质地细密、脆嫩。常分为大型品种和小型品种两大类。优良品种有陕西大苤蓝、山西玉蔓青、北京早白、天津小英子、成都金毛根、广州细叶芥蓝头等。苤蓝在烹饪中适合凉拌、炒食、炖、煮、腌渍等方法。

(7) 仙人掌(菜用)　仙人掌(*Opuntia dillenii*；Cactus)属仙人掌科植物,又名龙舌、神鲜掌、观音掌等。菜用仙人掌原产墨西哥等拉美国家,是当地喜食蔬菜,目前我国在海南、北京和成都已经大棚栽培成功。绿色扁平茎含水量高,纤维含量少,口感清香,鲜嫩多汁。食用时将绿色扁平茎去刺去皮、洗净、切配后用盐水煮或用沸水焯烫去黏液后再成菜。可凉拌,也可与其他荤素原料搭配后炒、煎、炸、炖或煲汤等。既可鲜食,也可腌渍。仙人掌清香甜美,鲜嫩多汁,除鲜食外,可加工成果酱、蜜饯或酿酒。

2. 地下茎类蔬菜

(1) 球茎蔬菜　地下茎末端肥大呈球状为球茎,是适应贮藏养料越冬的变态茎。芽多集中于顶端,节与节间明显,节上着生膜质状鳞叶和少数腋芽。球茎富含淀粉以及蛋白质、维生素和矿物质。

① 荸荠:荸荠(*Eleocharis tuberosa*；Waternut)为莎草科多年水生草本植物,又叫马蹄、地栗、红慈姑。外形呈扁圆形,表面平滑,表皮为深栗色或枣红色,质地细嫩。荸荠按球茎中淀粉含量多少分为两类:一类为水马蹄,球茎顶芽尖,脐平,含淀粉多,肉质粗,适于熟食或加工淀粉,主要品种有苏荠、高邮荸荠、广州水马蹄等;另一类为红马蹄,球茎顶芽钝,脐凹,含水分多淀粉少,肉质甜嫩渣少,适于生食或加工罐头,主要品种有杭荠,桂林马蹄等。按成熟期,可分为早熟荸荠和晚熟荸荠。荸荠肉质细嫩,爽脆多汁,鲜甜可口,可作为水果生食。制作菜肴适于拌、炒、熘、炸、烧等烹调方法,加工时可切成片、丁、末进行烹饪。可用于小吃糕点的制作,如马蹄酪、马蹄糕。可加工成罐头食品,提取的淀粉即马蹄粉,是制糕点和冷饮的原料。

② 慈菇：慈菇(*Sagittaria sagittifolia*；Arrowhead)为泽泻科植物多年沼生草本植物，又叫茨菰、白慈姑。纤细匍匐枝末端膨大形成球茎。球茎呈圆或长圆形，上有肥大的顶芽，皮色白、黄白或紫，肉白色，富含淀粉。其运用与荸荠相似，烹饪中可炒、烧、煮、炖，可作蒸菜的垫底或加工提取慈姑粉。

③ 芋：芋(*Colocasia esculenta*； Taro)为天南星科芋属多年生草本植物，又叫芋艿、芋头、毛芋等，原产于我国和印度。主要以地下球茎供食用(彩图 76)，其叶柄和花梗也可入肴。芋的地下球茎有圆形、椭圆形和圆筒形。母芋上长出子芋，依子芋着生习性分为三种类型：魁芋，母芋大，重量可达 1～2 kg，品质优于子芋，粉质，香味浓，多产于华南各省，以广西的荔浦芋最为著名；多子芋，子芋多，无柄，易分离，产量和品质均优于母芋，一般为黏质，多产于长江流域(见图 6-3)；多头芋，球茎分裂丛生，母芋、子芋、孙芋无明显差别，互相密接重叠成整块，质地介于粉质和黏质之间。由于芋具有滑、软、酥、糯的特点，制作菜肴，最宜煨、烧、煮、烩，美味清香，黏嫩爽口。也可炒、拌、蒸、作甜食等。魁芋是食品雕刻的重要原料之一，适于大中型作品的制作。

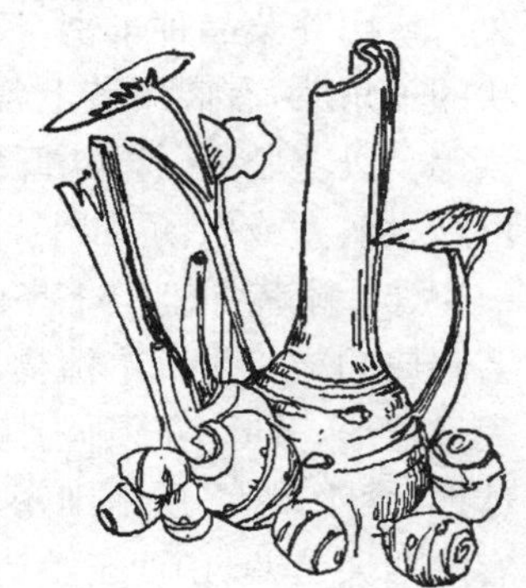

图 6-3　芋

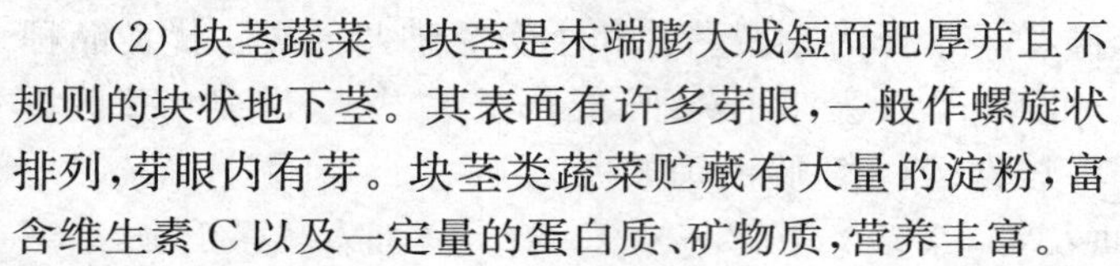

(2) 块茎蔬菜　块茎是末端膨大成短而肥厚并且不规则的块状地下茎。其表面有许多芽眼，一般作螺旋状排列，芽眼内有芽。块茎类蔬菜贮藏有大量的淀粉，富含维生素 C 以及一定量的蛋白质、矿物质，营养丰富。

① 薯蓣：薯蓣(*Dioscorea opposita*； Yam)为薯蓣科薯蓣属一年或多年生蔓性草本植物，又叫山药、山芋、白山药、白苕等，原产于我国和亚洲热带地区。以肥大的块茎供实用，现今南北广为种植(彩图 77)。呈长柱棒状、扁形掌状、块状三种，外皮呈黄褐色，赤褐色等，表面密生须根，茎肉洁白，口感柔糯。主要品种有广州鹤颈薯、黎洞薯、广西苍梧人薯、河南怀山药(全国名产之一)、浙江瑞安红薯、四川脚板苕、广州大白薯等。薯蓣味性甘平，无毒，具有滋养壮身、助消化、敛汗、止泻等医疗作用。烹饪中适于烧、炖、煮等菜式。也可作糕点，可拔丝、蜜汁做筵席甜菜品。

② 菊芋：菊芋(*Helianthus tuberosus*； Jerusalem Artichoke)为菊科向日葵属栽培种，又称为洋姜、鬼子姜等。原产于北美洲，我国各地零星栽培。块茎呈不规则瘤形，茎皮红、黄或白，主要品种有白菊芋和紫菊芋两种。以块形丰满、皮薄质细、新鲜脆嫩者为佳，菊芋的块茎主要供腌渍；也可鲜食，采用拌、炒、烧、煮、炖、炸等烹调方法制作菜肴、汤品或粥食。

(3) 鳞茎类蔬菜　鳞茎是很多肥厚的肉质鳞片叶包裹着的扁平或圆球状的地下茎。大多数鳞茎类蔬菜还含有白色油脂状挥发性物质，从而具特殊辛辣味，并有杀菌消炎的作用。

① 洋葱：洋葱(*Allium cepa*； Onion)为百合科葱属二年或多年生草本植物洋葱的鳞茎，又叫葱头、王葱、球葱等，具有强烈的葱香味。叶圆柱形，中空，浓绿色。肥厚呈鳞状的叶片，密集于短缩茎的周围，形成鳞茎。鳞茎大，呈球形、扁球形或椭圆形，外皮白色，黄色或紫红色。有普通洋葱、分蘖洋葱和顶生洋葱三种类型。洋

葱适于拌制生用，如“老虎菜”，或使用炒、爆、煎、烧等方法烹饪，多作配菜或调味品用，如洋葱炒牛肉，洋葱猪排等。洋葱是西餐中的重要蔬菜。

② 大蒜：大蒜(*Allium sativum*；Garlic)为百合科多年生宿根草本植物，又叫蒜头、山蒜、火蒜等，两千多年前由中亚西亚传入我国，是主要调味蔬菜之一。鳞茎(蒜头)、花轴(蒜薹)和嫩叶(蒜苗)均可供食。大蒜分为紫皮(红皮)、白皮两种。紫皮早熟，辛辣味浓。按蒜瓣多少分为独蒜和瓣蒜。著名品种有辽宁开原蒜、陕西蔡家坡蒜、河北安国白蒜、吉林白皮马牙蒜、拉萨白皮大蒜、山西应县红皮蒜。品质以蒜瓣丰满、鳞茎肥壮、干爽、无干枯开裂为佳。大蒜味辛而温，有强烈的蒜香气味，具有抗菌消炎、驱虫的作用。烹饪中主要作调味料用，是蒜香风味的主要原料。也能作配料运用而成菜，如大蒜鲶鱼、大蒜肚条。蒜薹和蒜苗作蔬菜用，多炒食，如蒜薹炒腊肉，蒜薹炒肉丝，蒜苗回锅肉等。蒜苗也是常用的提味配色的原料，如“麻婆豆腐”中必配蒜苗而产生特色。

③ 百合：百合(*Lilium brownii* var. *viridulum*；Lily Bulb)为百合科百合属多年生宿根草本植物，以甘肃、湖南所产为佳。百合属约有80种，我国产41种。供食用的主要有龙牙百合(白花百合)、川百合、兰州百合、卷丹百合、玉百合等。百合以鲜品和干品供食用。鲜品以鳞茎完整，色味纯正，无泥土损伤者为佳。干品以粒形整齐，颜色透明或半透明，无霉变、虫伤者为佳。百合味甘微苦性平，有润肺止咳、清心安神之功。南北朝时期广泛食用。兰州的百合宴享有美誉。鲜品作蔬菜，适于炒、煮、蒸、炖等，干品作药膳原料，可以制作甜品、粥品和糕点等。

④ 薤：薤(*Allium chinense*；Scallion)为百合科葱属多年生宿根草本植物，又叫火葱、荞葱、藠头等。中国以湖南、湖北、云南、广西、四川和贵州栽培较多。鳞茎呈狭卵形，横径1～3 cm，不分瓣，肉质白色，质脆嫩，有特殊辛辣香味。分为三个品种：a. 大叶薤。又名南薤，鳞茎大而圆，产量高。b. 细叶薤。又名紫皮薤，黑皮薤。鳞茎小，叶与鳞茎均可供食用。c. 白柄薤，又名“白鸡腿”。薤柄长，白而柔嫩，品质佳。藠头主要用于腌渍和制罐，制成酱菜、甜渍菜，如甜藠头；也可鲜食，用于作馅、配菜、拌食、煮粥，如藠头炒剁鸡、薤白粥。

(4) 根状茎蔬菜　根状茎是地下横向生长膨大的根状变态茎。有明显的节和节间。节上既可萌发新枝、新叶，又能长出不定根。富含淀粉和水分，质地爽脆、多汁。

① 藕：藕(*Nelumbo nucifera*；Lotus Root)为睡莲科莲属多年生水生草本植物，又叫莲藕、莲。原产于我国和印度。以膨大的根状茎供食用，主要分为白花藕和红花藕两类。白花藕外皮白色或淡黄色，肉质脆嫩，味甜汁多，藕节粗壮。红花藕外皮发锈，皮色褐黄，含淀粉较多，肉质较粗，藕节细瘦。按上市季节分果藕和菜藕，果藕一般在7～8月上市，水分多，质嫩而味甜，淀粉少适宜生吃。8月份后上市的，水分较少，淀粉较多，甜味轻，质较粗，适合做菜用，所以称为菜藕。红花莲藕用于酿式菜肴的制作，提取淀粉制藕粉，可炖、煮、蒸。白花莲藕用于拌、炒、炝、生食和蜜饯的制作。

② 姜：姜(*Zingiber officinale*；Ginger)为姜科姜属多年生宿根草本植物，又叫薑、生姜、百辣云等，我国自古栽培。姜以发育肥大的肉质根状茎供食(彩图78)。可多次生根状茎，整个块状呈不规则状，具有强烈的辛辣味，肉质为黄色或淡

黄色。我国产姜区域较广，品种较多。优良品种有上庄姜、犍为白姜、莱芜生姜等。姜味辛，微温，是芳香性辛辣健胃良药。姜供食用的部分根据成熟度不同分为仔姜和老姜。烹饪中仔姜可做蔬菜用，供炒食、腌渍和调味用。老姜主要用作调味品，另可加工姜汁、姜面、姜油等。

（三）叶菜类

叶菜类是指以植物肥嫩、柔软的叶片、叶柄为主要食用部位的蔬菜。植物的叶分为三个组成部分即叶片、叶柄和托叶。叶片是由表皮、叶肉和叶脉组成，为叶菜类主要的食用部分，其叶肉组织尤其发达，且表皮薄、叶脉细嫩。叶柄由表皮、基本组织、维管束组成。其基本组织发达，维管束中一般缺乏机械组织。托叶是保护幼芽的结构，通常早落，食用价值不大。

按叶菜类的栽培特点、结构和物质组成特点不同，将其分为三类：一是普通叶菜，植株通常矮小，叶为散生状态，生长期短，成熟快；二是结球叶菜，叶片、叶柄宽大肥厚，在营养生长末期包裹成紧密的叶球，进入休眠状态，耐贮存，是冬春季常用的蔬菜；三是香辛叶菜，含较多的芳香物质，不仅作为蔬菜运用，还专门作为调味料运用。

叶菜类蔬菜品种繁多，大部分含水量高，体小叶薄，质地柔嫩，容易萎蔫和腐烂变质，不利于长期储存，要及时使用确保鲜嫩。尤其是"黄化苗"叶菜，如韭黄、芹黄、菊苣等，含水量更高，质更娇嫩，更需妥善保管。

叶菜类在烹饪中起着重要的作用，是制作菜肴的主配原料。由于叶菜类含水分多，但持水能力差，维生素丰富，大多为绿色，若烹制时间过久，则不仅质地、颜色变差，而且营养及风味物质也易损失，特别适于旺火快速炝炒、汆煮等烹调方法或凉拌生食。为达到成菜质量的一致，还应将叶片和叶柄处理成同等大小、厚薄，或分开用，或按先后不同的顺序使用。叶菜类是糕点、小吃常用的配料和馅心原料。香辛叶菜是常用的调味原料，如芹菜、芫荽、葱、蒜苗、韭菜、茴香、薄荷等。叶菜类是菜点装饰的配色、配形原料，如制作各种颜色"菜松"用于菜肴的围边、点缀，或直接利用叶作配形料、包卷料等，更是提取天然色素的来源，也可加工出蔬菜制品，如盐白菜、津冬菜等。

1. 大白菜

大白菜(*Brassica pekinensis*; Chinese Cabbage)为十字花科芸薹属大白菜亚种一二年生草本植物，又称为卷心白菜、黄秧白、结球白菜等，中国自古栽培，是北方叶菜类主要栽培品种。大白菜茎短缩肥大，叶柄宽而扁，叶色黄绿至深绿，叶球嫩黄至奶白，叶面多皱，如核桃纹。品种很多，如按生态可分为直筒型、卵圆型及平头型(彩图79)；若按叶球抱合程度可分为结球变种、半结球种、花心变种、散叶变种。以新鲜、色正整齐、结球坚实、无抽薹、无黄帮烂叶等为佳。烹饪中大白菜用于炒、拌、熘、烧制成菜以及馅心的制作；也可腌、泡制成冬菜、泡菜、酸菜等；高档筵席菜选用菜心制作，如开水白菜。此外，还常作为包卷料使用，如白菜腐乳、白菜肉卷等。白菜叶柄也是常见的食品雕刻的原料之一。

2. 小白菜

小白菜(*Brassica chinensis*; Pakchoi Cabbage)为十字花科一二年生草本植

物，又称为白菜、油白菜、青菜等。小白菜叶呈绿色、淡绿色至暗绿色，叶片平滑或有皱褶，少数品种有茸毛，叶柄肥厚，按叶柄颜色分为白梗和青梗两类。按供应季节不同又分为秋冬白菜、春白菜、夏白菜三类。主要品种有江苏的慢菜、大菜，山东的箭杆白、勺子头，南京的矮脚黄、四月白、高白菜，北京的青帮、白帮，杭州的荷叶白、瓢羹白，扬州的梅岭白菜等。小白菜纤维少，质地柔嫩，味清香，应用十分广泛。烹饪中适用于大火快炒、拌、煮等，也作馅心，如白菜烧卖，常做汤菜配料或腌做小菜。由于株形整齐，易于排列，是高档菜肴极好的围衬材料。

3. 乌塌菜

乌塌菜（*Brassica narunosa*；Chinese Flat Cabbage）为十字花科两年生草本植物，又称瓢菜、塌棵菜、瓢儿菜、太古菜、乌菜等（彩图 80）。原产于中国，主产分布于长江流域。以经霜雪后味甜鲜美而著称于我国江南地区，被视为白菜中的珍品。乌塌菜植株一般塌地或半塌地而生，叶呈椭圆形和倒卵形，叶色浓绿至墨绿，叶片细胞发达，叶面平滑或皱缩。按其生长特征分为两种类型：①塌棵菜类型。特征为顶芽不发达，不形成叶球。品种有上海塌棵菜、常州油塌菜、无锡雪里青、成都乌鸡白、湖南乌鸡白等。②瓢儿菜类型。特征是顶芽发达，顶叶可合抱成松散的叶球，叶尖向外翻转成黄色。品种有南京瓢儿白、安徽黄心乌菜等。品质以新鲜，无黄叶为佳。烹饪中适合烧、煮、焖、炖等方法成菜，作汤菜或炒食等。

4. 枸杞

枸杞（*Lycium chinensis*；Chinese Wolfberry）为茄科枸杞属一年或多年生灌木，原产于我国，分布于温带和亚热带地区，多野生于山坡、荒地、林缘、田边及路旁。嫩叶和嫩芽称枸杞芽、枸杞头，常作蔬菜食用。人工栽培分细叶枸杞和大叶枸杞两个品种。细叶品种叶卵状披针形，叶肉较厚，味浓。大叶品种叶卵形，叶肉较薄，味淡。枸杞芽性味甘凉，有多种药用功效。其嫩茎、叶多以炒食为主，突出其清鲜口感。也可制汤，与肉类同煮，其味甚鲜。

5. 欧芹

欧芹（*Petroselinum horstens*；Parsley）为伞形花科欧芹属一二年生草本植物，又名洋芫荽、荷兰芹、法香等，以嫩叶供食用。原产于地中海沿岸，目前在中国部分地区栽培。叶浓绿，三回羽状夏叶，叶缘锯齿状卷曲。按叶面皱缩程度分为光叶和皱叶两类。番芫荽有特别香味，作香辛类蔬菜，多用于西餐，宜生食，可用作调味料或菜肴装饰品。中餐中常作为菜肴装饰或大型宴会的展台装饰料，多供酒店和酒楼用。

6. 叶用芥菜

叶用芥菜（*Brassica juncea*；Leaf-mustard Cabbage）为十字花科芸薹属一二年生草本植物，又称为芥菜、青菜、春叶、辣菜等。原产我国，现各地普遍栽培和销售。叶用芥菜又包括七个变种：①大叶芥。叶片较大组织柔软，品种较多，各地广泛栽培，如浙江旱芥、贵州独山大叶芥。②花叶芥。叶片具不同形状的缺刻，如浙江粗花芥、半粗花芥和细花芥，四川鸡啄叶等。③瘤芥。叶柄或中肋发达，具突起或瘤状物，如江苏的弥陀芥。④长柄芥。叶柄为整个叶长的 3/5，如四川箭杆菜、长柄芥。⑤卷心芥。心叶外露，呈卷心状，鲜食或加工。⑥包心芥。中心叶片抱合为叶球，如鸡心芥，菜用或加工。⑦分蘖芥。又名雪里蕻，分蘖较多，叶细长而多，供加工用。叶用芥菜质地脆硬，具特殊香辣味。烹饪中多鲜食或用于加工。嫩株可炒食、腌制或腌后晒干久贮，名产较多，如浙江的腌雪里蕻、霉干菜，四川南充冬菜、宜宾芽菜，贵州盐酸菜，广东惠州梅菜等。

7. 冬葵

冬葵（*Malva uerticillata*；Cluster Mallow）为锦葵科一二年生草本植物，又称冬菜、冬寒菜、葵菜、滑菜、冬苋菜等，以嫩叶、嫩茎供食用，原产亚洲东部。植株较矮，茎直立，叶互生，掌状叶，浅裂，近圆形或半圆形扇状。叶柄长约10～12 cm，浅绿色至深绿。主要品种有紫梗冬葵和白梗冬葵。冬寒菜清香鲜美，入口柔滑，有一定黏性。烹饪中主要用于煮汤、煮粥或炒、拌等，如鸡蒙葵菜；也可作为奶汤海参的垫底。

8. 落葵

落葵（Red Vinespinach）是落葵科一年生缠绕草本植物，又称软浆叶、木耳菜、胭脂菜、豆腐菜、藤菜等，以嫩茎叶作蔬菜。原产我国和印度，我国各地均有栽培。分为红落葵和白落葵，红落葵（*Basella rubra*）的茎呈淡紫色至粉红色，花为红色，叶片长与宽几乎相等，呈心脏形。白落葵（*B. alba*）茎呈淡绿色，花呈白色，叶为绿色，叶片卵圆形至长卵圆披针形。

夏秋季陆续采收落葵嫩叶及嫩梢供食，肥厚而滑嫩、清香多汁。果实可提取食用红色染料，民间常用于糕团、馒头的印花。烹饪上多以煮汤或爆炒成菜，如落葵豆腐肉片汤、蒜茸炒软浆叶等。

9. 苋菜

苋菜（*Amaranthus tricolor*；Amaranth）为苋科苋属一年生草本植物，又称青香苋、米苋、仁汉菜等，以幼苗或嫩茎叶供食。全世界均有分布，中国自古栽培。依叶型的不同有圆叶和尖叶之分，以圆叶种品质为佳；依颜色有红苋、绿苋、彩苋三种类型。因苋菜草酸含量高，所以食用前应焯水处理。烹饪中可炒、煸、拌、做汤或作配菜食用。老茎用来腌渍、蒸食，有似腐乳之风味。

10. 蕹菜

蕹菜（*Ipomoea aquatica*；Water Spinach）为旋花科一年生蔓性草本植物，又称空心菜、藤藤菜、水蕹菜、无心菜、通心菜等，以嫩茎叶供食，原产我国。蕹菜分为白花种、紫花种和小叶种三类。按繁殖方式分为子蕹和藤蕹。蕹菜茎中空，叶互生，叶柄长，叶片为长卵形。蕹菜茎叶鲜嫩、清香、多汁。烹饪中多用于炒、拌、作汤菜。筵席上多取其适令季节的嫩茎叶作随饭小菜，如姜汁蕹菜、素炒蕹菜等。

11. 叶用莴苣

叶用莴苣（*Lactuca sativa*；Lettuce）为菊科一二年生草本植物莴苣的叶用种，又称生菜、莴菜、千金菜、千层剥等，原产地中海沿岸。叶用莴苣品种较多，常按叶子的形状分为长叶生菜（油麦菜）、结球生菜（卷心莴苣）、皱叶生菜（玻璃生菜）三种。不同品种的生菜其叶形、叶色、叶缘、叶面的状况各异，但质地均脆嫩、清香，有的略带苦味。长叶生菜又称散叶生菜，叶全缘或有锯齿，外叶直立，一般不结球，有的心叶卷成筒形。皱叶生菜又称玻璃生菜，叶面皱缩，叶片深裂，有松散叶球。结球生菜俗称西生菜、团生菜，叶片较大，全缘光滑或微皱，叶球呈球形或扁圆形。烹饪中常用于凉拌、炒食、做汤等。由于颜色鲜艳，可以生食，可作为菜肴的垫底和装饰。西餐中常用于制作沙拉和各种菜肴的装饰。

12. 结球甘蓝

结球甘蓝(*Brassica oleracea* var. *capitata*; Cabbage)为十字花科芸薹属甘蓝种的一个变种,为二年生草本植物,又称为卷心菜、莲花白、包心菜、洋白菜、圆白菜等。原产于地中海沿岸,以肥硕叶球供食用。结球甘蓝一般可分为普通甘蓝、皱叶甘蓝和紫甘蓝三类。其中以普通甘蓝最为常见。普通甘蓝又分为尖头型、圆头型、平头型。质地脆嫩、味甘鲜美。以包心紧实、鲜嫩洁净、无老根、无抽薹者为佳。结球甘蓝制作菜肴适于拌、炒、炝、煮、做馅心等。也可醋渍、腌制,是制作泡菜的理想原料。紫甘蓝适于炒食,作色拉等。常见菜肴有糖醋莲白、炝莲白、莲白回锅肉等。

13. 菊苣

菊苣(*Cichorium intybus*; Chicory)为菊科菊苣属多年生草本植物,又称为欧洲菊苣、吉康菜、苦白菜、法国苦苣等(彩图 81),原产于法国、意大利、亚洲中部和北非地区。以其嫩叶、叶球、叶芽为可食用部分。菊苣有平叶菊苣和皱叶菊苣两种类型。平叶菊苣形似白菜心,叶片呈长卵形,苦味稍重,依叶色可分为红色和奶油色两类。皱叶菊苣叶片为绿色披针形,苦叶较淡。菊苣多用于西餐,烹饪中常制作沙拉或生食,也作为各种菜肴的装饰料。

14. 抱子甘蓝

抱子甘蓝(*Brassica oleracea* var. *germmifera*; Brussels Sprout)为十字花科芸薹属两年生草本植物,又称芽甘蓝、子持甘蓝、小包菜(彩图 82),为甘蓝种中腋芽能形成小叶球的变种。原产于地中海沿岸,我国引进种植。以鲜嫩的小叶球为食用部位。抱子甘蓝按叶球的大小又分为大抱子甘蓝(直径大于 4 cm)及小抱子甘蓝(直径小于4 cm),后者的质地较为细嫩。以包心紧实、鲜嫩、干净者为佳。烹饪中可清炒、清烧、凉拌、煮汤、腌渍等,方法多样,如奶汤小包菜、蚝油小甘蓝。

15. 叶用甜菜

叶用甜菜(*Beta vulgaris* var. *cicla*; Leat Beet)为藜科甜菜属一二年生草本植物的变种,又称君达菜、根达菜、牛皮菜、红牛皮等,原产欧洲地中海沿岸(彩图 83)。叶长可达 30～40 cm,叶缘波浪状,叶片肉质光滑,有绿色、紫红色等。叶用甜菜依照叶柄颜色分为白梗甜菜、绿梗甜菜和红梗甜菜。烹饪中适于炒、煮、凉拌,多用于家常菜。由于植株中含草酸,故需用沸水煮烫后冷水浸漂,再行烹制。

16. 菠菜

菠菜(*Spinacia oleracea*; Spinach)为藜科菠菜属一二年生草本植物。又称鹦鹉菜、赤根菜等,原产于中亚伊朗一带,现为中国常见蔬菜之一,一年四季均有供应。菠菜根略带红色,有甜味,叶片呈戟形或卵圆形,柔嫩多汁,色绿味美。菠菜的品种按上市季节分为越冬菠菜、春菠菜、夏菠菜、秋菠菜等,按叶型分为尖叶菠菜和圆叶菠菜两种,以圆叶菠菜质地较好。烹饪中常用于凉拌,炒,做汤、馅心等;亦可取嫩叶提取叶绿素,用于调制面团等。代表菜点如姜汁菠菜、菠菜猪肝汤、菠菜面、三色汤圆等。因含较多的草酸,应避免与含钙丰富的食物一起烹制。另外,烹饪中也常切成细丝后用油炸成绿松,作为菜肴的配色垫底料。

17. 茼蒿

茼蒿(*Chrysanthemum coronarium* var. *spatiosum*; Garland Chrysanthemum)为菊科一年生草本植物,又称同蒿、逢蒿、春菊等,原产地中海,我国栽培历史悠久。茼蒿分为大叶种(叶大、香味浓、品质佳)、小叶种(叶小、多分枝、耐寒)和花叶种三类。嫩茎叶柔嫩多汁,有特殊香气。以青绿鲜嫩、粗壮、无枯烂叶者为佳。烹饪中可用于煮、炒、凉拌或做汤,其代表菜式如蒜茸炒茼蒿、凉拌茼蒿菜。

18. 芹菜

芹菜(*Apium graveolens*; Celery)为伞形花科芹属二年生草本植物,又称胡芹、旱芹、香芹等,为中国主要蔬菜种。根据原产地的不同,芹菜一般分为中国芹菜(本芹)和西芹两种。本芹分为两种类型:白芹和青芹。白芹叶柄细长呈白色,中空,香味淡,纤维发达,韧而不脆,品质好。青芹叶柄粗,绿色,香味较白芹浓,质地较脆嫩。西芹又称洋芹、实心芹菜。叶柄宽而肥厚,实心,辛香味较淡,纤维少,质地脆嫩。烹饪中常用来炒、拌或做馅心,或用于调味、菜肴的装饰。筵席上常选其黄化苗——芹黄作辅料,如芹黄肚丝,芹黄鸡丝等。

19. 芫荽

芫荽(*Coriandrum sativum*; Coriander)为伞形花科芫荽属一二年生草本植物。又称香菜、胡荽、香荽等,原产地中海沿岸及中亚。芫荽主根粗大,白色,根出叶丛生,长5～40 cm,叶片一或三回羽状全裂,裂片卵形,有缺刻或深裂。芫荽含挥发性的芫荽油,有特殊浓郁香味,在烹饪中常作为调味料用,有增香、去腥膻和增进食欲的作用,是拌、蒸、烧制牛、羊、鱼类菜肴的良好佐料,多用于凉拌、火锅、菜肴的装饰和点缀等。叶柄粗长者可作主配料运用,如炝炒芫荽梗、芫荽炒肉丝等。

20. 茴香

茴香(*Foeniculum vulgare*; Fennel)为伞形科多年生草本植物,又称菜茴香、茴香菜、香丝菜、山茴香,原产地中海沿岸,我国栽培食用历史悠久。茴香高20～35 cm,有7～9片叶,叶柄较短,叶片为2～4回羽状深裂复叶,裂片为细条状。全株被有粉霜,具有强烈香辛气,能除肉腥臭,增加香味。烹饪中用于调味、拌食、炒或作饺子馅心等。

21. 韭菜

韭菜(*Allum tuberosum*; Fragrant-flowered Garlic)为百合科葱属多年生宿根草本植物,又称草钟乳、长生韭、懒人菜、起阳草等。原产于我国,栽培历史悠久,主要以嫩叶和柔嫩的花茎供食用。韭菜依食用部位的不同,分为根韭、叶韭、花韭和花叶兼用韭。按叶片宽窄分为宽叶韭和窄叶韭。宽叶韭质柔嫩,辛辣味较淡。窄叶韭纤维多,辛辣味浓。经遮光覆盖可产生黄化苗——韭黄,纤维少,质细嫩,口感柔滑。韭菜入馔,做主配料皆可,宜作凉拌、炒、爆、熘等菜式,作调料或作馅心等。韭黄质地脆嫩,适于炒、拌等,韭菜花也可直接鲜食和腌制。

22. 葱

葱(*Allium fistulosum*; Shallot)为百合科多年生草本植物,又称大葱、汉葱、直葱等,原产于我国,主要以嫩叶及叶鞘抱合成的假茎(葱白)供食用。葱的品种较多,主要有三类:①普通大葱:主产于淮河秦岭以北及长江中下游地区,植株较高,假茎色白粗长。分长白型,中白型,短白型,可直接食用,著名品种有山东章丘大葱。②分葱:又称冬葱、四季葱,菜葱等。主产于长江以南各地。假茎细而短,分蘖力强,香味浓,主要用于菜肴调味。③香葱:又称细香葱、胡葱等。植株小,鳞茎明显,叶极细,质地柔嫩,味清香,微辣,主要用于调味。葱与姜、蒜、辣椒合称为调味四辣。烹饪中可生食、调味、制馅心或作菜肴的主、配料。如葱爆肉、京酱肉丝、大葱猪肉饺等。

23. 球茎茴香

球茎茴香(*Foeniculum dulce*; Florence Fennel)为伞形花科茴香属植物茴香的变种,又称佛罗伦萨茴香、意大利茴香、甜茴香等,原产于意大利南部佛罗伦萨地区。近年来大中型城市及沿海城市多有栽培。球茎茴香叶柄基部膨大,相互抱合成一个扁球形或圆球形的球茎,成为供食的主要部分,口感脆嫩,茴香味浓,略带甜味。食用前要把外周坚硬的叶柄去掉,中心部位的嫩叶可保留。因茎叶含茴香脑,有健胃和增进食欲之功效。西餐制作中,常榨汁或直接作为调味蔬菜使用,可生食、凉拌、炒、腌渍等。

24. 豆瓣菜

豆瓣菜(*Nasturtium officinale*; Watercress)为十字花科豆瓣菜属草本植物,又称为水生菜、水田芥等,俗称西洋菜。原产地中海东部和南亚热带地区,以嫩茎叶供食用。叶片呈卵形或卵圆形,深绿色,有较强的辛辣味和淡淡的芳香,质地脆嫩,风味独特(彩图 84)。西洋菜富含维生素 A、维生素 C、维生素 D,营养价值高。烹饪中可用于荤素菜肴的制作,炒食或制汤等。

25. 香椿

香椿(*Toona sinensis*; Chinese Toon)为楝科楝属多年生落叶乔木香椿树的嫩芽。又称椿芽,早春大量上市。中国是唯一以香椿入馔的国家,以安徽的太和香椿最为著名(彩图 85)。香椿质柔嫩,纤维少,味鲜美,具独特芳香气味。可分为青芽和红芽两种,以青芽质好香味浓。烹饪中可拌、炒、煎、蒸等,如椿芽炒蛋、椿芽拌豆腐、炸椿鱼等。

26. 荠菜

荠菜(*Capsella bursa-pastoris*; Shepherd's Purse)(图 6-4)为十字花科一年生或两年生草本植物,又称菱菱菜、护生草、菱角菜、东风芥、地米菜等。以嫩叶供食用,清香鲜美,我国自古栽培食用。野生或人工栽培。荠菜的栽培种分板叶荠菜和散叶荠菜两类。荠菜有一定的营养保健作用,民间有"三月三,荠菜胜灵芝"之说。烹饪中用于炒、拌,或做馅心,其代表菜点有荠菜炒百合、荠菜汤、荠菜猪肉饺、荠菜羹等。

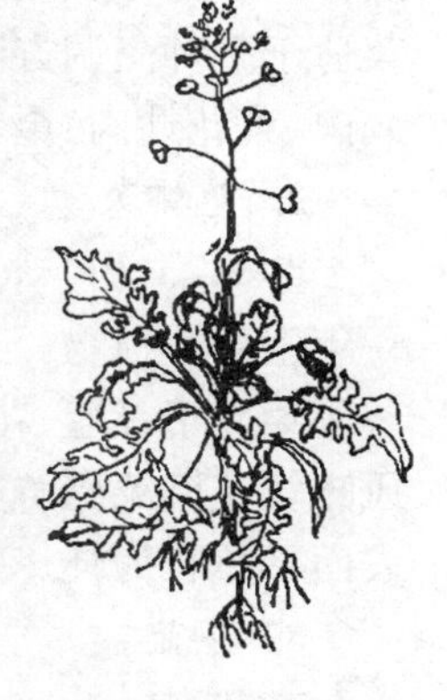

图 6-4　荠菜

27. 莼菜

莼菜(*Brasenia schreberi*; Water Shield)为睡莲科莼菜属多年水生宿根草本植物,又称淳菜、水葵、湖菜、水荷叶等。原产我国,主要分布在长江以南湖面地区,以太湖、西湖所产为佳。莼菜按色泽分为红花品种(叶背、嫩梢、卷叶均为暗红色)

和绿花品种(叶背的边缘为暗红色)。由于有黏液,故食用时口感润滑,风味淡雅。烹饪中莼菜最宜于制作高级汤菜,润滑清香,如西湖莼菜汤、清汤莼菜等;也可作羹,如三丝莼菜羹等。春夏两季取其嫩茎叶,用于拌、煸、炒等。莼菜性味甘凉,清暑热,可作为清凉饮料饮用。

28. 紫背天葵

紫背天葵(*Gynura bicolor*; Gynura)为菊科三七草属草本植物,又叫血皮菜、观音苋(彩图 86),以嫩茎叶供食用。原产于我国,西南各地尤其是四川栽培较多。茎绿色,节间带紫红色,叶卵圆形,叶片绿色,略带紫色,叶背紫红色,表面有蜡质而光亮。紫背天葵口感柔嫩滑爽,有特别风味。烹饪中多凉拌或炒食。

(四) 花菜类

花菜类是指以植物花的各部分作为主要食用部分的蔬菜。花是植物变态的枝条,可分为花柄、花托、花萼、花冠、雌蕊群、雄蕊群部分。有的植物以整个幼嫩的花部包括花茎供食用,如菜薹,芥蓝等;有的植物以肥大肉质化的花柄供食用,如花椰菜、茎椰菜;有的植物以肥厚的萼片供食用,如朝鲜蓟;有的则以花冠、雌蕊群、雄蕊群部分供食用,如食用菊,霸王花等。

花菜类色泽丰富,形态多样,质地柔嫩或脆嫩,具特殊的清香或辛香气味。很多种类不仅营养丰富,而且有较大的药用价值,是值得大力开发的一类蔬菜原料。

花菜类是菜肴制作的常用主料和配料。由于花是植物柔嫩的器官,加之有的种类肉质化程度较高,所以适合生用,或采取快速烹制的方式成菜,并且突出花菜类独特的清鲜口感;作为配色、配形原料,展示花菜类的色泽和形态,不仅用于菜点本身的点缀和装饰,还可以用于环境气氛的布置;作为调味原料,用于菜肴、糕点和小吃中,提供特殊的花香气息,如玫瑰花、桂花、菊花、晚香玉等;由于有的花菜有较大的药用价值,常用于药膳和食疗菜点的制作,如菊花、金银花、腊梅花、鸡冠花等。

1. 花椰菜

花椰菜(*Brassica oleracea* var. *botrytis*; Cauliflower)是十字花科甘蓝的变种,为一二年生草本植物,又称菜花、花菜等,以巨大的花球供食用。原产于地中海东部沿岸,目前我国广泛栽培。花椰菜质地细嫩,粗纤维少,味甘鲜美。按生长期的不同,分为早熟种、中熟种及晚熟种。依花球颜色分白色品种、紫色品种和橘黄色品种。以花球质地坚实、表面平整、边缘未散开,花蕾紧密,肉质细嫩者为佳。花椰菜适于多种烹调方法。在烹调中可作主料或配料,且最宜与动物原料合烹,如花菜焖肉、菜花炒肉、金钩花菜等。因其形状和色泽独特,也常作为菜肴的配形配色料。

2. 茎椰菜

茎椰菜(*Brassica oleracea* var. *italica*; Broccoli)属十字花科甘蓝的一个变种,一年生草本植物。又称木立甘蓝、洋芥蓝、绿菜花、青花菜、西兰花等,原产意大利。茎椰菜介于甘蓝、花椰菜之间,品质柔嫩,纤维少、水分多,色泽鲜艳,味清香、脆甜,风味较花椰菜更鲜美。以色泽深绿、质地脆嫩、花球半球形、花蕾未开、质地致密、表面平整者为佳。烹饪中可烫后拌食或炒,亦可用于配色、围边。

3. 芥蓝

芥蓝(*Brassica alboglabra*; Cabbage Mustard)为十字花科芸薹属一二年生草

本植物，又称芥兰。原产于亚洲，我国广东、广西、福建等地均有栽培，以花薹和嫩叶供食用。芥蓝茎粗短，直立，绿色，叶形和叶色因品种而异，有长卵形、近圆形。叶色有绿色或灰绿色，叶片平滑或皱缩，叶质较厚。芥蓝品种繁多，有早熟、中熟和迟熟品种。烹饪中以炒、炝为主，保持爽脆清香口感，如清炒芥蓝、上汤芥蓝。也可以作为高档菜肴的垫底，有配色作用。

4. 红菜薹

红菜薹(*Brassica oampestrsi* var. *purpurea*；Purple Flowering Stalk)是十字花科芸薹属芸薹种白菜亚种的一个变种，以柔嫩花轴、嫩叶、花蕾供食，又称油菜薹、紫菜薹。原产我国，主要分布于长江流域，主产于四川、重庆、湖北、湖南等地，以武昌和成都最为著名，供应期从 10 月至来年 3 月。植株长成后，迅速抽薹，有主薹和侧薹。腋芽萌发力强，每株可采收侧薹 7～8 根，最多可达 30 多根。叶茎基部长出的叶呈椭圆形至卵型，绿色或紫绿色，叶缘波状，基部深裂或有少数裂片，叶脉较突，紫红色，叶柄长，紫红色。花薹的叶片较细小，倒卵形或近披针形，基部抱茎而生(彩图 87)。早熟品种有武昌红叶大股子、十月红一号。中熟种代表品种有成都二早子红油菜薹。晚熟品种主要有胭脂红和阴花油茎薹。优质菜薹茎粗肉厚实，质地致密，纤维少，味清淡，质脆嫩，营养丰富，维生素 C 含量高。红菜薹的食用方法很多，无论是素炒、荤爆，或用开水烫后做凉拌菜，风味皆鲜美，在主产区也被视作珍品，尤其春节期间，紫菜薹炒腊肉、炒香肠、炒火腿都是美味佳肴。

5. 朝鲜蓟

朝鲜蓟(*Cybara scolymus* L. ；Artichoke)为菊科多年生草本植物，又称洋蓟、洋百合、菊蓟、法国百合等(彩图 88)。原产于欧洲地中海沿岸，我国有栽培。朝鲜蓟外面包着厚实的花萼，主要食用部位为幼嫩的头状花序的总苞、总花托及嫩茎叶。味清淡，质脆爽。选择时以花序丰满、花瓣未开、外层花苞无开裂、有光泽、无虫蛀者为佳。朝鲜蓟是西餐烹调中的高档蔬菜，可凉拌、炒食、做汤或挂糊炸食。

6. 食用菊

食用菊(*Chrysanthemum sinense* Sab.)为菊科茼蒿属多年生草本植物，又称甘菊、臭菊等，原产于我国，以花瓣或嫩芽叶供食用。供菜用的主要品种有普通种、晴岚、阿房宫、高砂等四种。头状花序具有多种颜色，味甘而清香。食用菊有清热解毒、清肝明目的功效，是药膳菜点的常用原料。烹饪中可拌、炒、做汤，又可做饼、糕、粥等，如菊花火锅、腊肉蒸菊饼等。

7. 霸王花

霸王花(*Hylocereus undatus* Britt. et Rose)为仙人掌科多年生草本植物量天尺的花，又称量天尺花、剑花、霸王鞭。原产中美洲，我国南方有栽培。主产于广州、肇庆等地，海南有野生种。花白色，漏斗状，长 25～30 cm，宽 6～8 cm，花开时直径达 11 cm，夜开晨凋，可鲜用或凋后蒸熟干制。以新鲜、色正、朵形完整、无虫蛀、无损伤者为佳。烹饪中用以制汤，味鲜美，亦可作为配料使用。

8. 黄花菜

黄花菜(*Hemerocallis citrina*；Daylily)为百合科萱草属多年生草本植物的幼嫩花蕾，原产于我国，分布于中国秦岭以南各地。因鲜品的花蕊中含较多的秋水仙碱,故需摘除或煮熟后供食。而干品经过蒸制毒性丧失,质地柔嫩,具特殊清香味,称为"金针菜"。黄花菜色泽金黄,香味浓郁,营养丰富,富含维生素E。食之清香,爽滑,嫩糯,甘甜,为席上珍品。烹饪中可用以炒、氽汤,或作为面食馅心和臊子的原料,如黄花炒肉丝、木樨肉、黄花肉圆等。以菜色黄亮,长而粗,干燥,柔软有弹性,有清香,味浓者为佳。通常将同属的北黄花菜(*H. flava*)、红萱(*H. minor*)等也加工食用,也称为金针菜,但其品质稍差。

9. 鸡冠花

鸡冠花(*Celosia cristata* L.; Cockscomb)苋科青葙属一年生草本植物,又称鸡髻花、老来红。原产印度一带,现我国各地广为栽培。植株高60～90 cm,全株无毛。茎直立,粗壮,绿色或带红色。叶互生,卵形、卵状披针形,两端渐尖。穗状花序扁平而肥厚,扭曲折叠,呈鸡冠状,长8～25 cm,宽5～20 cm。上缘宽,具皱褶,密生线状鳞片,下端渐窄,常残留扁平的茎。表面红色、紫红色或黄白色;中部以下密生大呈小花,每花宿存的苞片及花被片均呈膜质。苞片、小苞片和花被片呈紫色、红色、淡红色或黄色,干膜质(彩图89)。鸡冠花营养全面,风味独特,性凉、味甘而涩。有凉血止血、滋阴养血之功效,是常用的滋补强身花类原料。花玉鸡、红油鸡冠花、鸡冠花蒸肉、鸡冠花豆糕、鸡冠花籽糍粑等佳肴美点,各具特色,鲜美可口,令人回味。

(五) 果菜类

果菜类是指以植物的果实或幼嫩种子作为主要食用部分的蔬菜。大多原产于热带和温带,为蔬菜的又一大类原料。根据果实的生长发育特点,有成熟后肉质化程度高,果皮食用价值大的浆果、瓠果等,也有成熟后果皮干燥,只能食其嫩果、嫩种子的荚果等果实类型。果菜种类较多,由于主要来自于茄科、葫芦科和豆科植物,所以依据果实构造和商品分类特点将其分为三大类:即豆类蔬菜(荚果类)、茄果类蔬菜(浆果类)和瓜类蔬菜(瓠果类),其他果菜种类较少。果菜的种类不同,质地各异,风味各异,是春末到秋初的主要蔬菜。

果菜类含水量高,味香、质嫩的果菜可作水果生用,如西红柿、黄瓜等;也是制作菜肴的主配原料,根据果实类型和肉质特点,嫩果一般突出其脆嫩特点,老果一般讲究软熟质感,种子烧、炖、煨、焖时要软糯,炸、烤时要酥脆;风味独特、浓郁的常作调味原料,如辣椒、西红柿;是常用的雕刻原料和配形、配色原料,可发挥果品特有的形制作酿式菜和盅式菜等造型菜品;是腌渍、干制等蔬菜加工制品的原料。

1. 豆类蔬菜

豆类蔬菜是指以豆科植物的嫩豆荚或嫩豆粒供食的蔬菜。富含碳水化合物及较多的蛋白质、脂肪、钙、磷和多种维生素,营养丰富,滋味鲜美。除鲜食外,还可制作罐头和脱水蔬菜。

(1) 菜豆　菜豆(*Phaseolus vulgaris*; Kidney Bean)为豆科一年生草本植物。又称芸豆、四季豆、梅豆、棍豆、芸扁豆等,原产于美洲,以幼嫩的荚果和籽粒供食用。荚果呈弓形、马刀形或圆柱形。大多为绿色,亦有黄、白色。种子有红、白、黄、黑色或彩色斑纹。菜豆品种繁多,依茎的高矮可分为蔓性种、矮性种。依荚的色泽可分为绿荚种和黄荚种,嫩荚脆嫩。以色正、有光泽、无茸毛、肉质肥厚、鲜嫩饱满、种子不显露、无折断者为佳。四季豆中含有菜豆凝集素，生食可引起食物中毒，高温加热才能破坏毒素。适于长时间的烹制方法，如焖、煮、烧、煸等，其代表菜式有干煸四季豆、油焖豆角、四季豆烧肉。

(2) 长豇豆　长豇豆(*Vigna sesquipedalis*；Cowpea)为豆科豇豆属一年生草本植物，又称腰豆、长豆角、豆角、带豆等，以嫩荚及种子供食用。原产于埃塞俄比亚和印度，目前广泛栽培，夏秋两季大量上市。长豇豆有很多品种，根据荚果颜色分为青荚、白荚和紫荚三种。荚果为长圆条形，呈墨绿色、青绿色、浅青白色或紫红色。青荚豇豆色绿细长，质地脆嫩，适于炒、炝、拌、制泡菜、干制等。白荚和紫荚豇豆肉质松软，适于烧、炒、烩、煮汤等，其代表菜式如姜汁豇豆、烂肉豇豆、干豇豆烧肉等。

同属的饭豇豆(*V. cylindrica*)荚短，多纤维，不能食用，只用成熟的种子作粮食。因植株不用搭架攀缘，又称地豇豆。

(3) 刀豆　刀豆(*Canavalia gladiata*；Sword Bean)为豆科刀豆属一年生缠绕草本植物，又称中国刀豆、大刀豆、皂荚豆、刀鞘豆等，其荚果形状似刀，故名。目前栽培品种主要为蔓生刀豆。嫩豆荚大而宽厚，表面光滑，浅绿色，质地较脆嫩，肉厚味美，品种有大刀豆、洋刀豆。烹饪中可炒、煮、焖或腌渍、糖渍、干制。成熟的籽粒供煮食或磨粉代粮。

(4) 扁豆　扁豆(*lablab purpureus*；Hyacinth Bean)为豆科扁豆属一年生蔓生草本植物，又称鹊豆、蛾眉豆、沿篱豆、藤豆等，原产于印度。荚果微弯扁平，宽而短，倒卵状，呈淡绿、红或紫色，每荚有种子 3～5 粒。以嫩豆荚或种子供食。著名品种有上海猪血扁，浙江慈溪红扁豆、白扁豆，贵州湄潭黑子白雀豆，木耳白雀豆等。因嫩豆荚含有毒蛋白、菜豆凝集素及可引发溶血症的皂素，所以需长时加热后方可食用。烹饪中常用煮、烧、焖、烩方法成菜，如酱烧扁豆、扁豆烧肉、扁豆烧百页等；也可作馅，或腌渍和干制。干制后的豆荚烧肉，风味独特。

(5) 菜用大豆　菜用大豆(*Glycine max* (L.)Merr；Green Soybean)为豆科大豆属一年生草本植物。亦称毛豆、枝豆等，以嫩种子供食用，原产于我国。嫩豆粒味道鲜美，营养丰富。依种子色泽分为黄、青、黑、褐及双色，以青色种多作蔬菜用。烹饪中可炒、烧、煮、蒸、凉拌食用，因其含有草酸，须焯水后运用，可用来配色、配形及做点缀装饰，还可带壳直接煮食，或速冻和加工青豆罐头。

(6) 豌豆　豌豆(*Pisum sativum*；Green Pea)为豆科豌豆属一二年生草本植物，又称青元、麦豆、荷兰豆等，以软荚嫩果或幼嫩种子供食用。原产于埃塞俄比亚、地中海和中亚一带。依豆荚结构不同又分为软荚豌豆及硬荚豌豆。软荚豌豆又称为蜜豆、菜豌豆、荷兰豆，其荚果呈小圆棍形或薄片状，果皮肉质化直至种子灌浆长大充满豆荚，仍然脆嫩爽口。由于嫩豆荚质地脆嫩，味鲜甜，纤维少，所以嫩荚和豆粒均作蔬食。硬荚豌豆豆荚未成熟时纤维较多，质硬而韧，不可食用，只以青豆粒和老熟豆粒供食用。嫩荚以炒食、凉拌为主，口味宜清淡，突出其翠绿清香、细嫩可口的特点。豆粒以炒、煎、蒸、炸、烩、煮等方法成菜，讲究软糯或酥香，也可制成泥或馅心运用。老熟种子还可作炒货，提取淀粉。除嫩荚和种子供食用外，豌豆的嫩茎或刚生长出的幼苗，又称豌豆尖、豆苗，也是烹饪中常用的原料。嫩茎中空而细，质地柔嫩，叶片柔软，味甜而清香。可做汤，或炒、炝、凉拌成菜，幼苗还可蘸汁生食，也常作配色、配形原料使用。

(7) 蚕豆　蚕豆(*Vicia faba*; Broad Bean)为豆科野豌豆属一年生草本植物，又称胡豆、川豆、倭豆、罗汉豆，以幼嫩或老熟种子供食。原产于亚洲西南和非洲北部地区，我国主要分布于长江以南各省。蚕豆依豆粒的大小可分为大粒种、中粒种和小粒种。以色正、豆荚饱满、无发黑、无腐烂者为佳。蚕豆入馔，味道鲜美，嫩豆粒呈浅绿色，肉质软糯鲜美，烹饪中适于烩、炒、拌、煮等制作方法，如折耳根拌蚕豆、蚕豆清汤、虾仁蚕豆、酸菜胡豆瓣汤等。老熟种子可去种皮油炸后成菜，如怪味蚕豆、糖粘蚕豆瓣、香酥豆瓣等，或作炒货，提取淀粉。

2. 茄果类蔬菜

茄果类蔬菜又称浆果类蔬菜，即茄科植物中以浆果供食用的蔬菜，此类果实的中果皮或内果皮呈浆状，肉质化程度高，是食用的主要对象。茄果类蔬菜富含维生素、矿物质、碳水化合物、有机酸及少量蛋白质，营养丰富。可供生吃、熟食、干制及加工制作罐头，产量高，供应期长，在果菜中占有很大比重。

(1) 茄子　茄子(*Solanum melongena*; Egg Plant)为茄科茄属一年生草本植物，又称茄瓜、落苏、矮瓜、昆仑瓜等。原产于印度，我国普遍栽培，为夏季主要蔬菜之一，以幼嫩的浆果供食。中国茄子品种繁多，按果实形状可分为长茄、矮茄和圆茄三种。长茄果实呈细长棒状，长 30 cm 以上，皮紫、绿或淡绿，为南方普遍栽培。矮茄果实呈卵形或长卵形，种子较多，品质较次。圆茄果实多呈圆球、扁球或椭球形，皮色紫、黑紫、红紫或绿白。烹饪中常用以红烧、油焖、蒸、烩、炸、拌，或腌渍、干制。茄子适于多种调味，代表菜式如鱼香茄子、软炸茄饼、酱烧茄条、烧青椒拌茄子等。

(2) 西红柿　西红柿(*Lycopersicum esculentum*; Tomato)为茄科一年生至多年生草本植物，又称番茄、红茄、洋柿子、爱情果等(彩图 90)，以幼嫩、肉质多汁的浆果供食用，是夏秋季主要蔬菜之一。原产于南美洲，我国普遍栽培。番茄按其生物特征分为栽培番茄、樱桃番茄、大叶番茄、梨形番茄和直立番茄五个变种。由于品种繁多，大小差异较大，颜色丰富，形状各异。以果形端正，肉厚多汁，酸甜适口者为佳。西红柿营养丰富，富含维生素 C，可作水果生食，或以拌、糖汁成菜，作菜肴装饰。熟食适于炒、烧、酿、做汤等，也可制作番茄酱，其代表菜式有酿番茄、番茄烩鸭腰、番茄鱼片、番茄炒蛋等。西红柿是中西餐烹饪中重要的调味料之一。

(3) 辣椒　辣椒(*Capsicum annuum*; Bush Redpepper)为茄科辣椒属一年生或多年生草本植物，又称海椒、番椒、香椒、大椒、辣子等，原产于南美洲热带地区，我国普遍栽培。全世界的辣椒约七千多个品种。我国主要的辣椒种类有：①樱桃椒。果小如樱桃，色红、黄或微紫，辣味强。②圆锥椒。果实为圆锥形或圆筒形，味辣，主要品种有广东仓平鸡心椒等。③簇生椒。果实向上生长，簇生，色红味辣，主要品种有四川七星椒，朝天椒等。④长椒。果实为长角形，顶端尖，微弯，肉质好，成熟为红色，味辣，主要品种有四川二荆条等。⑤甜椒，又叫灯笼椒、菜椒、羊角椒。甜椒果形较大，色红、绿、紫、黄、橙黄等，果肉厚，味略甜，无辣味或略带辣味。按果形可分为扁圆、圆锥、圆筒、钝圆、长筒形等。辣椒富含维生素 C 和胡萝卜素。红椒的色素成分是胡萝卜素和辣椒红素。以果实鲜艳、大小均匀、无病虫害、无腐烂、无机械损伤者为佳。烹饪中辣椒的嫩果入菜可酿、拌、泡、炒、煎等,代表菜式如酿青椒、虎皮青椒、青椒肉丝、青椒皮蛋等。除作蔬菜用,在烹饪中广泛用于调味,可以加工成辣椒粉、辣椒油、辣椒酱、泡辣椒等。

3. 瓜类蔬菜

瓜类蔬菜又称瓠果类蔬菜,指葫芦科植物中以果实供食用的蔬菜。该类蔬菜大多起源于亚洲、非洲、南美洲的热带或亚热带区域,其果皮肥厚而肉质化,花托和果皮愈合,胎座呈肉质,并充满子房。富含糖类、蛋白质、脂肪、维生素与矿物质。可供生吃、熟食及加工,亦是食品雕刻的常用原料之一。

(1) 南瓜　南瓜(*Cucurbita moschata*; Cushaw)为葫芦科一年生蔓生草本植物,又称倭瓜、番瓜、饭瓜等,原产于中南美洲热带地区。以果实供食用,也可食用嫩茎和鲜花。南瓜按果实的形状分为圆南瓜和长南瓜两个变种。圆南瓜果实呈扁圆或圆形,果面多有纵沟或瘤状突起。果实有黄色斑纹,老熟多空心。长南瓜果实长形,头部膨大,果皮绿色有黄色花纹,分空心和实心两种。以果实结实、瓜形整齐、组织致密、瓜肉肥厚、色正味纯、瓜皮坚硬有蜡粉、不破裂者为佳。嫩南瓜味清鲜、多汁,通常炒食或酿馅,如酿南瓜、醋熘南瓜丝等。老南瓜质沙味甜,是菜粮相兼的传统食物,适宜烧、焖、蒸、炸作主食、小吃、糕点,代表菜点如铁扒南瓜、南瓜蒸肉、南瓜八宝饭、焖南瓜、南瓜饼等,并且是雕刻大型作品如龙、凤、寿星等的常用原料。

(2) 黄瓜　黄瓜(*Cucumis sativus*; Cucumber)(图 6-5)为葫芦科甜瓜属一年生蔓性草本植物,又称刺瓜、胡瓜、王瓜等,以幼果供食,原产印度北部地区。果实表面疏生短刺,并有明显的瘤状突起;也有的表面光滑。按果形可分为刺黄瓜、鞭黄瓜、短黄瓜、小黄瓜;按季节分为春黄瓜、夏黄瓜、秋黄瓜。选择时以青绿鲜嫩、带白霜、顶花未脱落、带刺、无苦味者为佳。烹饪时生熟均可,可拌、炒、焖、炝、酿或作菜肴配料、制汤,并常用于冷盘拼摆、围边装饰及雕刻,还常作为酸渍、酱渍、腌制菜品的原料,其代表菜式有炝黄瓜条、干贝黄瓜、蒜泥黄瓜、翡翠清汤等。

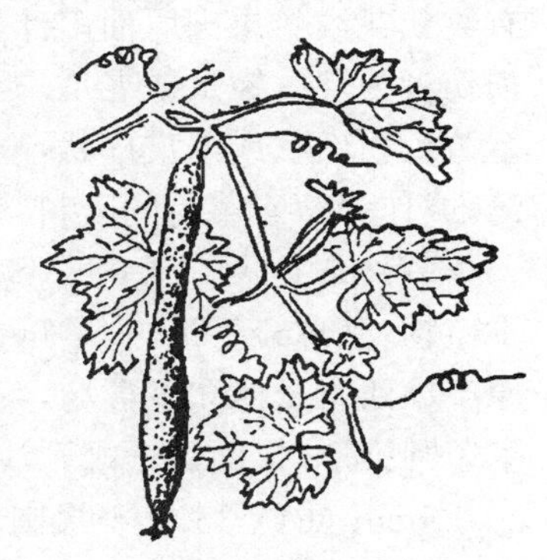

图 6-5　黄瓜

(3) 笋瓜　笋瓜(*Cucurbita maxima*; Water Squash)为葫芦科南瓜属一年生蔓生草本植物,又称印度南瓜、玉瓜、北瓜、白玉瓜等,多以嫩果供食。原产印度,我国长江流域多产。瓠果的形状和颜色因品种而异,可分为黄皮笋瓜、白皮笋瓜和花皮笋瓜三种。按大小分为大笋瓜及小笋瓜,常用的品种有南京的大白皮笋瓜、小白皮笋瓜、大黄皮笋瓜,安徽的白笋瓜、黄皮笋瓜、花皮笋瓜,淮安的北瓜。笋瓜的果肉厚而松,肉质嫩如笋,味淡。烹饪中常切片、丝炒食,或切块、角烧烩,荤素均可搭配;也常用于馅心的制作。

(4) 丝瓜　丝瓜(*Luffa aegyptiaca*; Towel Gourd)为葫芦科丝瓜属一年生草本攀缘性植物,又称天罗、锦瓜、天络瓜等,以嫩果供食。原产于亚热带地区,我国普遍栽培。丝瓜按瓠果上有棱与否,分为普通丝瓜和棱角丝瓜。嫩果的肉质柔嫩,味微清香,水分多。以果形端正、皮色青绿有光泽、果霜层明显,新鲜柔嫩、果肉组织不松弛为佳。烹饪中适于炒、烧、扒、烩,或作菜肴配料,并最宜于做汤;筵席上还常用其脆嫩肉皮配色作菜,其代表菜式有桃仁丝瓜、滚龙丝瓜、青豆烧丝瓜等。

(5) 苦瓜　苦瓜(*Momordica charantia*; Balsam Pear)为葫芦科一年生攀缘性草本植物,又称凉瓜、红姑娘、癞瓜、菩提瓜等,以嫩果供食,果实呈纺锤形或长圆筒形,果面具有钝圆不整齐的瘤状突起。嫩果为青绿色、白色,假种皮为白色、黄白色,成熟时呈鲜红色,味苦而清香、鲜美。主要品种有广东三元里的大顶苦瓜,西南诸省产的大型纺锤苦瓜等。苦瓜时以质嫩、肥厚、籽少者为佳。初加工应去瓜瓤,可生食,也可单独或配肉、辣椒等以炒、烧、煸、焖、酿、拌等方法成菜。代表菜式如酿苦瓜、干煸苦瓜、苦瓜烧肉、苦瓜炒蛋等。若要减少苦味,可加盐略腌或在沸水中漂烫,还可作夏季凉茶的原料。

(6) 西葫芦　西葫芦(*Cucurbita pepo* L. ; Pumpkin)为葫芦科一年生草本植物,又称美国南瓜、茭瓜、搅瓜等,以嫩果或成熟的果实供食用。原产北美洲,我国长江流域及以北栽培较广。西葫芦依植株性状分为三个类型,即矮生类型、半蔓生类型和蔓生类型。果实多为长圆筒形或圆形,果面平滑,皮色墨绿、黄白或绿白色,有纹状花纹。果肉厚而多汁,味清香。以果形端正、色泽鲜艳、无腐烂、无病斑、无损伤者为佳。嫩瓜或老瓜均可供食。老瓜经水煮或速冻后,用筷子一搅即成瓜肉金黄色粉丝状或海蜇皮状,故称搅瓜,瓜丝可食凉拌用。烹饪中可炒、烧、烩、熘、制汤,或作为荤素菜肴的配料以及饺子等的馅心。

(7) 佛手瓜　佛手瓜(*Sechium edule*; Chayote)为葫芦科多年生宿根蔓性草本植物,又称合手瓜、合掌瓜、洋丝瓜、拳头瓜、丰收瓜、福寿瓜等,多作一年生栽培。原产墨西哥及西印度群岛,我国冬季温暖地区有栽培。佛手瓜嫩梢新鲜细嫩,瓠果呈短圆锥形,果面具不规则浅纵沟,果皮呈淡绿色,果实尖端膨大处有种子一枚,长8～20 cm,重约350 g。果肉脆嫩,微甜,清香。以果实鲜嫩、色正、无损伤者为佳。佛手瓜可生食,其嫩果可炒、熘,老熟后可炖、煮,也可腌渍。此外,其嫩叶、块根亦可入烹,块根肥大如薯,除鲜食外,可提制淀粉。

(8) 瓠瓜　瓠瓜(*Lagenaria siceraria* var. *clavata*; Calabash Gourd)为葫芦科一年生蔓性植物,又称葫芦、瓠子、大黄瓜、蒲瓜等,以嫩果供食。原产非洲南部及印度,中国自古栽培,为夏季主要蔬菜之一。瓠瓜的果实呈长圆筒形或腰鼓形,皮色绿白,且幼嫩时密生白色绒毛,其后逐渐消失。果肉白色,厚实,质地柔软。主要品种有浙江早蒲,济南长蒲,江西南丰甜葫芦,台湾牛腿蒲等。以果形端正、皮色鲜艳、果肉柔嫩、无腐烂、无病斑者为佳。烹饪中宜于做汤,口味清爽淡泊,也可单独或配荤素料炒、烧等。瓠瓜两头有苦味,应去除。

(9) 冬瓜　冬瓜(*Benincasa hispida*; Chinese Waxgourd)为葫芦科一年生蔓性草本植物。又称白瓜、水芝等,原产于我国南部和印度。肉厚,白色,疏松多汁,味淡。冬瓜按果实大小可分为小果型和大果型两类。小果型果实较小,单果重2～5 kg,果实被白蜡粉或无蜡粉。大果型果型大,单果重10～20 kg,短圆柱或长圆柱形,果皮青绿色或被白蜡粉。按皮色分青皮冬瓜和白皮冬瓜。冬瓜具有清热、利尿、消暑作用,尤适合肾病患者,为盛夏主要蔬菜之一。冬瓜在烹饪中可单独或配荤素料烹制，适于烧、烩、蒸、炖，常作为夏季的汤菜料。筵席上常选形优的青皮冬瓜雕刻后作盛器，如冬瓜盅。也可制蜜饯，如冬瓜糖。其代表菜式有干贝冬瓜、什锦冬瓜汤等。

(10) 节瓜　节瓜(*Benincasa hispida* var. *chieh-qua*；Wax Gourd)为葫芦科一年生蔓生草本植物，又称毛瓜、水影瓜，小冬瓜，为冬瓜的变种，以嫩果供食，原产于我国，主产于广东、广西、海南、台湾等地。瓠果比冬瓜小，密布粗硬短的茸毛，皮为青色。按果形可分为短圆柱形和长圆柱形两类。按栽培适应性分为春节瓜、夏节瓜和秋节瓜。其果肉质地嫩滑，味清淡。以瓜形端正、皮色青绿、新鲜嫩滑、茸毛鲜明、带顶花、无黏液者为佳。口感与冬瓜相似，烹饪方法与冬瓜相同。

(11) 蛇瓜　蛇瓜(*Trichosanthes anguina*；Snake Gourd)为葫芦科一年生攀缘草本植物，又称为印度丝瓜、蛇豆、蛇形丝瓜、长栝楼(彩图 91)，原产于印度。主要以嫩果供食，嫩茎和嫩叶也可食用。果实呈细圆柱条状，果肉疏松，白色，具特殊清香，老熟后瓜瓤呈红色。以果实鲜嫩、无断裂、无损伤者为佳。烹饪中以炒食、做汤为主，亦可腌渍、干制。其果肉中含有蛋白酶，有助于食物中蛋白质的吸收。

4. 其他果菜类

(1) 玉米笋　玉米笋是指禾本科一年生草本植物玉米的未熟嫩果穗，又称珍珠笋、甜玉米、菜玉米等。原产热带非洲，我国在 20 世纪 40 年代引进，在中国部分地区栽培供应。在产区以鲜品应市，其余地区多见罐头。柔嫩的玉米果穗状若羊角，色泽淡黄，穗轴细嫩无筋，籽粒尚未饱满，味鲜嫩而脆，色美清香。玉米笋为菜，可作主料，也可作辅料，也可作高档菜肴配菜，最宜用拌、炒、熘、烧、烩、炸等方法成菜，突出其清脆的质感。又适于烧、烩、煮、扒等长时间烹调，使成菜柔滑爽口。其代表菜肴有玉米笋沙拉、鸡茸玉米笋、六锦烩玉米、香茄玉笋等。

(2) 黄秋葵　黄秋葵(*Hibiscus esculentus* L.；Okra)为锦葵科锦葵属一年生草本植物，又名羊角豆、秋葵等(彩图 92)。原产于非洲，20 世纪初引进我国，为新型保健蔬菜。食用部分为蒴果，羊角形，横断面为五角形或六角形。按果实外形分为圆果种和棱角种。黄秋葵含有丰富的维生素 A、维生素 B，以及铁、钾、钙等微量元素。其肉质细嫩，还含有一种黏性糖蛋白，有保护肠胃、肝脏和皮肤黏膜的作用，并有治疗胃炎、胃溃疡及痔疹的功效，是一种良好的食疗蔬菜。烹饪中可用来炒食、做汤、凉拌，风味独特。其叶、芽、花也可食用。

二、孢子植物蔬菜

孢子植物是藻类、菌类、地衣、苔藓和蕨类植物的总称。这类植物不开花、不结果、不产生种子，而以孢子进行繁殖，是植物进化中比较古老的类群。其中藻类、菌类和地衣植物无根、茎、叶的分化，属于低等植物，而苔藓、蕨类植物有根、茎、叶的分化，属于高等植物。这些孢子植物中供食用的有食用藻类、食用菌类、食用地衣类和食用蕨类，有较高的营养价值和食用价值，有的还是珍品和滋补品，在烹饪中运用广泛。

(一) 食用蕨类

蕨类植物属于高等植物中较低级的一个类群，介于苔藓植物和种子植物之间。

现存的大多为草本植物,少数为木本植物。孢子体发达,有根、茎、叶的分化。根是须根状的不定根,茎大多数是根状茎。叶型变化很大,有单叶和复叶之分,根据大小和功能不同又分大型叶、小型叶、营养叶和孢子叶。大型叶幼时拳卷,成长后分化为叶柄和叶片两部分,叶片分裂为羽状。无花,以孢子繁殖。世界上蕨类植物有一万两千多种,我国蕨类植物约有两千六百余种,生活于高山、平原、森林、草地、溪沟、岩隙和沼泽等阴湿温暖的环境中,多分布于长江流域以南,东北一带食用也较多,可以人工栽培种植。

蕨类植物有广泛的用途,很多种类可供食用,幼嫩的大型叶可作蔬菜,广义上都称为蕨菜,因幼叶拳卷,又称卷菜、龙头菜。主要种类有蕨菜、水蕨、荚果蕨、紫萁、菜蕨等。据日本女子营养大学校长,医学博士香川绫研究报道,新鲜蕨菜含一种叫 ptaquiloside 的致癌物质,但去除涩液的蕨菜及腌渍蕨菜没有致癌作用,所以蕨菜宜腌渍后再吃。其加工方法是:当大型叶长到 23～25 cm 时采摘,先用盐干腌,然后用盐水渍,手感柔软、质嫩、色泽近似新鲜蕨菜者为合格。有的蕨类的根状茎富含大量淀粉,可加工成蕨粉,可酿酒和制糖。有的种类也是有名的药用植物。蕨菜每 100 g 可食部分含蛋白质 1.6 g,碳水化合物 10 g,脂肪 0.1 g,粗纤维 1.3 g,钙 24 mg,磷 29 mg,铁 6.7 mg,维生素 C 39 mg,胡萝卜素 1.68 mg。可作为肥胖、高血压患者的辅助药膳。烹调中常炒、拌、熘、烩、烧和做汤菜,而且配以荤料口味更佳,成菜质感脆嫩、爽滑可口,但干制品较老韧。

1. 蕨菜

蕨菜(*Pteridium aquilinum*; Brake)为凤尾蕨科蕨属中多年生草本植物,又名拳菜、蕨儿菜、龙头菜等,供食用的是刚出土时的嫩叶芽和嫩茎。广泛分布于热带和亚热带地区山坡草丛或灌木从中。春夏季早上采集。茎高 10～20 cm,茎粗 2～3 mm,顶上嫩叶芽抱呈拳形(图 6-6)。历来被视为山野珍蔬、誉为山菜之王。其根状茎富含淀粉,可提取蕨粉制成蕨粉条、蕨粑等供食用,如蕨粉鹅肠、蕨粑炒回锅肉、双椒蕨粉等菜肴富有特色美味可口,蕨粉制品呈灰褐色,属于黑色食品系列,常吃有防癌的作用。蕨菜味甘性寒,口感柔滑,具特有清香。有一定涩味,食用前应焯水后入凉水浸泡,再烧、炒、拌、炝。成菜也可做汤或制作馅心。可晒干或盐腌后贮存。其代表菜有木须蕨菜、海米蕨菜、脆皮蕨菜卷、凉拌蕨菜等。

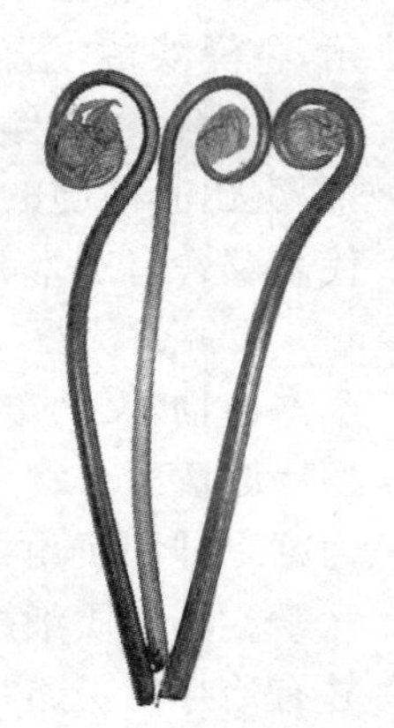

图 6-6　蕨菜

2. 水蕨

水蕨(*Ceratopteris thalitroides*)为蕨属一年生水生植物,又名水柏,木松草,龙须菜,分布于江苏、浙江、福建、广东、广西、云南等长江以南地区,生于池沼、深水中(彩图 93)。高可达 70 cm,根状茎短而直立,叶光泽无毛,软革质。营养叶直立,幼时漂浮,狭矩圆形,长 10～30 cm,二至三回羽状深裂,末回裂片披针形或矩圆状披针形,宽约 6 mm;繁殖叶较大,矩圆形或卵状三角形,二至三回羽状深裂,末回裂片条形,角果状。以嫩叶入食,口感脆嫩多汁。烹饪中多用于热菜,适宜于炒、拌等烹调方法。

3. 荚果蕨

荚果蕨(*Matteuccia struthiopteris*)为球子蕨科荚果蕨属，株高可达1米，根状茎直立，连同叶柄基部密被针形叶鳞片。叶杯状丛生，新生叶直立向上生长，展开后则成鸟巢状。孢子叶从叶丛中间长出，叶柄较长，粗而硬，羽片荚果状。荚果蕨的鲜嫩叶片有一股特异香气，类似黄瓜，故俗称黄瓜香(彩图94)。荚果蕨原产我国，多生于海拔900～3 200 m之间的高山林下，喜凉爽湿润及半荫的环境，是一种优质的山野菜。20世纪70年代以来，已开发出一些产品上市，其加工品主销日本，其根可入药。

4. 菜蕨

菜蕨(*Callipteris esculenta*)为蹄盖蕨科菜蕨属多年生草本植物。植株高0.5～1.5 m，根状茎短而直。叶簇生，叶柄长40～70 cm。叶三角状披针形，长50～160 cm，宽30～60 cm。一回或二回羽状复叶，小羽片披针形。常生长于水边湿地，分布于华南沿海及贵州、云南各省。

(二) 食用地衣

地衣是真菌和藻类共生的结合体。共生的真菌大多是子囊菌，少数为担子菌，共生的藻类主要是蓝藻和绿藻。地衣没有根、茎、叶的分化，外部形态结构有壳形、叶形和分枝形等。壳形地衣在岩石和树皮上吸附得很牢，不易剥下，叶型的地衣比较容易剥下，分枝形的地衣常悬垂在树林的树干间。从结构看，外表由真菌的菌丝细胞构成，中间为藻类植物细胞，由于地衣的特殊结构和生活方式，有较强的适应能力和耐受力，所以一般分布在岩石、崖壁、树干以及高山寒漠地带，一般不受污染，所产原料多属于山珍。地衣少数可供食用，如石耳、树花和松萝等；部分作药用，早在《本草纲目》中就有记载，并为高山和极地兽类的食料；有些可供药用、工业用，提取染料、香料、试剂等。

石耳(*Umbilicaria esculenta*)为地衣门石耳科植物。又叫石花、石衣、石木耳、岩菇等。呈叶状，近圆形，直径3～5 cm，背面灰白色或灰绿色，腹面褐色或黑褐色，中央有脐状突出的菌丝，生于峭壁悬崖间。分布在浙江、江西、湖北、安徽、河南等地深山区。为江西庐山特产之一，在终年雾气的滋润下生长，庐山的五老蜂产量最多。体大肉厚者为佳，干制品革质易脆。石耳含石耳酸等多种地衣酸以及丰富的蛋白质、糖类和多种矿质元素。性味甘平，有清热、解毒、利尿之功效，被列为上等山珍之一，常用于配菜。烹调时可炖、煨、烧、炒、拌，因本身不显味，制作菜肴须与鲜味原料相配，或用上汤赋味，如石耳炖鸡、石耳肉片等。烹制后柔嫩滑脆，口感好，味清香。

(三) 食用真菌

1. 真菌植物的形态结构

食用真菌是指以具有肉质或胶质的子实体供食用的大型真菌；在生物学分类上分别属真菌门的子囊菌纲和担子菌纲。属子囊菌纲的较少，如马鞍菌、羊肚菌、冬虫夏草等，绝大多数属担子菌纲，如蘑菇、香菇、银耳、猴头菌等，是真菌中进化较高等的一类。

真菌的营养体为菌丝体，由交错分枝的菌丝组成。菌丝呈管状，由几丁质或纤维素构成其细胞壁，细胞内贮存有丰富的内含物如油滴、肝糖、蛋白质等营养物质。菌丝不断生长发育、在繁殖季节产生大型的繁殖结构——子实体，子实体产生无数孢子，成熟的孢子散落或传播开来后，在适宜的环境下又萌发成新菌丝。由孢子萌发，经菌丝发育成子实体，再产生第二代孢子的整个过程就是食用菌的生长史(图 6-7)。

图 6-7　子实体的生长过程

食用菌的生长繁殖速度快，产量高，培养条件简单。其生活方式大致有三种：一种与植物的根系共生，如口蘑、牛肝菌、块菌等；另一种腐生在已枯死的植物体上，如香菇、银耳等；再一种既能寄生在虫体、活的植物体上又能生活在枯木上，如冬虫夏草、蜜环菌等。大多数食用菌是腐生类型的，目前人工能栽培的食用菌大都是这一类型，如蘑菇、香菇、平菇、草菇、银耳、竹荪、猴头菌等。

子实体呈耳状、头状、花状、伞状，伞状最多，伞状子实体由菌盖、菌柄两个基本部分组成，有些种类还有菌托、菌环、菌裙等；子实体一般为白色、灰色和褐色，也有的颜色鲜艳；有胶质、肉质、木质、革质、软骨质等质地；有独特的风味，味道鲜美。

我国栽培食用菌的历史悠久，早在公元 533—544 年贾思勰的《齐民要术》一书中就有记载，目前我国仍然是人工栽培食用菌最多的国家之一。全世界食用菌共有约 500 种，我国有 400 多种。目前食用菌主要来源于人工种植，以鲜品、干品、腌渍品和罐头制品形式供应市场。选择野生食用菌原料时应加强品质鉴定，特别注意不能误食毒菌。

2. 食用菌的烹饪运用特点

食用菌营养丰富，子实体含丰富的蛋白质，占干重的 20%～40%，含丰富的氨基酸、谷胱甘肽、核苷酸等，富含维生素、矿物质。有的种类富含对人体有益的多糖物质，药用价值较高，可增强机体免疫力，有防癌、抗癌的功效，自古以来就被誉为高级山珍，滋补佳品，常作为高档筵席原料。中国素菜大都离不开它，这也是中国菜的一大特色。食用菌是烹饪中广泛运用的原料，由于其特殊的组织结构和形态色泽，在烹饪运用中表现出其特点。

(1) 子实体一般质地柔嫩或脆嫩，易成熟，可采取多种方式成菜，但一般时间不宜过长。但胶质重的或要突出药用成分的可长时间煨、炖、蒸制成菜，如银耳、冬虫夏草等。

(2) 子实体含多种呈味物质，一般都有独特的鲜香风味，所以烹制时以突出本味为主。尤其是鲜香味浓厚的种类，如香菇、口蘑等，常作为调味料使用，可为无显味的原料赋味。

(3) 许多子实体形态各异，结构特殊，通常用于造型工艺菜，如推纱望月、酿羊肚菌等。也是常用的配形、配色原料，如木耳、香菇、竹荪等。

3. 食用真菌的主要种类

(1) 冬虫夏草　冬虫夏草(*Cordyseps sinensis*；Chinese Caterpillar Fungus)

为子囊菌纲麦角菌科植物，又叫虫草，为冬虫夏草的子座及其寄主蝙蝠蛾的幼虫僵壳的混合体，每年四五月份长出子座（彩图95），主产于我国西藏高原地区。全菌体长9～12 cm，直径0.2～0.4 cm，上半部分为子座，灰褐或黑褐色，下半部分为有虫形外壳的菌核，深灰黄色，虫体环节与足清晰可辨。虫草味甘性温，有补虚损、益精气、壮肾阳的功效，为强身健体的滋补名料。烹饪中适于泡制药酒或与高档原料同炖，如虫草老鸭汤、虫草甲鱼等。现在可将冬虫夏草菌培养在人工配制的培养基上，只有子座的部分，干品呈棕黄色柔软小条状或丝状，叫"虫草花"，与冬虫夏草有类似的功效和运用。

（2）羊肚菌　羊肚菌（*Morchella esculenta*；Morel）为子囊菌纲羊肚菌科羊肚菌属的多种羊肚菌的统称。常见的有粗腿羊肚菌、黑脉羊肚菌和尖顶羊肚菌等。羊肚菌子实体头部呈圆锥形，由于规则网状棱纹分割或具有许多蜂窝状的凹陷，酷似牛羊的蜂窝胃而得名，又称羊肚子，羊素肚（彩图96）。菌柄较肥大，通体中空，质地很脆。春末夏初野生于潮湿的阔叶林中或林缘空旷处，主要分布在西南山区，以云南省最多，基本为野生，采摘后干制或腌制。羊肚菌味道鲜美，是著名的野生菌之一。鲜品直接入烹，干品经涨发、腌品先浸泡去盐后使用，可应用烧、烩、拌、扒、酿等烹饪方法。可单独成菜也可和其他荤素原料一起烹制以提高其鲜味，如羊肚菌素烩、瓤羊肚菌等。

（3）块菌　块菌是块菌科块菌属（*Tuber*）几种菌类的通称，又名黑菌、拱菌、猪拱菌、无粮藤果、隔山撬。生于松、杉、麻栎、马桑等针阔叶混交林的浅表层的土中或植物根际外生菌根菌。全世界有三十多种类别不同的黑菌，分部在法国、英国、意大利等地，我国主要产于云南、西藏和西南山区。在欧洲将块菌称为松露（truffle）与鱼子酱、鹅肝酱并列三大名菜。块菌的子囊果直径一般为1.5～10 cm，呈不规则块状或球状，表面有桑葚状疣突。生长在土中时为白色，挖出地面为黄褐色，成熟时则为暗褐色、棕黑色。菌体内部有白色的网状纹路（彩图97）。有独特的芳香气味，稍带土霉味。要利用专门训练的猪、猎犬的灵敏嗅觉来帮助挖掘块菌。块菌制作的菜肴有块菌馅饼、块菌牛排、松露汤、松露沙拉、奶酪块菌，甚至还有块菌冰淇淋。松露蛋卷、松露配鹅肝是法式典型的菜肴，充分体现块菌的美味。

（4）猴头菌　猴头菌（*Hericium erinaceus*；Hedgehog Hydnum）属多孔菌目齿菌科猴头菌属，又叫刺猬菌，阴阳蘑。形圆，如人拳大小，菌盖有圆筒须刺，刺如猴毛，根部略圆尖如嘴，似猴头形状，故得名。菌体嫩时为白色，完全成熟时呈黄色（彩图98）。野生猴头菌喜低温，多生长于深山老林的枰树、胡桃、桦树等树的干枯部位及腐木上，多对生。主产区分布于东北大小兴安岭一带，华北、西北山区也有产，目前也大量人工栽培。鲜品为白色，干制后为褐色。以形体完整、无伤痕残缺、茸毛齐全、身干、体大量重、无霉烂为佳。其氨基酸含量非常齐全，味道鲜美，被誉为八珍之一。常用于熘、扒、烧、蒸、酿制菜肴，尤以"红烧猴头"为佳。味稍苦，应焯水后使用。

（5）木耳　木耳（*Auricularia auricula*；Jew's Ear）（图6-8）为担子菌纲木耳科腐生真菌，又叫黑木耳，云耳。生于柞树、栎树和青杠树等树干上，有野生和人工栽培两种，多为干制品。其形似耳状，表面光滑，深褐色接近黑色，背面凸起，棕褐色，密生柔软而短的茸毛，口感爽滑脆嫩。根据形态大小和质感的细腻分大木耳(粗木耳)和小木耳(细木耳)两种。质量以颜色黑而光润、片大均匀、体轻干燥无杂质、涨性好为佳。木耳在烹饪中适于炒、烩、拌、炖、烧、作馅心等。在菜肴中有配色的作用。湖北北部的房县所产木耳"房耳"质量优。

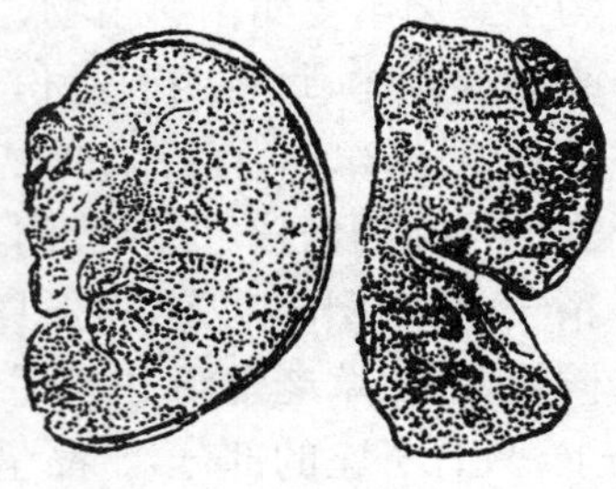

图 6-8 木耳

(6) 银耳 银耳(*Tremella fuciformis*; Jelly Fungi)为担子菌纲银耳科腐生真菌，又叫白木耳，雪耳。子实体由许多半透明的皱褶薄瓣组成，像菊花或鸡冠花状，表面光滑，白色或米黄色，直径 5～10 cm。基部为硬实的橘黄色耳基(彩图 99)。

以色白或略带米黄色，肉厚朵圆，有弹性，柔韧，无耳基，无杂质斑点为佳。银耳性平，有养阴润肺，益胃生津之功效。煮后胶质浓厚，润滑可口，是传统的滋补品。除产地外多见干品，干品呈黄色或黄白色，以四川通江和福建漳州银耳最为著名。也可以炒、熘等形式与鸡，鸭，虾仁配制成菜，最适宜作汤羹。"金耳"产于青藏高原，为名贵滋补品。

(7) 竹荪 竹荪(Bamboo Fungus)为鬼笔科竹荪属腐生真菌，又叫竹笙、竹参、竹菌等。我国主产于四川、贵州、云南等地，自然野生于竹林下的枯枝腐叶上，目前已人工栽培。常见种类有长裙竹荪(*Dictyophora indusiata*)(彩图 100)和短裙竹荪(*D. duplicata*)两种，多为干制品。子实体幼小时形似鸡蛋，外面包有菌托，称竹荪蛋。成体竹荪的菌柄为白色中空，菌柄上部紧贴菌盖的下面撒出一道白色网状菌裙，菌盖呈小钟形，红色，有恶臭，采摘时去除(见图 6-9)。品质以色白或淡黄、肉厚而柔软、味香、朵形完整、无虫蛀、无霉变和枯焦为上等。色白味香、质脆，被列为高贵的山珍，有"菌中皇后"的美誉。烹饪中常用于花式菜肴装饰和制作高级汤菜。味道鲜美，还能保持菜肴鲜味并使之不腐不馊。

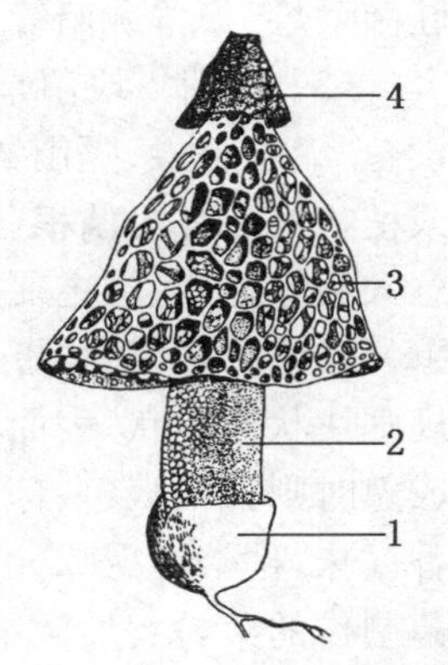

图 6-9 竹荪

1. 菌托 2. 菌柄
3. 菌裙 4. 菌盖

(8) 口蘑 口蘑(Saint George's Mushroom)为担子菌纲口蘑科一些在草原生长的菇类的统称，常见的有香杏口菇(*Tricholoma gambosum*)，白菇(*T. mongolicium*)，雷菇(*Clitocybe giganter*)等。口蘑自然野生于北方天然草原，主产区在内蒙古、河北张家口地区，因集散地在张家口地区，故称口蘑(彩图 101)。品质以边缘完整、身干、香味足、菌柄短而细、质肥嫩为佳。口蘑是食用菌的珍品，香味浓郁，既可做大众菜肴，又是席上珍品，运销各地，闻名世界。适于各种烹调方法，如口蘑包子、口蘑素烩等。

(9) 鸡枞 鸡枞(*Termitomyces albuminosus*; Collybia Mushroom)为担子菌纲鹅膏菌科著名野生菌之一。又叫三塌菌、伞把菇、白蚁菇等。生长于红土质的山林。初下小雨后，鸡枞破土而出，顶如钝锥，雨后形如伞盖，即可采食。从生，菌柄下部为尾状假根，末端伸入白蚁巢内，与白蚁共生，大多为灰帽白杆(彩图 102)。品种繁多，有窝鸡枞、青头鸡枞、火把鸡枞、黄皮鸡枞、散鸡枞等。以体形大小均匀、色泽黄或深黄、身干、无焦片、无雨淋片、无虫蛀及无碎屑为佳。鸡枞肉质脆嫩、香、鲜、美味可口，有浓厚的菌香味，适于炒、爆、烩、煮等。特别适于清蒸和制汤。除产地外多见干制品和腌制品，可加工鸡枞油。

(10) 香菇　香菇(*Lentinus edodes*；Champignon)为担子菌纲香菇属腐生真菌，又叫香菌、香蕈。目前广泛人工栽培，中国香菇产量仅次于日本。菌盖半肉质，扁半球形，黄褐色至深肉桂色，菌肉厚，白色，菌褶白色，稠密弯生。以冬季所产最佳。因气候寒冷，子实体生长缓慢，肉质厚而结实，香味浓郁。若表面有裂纹，露出白色菌肉，称为花菇(彩图 103)；若无花纹，称为厚菇；二者均称为冬菇。春季子实体生长迅速，柄长肉薄，香味较淡，称为春菇或薄菇，品质稍次。菌盖直径小于 2.5 cm 的小香菇，称为菇丁，质柔嫩，味清香。以菇形圆整、菌盖肉厚、全开而卷边、无虫蛀、无畸形者为佳。香菇含有香菇香精等物质，干制后发出浓郁的香味，故以干制品质量为佳。烹饪中可作主料，也可作配料。适合炒、炖、煮、烧、拌、作汤、制馅及拼制冷盘等，经常为菜肴配色。

(11) 双孢蘑菇　双孢蘑菇(*Agaricus bisporus*；Mushroom)是世界各国常见食用菌之一。子实体初生时呈扁半球形，成熟时展开成伞状，菌盖表面为白色，也有淡奶黄色或淡褐色。菌柄与菌盖同色，圆柱形，直径 0.8～3 cm，中部有一圈膜质白色菌环(图 6-10)。以色泽洁白、菇形圆整、肉质肥厚、有菇香、菌膜紧包、无霉烂、无虫蛀病斑和机械损伤者为佳。蘑菇菇体肥嫩，肉质爽脆，营养丰富。适于炒、炖、煮、烧、拌、作汤等烹调方法，也可以制作馅心，多鲜食或制成罐头使用。

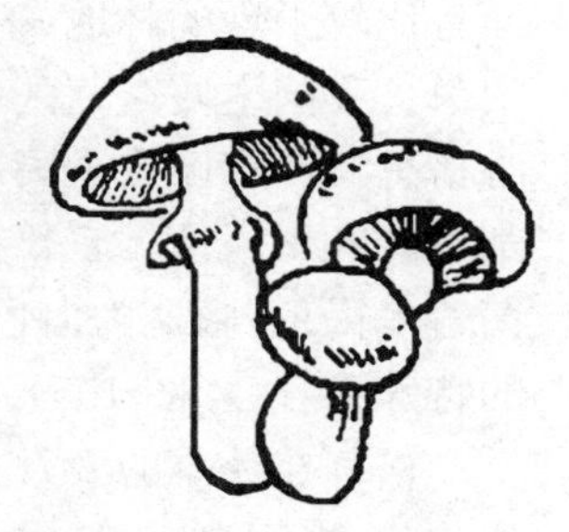

图 6-10　蘑菇

(12) 平菇　平菇(Cap Fungus)是担子菌纲侧耳科腐生真菌，又叫侧耳，北风菌。目前多人工栽培，常见的有糙皮北风菌(*Pleurotus ostreatus*)、美味北风菌(*P. sapidas*)等。子实体成叠地从生，菌盖为扇形或贝壳形，直径 5～15 cm 或更大。初生时为暗灰色，以后转为淡灰色。菌柄侧生，菌盖在菌柄着生处凹成漏斗形。菌肉白色，柔软肥厚。以菇形完整、菌盖肉厚、新鲜半开、无虫蛀、无腐烂为者佳。烹制上常用鲜品，也可加工成干品、盐渍品。采用炒、炖、蒸、拌、烧、煮等方法成菜、制汤，如平菇肉片、平菇汤、椒盐平菇等。

(13) 金针菇　金针菇(*Flammulina velutipus*；Long-rocted Mushroom)为担子菌纲口蘑科金线菌属的腐生真菌，又名朴菇、金线菌等。子实体呈丛生长，菌盖肉质，直径 2～4 cm，中部黄褐色，边缘淡黄色。菌肉白色，柔软而又弹性，菌柄细长，圆柱形，中空。上部肉质，黄褐色，下部软革质，深褐色，有细茸毛。多以人工栽培。以菌盖未开、直径小于 1～1.5 cm、通体洁白或淡黄、无腐烂变质者为佳。金针菇味道鲜美，嫩脆可口，含丰富的赖氨酸和蛋白质，宜炒食、凉拌、制汤及涮火锅，也可制作馅心等。

(14) 草菇　草菇(*Volvariella volvacea*；Straw Mushroom)为担子菌纲包脚菇属腐生真菌，又叫兰花菇，美味包脚菇等，主产区为广东、广西、福建等山区，目前大量人工栽培。子实体幼小时形似鸡蛋，外面包有菌托，称草菇蛋。成熟时外菌膜破裂，并很快展开菌盖，菌孢子弹射而出，残留的外菌膜在菌柄的下部发育成菌托。

一般在外菌膜未破前采收，除鲜食外，制成罐头或干品。以菇体新鲜完整、无霉烂、无破裂、不开伞者为佳。草菇含多种氨基酸和丰富的维生素C，滋味鲜美，营养丰富。可炒、炸、烧、炖、煮、蒸或作汤料，也可干制、盐渍或罐藏，如草菇蒸鸡、面筋扒草菇、鼎湖上素等。

(15) 茶树菇　茶树菇(*Agrocybe aegirita*[Brig.]Sing.)为粪伞科田蘑属腐生菌，又名茶菇、油茶菇、神菇、柱状甜头菇、茶薪菇、杨树菇等，春秋季生于杨树、柳树、茶树腐木上，单生至丛生，主要分布在江西、福建、贵州和云南等地(彩图104)。菌盖初生为半球形，后逐渐平展，中浅，褐色，边缘较淡。菌肉白色、肥厚，菌褶与菌柄成直生或不明显隔生，初褐色，后浅褐色。菌柄中实，长4～12 cm，近白色或淡黄褐色。菌环白色，膜质，上位着生。多以鲜品或干品用于烹调加工中，食用时菌盖肉肥，菌柄脆爽，气味香浓，味道鲜美。常炒、烧、炖而成菜，如干锅茶树菇、茶树菇炖排骨、茶树菇肉丝等。

(16) 松茸　松茸(*Tricholoma matsutake*；Matsu-take)为担子菌纲口蘑属，是松栎等树木外生的菌根真菌，又名松口蘑、松蕈、合菌、台菌。松茸好生于养份不多而且比较干燥的林地，一般在秋季生成，通常寄生于赤松、偃松、铁杉、日本铁杉的根部。我国主要产茸区有香格里拉产茸区、楚雄产茸区和延边产茸区等地区，其中香格里拉产茸区占全国总产量的70%，是连续30年的松茸出口冠军。目前全世界都不能人工培植。它长在寒温带海拔3 500 m以上的高山林地。子实体呈伞状，菌盖呈褐色，菌柄为白色，均有纤维状茸毛鳞片，菌肉白嫩肥厚，质地细密，有浓郁的特殊香气(彩图105)。

松茸在秋季的8月上旬到10月中旬采集、食用。具有独特的浓郁香味，口感如鲍鱼，极润滑爽口。松茸富含蛋白质，有18种氨基酸，14种人体必需微量元素、5种不饱和脂肪酸，核酸衍生物，肽类物质等稀有元素。含有珍贵的活性物质，分别是双链松茸多糖、松茸多肽和松茸醇，是世界上最珍贵的天然药用菌类。松茸在日本被奉为“神菌”。日本人习惯于秋季食用松茸料理，信奉“以形补形”，食之具有强精补肾，健脑益智和抗癌等作用。

(四) 食用藻类

藻类植物是一类含有叶绿素和其他辅助色素、能进行光合作用的低等植物。植物体有单细胞形式，或由多细胞组成的群体和组织体，无根、茎、叶的分化，构造简单。

藻类植物的生态多种多样，绝大多数生活在淡水和海水中，称为水生藻，少数生长在潮湿的岩石、土壤、树干上，又名气生藻。除部分海产种类体型较大外，一般都相当微小，不少种类需借显微镜才能看见。已知的藻类植物约有25 000多种。一般分为蓝藻门、裸藻门、金藻门、甲藻门、黄藻门、硅藻门、绿藻门、褐藻门和红藻门等。

藻类中的营养成分主要为糖类，占35%～60%，大多为具特殊黏性的多糖类，一般难以消化，但具一定的医疗作用，如海带的黏液(藻朊酸盐)可促进盐分向体外排出，有降低血压的作用。大多数藻类为高膳食纤维原料；含有丰富的蛋白质，褐藻中蛋白质含量为6%～12%，紫菜中的蛋白质含量最高，达39%；非蛋白含氮物高，所以鲜味强，如海带、紫菜；无机盐丰富，而海产藻类含有的丰富的碘，是人体摄取碘的重要来源。藻类的食用历史悠久，目前常用的食用藻类有70多种，主要来自于蓝藻门、绿藻门、褐藻门和红藻门，如海藻中的礁膜、石莼、裙带菜、紫菜、海带和石花菜等，淡水藻中的发菜、葛仙米、地皮菜、大螺旋藻等。

食用藻类植物烹调方式多样，运用范围广泛，一般以做汤菜为多，但胶质重的种类不宜长时间加热，如石花菜，否则难以保形；海带、紫菜等藻类含较多的呈味物质，经常用于提味和调味；藻类植物是常用的配色、配形原料，如紫菜等为天然的包卷料，赋予菜点特别的形和色以及风味；从石花菜属、江蓠属和麒麟属的藻类中可以提取琼脂，琼脂作为凝胶剂在食品加工和烹饪中都有广泛的运用。

1. 海带

海带(*Laminaria japonica*；Tangle)为褐藻门海带科海带属植物。我国东海、黄海、渤海沿海岸均产，一般在夏季采收。藻体扁平呈带状，为褐色、绿色、棕色，表面黏滑。长2～4米，由叶、柄、茎和叉状分枝固定器等部分组成。海带分天然和人工养殖两种，多为盐渍品或干品。干品分为盐干和淡干两种。干制品表面有甘露醇析出的白粉，淡干质量较优。以身干体厚、叶长且宽、色泽黄褐或深绿、尖端及边缘无白烂及附着物、无泥沙杂质者为佳。海带含较多的碘、钙、铁、蛋白质等营养物质，性凉，具有消炎、解热、补血、降血压和预防治疗甲状腺肿、淋巴腺肿等功效。干品需温水浸泡回软后使用，适于炒、烧、烩、炖、煮等菜式，如麻辣带丝，海带炖鸭子等。

2. 紫菜

紫菜(Laver)是红藻门紫菜属藻类植物的统称，又称子菜、索菜、膜菜等，以温带海域为主要产地，自然生长于浅海潮间带的岩石上。膜状，体扁平，薄如纸片，黏滑，下部有盘状或半球形假根。我国浙江、福建、广东、山东、江苏等沿海出产约有十多种。主要栽培的有两种，即北方的条斑紫菜(*Porphyra yezoensis*)和南方的坛紫菜(*P. haitanensis*)。以体形完整、成片干燥、紫色油亮、无泥沙杂质者为佳。紫菜营养成分丰富，具有降血压、治疗脚气病和肺炎的功效。口感脆嫩爽口，常作调料或包卷料、配色料等，拌、炝、蒸、煮、烧、炸、氽汤皆可，如紫菜寿司、紫菜蛋卷、五色紫菜汤、紫菜炖排骨等。

3. 石花菜

石花菜(*Gelidium amansii*；Agar Weed)为红藻门石花菜科多年生藻类植物的统称，又名牛毛菜、红丝菜等。多生于海中岩礁石上，藻体直立从生，高20 cm左右。主枝圆柱形或扁压，羽状分枝如花状。常为紫红色或深红色，基部有假根状固着器。干制品以干燥、色白黄、无杂质者为佳。石花含大量半乳糖胶体物质，是提取琼脂的主要原料。加热至80℃左右会溶解，冷后呈透明的凝胶状，所以制作热菜时切记不可长时间加热。最适合凉拌食用，用温水泡软洗净后即可拌制成菜。

4. 海白菜

海白菜(Sea Lettuce)是绿藻门石莼科石莼属孔石莼(*Ulva pertusa*)(彩图106)和石莼(*U. lactuca*)(彩图107)的俗称，又称海波菜、海条、绿菜、青苔菜等。分布在温带至亚热带海洋中，生长在高潮带至低潮带和大干潮线附近的岩石上或石沼中。辽宁、河北、山东和江苏省沿海均产。幼嫩的孔石莼与石莼是很好的原料，冬春采收，鲜食或漂洗晒干贮存。藻体高10～40 cm，为由两层细胞组成的膜状体。呈宽叶片状或裂成许多小叶片，孔石莼的叶片上有形状、大小不一的孔。体无柄,藻体基部细胞向下延伸出假根丝,形成多年生固着器。海白菜营养丰富,口感脆嫩爽口,类似紫菜的运用,作调料或包卷料、配色料等。拌、炝、蒸、煮、烧、炸、氽汤皆可,如海白菜蛋汤、拌海白菜等。

5. 裙带菜

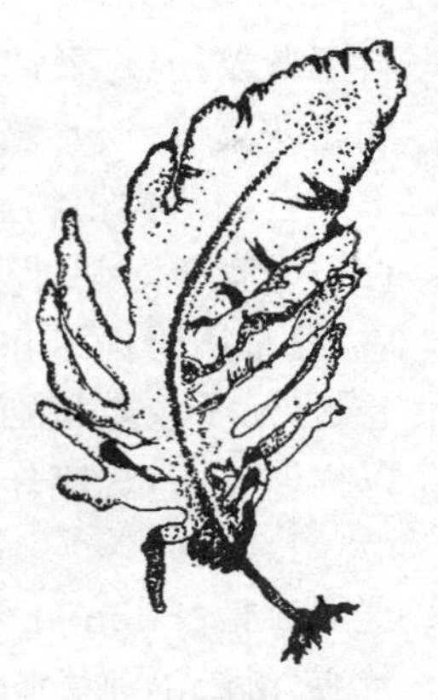
图6-11 裙带菜

裙带菜(*Undaria pinnatifida*; Wakame)为褐藻门翅藻科一年生藻类,又名海芥菜。我国浙江、山东、辽宁等沿海均产,目前已经大量被人工养殖(图6-11)。裙带菜藻体呈黄褐色,外形很像破的芭蕉叶扇,高1～2 m,宽50～100 cm,明显地分化为固着器、柄及叶片三部分。以叉状分枝的假根状固着器固着在岩礁上,柄稍长,扁圆形,中间略隆起,叶片的中部有由柄部伸长而来的中肋,两侧形成羽状裂片。叶面上有许多黑色小斑点。在孢子体柄部两侧,形成木耳状重叠褶皱的孢子叶。

产地以鲜品上市,其他地区多以盐渍品或干品应市。干品以身干盐轻、颜色全青碧绿、少黄叶、味清香者为佳。裙带菜营养丰富,美味适口,食用价值较高,有降低血压和增强血管组织的作用。烹饪中多用水浸泡去除盐味后凉拌、炒菜,是常见的火锅原料。

6. 发菜

发菜(*Nostoc flagelliforme*; Long Thread Moss)为蓝藻门念珠藻科的一种野生陆生藻,又称头发藻、地毛。以亚洲腹地荒漠、半荒漠地区的草地产量居多,我国西北地区的青海、甘肃、宁夏和新疆等地为主产区。发菜呈丝状,藻体由球形或椭圆形的细胞呈链状排列,共同包埋在胶状物质中。无根,附着于地面。新鲜时呈墨绿色或橄榄色,干燥后皱缩成黑色的一团,形似头发。遇水立即膨胀,为暗褐色的线状体,呈半透明状。口感柔脆,具有藻类清香,被视为戈壁之珍。

发菜营养价值高,有弹性,耐蒸煮,适于拌、炒、烧、烩、蒸等,是素馔的高档原料,且与“发财”谐音,常制作发菜汤、发菜甲鱼等佳肴美味,以求吉祥如意、恭喜发财之意,也是极好的配色料。由于发菜的采集对植被破坏极大,目前国家已明令禁止采集、销售、食用。

7. 螺旋藻

螺旋藻(Spirulina)是蓝藻门颤藻科螺旋藻属的淡水藻统称,主要有钝顶螺旋藻(*Spirulina platensis*)和极大螺旋藻(*S. maxima*)两种。它们原产于中美洲和非洲的碱性湖泊中,我国有养殖。螺旋藻藻丝长200～500 μm,是由多细胞组成的螺旋状盘曲的不分枝的丝状体,外观为青绿色或蓝绿色。螺旋藻的蛋白质含量高达干重的60%～71%,是蛋白质的良好来源,1 g螺旋藻的营养等于1 kg各种蔬菜营养的总和。目前主要运用于生产螺旋藻保健品,有胶囊或片剂形式,还生产保健食品,如螺旋藻面包、啤酒、食醋、酱油和饮料等。

8. 葛仙米

葛仙米(*Nostoc commune*)为蓝藻门念球藻科念藻属的淡水藻,又叫地塌皮、滴达菜、地皮菜、野木耳、地钱、岩衣、地软等。目前均为野生,春夏季节小雨后发生于潮湿阴暗处，生于水中的砂石间或阴湿泥土上。我国各地均产，以湖北、四川为多。藻体由链状排列的细胞互相缠绕而成，外包胶质物质形成大型的球状体或不规则状群体。新鲜时呈蓝绿色，干制后呈球形，似黄豆，墨绿色。味似黑木耳，滑而柔嫩。烹饪中洗净去泥沙后炒食、拌食、作汤用，如地软炒肉片、燕窝八仙汤、烩葛仙米等。

三、蔬菜制品

以新鲜蔬菜为原料，经过一定方法加工处理而得到的制品称为蔬菜制品。蔬菜制品的种类很多，按其加工方法可分为干菜、腌渍菜、蔬菜蜜饯、蔬菜罐头、速冻菜、真空蔬菜等几大类。

（一）干菜

新鲜蔬菜经自然干燥或人工脱水干燥制成的加工品称为干菜，又称脱水菜。以盐促进脱水干制的为盐干菜，如盐白菜、盐豇豆、霉干菜等。直接晒干、晾干、风干、烘干的为淡干菜，大多数的食用菌类、藻类和种子植物蔬菜采取此方法加工保存。包括金针菜、玉兰片、香菇、黑木耳、笋干（彩图 108）等，其特点是便于包装、携带、运输、食用和保存，在烹饪运用前均要进行涨发处理。

1. 玉兰片

玉兰片（Dried Bamboo Shoot）是以冬笋或春笋为原料，经蒸煮、烘干、熏磺等工序制成的，形似玉兰花瓣的干制品。按生产季节和花色可分为尖片、冬片、春片、桃片四个等级。尖片又名笋尖、玉兰宝，以冬笋的嫩尖制成。表面光洁，笋节很密，肉质细嫩，味鲜。片长不超过 8.5 cm，为玉兰片中的上品。冬片以冬至前后的冬笋制成，长 8.5～13 cm，宽约 3 cm，片面光洁，质嫩而脆，节间紧密。桃片又叫桃花片，以春分前后刚出土或未出土的春笋制成，长13～15 cm，宽约 6 cm，片面光洁，节间较紧密，质较脆嫩。春片又名大片，以清明前后出土的春笋、毛笋制成。片长不超过23 cm，宽约 10 cm 节距较疏，节楞突起，笋肉薄，质较老。玉兰片以色泽玉白、表面光滑、肉质细嫩、体小厚实、笋节紧密、无老根、无焦片、无霉变者为佳。玉兰片经水发后才能食用。烹饪中用于制作各种荤素菜肴，具有提鲜、配色、配形的作用，是菜肴制作的高档原料。

2. 霉干菜（Preserved Potherb Mustard）

用茎用芥菜或雪里蕻腌制的干菜，又称咸干菜、梅菜。主产于浙江绍兴、萧山、桐乡等地和广东惠阳一带。霉干菜在腌制过程中，经过短时间发酵，使雪里蕻或芥菜中所含有的芥子苷水解成具有香味的芥子油，因而形成一种特有的鲜香气味。质量好的霉干菜含水量 18%左右，色黄亮，粗壮柔软，大小均匀，菜形完整，无杂质及碎屑。将霉干菜切碎，与经过晒干的嫩笋片拌和，即为浙江余姚、慈溪一带的传统土特产干菜笋。霉干菜是浙江、广东民间特产之一，烹饪中适合蒸、烧、炒或作汤等，其代表菜有虾米干菜汤、霉干菜烧肉、干菜包子、霉干菜扣肉等。

（二）腌渍菜（Pickled Vegetables）

新鲜蔬菜用以食盐为主的调味料腌制或浸渍后的加工品称为腌渍菜，包括酱菜、腌菜和渍菜三类。通过对蔬菜原料进行各种工序制作，蔬菜的风味和感观性状已经发生变化，增加蔬菜储存时间的同时，赋予与鲜品不同的口味和口感。

1. 酱菜

主要指突出豆酱、面酱等提供的酱香和酱色的腌渍菜。制品不经过发酵,呈现原料本身的风味。根据用料不同有高、中、低档之分。根据调味和用料习惯不同,北方多生产咸味酱菜,南方多生产咸甜味酱菜。以酱香浓郁、咸甜适口、脆嫩鲜美为佳品。北京六必居酱菜、扬州三和酱菜、镇江酱菜为著名的老字号。最负盛名的有甜酱黑菜、八宝菜、八宝酱瓜、甜酱黄瓜、姜芽、酱甘露、什香菜、糖蒜、小酱萝卜、乳黄瓜、宝塔菜等几十个品种。通常为佐餐小菜或用来提味、配色。

2. 腌菜

将蔬菜原料除去一部分水分,用调味盐拌和,放置发酵或不发酵而制成的制品。按照含水量的高低,70%以上为湿腌菜,50%～60%的为半干性腌菜。按照是否进行微生物发酵分,不发酵的为一般性腌菜,通过乳酸菌等微生物进行发酵的称发酵性腌菜,冬菜、榨菜、芽菜和大头菜等就是通过发酵形成独特鲜香风味的著名腌菜。

(1) 榨菜:为四川东部沿江一带以及重庆地区的特产,以涪陵所产最为著名,1935 年引入浙江。原料为具有瘤状地上茎的羊角菜(茎用芥菜)。腌制最初用木榨压出多余的水分,故称为榨菜。制作过程包括晾、晒、腌制、修剪、装坛四道工序。有麻辣、五香、咸鲜、咸甜、怪味等多种味型,而且添加维生素、无机盐和氨基酸等制成营养强化食品。榨菜具有鲜、香、嫩、脆、回味返甜等特点。榨菜可直接食用,作开胃小菜,也可用于拌、炒、烩、做汤、做馅料、做面臊等,如拌榨菜丝、榨菜肉丝、榨菜回锅肉。也可作调味料使用。

(2) 芽菜:为四川宜宾、泸州和重庆的永川等地区的著名特产,是利用光杆芥菜(叶用芥菜)为原料加工制作而成的腌制品。每年冬至春节期间腌制加工。由于完全是利用叶柄制作,粗纤维含量较多。腌制时多次加盐搓揉,排出水分晾至半干。拌入花椒、八角、山柰等香料装坛密封数月而成。根据风味不同主要分甜芽菜和咸芽菜两类。芽菜成品呈红棕色和黄褐色,具有独特的香气,味鲜美。芽菜是川菜中的重要原料,烹饪中用作馅料、面臊及菜肴调味等,如芽菜包子、担担面、鸡米芽菜、咸烧白等。

(3) 冬菜:主要品种有川冬菜、京冬菜和津冬菜等,是利用箭杆青菜(叶用芥菜)和大白菜等制作的腌制品,因在冬季加工而得名。京冬菜、津冬菜因主要产于北京、天津而得名,以大白菜等为原料,以每年霜降前至小雪为加工期进行腌制,成品呈金黄色,有香甜味,为荤素炒菜及做汤的原料。川冬菜以箭杆菜、十月菜作原料,除须根,切成数片,晾晒半干后割下菜心嫩尖,和以精盐揉挤,并加入香料和酒少许,装入瓦缸压紧,用老菜叶封口,外涂泥巴,短则腌制 7～8 个月,长则 2～3 年即可食用。以肥嫩、无粗筋、味鲜有香气并呈鲜黄色者为佳。四川的南充、资阳为其主产区。各地冬菜工艺上均经轻微发酵,成品有清香鲜美的味道,是解腻、增鲜、佐餐的佳品。烹饪中作配料,适于炒、爆、熘、制汤等,或作调料使用,如冬菜鳝鱼、冬菜炒肉丝、冬菜面臊、冬菜扣肉等。

(4) 大头菜:我国南方广为腌制的咸菜品种,四川以内江所产最为著名。由根用芥菜腌制而成,俗称大头菜。将根用芥菜洗净,晒至半干,加以盐、香料等后入缸腌制而成。质脆嫩,咸鲜适口。著名品种包括云南昆明的玫瑰大头菜、福建五香大头菜、四川大头菜等。烹饪中适于直接食用,凉拌或炒食,也作为菜肴、小吃的调味料,如红油黄丝、大头菜回锅肉、豆花面、酸辣粉等。

3. 渍菜

将蔬菜原料浸泡于汁液中加工而成的制品。汁液中的水分可以是原料自身的或外加的,以及液体形式的调味品,如盐水、酱油、食醋、虾油、鱼露等。根据汁液的不同,常见的渍菜有酱油渍菜、酸渍菜、糖醋渍菜、虾油渍菜和鱼露渍菜等。有的渍菜有很强的地方特色,如虾油渍菜是辽宁锦州的特产。

泡菜是酸渍菜的典型代表,是我国民间最广泛,最大众化的蔬菜加工品,尤以四川、重庆地区极为普遍,是将蔬菜浸在盐水中,在密封容器中经过旺盛的乳酸发酵而制成的。通过微生物的发酵活动,产生特有的香、鲜和酸味物质,加上原料自身所带的香辛成分和添加的调味料等,形成了泡菜浓郁的香气,咸酸适度、略有甜味的鲜美口味,以及鲜脆爽口的口感。凡质地脆嫩,肉质肥厚而不易软化的新鲜蔬菜,均可以作为泡菜原料,如嫩姜、红白萝卜、胡萝卜、卷心菜、大白菜、黄瓜、青红辣椒、洋葱、黄豆、花生等都可以泡制。一坛可以泡制多种蔬菜,随泡随吃。也可以将猪耳朵、猪嘴、鸡爪、鸭掌等煮熟后切片入坛泡制,如四川菜根香酒楼的“老坛子”内容就非常丰富,成为一大特色。泡菜在烹饪中可直接食用,可切碎炒食,也可用于炒、烩、烧、煮等菜肴中,是典型的开胃菜品,也是川菜家常味、鱼香味等味型的必备调料,同时可作为菜肴的配料。以泡辣椒呈味、呈色为主的系列菜品一直经久不衰。

(三) 速冻菜

速冻菜是指采用制冷机械设备于－18℃以下迅速冻结的蔬菜。其特点是阻止了蔬菜品质和风味的变化以及营养成分的损失,提高了蔬菜的储存时间,避免了地方差异。常见的速冻蔬菜如胡萝卜、荸荠、芋头、嫩玉米、青豆、嫩蚕豆、冬笋等。

(四) 蔬菜蜜饯

蔬菜蜜饯是以蔬菜为原料,利用食糖腌制或煮制的加工品。蔬菜蜜饯保持了蔬菜特有的营养,增强了储藏性,如冬瓜条、糖姜等。

(五) 蔬菜罐头和真空蔬菜

蔬菜罐头是将蔬菜经过洗涤,处理,罐装,杀菌,密封后得到的制品。真空蔬菜是将蔬菜经过洗涤,处理,杀菌后抽干空气得到的制品。其特点是既保持了蔬菜的新鲜度,又提高了部分季节性和地域性强的高档蔬菜的储存时间,如芦笋、甜玉米、百合、松茸等。

(六) 其他制品

其他制品加工方法较为独特,不能归为一类的蔬菜制品,如魔芋豆腐、蕨根粉皮等。

1. 魔芋豆腐

魔芋豆腐是指将魔芋粉溶于冷水,加热熬煮形成黏稠的溶液,经碱处理形成不可逆的弹性凝胶,冷却后得到的制品(彩图 109)。魔芋(*Amorphophallus ribieri*)为天南星科多年生草本植物,又称蒟蒻,原产我国和越南,现在西南及长江中下游较多,主要品种有花魔芋和白魔芋。以地下生长的扁球形球茎供食用。球茎含80%以上的葡萄甘露聚糖,还含有淀粉、蛋白质、多种氨基酸、矿物质和膳食纤维。

含生物碱,有一定的毒性,用碱水加热可去毒。魔芋豆腐根据制作工艺有手工和机制之分。手工以干魔芋磨粉后入锅搅煮,加入适量石灰水,待魔芋粉充分吸水膨胀后,加入米粉入锅搅匀,收汁而成。冷却后成棕色或灰白色,形似豆腐,质地细腻滑嫩,口感极佳。将制好的魔芋豆腐在冬季、放于室外,经雪压、冰冻、日晒,制成干制品叫雪魔芋。雪魔芋多孔似海绵状,膨胀后易吸汁进味,口味独特,为四川峨眉山著名特产之一。机制工艺更加精细,由于使用魔芋精粉,使得成品洁白,口感类似肉类,成为素菜或仿荤菜的原料。如素蟹棒、素腰花、素肚片、素虾仁等,常用于高档素食筵席中。因本身不显味,适合多种味型,烹调方法以炒、烧、拌为主。将魔芋豆腐切成条、片、丝,焯水后进行烹调,如魔芋烧鸭,雪魔芋烧鸡、凉拌素腰花等。也是烫火锅常见的配菜之一。手工制品在运用时要汆水脱碱,并配以酸味调味品烹制。

2. 蕨根粉条

蕨根粉条是指以蕨根粉条(土粉)为原料,加入其他类淀粉、羧甲基纤维素钠、食盐、精炼植物油等辅料,经打芡、和面、漏丝、成形等工序加工制成的条状制品,成品呈灰褐色或褐色。蕨根淀粉富含蛋白质、粗纤维素、氨基酸、多种维生素及人体所需的微量元素,是一种新型的保健食品。营养丰富,口感滑润。运用时先在沸水中煮约3～5分钟后,浸泡于凉水中待用。可凉拌、炒制和煮汤,也可直接烫火锅食用。其菜品有蕨粉拌鹅肠、酸辣蕨粉等。蕨根淀粉还可制作蕨粉皮子、蕨粉糊等地方特色小吃。

四、蔬菜在烹饪中的运用

蔬菜是烹饪原料中的一个重要类群,在烹饪中运用非常广泛。蔬菜用于菜点中,不仅使营养物质搭配更为合理,而且从色、香、味、形、质上丰富了菜点的花色品种。

(1) 蔬菜在烹饪中作为菜肴主料,采用各种烹调方法单独成菜,适合多种味型,如开水白菜、上汤芦笋、蚝油时蔬、红焖冬笋等。

(2) 蔬菜在烹饪中作为菜肴配料,可与各种动植物原料进行广泛搭配,如百合炒西芹、土豆烧甲鱼、萝卜炖牛肉、木耳肉片、紫菜蛋花汤等。

(3) 部分富含淀粉的蔬菜,可以代替粮食作主食、糕点和小吃等,如南瓜、马铃薯、芋头、荸荠、莲藕等。

(4) 有的蔬菜还可以作为调味料,去腥除异,增香提鲜,赋予菜肴更多的口味,如芹菜、生姜、葱、大蒜、芫荽、洋葱、辣椒、竹笋、榨菜、玫瑰花、菊花等。

(5) 蔬菜是制作糕点、小吃、粥品的重要馅心原料和配料,如韭菜、茴香、大白菜、萝卜、口蘑、香菇等,可以制作成地方特色鲜明的糕点和小吃,如萝卜饼、素馅春卷、翡翠烧卖、白菜蒸饺、韭菜合子、冬寒菜粥、莴笋叶粥等。

(6) 部分蔬菜作为雕刻的重要原料,以及菜肴点缀、围边和看盘、展台等的配形、配色原料,增强菜点的艺术性,如胡萝卜、莴笋、萝卜、南瓜、魁芋、黄瓜、蕃芫荽、菠菜等。

(7) 蔬菜经过盐渍、糖渍、发酵、干制等加工方法,改变原料的口感或质感,赋予菜肴不同的风味，也因此形成了许多具有地方特色的菜肴，如咸菜、霉干菜、泡菜、酱菜等腌制菜制作的泡椒墨鱼仔，霉干菜蒸肉，大头菜回锅等。

第三节 果品类

果品指可直接生食的高等植物的果实或种子以及用果实或种子制成的加工品。一般包括鲜果、干果和果品制品三大类。果品来源于高等植物的繁殖器官——果实，它们分别以果皮、种子或果实中的其他部位(如西瓜以胎座，荔枝以假种皮供食)供食用。现在用于烹饪中的果品有上百种之多，它们大多数属于高等植物中的被子植物，其次是裸子植物。

我国种植果树和加工果品已有悠久的历史，以种类多、品种齐、质量佳而闻名于世。我国地域辽阔，果品资源十分丰富，是世界果树发源地之一。近年来全国果树栽培面积迅速扩大，产量和质量逐渐提高，很多热带水果畅销于各地市场。我国果品的产量约占世界总产量的4%。再加上果品加工业的大力发展，使得这类植物性原料在我国人民的饮食活动中越来越重要。

果品的形态和颜色极为丰富，而且营养价值也高。与蔬菜相比，除淀粉外，一般含有较高的糖分，普遍含有有机酸，而且对人体有益的有机酸居多，如苹果酸、柠檬酸等。能提供丰富的维生素，尤其是维生素C含量高，有的黄色果品还含丰富的胡萝卜素以及无机盐。并能提供丰富的膳食纤维。这些物质不仅是人体必需的营养物质，而且也由于这些物质形成了果品独特的风味和质地特点。

一、果品的种类

按我国商业经营的习惯和果实的生物学特性，把鲜果、干果以及它们的加工制品统称为果品。鲜果是果品中最多和最重要的一类，按上市季节不同分为伏果和秋果。伏果是夏季采收的果实，如桃、李、杏、樱桃、西瓜和伏苹果等；秋果是在晚秋或初冬采收的果实，如梨、秋苹果、柿子、鲜枣、柑橘等。此外，鲜果还根据长江南北为界又分为南鲜和北鲜。南鲜有柑橘、香蕉、菠萝、荔枝、枇杷、龙眼、椰子等；北鲜有梨、苹果、桃、杏、葡萄等。干果指自然干燥的果实，如核桃、板栗、松子、榛子等。果品制品主要是指用糖腌渍的蜜饯、果脯类，果酱和糖水渍品等，以及将鲜果经过人工干燥而得的果干，如红枣、乌枣、柿饼、葡萄干、山楂干和香蕉干等。

(一) 鲜果类

鲜果通常指果皮肉质多汁，柔软或脆嫩的植物果实。因含水量高，又称水果。鲜果是果品中种类和数量较多的一类，品种不同，口味不同，并且带有明显的地域特色。

1. 鲜果的特点

(1) 果皮肉质、多汁、柔软或脆嫩，含水量高。

(2) 色泽丰富，有浓郁的果香。

(3) 一般呈现出甜酸适度、以甜为主的口味。

2. 鲜果的类型

鲜果的生物属性为肉果。根据发育方式和果实结构不同分为三种类型。

(1) 单果　即由一朵花中仅有的一个雌蕊发育形成的果实。大多数植物的单果只由子房发育而来,称为真果。也有一些单果有花被或花托一起参与发育,形成的果实叫做假果,例如:苹果、梨、西瓜等。单果是鲜果中最多的一类,根据具体结构不同又分几种类型。

① 浆果:指外果皮薄、中果皮和内果皮都肉质化,柔软或多汁液,内含多数种子的果实(彩图110),如葡萄、柿子、西红柿等,有的浆果除果皮肉质化外,胎座也非常发达,一起形成食用部分。有的以肉质多汁的种皮为食,如石榴(彩图111)。

② 瓠果:特指葫芦科植物的果实,为特别的浆果。其外果皮是由子房和花托一起形成的,是一种假果。瓠果中果皮和内果皮均肉质化,而且胎座也发达,如西瓜,它的主要食用部位是肉质多汁的胎座。

③ 柑果:指柑橘类特化的浆果。它是由中轴胎座的子房发育而来,外果皮革质,且具有油囊,中果皮比较疏松,维管束(橘络)发达,内果皮成瓣状,并向内生出无数肉质多汁液的囊状腺毛,内果皮是食用的部位所在(彩图112)。

④ 核果:外果皮薄,中果皮肉质化,内果皮全部由石细胞组成,特别坚硬,有一枚种子包裹在其中形成果核。如蔷薇科的桃、梅、李、杏、樱桃等的果实,肉质化的中果皮为食用部位。

⑤ 梨果:属于一种假果,是由子房和花托愈合在一起发育形成的果实。食用的果肉是花托部分,中间形成果核的部分才是子房发育来的,外果皮与花托之间没有明显的界限,内果皮很明显,由木质化的细胞组成,内含多枚种子(彩图113)。如苹果、梨、山楂的果实。

(2) 聚合果　一朵花中具有许多雌蕊,每一雌蕊形成一个小果实聚集在花托上形成的果实。如莲蓬、草莓等(彩图114)。

(3) 复果　由整个花序发育而成的果实,又称花序果或聚花果,有的花不发育,花轴膨大肉质,有的是果实发达形成。如菠萝(图6-12)、无花果、桑葚。

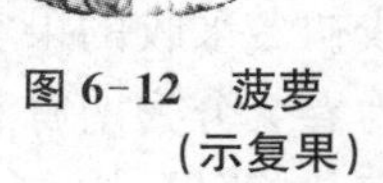

图6-12　菠萝(示复果)

3. 鲜果的种类

(1) 浆果类

① 蓝莓:蓝莓(*Vaccinium corymbosum*; Bullberry)属于杜鹃花科越橘属多年生落叶或常绿灌木果树。原产自北美洲和欧洲部分地区,现以美国、荷兰、德国、比利时产量较多,又称美国蓝莓。我国的内蒙古和东北地区有出产,当地人称“牙疙瘩”(彩图115)。蓝莓果实外形像小粒的葡萄。果实平均重0.5～2.5 g,最大的重5 g,果实呈美丽而悦目的蓝色,一般被一层白色果粉。果肉细腻,种子极小,可食率为100%,清淡芳香,甜酸适口,为鲜食佳品。属高锌、高钙、高铁、高铜、高维生素的营养保健果品,对坏血病、夜盲症和上呼吸道感染都有一定的疗效。蓝莓以果实饱满、坚挺,色彩呈蓝色,果皮上有天然蜡质为好;果实皱缩,果皮呈绿色均是次

品。蓝莓洗净可连皮食用。在温度为4～5℃、湿度在90%的环境中可贮藏约一周。蓝莓多被做成果酱、蜜饯、果汁和果冻，或酿造成果酒供食用。

② 香蕉：香蕉(Banana)属姜目芭蕉科。原产印度和马来西亚，我国栽培香蕉已有两千多年的历史，主要产区是广东、广西、福建、云南和四川等省。香蕉都是由野生种阿加蕉(*Musa acuminata*)的三倍体演变而来。主要有三类：香蕉，又名穹蕉、芭蕉、粉蕉，主要产于广东。果形略小，弯曲、成熟后果皮带有“梅花点”，故又称“芝麻香蕉”，果肉黄白色，味甜而香浓，著名品种有油蕉、天宝蕉等。大蕉，又名鼓槌蕉，主要产于广东。果实大而直，呈五棱形，皮厚易剥离，成熟时果皮黄色，肉柔软细嫩，甜中带酸，香气弱。著名的品种有牛奶蕉、暹罗大蕉等。龙牙蕉，又名过山香，主要产于广东和福建，果肉柔软而甜滑，乳白色，水分少，含淀粉较多，充分成熟才适宜食用，具有独特的香气，著名品种有糯米蕉、西贡蕉等。泰国、印尼等地特产红香蕉(Pink Banana)果皮红色而果肉带粉红色，与一般香蕉不同。香蕉的果实由花托参与发育而形成，果肉柔软而滑腻，富含淀粉和葡萄糖及果糖。香蕉热量丰富，每100 g果肉可含90千卡热量。香蕉以果实肥大，皮薄肉厚，色黄、味香甜者为佳品。烹调中多以拔丝等方式成菜。

③ 中华猕猴桃：中华猕猴桃(*Actinidia chinensis* Planch; Kiwi-fruit)属山茶目猕猴桃科的落叶木质藤本植物，又称藤梨。原产我国中部、南部和西南部，野生和人工栽培并存。新西兰、英国、美国等国分别在1900至1906年间引种，称“奇异果”。品种主要有黄皮藤梨、大藤梨等。浆果呈球形或长椭圆形，长2.5～5 cm，重约30 g，最重的可达100 g。果实棕褐色，有毛，果肉浅绿色或翠绿色，有的还形成花心，细腻多汁，内有很多黄褐色小粒种子。果肉味甜酸，有香味，含糖约10%，含有机酸1.5%，含猕猴桃蛋白酶，每100 g果肉中含维生素C 150～420 mg，比一般的水果高出几倍到十几倍。果实除供鲜食外，可作菜肴，可加工成果汁、果酱、果干等，常以其型、色、味用于菜品的围边、点缀和配色，也用于饮料、鸡尾酒的调制等。猕猴桃含有蛋白酶，可起嫩化的作用。

④ 西番莲：西番莲(*Passiflora edulis*; Passion Fruit)属西番莲科草质藤本植物，又称洋石榴、鸡蛋果、热情果。蔓生植物，有卷须，夏季开花，花大，淡红色。浆果卵形或椭圆形，长5～7.5 cm，成熟时紫色或黄绿色，皮薄肉软黄色的果汁芳香酸甜。原产美洲热带高原地区，现热带和温带地区均产，我国福建、广东、台湾、云南等地亦有栽培。西番莲富含维生素A、维生素C和维生素B_{12}及多种果酸，可开胃止渴。果实可生食或作蔬菜和药用，可榨取果汁制作饮料，种子可榨油食用。

⑤ 番石榴：番石榴(*Psidium guajava*; Guava) 属桃金娘科，又称鸡屎果(鸡矢果)、番桃果、黄肚子，常绿小乔木或灌木，原产热带美洲的墨西哥、秘鲁等地区，传入我国有300多年的历史。我国广东、广西、福建、台湾等地均有栽培。浆果球形或卵形、梨形，长2.5～10 cm、直径4～5 cm，重70～100 g。成熟时果皮黄色或黄绿色，皮光滑。果肉白、黄、淡红或艳红多种，果肉内层厚。有多枚坚硬的种子。依产地和主要特征将其分为越南番石榴：果小，梨形，表皮黄色有红点，果肉粉红色，味甜，品质好；印度番石榴：果小，梨形，皮黄色，肉白味甜，品质中等；无核番石榴：果实中等大小，有棱，皮光亮，黄色或黄绿色，肉白而细嫩，味甜，品质上等；大果番

石榴:果大,圆形或椭圆形,表皮有少量红点,绿黄色,肉白清甜而脆,耐贮藏,品质上等;本地番石榴:果小,圆形,黄色,肉粉红色,味淡或甜,品质较差。果实富含维生素C,可鲜食或作蔬菜,还可加工制成果酱、果冻,主要用来制作饮料。在一般条件下,成熟的番石榴贮藏一天就有"鸡粪味",故名鸡屎果,贮藏两天就会发软腐烂,由于不耐贮藏,鲜果要及时食用和采用适当的贮藏方法妥善保管。

⑥ 番木瓜:番木瓜(*Carica papaya*; Papaya)属番木瓜科,又称万寿果、番瓜、木瓜、乳瓜,多年生常绿软木质小乔木。原产美洲热带地区的墨西哥、巴西等地,200~300年前引入我国,现广东、广西、四川、云南、福建等地均有栽培,产量较多的是广西。浆果呈长圆形、椭圆形、梨形或倒卵形。果顶或果面有浅沟4~6条,果皮呈金黄、橙黄色、浅绿色或浅绿中夹有黄或橙黄色斑块,果皮上有蜡质。果肉厚,金黄、橙或红色,中空,种子黑色。一般重1.5~4 kg,大的可达5 kg以上。木瓜品种有十多种,主要有矮生岭南种:果肉黄色,肉质细滑,味清甜,是当前栽培较多的品种;泰国种:果肉橙黄色,味甜肉嫩,是理想的鲜食品种;穗中红:果肉深黄色,肉厚质嫩滑,味甜带香,是一杂交品种。番木瓜为热带著名果品。果肉甜美、爽滑、多汁,香味清新,似桂花或玫瑰花的香味。富含维生素C、维生素A及β-胡萝卜素。以果体完整无伤痕、色黄鲜艳、有香味、果体略软者为佳。鲜果作水果生食或作蔬菜拌、炒、炖而食。切片或块与火腿同炖,味道特别鲜美。亦可制蜜饯、果酱和果汁等。未成熟果的果汁中含丰富的木瓜蛋白酶、木瓜凝乳蛋白酶等多种蛋白酶,可提取出来作嫩肉剂使用,未成熟果实还可腌渍成咸菜食用。

⑦ 黄皮:黄皮(*Clausena lansium*; Wampee)属芸香科黄皮属,又称黄枇、黄弹子、王坛子,常绿灌木或小乔木,高10 m,为我国原产的优良果树之一,有1500年的栽培历史。现在我国广东、广西、福建栽培较多,四川、云南也产。浆果黄色,球形、椭圆形至卵圆形,果实直径1.5~2 cm,重6~10 g,具1~3枚种子,每30~50个成一簇。果皮被细毛,有油腺,与果肉相连,果皮具有特殊芳香。果肉甜中带酸。品种分早熟、中熟和晚熟三类。主要品种有大圆头、大甜皮、大鸡心等。果实含丰富的维生素C、有机酸、糖和果胶,有助消化的作用。以果色纯黄、果皮完整、果味芳香者为上品。黄皮不宜贮藏。除鲜食外,可制成果冻、果酱、蜜饯、果干及饮料等糖制果品。

⑧ 杨桃:杨桃(*Averrhoa carambola*; Carambola)属酢浆草科五敛子属常绿或半常绿乔木,又称阳桃、羊桃、三廉子、五敛子(彩图116)。原产亚洲东南部,现分布于热带亚洲广大地区。我国华南地区均有栽培,以两广和海南种植最广。浆果椭圆形,长5~8 cm,有五棱,或三至六棱。果实未成熟时是青绿色,秋、冬季成熟时黄色。杨桃分甜杨桃和酸杨桃两种。甜杨桃果形较小,果柄纤细,果棱丰满,肉质爽脆嫩滑,风味甜酸适度,纤维少,品质佳,常供鲜食和制罐头、果酱等糖制果品,出名品种有广东花地杨桃、红果和福建的赤口杨桃、蜜杨桃等;酸杨桃果形较大,果肉粗,果棱瘦削,味酸,多用于加工果脯蜜饯,或用盐腌或加糖蒸热作菜肴。杨桃含有丰富的果酸、果糖、维生素,清热生津、助消化、利尿。

⑨ 火龙果:火龙果(*Hylocereus undatus*; Dragon Fruit)是仙人掌科三角柱属植物量天尺的果实。原产于中美洲热带沙漠地区,属典型的热带植物,又名青龙

果、红龙果，由南洋引入台湾，再由台湾改良引进海南省及我国南部广西、广东等地栽培（彩图117）。果实呈橄榄状，外皮鲜红色，有宿存的萼片，似龙的鳞片。果肉部分是其胎座，有红色、黄色、白色，果肉中有无数芝麻大小的种子，又称芝麻果。果味甜而不腻，清淡有芳香，是一种营养十分丰富，低热量、高纤维的水果。火龙果主要生食，也可做沙拉或用于热菜烹制。果实汁多味清甜，除鲜食外，还可榨取果汁、酿酒、制罐头、果酱等。花可干制成菜（霸王花），可提炼食用色素。

⑩ 山竹：山竹（*Garcinia mangostana*；Mangosteen）属金丝桃科的大乔木。适宜生长在潮湿的赤道带气候地区，在原产地印尼和马来西亚都广泛栽培，其他地方种植很少。果实大小如柿子，深紫色，花萼宿存，外果皮厚，果肉白色，呈瓣状，味甘甜而香，微带酸味，气味奇特，入口化渣。含维生素C，性凉，有解热、止渴的功效。若用手能将果壳捏出浅指印，即为成熟可食；如果果壳过硬或过软，即是未成熟或已腐坏。冷藏时间不宜超过一周。除了鲜食外，山竹常用于加工成果汁和罐头。东南亚有人将山竹加白糖煮沸食用。

⑪ 仙人掌果：仙人掌果（Cactus Fruit）是仙人掌科仙人掌属植物仙人掌（*Opuntia dillenii*）的果实。浆果椭圆球形至梨形，表面有刺。果肉又嫩又香，味道和哈密瓜差不多，味甘性平，有补脾健胃之功效，可鲜食或作菜。仙人掌的花称为"玉英"，可止吐血；而根茎具有行气活血、清热解毒之功能。

⑫ 番荔枝：番荔枝（*Annona squamosa*；Sugarapple）属番荔枝科番荔枝属常绿或半落叶小乔木，又称奶果、番梨、林琴、释迦果，是世界热带五大名果之一。原产南美洲热带地区，现以泰国产量最多。我国的台湾、福建、广东和广西有栽培，有四百多年的历史。番荔枝的果实虽似荔枝，但较荔枝果实大。果壳呈黄绿色，表面有许多凸起的小瘤。果内有数粒小黑核。白色的果肉味甜略酸，柔软细滑，气味芳香。富含蛋白质、维生素C，能生津止渴、健胃。以果皮转黄、瘤间稍有乳白色裂痕、果实不发软者为上品。番荔枝很不耐存贮，应即购即用，以防霉烂。除直接鲜食外，番荔枝可榨汁、制罐头和酿酒，在一些泰式餐厅，直接取汁做雪糕。

⑬ 石榴：石榴（*Punica granatum*；Pomegranate）属石榴科，原名"安石榴"。原产伊朗及其附近地区，我国各地栽培。落叶灌木或小乔木，夏季开花，花有结实花和不结实花两种，常呈橙红色，亦有黄色或白色，形成特殊浆果，花萼宿存，结实后花的萼片与果实的果皮形成厚实的外皮。侧膜胎座，每室内有多枚子粒。外种皮肉质，呈鲜红、淡红或白色，晶莹剔透，多汁，甜而带酸，为可食用的部分。内种皮为角质，也有退化变软的，即软籽石榴。浆果含较高的维生素C和磷、钙等。供鲜食或加工成清凉饮料，常作菜肴的配料和装饰料。

(2) 瓠果

① 哈密瓜：哈密瓜（*Cucumis melo* var. *saccharinus*；Hami Cantaloupe）为葫芦科一年生蔓性草本植物，属甜瓜的一种，是新疆的特产瓜类，主要产于哈密、鄯善、吐鲁番等地。果实卵圆形至橄榄形，较大。果皮为黄色或青色，果皮表面有网状突出的花纹。果肉较厚实，质地绵软，味道香甜。主要品种有夏皮黄，个体中等，重约3.5～4 kg，肉洁白，松脆而多汁，味极甜，耐贮藏；巴登，皮薄，肉柔软多汁。此外还有红心脆、香梨黄等60多个品种。夏瓜多在6～8月成熟上市，秋瓜多在8月中旬

到霜降前成熟。哈密瓜可鲜食或与蔬菜、肉类搭配成菜或作糕点、鸡尾酒的配料、果汁、果冻、果干、果脯,还可与米、菜、肉一起做成具有传统民族特色的“抓饭”。

② 西瓜:西瓜(*Citrullues lanatus*;Watermelon)葫芦目葫芦科藤本植物,原产非洲撒哈拉沙漠,我国除少数寒冷地区外均有栽培。西瓜品种繁多,根据用途分果实用和种子用两个种类。果实用种类因品种不同,瓜形有椭圆、圆形,大小差异大,皮色多样,由胎座发育而成的瓜瓤多汁味甜,有红、淡红、黄色或白色,有籽或无籽。目前市场上常见品种有大荔瓜、口口脆、冰糖瓜等。种子用的种类瓜小,皮厚、瓜瓤味淡,种子大而多。烹饪中主要运用的是果实用类型的西瓜。不仅运用瓜瓤,而且运用瓜皮。常制作果羹、蜜汁、果冻、拔丝等甜菜,以及甜味、咸味的西瓜盅,或用瓜皮炒炝、煮、拌制而成菜。

(3) 柑果

① 柑橘类:属于无患子目芸香科。此类果品主要产于四川、湖南、浙江、广东、广西和福建等地。按果实的特征性状可分为橘、柑和橙三大类型。

a) 橘类(Mandarine)　原产我国,果实大小不一,但直径小于5 cm,果实扁球形。果实顶端无嘴,果皮有淡黄、橙黄、橙红和朱红等色。油囊平滑或突起,中果皮较薄而宽松,果皮易剥离,维管束(橘络)较少,不耐贮存。主要品种有蜜橘、红橘、乳橘、叶橘等。果肉一般鲜黄或橙红,味甜带酸,多汁味浓,柔嫩化渣。

b) 柑类(Mandarine)　原产我国,果实大而近于球形,直径大于5 cm。果皮橙黄粗糙,中果皮厚,橘络较多。顶端常有嘴,易剥离,耐贮存。主要品种有椪柑(温州蜜柑)、蕉柑(暹罗蜜柑)、芦柑等。肉质细嫩多汁,香甜或甜酸适口,入口化渣。

c) 橙类(广柑;Orange)　原产我国东南部,有冬橙和夏橙两类。果实一般呈球形或长球形,皮色橙红、橙黄色,果皮较厚,一般较光滑而不易剥离。冬橙味甜或甜酸适度,有香气,耐贮藏,是常用的水果。品种有普通甜橙、脐橙和血橙。普通甜橙果实顶端光滑,无脐,果肉为橙色或黄色,著名品种有广东香水橙、四川的鹅蛋柑、广西的玉林橙等;脐橙果顶开孔,内有小瓤囊露出而成脐状,故名脐橙,果肉为橙色,著名品种有四川的石绵脐橙、浙江的华盛顿脐橙、湖南的金瓜果等;血橙果实无脐,果皮橙中带红,果肉赤红色或橙色带赤红色斑条,故名血橙,著名品种有四川的红玉血橙、湖南血橙等。夏橙味较酸,一般多用于制作饮料、鸡尾酒或在菜肴中作酸味调味品使用,也有的酸甜适中的直接作水果食用。

柑橘类水果一般用于甜菜,常以果羹、蜜汁、拔丝和果冻的手法成菜。在菜品中有配色和调味的作用,也有酸甜适中的直接作水果食用。

② 西柚:西柚(*Citrus paradisi*;Grapefruit)是芸香科常绿乔木葡萄柚树的果实(彩图118),原产西印度群岛,现在美国大量栽培,是国际市场上重要的果品之一。我国四川、福建、广东及浙江也有一定的种植。果实常数十个簇生成穗,形似葡萄,又名葡萄柚。果实扁圆形,直径约7～10 cm,果皮细密平滑,淡绿黄色,不易剥离,果肉多汁,味较酸,无香气,种子少或无核,耐贮运。西柚有黄白色果肉和红色果肉两大类。每半个中等大小的西柚含维生素C 37 mg,热量38 kal,钠1 mg,钾116 mg,是一种低热量、低钠高钾的食品,对人体健康颇有益处,多用于制作果汁、饮料、果酱等,也用在沙拉、热菜的制作中。

③ 佛手柑：佛手柑(*Citrus medica*；Bergamot)又称佛手、佛手香橼、五指柑，是因外形而得名，属芸香科植物。原产东南亚，我国多产于浙江、广东、福建、四川、云南、陕西等地。根据果形分为拳佛手和开佛手两类。拳佛手长约15～25 cm，形似抱合的拳头；开佛手长约8～15 cm，手指微微张开。以果实肥大、紧实、形状完整、香气浓厚者为上品。佛手柑含较多的挥发油、橙皮苷，可舒肝疏气宽胸。佛手柑一般不鲜用，果肉也弃之不用，而用果皮，多制成蜜饯、果干后用于菜肴、饮品中。有提味功能，也可药用。

(4) 核果

① 樱桃(Cherry)：属蔷薇目蔷薇科。原产亚洲西部及墨西哥沿岸，欧洲人将其称为"车厘子"。我国长江流域及中部(旅大、烟台)等地出产。现各地广泛栽培，常见的种类有中国樱桃(*Prunus pseudocerasus*)、甜樱桃(*P. avium*)、酸樱桃(*P. cerascus*)和毛樱桃(*P. tomeutosa*)。核果果实较小，直径约1～2 cm。球形，果柄长，果皮鲜红或红黄色，有光泽，果肉黄红色多汁，味甜而酸，6月上旬至7月上旬陆续成熟上市，果实含丰富的胡萝卜素、维生素C、和铁、磷、镁、钾，是一种天然补血营养品。果皮易破损，不耐贮运。樱桃多用于制作水果羹、水果拼盘、沙拉，更常用于菜品点缀装饰，罐头制品的红绿樱桃主要是用以对菜肴进行配色装饰，还可加工成果汁、果酱、蜜饯和酿制果酒。

② 橄榄：橄榄(*Canarium album*；Canarytree)为橄榄科常绿乔木。原产我国的海南岛，至少有两千多年的栽培历史。现在福建、广东、广西、台湾均有生产。因果实无论成熟与否都为青色，所以自古又称为青果、青子。果实橄榄形，果皮深绿色，质脆，风味奇特，初入口时酸苦干涩，逐渐苦去甘来，芬芳清香，所以又被称为甘果。橄榄的著名品种有檀香果、长行果、猪腰果。橄榄营养丰富，含有17种人体所需要的氨基酸，果肉富含钙质，维生素C含量比苹果、香蕉、柿子等多二十多倍。有生津止渴、开胃清热的功效。橄榄除鲜食之外，常加工为糖制果品，一般有蜜渍和盐藏两种，如拷扁榄、大福果、十香橄榄、去皮酥、咸橄榄、玫瑰橄榄等等。另外有一种油橄榄(*Olea europaea*；Olive)主要用于榨油，不能当水果食用。

③ 桃：桃(*Prunus persica*；peach)为蔷薇科落叶小乔木，原产我国，现南北各地广泛栽培。根据分布地区和果实类型分五个品种群：

a) 北方品种群：产于长江以北及黄河流域，以山东、河北两省为主。

b) 南方品种群：产于长江流域以及以南地区，以江苏、上海、浙江为主。

c) 黄肉桃品种群：产于西北、西南地区，以黄肉而得名。

d) 蟠桃品种群：以江苏、浙江两省栽培较多，果实扁平状。

e) 油桃品种：产于新疆、甘肃一带，肉质硬脆，因表面油光而得名。

核果形状为心形、扁球形、近球形等，表面有茸毛，中果皮肉质多汁。早熟品种果小、肉质紧实而脆，晚熟品种大多个大、味甜多汁。如北京的大白桃、陕西的脆甜桃、成都的水蜜桃、上海的蟠桃、甘肃的紫脂油桃等。一般以体大、形状端正，香气浓郁、味甜、色泽鲜艳为好。因含水量高达88%，稍有挤压碰撞就易变色腐烂，所以不耐贮运。在烹饪中常用于制作甜菜的主料以及其他菜肴的配料，如蜜汁桃脯、什锦果羹、果冻、香桃鸡球等，而且可用于水果蛋糕作配料。除鲜食外，可制成水果罐头、果干、果酱、蜜饯等果品制品。

④ 油梨：油梨(*Persea americana*；Avocado)属樟科鳄梨属常绿乔木，又称鳄梨、酪梨、牛油果，原产南非和中美洲，我国福建、台湾也出产(彩图 119)。油梨果实大，一般重 400 g 左右，呈梨形，果皮黄绿色或红棕色，长 8～18 cm。它有三个种类：紫黑色、果皮光滑体小，油量高的墨西哥种；绿紫色、果皮较粗糙体大的危地马拉种；绿至红紫色、皮厚果大的西印度种，现种植较多是其杂交品种。油梨富含 B 族维生素、矿物质及高达 20%的油脂，消化率高。脂肪含量也居首位，可榨油，其油脂风味类似橄榄油。果肉香滑略甜，切开有牛油味。油梨除鲜食外，很宜入馔，是沙拉的常用原料，或与肉类同烹成菜，菜品有牛油果忌廉鸡汤、蟹肉腌牛油果等。

⑤ 椰子：椰子(*Cocos nucifera*；Coconut)为棕榈科椰属椰树的果实，俗称“奶桃”。我国的椰子树种植开始于汉代，从越南引进，至今已有 2 000 多年的栽培历史。椰子成熟时外果皮呈黄褐色，光滑而薄，很易剥去；中果皮为厚纤维层，较为柔软，称为椰衣；内果皮角质而坚硬。其果实呈圆形或椭圆形，直径 20～30 cm。原产马来西亚，分布于热带地区。我国主要产于海南岛、西沙群岛和云南南部等地。果腔中含白色肉质的种仁(椰肉)和乳白色味清香的椰汁。椰肉呈乳脂状，质脆滑，具花生仁和核桃仁的混合香味，可鲜食或用于烹制菜品，用椰肉制作的菜肴风味别具一格，清香怡人，如椰茸焗仔鸡、椰子银耳雪蛤、椰肉炒鲍丝、椰青炒凤片；椰汁除直接饮用外，多炖、蒸制成菜，如椰奶鸡、椰子咖喱鸡、椰汁鸽吞燕及椰子水晶鸡等。椰壳可制作椰盅。椰肉也多加工成椰丝、椰茸、椰果等馅料用于糕点制品中。

(5) 梨果

① 梨：梨(*Pyrus* spp.；Pear)属蔷薇目蔷薇科梨属植物。原产于我国，现在全世界约有三十多种，我国已定名的有 13 种。我国以河北、山东、江苏、辽宁为重点产区，占全国产量的 63%。一般 7 月中旬到 10 中旬陆续成熟上市。梨的种类较多，一般分为中国梨和洋梨两大类。中国梨以白梨、沙梨和秋子梨栽培最多。秋子梨(*Pyrus ussuriensis*)主要分布在长城以北的华北和东北各省，果实多为扁球形，果皮黄色或黄绿色。因石细胞较多，多数果实成熟时肉质硬涩，酸味较重，需经后熟才变软而香甜，主要品种有北京的京白梨、辽宁的南果梨等。白梨(*P. bretschneideri*)主要分布于黄河流域，以河北、山东、山西、辽宁和新疆等地所产为多。果实为卵圆形或倒卵形，果皮初熟时呈绿色，成熟时皮色转为绿黄色至黄色至黄白色。果肉脆嫩多汁，质细无渣，味甜清香，微酸耐贮藏，主要品种有河北鸭梨(彩图 120)、山西油梨和山东慈梨等。砂梨(*P. pyrifolia*)主要分布于长江以南，主要产于华中及长江流域各省。果实多呈球形或长卵形，果皮有绿色、淡黄色或褐色。果肉脆嫩多汁、味甜酸，石细胞较多，不经后熟即可食用，但不耐贮藏，主要品种有安徽砀山梨、四川苍溪雪梨和青川雪梨、广西柳城雪梨等。洋梨(*P. communis*)原产欧洲，中国在 19 世纪引进，主要分布在位于渤海湾的烟台等地。果实多呈坛形或倒卵形，果皮淡黄色或绿色。果肉细软多汁，需经过后熟才香味浓，但不耐贮存。主要品种有巴梨、伏加梨、茄梨、康德梨和贵妃梨等。梨以果皮细薄、有光泽、果肉脆嫩多汁、味香甜、石细胞少、大小适中，果形完整者为上品。梨可直接作

水果食用外，可作主、配原料应用于菜肴中，在烹调中多酿蒸、拔丝、蜜汁、果羹、软炸的手法作甜菜品。也可制作有特色的咸味菜品，如爆鲜梨腰花、熘鲜梨鸭肝等。

② 山楂：山楂(*Crataegus pinnatifida*；Hawthorn)属蔷薇科山楂属落叶乔木，又称“红果”。伞房花序，花白色。果实近球形，直径约 1.5 cm，红色，有淡褐色斑。山楂树是我国的特有果树，有 3 000 多年的栽培历史。辽宁、河北、河南、山东、山西、江苏、云南和广西等都有栽培。山楂每年秋季成熟上市，以果实完整、色深红、果肉较硬为好。果味酸稍甜，果汁少，果胶含量丰富。山楂含丰富的钙、铁和维生素 B_2、维生素 C。除鲜食外，多用以制糕、酱和糖果等，“冰糖葫芦”就是北方的特色果制品。

(6) 聚合果

草莓：草莓(Strawberry)又称洋莓、士多啤梨，是蔷薇目蔷薇科多年生草本植物草莓的果实。原产南美，现广泛传播于世界温带地区。我国已经有 1 500 多年的栽培历史，但很长一段时间都只作观赏植物，1915 年才进行经济栽培。除野生外，现在广泛栽培，夏季成熟上市。种类较多，常见的有野草莓(*Fragaria orientalis*)、麝香草莓(*F. moschata*)和凤梨草莓(*F. chiloeusis*)。果实属聚合果，花托肉质化，多汁液，其上着生有无数的小瘦果。聚合果圆形或心脏形，深红色、粉红色或白色，果肉白色。一般以果形完整、色泽鲜亮、芳香味浓、甜酸适度为佳。由于水分含量高，不耐贮存，应及时食用。草莓含丰富的钙、铁、磷和维生素 C，有清暑解热、生津止渴，利尿止泻的功效。草莓与葡萄、樱桃等浆果一样，深受人们的喜爱。常用于沙拉、水果拼盘作配料，或在菜肴、面点制品中起点缀装饰的作用。还可加工成果汁、果酱和酒类。

(7) 复果(聚花果)

① 桑葚：桑葚(Mulberry)又称桑果、桑宝、桑枣、文武子，是桑树的花序果，由 30～60 个小核果聚合而成，有黑色和紫红色两种，果实富含糖分。桑树在中国栽培的历史可以追溯到公元前 10～6 世纪，主要目的是采桑叶养蚕，所以中国的丝绸闻名世界。除中国外，日本、俄罗斯的南部以及伊朗也是桑葚的原产地。现在以法国、意大利和美国为主要生产国，我国也开始发展桑葚的食用。黑色桑葚味道酸甜，多产于法国和意大利，6～8 月收获。除鲜食外，黑桑葚可做成水果沙拉、果酱和果冻，可酿酒。红色的桑葚多产在南美洲和北美洲，现以美国栽培教多，在 7～8 月收获。另有一白色桑葚是红色桑葚的变种，味道很酸。红桑葚除酿酒外，多做成果酱和果冻食用。桑葚味甘酸，性平，可滋阴补血，含 18 种氨基酸和多种维生素，营养丰富。果实色正而稍软者质地好，但易腐烂，最多可存放 2～3 天。

② 菠萝：菠萝(*Ananas comosus*；Pineapple)为凤梨科多年生常绿草本植物的果实，又称凤梨。菠萝原产巴西，16 世纪末传入我国，现在主要产于广东、广西、福建和台湾等地，是我国南方热带地区的主要果品之一。菠萝的果实呈圆柱形，是由花序轴肉质化膨大而形成的一种复果。果实表面有上百个鳞片状不育花(果眼)覆盖其上。果肉为淡黄色，成熟后肉质松软，纤维含量较高，味甜酸，多汁，有独特的果香。果汁不仅含有糖分和有机酸，而且含丰富的菠萝蛋白酶，有助于人体对蛋白质的消化吸收，可作嫩肉剂使用，使其成菜既鲜嫩又带有独特的风味。我国主要的

品种有:无刺卡因种,果形较大,果眼大而平浅,果实黄绿至黄色,果肉黄白,纤维少,肉质柔软多汁,酸甜适中。神湾种,果细小,果实淡黄色,果眼小而突出,果肉淡黄色至黄色,纤维较少,甜而香气浓郁,较脆,适于鲜食;本地种,包括两广地区和福建等地的地方品种,果实肉粗糙渣多,果眼多下陷,汁多但味酸,无香气,适于制作罐头。

③ 无花果:无花果(*Ficus carica*; Fig)属桑科植物,又称奶浆果、隐花果,落叶灌木或小乔木(彩图 121)。原产亚洲西部、欧洲南部和非洲北部,我国长江流域以南及山东沿海地区和新疆等地有栽种,新疆南部栽培较多且较为有名。花单性,隐于囊状的隐头花序内,外观只见果而不见花,故名。果实由总花托及其他花器组成,呈扁圆形或卵形,成熟后顶端开裂,黄白色或紫褐色,肉质柔软,味甜,一般果重 60 g 左右。鲜果含蛋白质和碳水化合物较多,且富含钙,有催乳、驱虫、消炎、润肠的功效,有助消化的蛋白酶存在。自夏至秋可陆续采收。果实供鲜食,以个大不露肉,浆汁不外溢者为上品,不耐贮存。无花果还可作菜肴的配料、作果汁、果干、果酱、蜜饯和果酒食用。

④ 木菠萝:木菠萝(*Artocarpus heterophylla*; Jackfruit) 桑科木菠萝属常绿乔木果树,又名树菠萝、菠萝蜜。原产印度和马来西亚,我国广东、广西、云南等地也出产。果实为聚花果,外形似大冬瓜,长 30～60 cm,重 10～20 kg,坚硬的果皮浅黄或深黄,有六角形瘤状突起。果实可食部分为种子外面的种包和种子,呈黄色的瓣状结构,有奇特香味和蜜一样的甜味。菠萝蜜分硬果肉和软果肉两种。软肉的汁少,但柔滑味甜,不太香;硬肉的多汁肉厚,有奇香。菠萝蜜的果肉均含较高的蛋白质、脂肪、淀粉、糖类以及有机酸和多种维生素。当果实不充分成熟时就可以煮食当粮作菜;成熟后种包香甜适口,既可鲜食、酿酒、做点心,也可晒干制作果脯和加工罐头,种子可炒食或煮食。

(8) 食用假种皮的鲜果

① 荔枝:荔枝(*Litchi chinensis*; Lychee)属无患子目无患子科,是我国特产果品。原产于华南、海南岛及云南等地,现在这些地方仍然有大量野生树种,栽培历史已有两千多年(彩图 122)。荔枝初夏至盛夏成熟,果实心脏形或圆形,果皮深红色,外果皮革质,有瘤状突起。可食部分为其假种皮,新鲜时呈半透明凝脂状,乳白色或黄色,多汁而味甘甜。荔枝多鲜食,每 100 g 鲜品中含水分 83.6～84.8 g、蛋白质 0.7～0.8 g、脂肪 0.1～0.6 g、碳水化合物13.3～ 16 g、钙 4～6 mg、磷 32～35 mg、铁 0.5～0.7 mg。烹饪中除制作甜菜外,常用荔枝配以动物性原料成菜,以烧、炒、炖、煨的方式成菜,如荔枝炖肉鸡。荔枝还常常加工成干制品——荔枝干,其肉色黄而发亮。

② 龙眼:龙眼(*Dimocarpus longan*; Longan)属无患子目无患子科,也是我国的特产果树,1798 年始传入印度,以后遍及世界各地。福建省的产量几乎占了一半,广东、广西、云南、四川等地也产。龙眼果实直径 2.5 cm 左右,圆形或扁圆形,外壳浅黄色或褐色,有不明显的小瘤体,果皮薄而粗糙,可食部分是其白色透明、肉质多汁、口味甘甜的假种皮。龙眼的干制品称桂圆,其肉也可加工成棕褐色的桂圆干。同荔枝一样,鲜、干桂圆肉均可入菜,甜咸均可,还可用作各式糕点的馅料。桂

圆肉有补益心脾、养血安神的作用，可用于制作食疗保健粥。

③ 红毛丹：红毛丹（*Nephelium lappaceum*；Rambutan）无患子科荔枝属的热带高大常绿乔木果树，原产马来西亚，多生长在亚洲热带雨林地带，如泰国、马来西亚、印尼等地区。红毛丹果实呈球形、长卵形或椭圆形，串生于果梗上，外表呈红色或黄红色，外果皮上着生红毛的柔刺，故名红毛丹，也称毛龙眼、海南韶子、毛荔枝、山荔枝。果肉为白色，柔软而爽脆，甜酸似荔枝，果汁多，可口清香。每年2～4月开花，6～8月为果实成熟采摘季节。以颜色鲜亮，体大而均匀者为上品。不耐储存，时间不超过7天。红毛丹属世界四大热带水果之一，有"果王"之称。果肉含有多种维生素及氨基酸，鲜食法与荔枝相似，食后不造火，是理想的高档热带水果，果也可酿酒，制果汁等。

④ 榴莲：榴莲（*Durio zibethinus*；Durian）属木棉科榴莲属，又名"韶子"，常绿大乔木，高可达30～40 m。原产马来西亚、菲律宾、印度尼西亚等地，近年来引入我国，种植于广东、海南、广西等地。果实呈卵形、球形或椭圆形，重达3～5 kg，长达25 cm，直径为35 cm左右。果实未熟时呈橄榄绿色，成熟时为黄色，表面有多枚粗大木质尖刺，内有种子30～60颗，每1～7个种子周围附生乳白色或浅黄色肉质假种皮，呈果瓣状。每个果实中有4～5个果瓣，果肉较硬汁水少，但香浓味甜，颇似陈奶酪与洋葱的混合风味。种子如栗，含淀粉和糖分多，炒食味美。榴莲是东南亚著名的果品之一。未成熟的果实也可作蔬菜直接煮食，或同糯米同煮而食。成熟榴莲不但可鲜食，还可与肉类炖成汤，马来西亚人还将其加虾同做成虾酱。果实不耐贮藏，采后仅能放置1～2天，含较多的蛋白质、果糖、磷脂和维生素C，是热带夏季酷热时消暑解渴的佳果，以果皮略黄、果味浓烈、果体完整者为上品。

（二）干果类

果实成熟后，果皮干燥，这类果实称为干果。干果的果皮干燥，使之失去了食用价值，但其种子可以食用，所以干果是以其种子作为食用部位，又称为果仁。裸子植物直接以种子为食，所以也归在干果之列。

1. 干果的特点

（1）含水量低，耐储存。

（2）质地干燥、硬脆。

（3）本身无显味。

（4）一类含丰富的蛋白质和油脂：核桃、花生、腰果、杏仁、松子、芝麻；另一类含丰富的淀粉：莲子、板栗、白果等。

干果具有较高的营养价值，不同的物质组成及颜色、口感和外观，再加之烹调方式的多样性，产生了菜肴的独特性。

2. 干果的类型

被子植物的干果其性质基本属于单果，根据果皮是否开裂，又分为裂果和闭果两类。

（1）裂果　果实成熟后果皮裂开的果实。因果皮构造和开裂方式不同可分为：荚果，由一个心皮发育而成的果实，成熟时可以从腹缝线和背缝线裂开成两片，如豆科植物的果实，但落花生是唯一不开裂的荚果；骨突果，由一心皮或离生心皮发育而成的果实,成熟时沿腹缝线或背缝线裂开,如牡丹、八角茴香的果实;蒴果,如芝麻;还有角果等。

(2) 闭果　果实成熟后果皮不开裂的果实。根据果实的形态结构不同可分为:瘦果,成熟时只含一枚种子,果皮与种皮是分离的,如向日葵、荞麦等;坚果,果皮坚硬,内含一枚种子,如板栗等;还有颖果、翅果和双悬果等类型。

3. 干果种类

(1) 核桃　核桃(*Juglaus regia*; Walnut)属胡桃目胡桃科,又称胡桃,原产我国西北部及中亚,在我国有两千多年的栽培历史,现在主要产于黄河流域其及以南各地,即河北、山东、山西、陕西、云南、河南、湖北、贵州、四川、甘肃和新疆等地(彩图 123)。核桃果实椭圆形或球形,外果皮、中果皮肉质,成熟后干燥成纤维质,内果皮坚硬,木质化,有雕纹。去壳后,其种子可食用,将之称为桃仁。核桃有多种,一般分为绵桃和铁桃。市场供应以绵桃为主,其个大圆整、肉饱满、壳薄、出仁率高、桃仁含油量高。核桃通常在9～10 月份成熟上市。桃仁以仁大、肉饱满、干燥、色黄白、有光泽味清香、含油量高者为好。在 100 g 干桃仁中含蛋白质 16～19.6 g、脂肪63.9～69 g、碳水化合物 5.4～8.1 g,还含钙 43～93 mg、磷 338～386 mg、铁 2.9～3.9 mg 及维生素 A、维生素 B、维生素 C,是乌发、健脑的营养佳品。桃仁应用较广泛。用前宜先经开水浸泡去衣(种皮)。通常用于咸、甜菜品和甜点中,既可作主料,又可作配料,以及甜点的馅心和配料。一般鲜桃仁多用于咸菜品(椒麻桃仁、桃仁鸡丁),突出清香和时令;干桃仁多用于甜菜品和糕点配料,突出其油润香脆,所以用前需油炸、烘烤或炒制等,菜品有雪花桃泥、酱酥桃仁、挂霜桃仁等。

(2) 花生　花生(*Arachis hypogaea*; Peanut)属豆目蝶形花科。花生原产巴西,我国以黄河下游各地为最多,通常 9～10 月份上市,为落花生植物的不开裂的荚果(图 6-13)。荚果长椭圆形,果皮厚,革质,具有突出网脉,长 1～4 cm,内含 1～4 颗种子。种子即是可食的部位,称花生仁(花仁)。主要品种有普通型、蜂腰型、多粒型和珍珠型等。花生仁有长圆、长卵、短圆等形状。外被红色或粉红色种皮,其上含有丰富的维生素 B_1 和维生素 B_2。100 g 干种子含蛋白质 24.6 g、脂肪 48.7 g、碳水化合物 15.3 g,还含钙 36 mg、磷 383 mg,所以俗称“植物肉”,有润肺、和胃和催奶的作用,有人称之为“长生果”。花生可生用也可熟用。可作菜肴主配原料和糕点的馅心和配料,而且是传统的“宫保”菜式的必备配料。可以炒、煮、炸、煨、炖等方式成菜,如宫保鸡丁、蛋酥花仁、怪味花仁、五香花仁、茄汁花仁等。

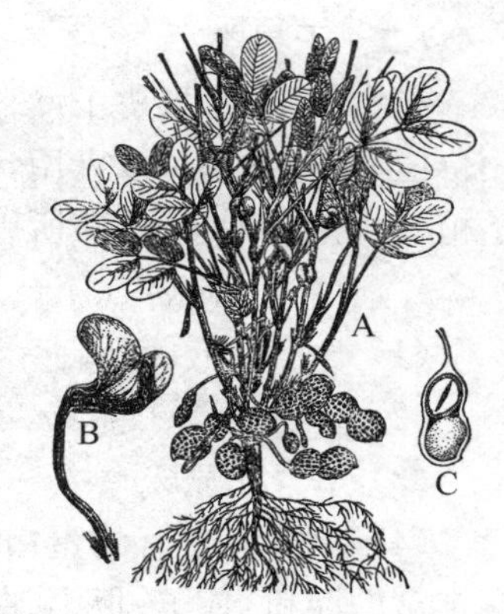

图 6-13　花生

A. 植株　B. 花　C. 果实的剖面

(3) 松子　松子(Pinenut)是松科红松(*Pinus koraiensis*)和油松(*P. tabulaeformis*)以及马尾松(*P. massoniana*)等裸子植物的种子,又称松仁。按产地及颗粒形状不同分为三类:东北松子主要产于黑龙江和吉林,颗粒最大,仁肉肥满,含油量

70%,品质最好;西南松子主要产于云南,颗粒较小,壳薄,仁肉饱满,含油量40%~50%,但空瘪粒较多;西北松子主要产于陕西、山西、甘肃,颗粒最小,仁肉少,含油量40%,壳厚。一般每100 g干松子含蛋白质15.3~16.7 g、脂肪63.3~63.5 g、碳水化合物9.8~12.4 g。松子有润肺、润肠和通便的作用。松子可生用或炒熟作休闲食品,可作菜肴和糕点的配料和馅心等,可配荤、素原料。名菜有上海的松仁鱼米、河南的松仁烧香菇、云南的网油松子鲤鱼、山东的松子肚卷等等。

(4) 杏仁　杏仁(Apricot Kernel)为蔷薇科植物杏(*Prunus armeniaca*)的种子,主要产于北京市郊、河北、新疆、陕西、辽宁等地。种仁一般取自于仁用杏,仁用杏又有甜杏仁和苦杏仁之分,苦杏仁个小、滚圆形、皮色深、味苦。由于苦杏仁味苦有微毒,所以一般选择甜杏仁供食用。甜杏仁以个大、扁圆、皮色浅黄色略带淡红色、纹路清晰、味甜脆香为好。每100 g杏仁含蛋白质24.7 g、脂肪44.8 g、碳水化合物2.9 g,还含有钾106 mg、磷27 mg、硒15.65 mg,含较高的维生素B_1和维生素B_2。杏仁可作炒货,可作菜肴和糕点的配料,还可为菜品和饮料提供独特的杏仁味。

(5) 腰果　腰果(Cashew Nut)属漆树科的常绿小乔木,又称木贾如树。原产南美洲的巴西,现主要产于莫桑比克、坦桑尼亚、巴西、印度等国,我国在20世纪30年代引种,种植于广东湛江、海南等地。坚果生长于由花托膨大形成的肉质假果之上,由果壳、种皮和种仁三部分组成。剥去坚硬果皮后的种子称腰果仁,呈肾形,色泽玉白,长1.5~2 cm,有清香味,又称木贾如坚果。果仁含脂肪45%、蛋白质21%、糖类22%,还含有钙、磷等矿物质及多种维生素。腰果与核桃、榛子、扁桃并列为世界四大干果。腰果仁常作配料用于菜品中,油炸后酥脆香,味似花生仁,菜品有腰果鸡丁等。还用于糕点中混合使用或作馅心。肉质假果称为腰果梨,味酸甜,可作水果生食或制糖、榨汁作饮料或晒干制果梨干。

(6) 榛子　榛树(Hazel Nut)属桦木科落叶灌木或小乔木。分布于北半球寒带至温带。主要产于我国北部和东南部,亦见于朝鲜和日本,已有5 000多年的种植历史。坚果近球形或卵形,托于钟状总苞中,总苞较坚果长,有6~9个三角形裂片。坚果外有木质果皮,果仁肥白,圆形。富含脂肪、蛋白质和胡萝卜素等,一般供炒食,味似板栗,还是制作巧克力的常用配料。

(7) 巴旦杏仁　巴旦杏仁亦称扁桃仁,是巴旦杏(*Prunus amygdalus*)的种子。巴旦杏是伊朗文badam的音译,也称八达杏、扁桃。扁桃属蔷薇科落叶乔木,原产亚洲西部,我国西北的新疆、甘肃、陕西有栽培,欧洲国家栽培较多,是世界四大干果之一。其果实扁圆形,先端渐狭或圆钝,基部带截形,成熟时干裂,种仁供食用。种仁卵圆形或广椭圆形,扁平,长约3 cm,比普通杏仁大,先端渐尖,基部截形或圆截形,腹缝合线较弯,表面呈龙骨状突起,含油脂40%~70%。

按味的甜苦分为甜巴旦杏仁和苦巴旦杏仁,食用的是甜巴旦杏仁,成分和用途与杏仁相同,用于制作菜肴和糕点。

(8) 开心果　开心果为漆树科黄连木属常绿落叶乔木阿月浑子(*Pistacia vera*; Pistachio)的果实,又称胡榛子。原产中东南部山脉半沙漠地区,以土耳其、伊朗、意大利、叙利亚和阿富汗为主要生产国。在公元初年开心果传入地中海欧洲地区，中国在唐代才引入新疆种植。椭圆形的红色果壳内有扁平浅绿色或乳黄色的果仁，即为可食用部分，每年8～10月成熟。因成熟后果实的顶部即开裂，如同人高兴时笑开口，所以称之为“开心果”（彩图124）。开心果含有较多的蛋白质和脂肪以及铁、钾、磷、钙，对体弱多病的人特别有益，能安神强身和预防心脏病。开心果以干燥、裂口、颜色青绿、果实大小均匀、饱满为佳品。常作炒货食用，还可以用作糖果糕点的配料，与蔬菜、肉类同炒制成菜，或做沙拉。还可用于榨取食用植物油。

(9) 香榧　香榧（*Torreya grandis*；Chinese Torreya）属红豆杉科的常绿乔木，高达25 m。春末开花，翌年秋季果熟。为我国特产树种，已有1 300多年的栽培历史，现在产于浙江、安徽、江西、福建等地，以浙江所产最佳。种子核果状，广椭圆形，全部为肉质假种皮所包，初为绿色，后紫褐色，内为骨质中种皮，膜质棕色内种皮和淡黄色橄榄形种仁。种仁富含脂肪、蛋白质，为著名的干果之一，炒熟食用，清香可口，细腻松脆，也可榨油供食用。

(10) 薏苡仁（Job's Tears Seed）　薏苡（*Coix lachrymal-jobi*）是禾本科薏苡属一年生或多年生草本植物，分布于我国各地，生于河边、溪流边或阴湿河谷中，主产于湖南、河北、江苏、福建等省。茎秆直立粗壮，高达1.5 m，有分枝，叶线状披针形，中脉粗厚，总状花序。颖果椭圆形，淡褐色，有光泽。其种仁称薏苡仁、薏米、米仁。种仁富含淀粉，有利湿、清热、健脾胃等作用，尤对老弱病者更为适宜。薏苡是我国传统的食品资源之一，除可与米合烹，制成八宝饭、八宝粥等食用外，亦可制甜羹，具香、糯、润而有弹性的良好口感。

(11) 板栗　板栗（*Castance mollissima*；Chestnut）属山毛榉目山毛榉科，其果实又称栗子、毛栗，原产我国，现在广泛种植于黄河流域及其以北的山地，在北方多产于辽宁、河北、山东、河南等省，南方的广西、四川也有（彩图124）。果实为壳斗，心形，壳坚硬，密被针刺。生板栗肉脆，熟板栗肉软糯。板栗每年9～11月份成熟上市，著名品种有北京房山的“良乡板栗”；河北迁西、兴隆的“迁西明栗”，又称红毛、红皮；山东莱阳庄头一带的“莱阳红光栗”；长江流域及江南各地的“锥栗”，又称珍珠栗，其品种有楔栗（中心扁者）、山栗（小而圆、末端尖）、莘栗（圆小如橡子）、茅栗（小如指顶者）。板栗以皮薄、粒大、肉细、味甜而香糯为佳。每100 g板粒仁含碳水化合物40～60 g、蛋白质6～7 g、脂肪10 g。板栗可生吃或作炒货，可作菜肴、主食、糕点和小吃。一般取肉整用，因其淀粉含量高，故多采用过油定形和蒸熟定形，以确保其形状和滋味完美；也可加工成片、丁、粒和茸泥。可以烧、焖、扒、炒而成菜，最适宜烧和焖。有名的热菜有：四川的板栗烧鸡、板栗烧肉，山东的栗子烧白菜；有名的凉菜有：湖南的油炝板栗；甜菜有：福建的糖烧板栗、浙江的桂花栗子羹。可将栗肉切粒，拌米煮饭熬粥，因淀粉含量高可代粮。可用作月饼馅心以及糖炒板栗、五香板栗等大众休闲食品。

(12) 莲子　莲子（Lotus Seed）为毛茛目睡莲科植物莲（*Nelumbo nucifera*）的果实（莲蓬）去壳后留下的种子。莲子原产中国和印度东部，现长江中下游、广东和福建省都有栽培。湖南、湖北、江西、福建为主要产区。莲子从大暑开始到冬至陆续成熟上市。依生长时期和出产季节的不同，分为夏莲和秋莲。夏莲又称伏莲、白莲，大暑前后采收，粒大饱满，壳薄肉厚，表皮红中透白，涨性好，入口软糯，主要产于湖南、湖北等地；秋莲，又称红莲，立秋后采收，粒细而瘦，壳厚肉薄，种皮红，涨性差，入口硬糯，品质较次，江西多产此莲。依种植地和种植方法的不同，分家莲、湖莲和田莲。家莲种植于池塘中，质地白嫩香甜，但产量少；湖莲：种植于湖沼中，果实小，味较浓，质稍次；田莲：种植于水田中，莲肉壮实，成品质量最好，如湖南所产的湘莲。

莲子一般以颗粒圆整饱满、干燥、口咬脆裂、涨性好、入口软糯者为佳。每100 g莲肉含碳水化合物66 g、蛋白质17 g、脂肪1.9 g。莲子可作主料成菜，如蜜蜡莲子、拔丝莲子；也可作配料运用于菜肴，如八宝鸡；可作甜味菜品，如琥珀莲子、冰糖湘莲；也可作咸味菜品，如莲子蛋、莲子肚、莲子鸭舌羹等，一般通过蒸、煨、扒、拔丝、煮、烩的烹调方式而成菜。

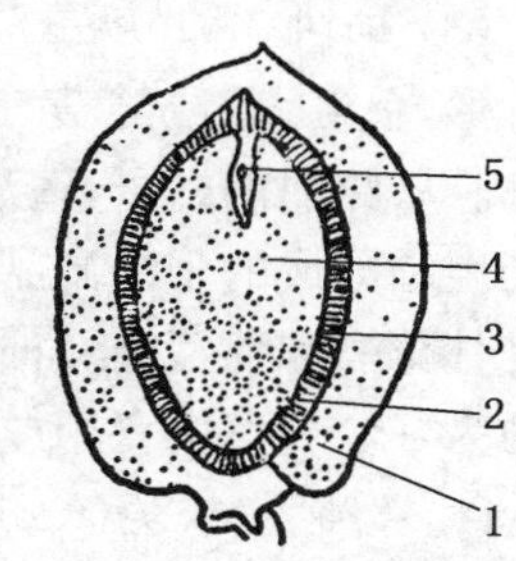

图6-14　白果种子的纵剖面

1. 外种皮　2. 中种皮　3. 内种皮　4. 胚乳　5. 胚

(13) 白果　白果(Ginkgo Fruit)为银杏科裸子植物银杏(*Ginkgo biloba*)的种子。种子呈核果状，椭圆形或侧卵形。外种皮肉质、中种皮骨质、内果皮膜质，种子肉色白(图6-14)，主要产于江苏一带，以泰兴所产最为著名，以粒大、光亮、饱满、肉丰富，无僵仁、瘪仁者为好。每100 g果仁含碳水化合物71.2 g、蛋白质13.4 g、脂肪3 g。因含氰苷等有毒物质，以绿色胚芽含量高，所以食用时应去胚芽，虽加热食用，但不宜多食。可作主配原料成菜，白果炖鸡是有名的菜肴之一。

(三) 果品制品

果品制品是指以鲜果、干果为原料，经过多种方法加工成的制品。由于大多数制品都加有浓度较高的糖，香甜味重，所以又称“糖制果品”，如果脯、蜜饯和果酱等。果品制品大多具有独特的风味，还保持着鲜果天然的色泽。为了补足色泽或满足人们感官的需要和烹饪应用的要求，有的果品制品添加了色素，使其色泽艳丽，如红绿果丝、青红樱桃等。我国加工果品制品的历史悠久，品种繁多，不仅起到了对鲜果的保藏，也方便了运输，极大地丰富了我们的果品市场，增添了丰富的烹饪原料。果品制品有多种多样，基本上都是由鲜果加工制成。按照加工方法的不同，常分为下列几类。

1. 果干类(Dried Fruit)

将整个鲜果去皮、去核或切片后，经过人为的方法脱水干燥而得的制品。如山楂干、葡萄干、香蕉干、柿饼(彩图126)、椰丝、杏干和龙眼干等。由于脱去水分，有利于鲜果保色、保味和使用。通常用于糕点和小吃中。

(1) 葡萄干　葡萄干为鼠李目葡萄科植物葡萄(*Vitis vinifera* L.)果实的干制品，主要产区是新疆。多悬挂于四面通风的干燥屋内阴干而成。因葡萄品种不同，可分为：白葡萄干：无核、色泽绿白、粒小而有透明感，肉质细腻，味甜美；红葡萄干：无核或有核、皮紫红或红色、粒大而有透明感，肉质较次，味酸甜。葡萄干在烹饪中应用较广，常整体作糕点配料，或剁成茸泥作甜点的馅心，也是甜菜品中常用的配料和花色炒饭的配料,起到配色、提味和增香甜的作用。

(2) 枣干　枣(*Zizyphus jujuba* var. *inermis*)是鼠李目鼠李科的植物。枣树南北均有栽培,以河南、河北、山东、陕西、甘肃和山西等地盛产。核果长圆形,鲜品时为黄色或黄中带紫红或全部紫红色,含丰富的糖类和维生素C。除鲜食外,常通过不同的方法加工成红枣、乌枣、蜜枣和牙枣等果干。红枣果皮色红鲜艳;蜜枣果实色黄亮而有透明感;乌枣果皮色乌紫光亮。一般常以果干粒大核小,肉厚皮薄,口味香甜质软糯为佳。除直接食用外,常用作味道不同的菜肴,名菜有红枣煨肘、红枣炖甲鱼等具有滋补功效的菜品。除整用外,可制作枣泥、枣糕等风味糕点和小吃,如网油枣泥卷、慈姑枣泥饼、桃仁枣泥等。

(3) 柿饼　柿(*Diospyos kaki*)是柿树科植物,落叶乔木,高达15 m。浆果圆形或方形,色红、黄或红黄,果肉味甜汁多。除供生食外,常加工成制品。柿饼选果大、肉厚、味甜的柿子,清洗削皮后,烘干或晾干至软,然后整形,再将其封缸,置阴凉处生霜即成的干果制品。柿霜是果实内的可溶性糖分析出的白色结晶,主要成分是甘露醇和葡萄糖。柿饼成品以个大圆整、柿霜白而厚、肉色红亮、质软糯、无涩味的为好。可直接食用或用于甜菜、小吃和糕点制作。

2. 果脯、蜜饯类(Candied Fruit)

将鲜果经糖煮或糖渍后的制品。蜜饯和果脯都是以鲜果加工成果坯(完整果实或块状果肉),以糖来煮、浸渍或干燥而成的制品。一般将比较干燥,不带糖汁的称为果脯,北方地区多以此法生产;对表面湿润、光亮或浸渍在浓糖液中的半干性制品称为蜜饯,南方地区多以此法制作。但两者并无确切的区分界线。果脯、蜜饯的主要产地有福建、广东、上海、北京、四川、江苏、浙江等地,分多种流派制式,且品种繁多。

按产品的外观状态不同又可分为四类:

(1) 果脯　将果坯用糖液浸煮后干燥而成,为棕色或金黄色半透明体,表面较干燥,稍带黏性。属北方糖制加工的类型,又称"北蜜饯",如北京、山西、河北等地所产的杏脯、桃脯、苹果脯、梨脯、金丝蜜枣等。

(2) 糖衣果脯　制品表面挂有糖衣(结晶糖),质清脆、含糖量高,属南方糖制加工的类型,又名"南果脯"。广东、福建、四川、江西等地所产的橘饼、柚子条、红绿果丝等均属此类。

(3) 蜜饯(糖衣蜜饯)　制品表面有一层半干燥糖膜,光亮湿润,亦经干燥制成,如福建、广东、上海所产的蜜桃片、蜜李片、蜜木芒果等。

(4) 带汁蜜饯　制品带有浓糖汁,味酸甜香美,外观鲜艳。北京、河北出产较多,如蜜饯红果、蜜饯海棠。广东、上海、福建等地的糖青梅、甜桂花、甜玫瑰花等均属于此类。

(5) 甘草蜜饯(凉果、晾果)　将鲜果制成果坯,不加热,采用浸糖的方式进行加工,制作中除了加糖外,还加入适量的香料、酸和甜味剂等制成。如桂花橄榄、奶油话梅、甘草无花果、丁香山楂、果应子、陈皮梅等。

果脯、蜜饯除直接食用外,烹调中多用于甜菜和甜点的混合用料或糖馅心,在其中起着调味、增色和增果香的作用。

3. 果酱类(Jam)

将鲜果破碎或榨汁和糖一起熬煮而成的酱状制品。由于加工工艺的要求不同,其形式有浓稠的果酱、较浓稠的果泥、凝胶状的果冻和较干燥的果丹皮等,以瓶装、罐装形式的果酱为多。酱体中有的含块状果肉,有的呈均匀酱状。有用一种果品制得的果酱,如苹果酱、杏酱、草莓酱、梨酱和山楂酱等,体现各种不同鲜果的独特风味和特有色泽;也有用多种鲜果制成的什锦果酱。

果酱的制作源于欧美,是一种传统的食品,常用于佐食面包、馒头等面食品。也常作糕点的点缀、配色和提味之用,如镶嵌于卷筒蛋糕、花卷中,用于标花蛋糕的表面装饰造型等。也充当淋汁,用于菜肴中,起到了增色泽和增加味型的作用,丰富了菜品的种类,如茄汁桃仁、茄汁鱼花、草莓酱排骨等。

4. 果汁类(Fruit Juice)

果汁是呈液体状的果品加工品,分原汁和人工汁两大类。原汁是直接提取鲜果的汁液而成,一般采用压榨法和浸出法提取,可保持原浓度或进行浓缩,无论在风味和营养上都十分接近鲜果;人工汁是以糖、有机酸、食用香精、食用色素等原料加水配制而成的,如果子露等,人工果汁纯属嗜好性饮料。

5. 糖水渍品(Canned Fruit)

又称水果罐头,是指将整个鲜果或去皮、去核、切块、热烫处理后,将其浸泡于糖水中,再装罐、密封、杀菌的制品。种类多,方便食用。

二、果品在烹饪中的运用

果品四季皆有,品种繁多,在烹饪中运用广泛,从日常小吃到筵席都使用。不仅用自身丰富的色彩来调节菜点的色泽增进美感,还以独特的风味,为菜点增味增香,使滋味更独特,还可起到突出时令的作用。如现在流行的水果雕切,具有简洁明快、造型优美、色彩艳丽和香气诱人的特点,可提高菜品的艺术品位,美化就餐氛围,调剂口味,促进食欲,醒酒解腻。表现出不仅只是食用,而有丰富的外延,不乏是一类有特色的原料。可以说果品是一类需要量大,营养丰富的烹饪原料。

(一) 果品可作菜肴的主料,多用于甜菜品制作

由于大多数果品原料都呈现甜酸、酸甜或纯甜味,而且带有浓郁的芳香气息。为突出其自身风味和考虑呈味协调的因素,所以多作甜菜品。大多数鲜果由于甜酸味浓,易软熟,所以是甜菜的主要选料。一般甜菜品常采用拔丝、挂霜、软炸、蜜汁、果羹、果冻、鲜熘和酿蒸等方法制成,如时令鲜果锅巴、琉璃桃仁、拔丝香蕉、网油枣泥卷、蜜汁桃脯、八宝酿梨、枇杷冻、什锦果羹、时令鲜果锅巴、扒丝果味核桃枣以及雪花桃泥等。味淡的鲜果或自身无显味的干果(果仁)除制作甜菜外,还作特色咸味菜肴,且味型多样。咸菜品多以炝炒、煨、炖、蒸、烧等方式成菜,如白果炖鸡、宫保鲜贝、蛋酥花仁、怪味桃仁、红枣煨肘等。鲜果融入菜式之中烹制鲜果佳肴,热炒、凉拌、煨汤皆宜,但关键是要依据各种鲜果的特性烹饪。蒸煮的菜肴宜选用果肉丰满,果皮韧实,且能耐高温久煮者,如柳橙、青木瓜和砀山梨。热炒的菜肴,为避免加热后汤水过多,宜选用果肉出水较稳定,且果肉受热不会变味透酸者,如荔枝、哈密瓜、香瓜、菠萝等。而香蕉、苹果因加热后肉质由脆、粉、嫩变成柔韧、

软滑，或以包浆入锅煎炸，或以糖水包裹制成拔丝香蕉、拔丝苹果。而熬汤则宜采用脱水的干果如杨梅干、山楂干、凤梨干等来增加汤汁的鲜美。至于凉拌或以色拉酱调制的菜肴，则宜选用口感清脆的水果，如西瓜、哈密瓜、梨等。鲜果入馔，应尽量保持其原汁原味，故不宜久煮，火候也不宜过大，口味不宜太咸，调味品不宜加得太多。

（二）果品作配料范围广泛，可以和多种动物性原料、植物性原料相配成菜

鲜果的香甜、干果的软糯或酥香富赋予菜品特有的风味，而且使营养物质合理搭配，使菜品不仅有良好的色、香、味、型、质，更赋予菜肴有较高的营养价值。如炒鲜桃仁丝瓜（突出时令、清香）、板栗烧菜心、板栗烧鸡、奇妙桃仁鱼卷和松仁烧香菇、石榴熘鸡丁（色艳、味醇）等菜品。

（三）果品是常用的配形料和配色料

果品类原料色泽丰富、形态各异，本着自然、美观、实用的原则，就原料本身的色和形来创造菜肴的特色，所以果品常用于花式菜中，即常用于花色拼盘造型和配色，热菜、凉菜的点缀，围边以及面点制品的配色、点缀等；还用于造型别致、风味独特的罐式菜、盅式菜和水果拼盘，如梨罐、橘罐、西瓜盅都是运用广泛的菜式。

（四）果品可用作糕点、小吃和粥品的配料

糕点、小吃等面点制品花色品种多样化，既依赖于粮食原料作的主料，又依赖于配料多样化。鲜果、干果和果品制品通常作馅心或混合使用。如：莲蓉酥、五仁月饼、葡萄干面包、水果蛋糕、红枣糕、枣泥卷、八宝饭、粽子、芝麻汤圆和松糕等。它们不仅提供了果品的香甜或酥香的口味和口感，而且也起到了丰富色泽的作用。有的果品具有滋补调养的功效和辅助疗效的作用，常用于做食疗保健粥，如花生、红枣、莲子等。

（五）果品可用作调味料

鲜果、果干、果脯、蜜饯有浓郁的果香和甜酸味，干果（果仁）经烹制后可产生干香、油香、酥香等风味。当用于菜点中有较好的呈味和赋味作用。实际上果品不论作主料，还是配料使用时，都将其风味表现于菜点中。直接作调味料使用更有其独到之处。如从鲜果中直接挤出果汁用于菜肴的调味，柠檬汁、柑橘汁、菠萝汁和椰子汁常用于烹制味甜而且带有浓郁果香的菜肴；将果酱作菜肴淋汁既可调味又可调色，从而丰富菜肴色泽和味型；将芝麻、花生炒、炸后用于菜点，有很强的增香作用，如宫保鸡丁、芝麻肉丝等。

我国果品资源十分丰富，掌握果品的特性、特点，将之更好地用于烹饪中，制作出更多、更新的营养物质合理搭配的佳肴。

检　　测

复习思考题

1. 粮食在烹饪中有何运用？
2. 籼米、粳米和糯米的米质有何区别，烹饪运用有何不同？
3. 制作象形面点时为何一般选用澄粉？
4. 目前豆腐有哪些形式？选择烹饪方法时以什么为依据？

5. 面筋、豆筋为何可作仿荤菜的原料？

6. 粉丝质量如何鉴别？烹饪中有何运用？

7. 茎菜类和根菜类蔬菜的运用有何特点？

8. 叶菜类蔬菜有何运用特点？

9. 可从哪些方面开发花菜类蔬菜的运用？

10. 食用菌的烹饪运用特点是什么？

11. 紫菜在烹饪中有何运用？

12. 玉兰片有何烹饪运用？

13. 酱腌菜在烹饪中有何运用？

14. 鲜果和干果各有何特点？

15. 果品在烹饪中有哪些运用？

16. 鲜果和干果在烹饪运用中有何不同？

17. 果脯、蜜饯、果酱在烹饪中有何运用？

18. 解释概念：面筋、豆腐、腐衣、腐竹、西米、粉丝、澄粉、叶菜类蔬菜、根菜类蔬菜、茎菜类蔬菜、果菜类蔬菜、玉兰片、酱菜、果干、果脯、蜜饯、果酱。

下　编

调 辅 原 料

第七章 调味原料

学习目标

◎ 了解烹饪中常用调味原料的种类、简单的生产工艺以及分类知识。

◎ 理解调味原料的风味特点、呈味原理和原则。

◎ 掌握调味原料在烹饪中的作用、烹饪运用规律以及注意事项。

◎ 能充分利用所掌握的知识,能运用各种调味原料调制出成熟的味型,还应具备开发新味型的能力。

本章导读

中国菜以重“味”的调制而为根本。菜点“味”的形成不仅在于所用的主料和配料,更在于调味原料。本章就烹饪中主要使用的咸味、甜味、酸味、鲜味和香辛味调味原料的种类、风味和质地的特点,以及呈味原理和原则,在烹饪中的运用规律进行了阐述。通过本章的学习我们不仅应熟悉和掌握基本的、大众的调味原料的基本知识,更应联系实际,认识和掌握新型调味料和地方特色强的调味原料。

引导案例

川菜的魅力

川菜是历史悠久、地方风味极为浓厚的菜系,为中国八大菜系之一。以成都风味为正宗,包含重庆菜、乐山菜、内江菜、自贡菜等。它选料广泛、味道多变、适应性强,素来享有“一菜一格,百菜百味”之美誉,以味多、味广、味厚、味美的独特风格赢得国内外赞誉,这就是川菜的魅力。

早期川菜肇始于东汉末与魏晋之交,定型同时达到高峰是在北宋时期,定型过程几乎花费了1 000年时间。到了北宋,川菜才单独成为一个在全国有影响力的菜系。其影响力不仅在于川菜广泛的取料,独特的烹饪技艺,更主要的是丰富多样的味型。《华阳国志》中说蜀人“尚滋味、好辛香”,这两句话高度概括了巴蜀烹调风格及四川菜肴烹调的特点,那就是重视有强烈味感调味料的运用。不仅如此,川人还擅长吸取众家之长,开发了20多种味型,这些味型的运用使得各式菜肴脍炙人口。其名菜有回锅肉、鱼香肉丝、灯影牛肉、夫妻肺片、水煮牛肉、清蒸江团、干煸鱿鱼丝、宫保鸡丁、麻婆豆腐、怪味鸡块等。

川菜调味的主要特点是多样化,用与其他菜系大同小异的基本调味原料,巧妙地调制成互有差异各具特色的复合味型。如:家常味型——以豆瓣、红辣椒、川盐、酱油调制而成，特点是咸鲜微辣，因四川人“居家常有”而得名，广泛应用于回锅肉、盐煎肉、太白鸡、家常海参、家常豆腐等热菜。怪味味型——以川盐、酱油、红油、花椒面、芝麻酱、糖、蒜、香油、味精等调料调制而成，集众味于一体，互不压抑，相得益彰，特点是咸、甜、麻、辣、酸、鲜、香并重而协调，故以“怪味”名之。多用于冷菜，如怪味鸡丝、怪味酥鱼、怪味花生、怪味核桃仁等。鱼香味型——以泡红辣椒、盐、酱油、白糖、醋、姜米、蒜米、葱粒调制而成，特点是咸甜酸辣兼备，姜葱蒜香气浓郁，因源于四川民间独具特色的烹鱼调味方法而得名。广泛用于冷、热菜中，如鱼香肉丝、鱼香茄饼、鱼香八块鸡、鱼香肘子等。麻辣味型——以辣椒、花椒、盐、味精、料酒调制而成，特点是麻辣味厚，咸鲜而香，回味略甜，广泛用于冷、热菜，如水煮肉片、麻婆豆腐、麻辣牛肉丝、麻辣鸡片、毛肚火锅等。椒麻味型——以盐、花椒、小葱叶、酱油、冷鸡汤、味精、香油调制而成，特点是椒麻辛香，味咸而鲜，多用于冷菜，如椒麻鸡片、椒麻肚丝、椒麻鸭掌、椒麻桃仁等。

品尝川菜时，味感高度满足，不禁让人感叹“食在中国，味在四川”。

由此可见，充分掌握各种调味原料的风味特点、呈味原理以及搭配原则是非常有必要的，不仅如此，在继承传统的基础上，要揽众家之长，甚至中西结合，创造出新的味型。因为“味”是菜肴之“灵魂”，良好诱人的味是美食的重要体现。

调味原料是指能提供和改善菜点味感的一类物质。中国烹饪注重味道，菜点的味是评判菜点质量高低的一个重要方面。菜点的美味，不但能刺激人的食欲，而且能促进消化液的分泌，有利于食物的消化吸收。调味原料在烹饪中虽然用量不大，却应用广泛，变化很大。在烹调过程中，调味原料的呈味成分连同菜点主配料的呈味成分一起，共同形成了菜点的不同风味特色，真所谓“一菜一格，百菜百味”。

一种呈味成分要使人产生味觉，先决条件是必须能溶于水，只有溶于水或唾液才能进入味蕾，刺激味蕾中味觉神经，神经将刺激传到大脑，最终产生味觉。舌头的各个部位对味的敏感性不同，舌尖、舌缘对咸味敏感，舌根对苦味敏感，舌面对酸味最敏感。

目前，烹饪中用于调味的物质极其繁多。有天然的和人工加工生产的；有中式风味的和西式风味的；有固态的、半固态的和液体的。但一般按味别不同分为单一调味料和复合调味料。本书按原料的味别分为五大类调味品：咸味调味品、甜味调味品、酸味调味品、鲜味调味品和香辛味调味品。单一味的调料是基础，我们必须了解其组成成分、风味特点、理化特性等知识，才能正确运用各类调味料，使之起到给菜点赋味、矫味和定味的作用，以及增进菜点色泽的作用。所以，调味原料不仅调味，而且还具有多种作用，如杀菌、保色、保脆嫩、改变原料质地等。由于调味品是烹调过程的必需品，所以理想的调味品不仅要对菜肴色香味有较强的调理作用，以满足人类的食欲需要，而且还要使菜肴有更强的营养性、方便性和安全性，甚至具有保健功能。所以当今从动物性原料和部分植物原料中提取的具有天然风味的浸出物调料日益增多，此类调料多与其他调味品配合使用，以产生更好的调味效果，如鸡精、牛肉精和猪肉精等；在调味品中添加有利于人体健康的营养和保健成分也是一种趋势，如碘盐、食疗醋、补血酱油等；由于食品加工业的高度发展，人们生活节奏的加快，调味准确、使用方便的复合调味品逐渐增多，如烧烤汁、沙茶酱、麻婆豆腐调料、鱼香肉丝调料等。

第一节 咸味调味品

咸味是一种非常重要的基本味。它在调味中有着举足轻重的作用，人们常称之为“百味之王”。咸味一般来自于食盐。除此之外，有些化合物如 KCl、NH_4Cl、NaBr、LiBr、Na_2I 等也是具有咸味的盐类，但其咸味不纯正，还呈现出苦味或涩味等不良风味，只有 NaCl 的咸味最为纯正。烹饪中，除了部分面点外，几乎没有菜点不用食盐。而且大部分复合味型也必须在咸味的基础上配制。

烹饪中常用的咸味调味品有天然食盐和经过微生物的发酵活动产生的发酵性咸味调味品，如传统的酱油、酱类、豆豉，以及源于日本的外来品味噌、纳豆等。

一、食盐

食盐(Salt)是常用的一种咸味调味品，其种类很多，主要是以 NaCl 为主要成分的普通盐。按来源不同，普通盐可分为海盐、井盐、池盐、岩盐、湖盐等；按加工程度不同分原盐(粗盐、大盐)、洗涤盐、再制盐(精盐)。除一些特殊产地的特殊原盐外，一般的粗盐和洗涤盐中含其他盐类，不仅有异味，而且也不利于人体健康。烹饪中一般选用色泽洁白、透明或不透明的，咸味纯正的精盐为食用盐。再有就是根据特殊和普遍的需要，在精盐中添加某些矿质元素制成营养盐，如碘盐、锌盐、铁盐、铜盐、低钠盐等，以此增加矿质元素的补充和限制对钠的吸收。第三就是加入其他调味品制得的为顺应快节奏的生活、方便人们的生活而产生的复合盐，如香菇盐、海鲜盐、香辣盐、泡菜盐等等。食盐不仅用于调味，还对人体有一定的生理作用。可调节体内的酸碱平衡、渗透压平衡；维持神经、肌肉正常的兴奋性。一般情况下，一个成人平均一天的摄入量是 10 g。食盐在烹调中的作用如下。

(一) 为菜肴赋予基本的咸味

人可感觉到咸味的最低浓度是 0.1%～0.5%，而感到最舒服的食盐浓度是 0.8%～1.2%，所以在制作菜肴时应以这个量为依据。为突出菜肴的风味特色，满足人的生理需要，应灵活掌握菜点中食盐的用量。菜肴食用方法不同用盐量有差别，如随饭菜用盐量可高一些，而筵席菜用盐量应少一些，并随上菜的顺序有所递减，或在席间上一些甜点或果品等。另外还要考虑进餐对象的情绪、季节、时间等因素，这样才能使菜品的味达到要求。

(二) 少量加入食盐有助酸、助甜和提鲜的作用

此作用为味的对比现象，即把两种或两种以上的不同味觉的呈味物质以适当的数量混合在一起，可以导致其中一种呈味物质的味变得更加突出。加入少量的食盐，就可使酸味和甜味增强。在 15%的蔗糖溶液中加入 0.017%的食盐，使甜味更浓厚，制作甜馅心、蜜饯时略加一点食盐就是用以增加甜味，这就是行业中所讲的“要得甜，放点盐”的道理。食盐也是助鲜剂，因为鲜味物质必须形成钠盐才能产

生强烈的鲜味。少量食盐有降低苦味的作用，是味的相消作用的体现（即当两种不同味觉的呈味物质以适当浓度混合后，可使每一种味觉比单独存在时有所减弱）。

（三）可提高蛋白质的水化作用

Na^{+}和Cl^{-}具有强烈的水化作用，当少量的Na^{+}和Cl^{-}分散吸附在蛋白质组织中时，这种作用可帮助蛋白质吸收水分和提高彼此的吸引力。根据这一原理，在制作肉茸、鱼茸、虾茸时，加入适量的食盐进行搅拌，可提高其水化作用，增强肉茸的黏稠力，使之柔嫩多汁。在面团中加入适量食盐，可促进面筋的形成，增加面团的弹性和韧性，所以在调和饺子皮、刀削面、春卷皮、面包的面团时要适当加入少量的食盐。在发酵面团中添加食盐还可为发酵菌种提供良好的生长条件，促进发酵，使制品的品质得以提高。

（四）利用其产生高低不同的渗透压，来改变原料质感，帮助入味，还可防止原料的腐败变质

渗透压的高低不同可促进原料内外物质的交换，从而改变原料的质感。NaCl是使溶液产生一定渗透压的主要物质。如将原料码上一定的食盐，产生高渗环境，促进原料失去多余的水分，还可浸出肉汁；切好的银针丝、牛舌片要挺硬，可将其放入水中吸水，这也是利用了细胞内高渗透压的作用。利用食盐形成的高渗透压可阻止原料中微生物的生长，从而实现对原料的贮藏。也是利用食盐产生的高渗透压，制作出了腌肉、腊肉、渍菜、腌菜等特色风味加工制品。

（五）可作传热介质

食盐能吸热，也能贮热，而且有较好的保温性能。所以常用来炒制干货原料，使其受热均匀后吸水膨胀，如海参、蹄筋等常采用盐发，发制效果好，而且盐便于清洗。食盐还可用于盐焗类菜肴（如盐焗鸡）及盐炒类食品。

二、发酵性咸味调味品

发酵性咸味调味品是指以豆类、小麦等粮食为主要原料，经过微生物的发酵活动，将蛋白质、淀粉等大分子物质分解，产生多种风味物质所制成的各种咸味调味品。由于所含成分大多是可溶性的小分子物质，不仅赋予其浓郁的鲜香味，还容易被人吸收利用，所以具有一定的营养价值。发酵性咸味调味品多是东方人喜爱的传统调味品，随着食品发酵工业的发展，产品质量不断提高，数量不断增加。常见品种有酱油、酱类、豆豉等。由于发酵菌种的不同和发酵工艺的差别，各地所产的品种都有一定的特色。

（一）酱油

酱油（Soy Sauce）是我国传统的咸味调味品，因其生产工艺不同，品种也不同。酱油根据形态不同，可分为液体酱油、固体酱油、粉末酱油。根据加工方法不同，可分为酿造酱油和化学酱油。

1. 酿造酱油

酿造酱油是以大豆、小麦、麸皮等原料，经微生物的发酵作用配制而成的液体调味品。它利用了霉菌、酵母菌、细菌的发酵作用，使蛋白质分解，淀粉糖化，酒精发酵，成酸作用，成酯作用等共同进行，交错反应，使酱油具有独特的色、香、味、体，是一种富有营养价值的咸味调味品。一般100 g酱油中含可溶性蛋白质7～10 g，其中氨基酸占60%，含有3～4 g糖类，还含有多种有机酸及较多的B族维生素和丰富的磷脂等。酱油是由鲜、香、咸、甜、酸等综合而成的一种滋味鲜美、醇厚、柔和的调味品。咸味来自于食盐；鲜味来自氨基酸和肽类；酸味来自乳酸、琥珀酸、醋酸等有机酸；甜味来自葡萄糖、果糖、阿拉伯塘等；香味来自4-乙基愈创木酚、甲基硫和一些酯类，这些物质共同调配了酱油的滋味。有的劣质酱油有苦味，是因为一些醛类或是盐不纯或是为调色而加入的糖色熬制过火。酱油的颜色是由于酿造过程中所发生的褐变反应或因人为增添糖色而成。广东地区将不用糖色增色的酱油称为“生抽”，而加糖色增色的称为“老抽”。

在酿造过程中加入其他动物或植物原料，可制成具有特殊风味的加料酱油，如草菇老抽王、香菇酱油、五香酱油、口蘑酱油等。日本所产的酱油称为溜(Tamari)，以大豆为主要原料，有时加入大米，发酵时间比中国酱油短，主要发酵微生物是溜曲霉。

2. 化学酱油

化学酱油的制作时间短，方法简单，是将HCl水解豆饼中的蛋白质，然后用碱中和，经煮焖加盐水，压榨过滤取汁液，加糖色而制成，又称“白酱油”，此类酱油有鲜味，但缺乏芳香味。多用于保色的菜肴中，如白蒸、白拌、白煮等。

酱油在烹调中有为菜肴确定咸味、增加其鲜味的作用；还有增色、增香，去腥解腻的作用。所以酱油多用于冷菜调味和热菜的烧、烩菜品之中。酱油在菜点中的用量受两个因素的制约：一是菜点的咸度和色泽，二是加热中会发生的增色反应。因此，一般色深、汁浓、味鲜的酱油用于冷菜和上色菜；色浅、汁清、味醇的酱油多用于加热烹调。

烹饪中还自行炼制复制红酱油。在酱油中加入红糖、八角、山柰、草果等调味品，用微火熬制，冷却后加入味精可制成复制红酱油，可用于冷菜和面食的调味。

喼汁是一种复合调味品。最初产于英国，早在19世纪正传入我国，最先被粤菜和上海菜使用。上海人称辣酱油，广州人称喼汁。特别提出，喼汁(辣酱油)加工方法与生产酱油不同，但色泽红润与酱油相似，人们习惯上将之称为酱油。近几年来，随着中西菜的融合借鉴和南北菜的交流，喼汁不仅是粤菜和上海菜的特色调料，也成为北方各大饭店、餐馆和家庭厨房常备的调味品，并在广东、上海、北京等地形成工厂化生产，由过去厨师自己调配发展成为方便型商品，尤其适合家庭使用。市场上我们常见的喼汁是瓶装，呈酱褐色，其味芳香，甜酸适度，略带辣味。主要选用优质的米醋、洋葱、丁香、玉果、花椒、桂皮等名贵香辛料为原料，并适量添加一些微量元素，经高温熬制沉淀而成。由于产地不同，口感风味又各有差异。上海产的辣酱油原料中增加了水果、蔬菜，广东生产的喼汁多加有香辛料。喼汁多用于烹制海鲜、鱼类原料，可去腥味，吃起来芳香可口。喼汁可作煎炸菜点的蘸料，也可作拌面、饺子的蘸料，具有开胃消滞、提神醒脑的作用。

(二) 酱

酱是以富含蛋白质的豆类和富含淀粉的谷类及其副产品为主要原料，在微生物以及所产生的酶的作用下发酵而成的糊状调味品。酱是我国传统的咸味调味品，早在西汉初期，我国北方人民就已广泛使用。酱经过发酵具有独特的色、香、味，含较高的蛋白质、糖、多肽及人体必需氨基酸，还含钠、氯、硫、磷、钙、铁等，不但营养丰富，而且易消化吸收。酱不仅是菜肴的调料，而且还是食用"北京烤鸭"的必备佐料，还可用于制酱肉、酱菜等制品。

因其原料和工艺的差异，我国主要有豆酱（黄豆酱、蚕豆酱、杂豆酱）、面酱（小麦酱、杂面酱）和复合酱，而日本有味噌。川菜中常用的酱是面酱。

1. 面酱（甜酱；Fermented Flour Paste）

面酱是以面粉为主要原料，经加水成团，蒸熟，配以适量盐水，经曲霉发酵而制成的酱状调味品。成品红褐色或黄褐色，有光泽、带酱香、味咸甜适口，呈黏稠半流体状。甜酱是我国传统的调味原料之一。含有蛋白质、脂肪、碳水化合物、无机盐及有机酸等成分。其甜味来自于葡萄糖、麦芽糖，鲜味来自于各种氨基酸和短肽等。品质以色泽金红、味道鲜甜、滋润光亮、酱香醇正、浓稠细腻者为佳。一般用于烧、炒、拌类菜肴，主要起增香、增色的作用，并可起解腻的作用，在酱爆肉丁、酱肉丝、酱烧冬笋、回锅肉、酱酥桃仁等菜肴中，赋予菜肴独特的酱香味；可作为吃北京烤鸭、香酥鸭时的葱酱味碟；可作杂酱包子的馅心、杂酱面的调料；还可用于酱腌和酱卤制品。

2. 豆酱（Bean Paste）

豆酱以豆类为主要原料，先将其清洗、除杂、浸泡、蒸熟后，拌入小麦粉，接种曲霉发酵 10 天左右，最后加入盐水搅拌均匀而成。成品红褐色有光泽，糊粒状，有独特酱香，味鲜美。主要有黄豆酱，成品较干涸的为干态黄豆酱，较稀稠的为稀态黄豆酱；蚕豆酱，以蚕豆加工的为蚕豆酱；杂豆酱，豌豆及其他豆类酿制的为杂豆酱。优质豆酱应为黄褐色或红褐色，鲜艳，有光泽，豆香浓郁，还具酱香和酯香，甜度较低，无不良气味；无苦味、焦煳味、酸味及其他异味。豆酱可佐食或复制用。

3. 味噌（Miso）

味噌来源于日本，在东南亚和欧美等国普遍使用，近年来我国烹饪行业中已开始使用，如广州、深圳、上海等地。味噌大多数呈膏状，与奶油相似，颜色从浅黄色的奶油白到深色的棕黑色。一般来说，颜色越深，风味越强烈。味噌具典型的咸味和芳香味。根据原料不同可分三类：由大米、大豆和食盐制得的大米味噌；由大麦、大豆和食盐制得的大麦味噌；由大豆和食盐制得的大豆味噌。按风味不同可分：甜味噌、咸味噌和半甜味噌。大米味噌最常见，占消费量的 80%。味噌营养价值高，适用于炒、烧、蒸、烩、烤、拌类菜肴的调味。可起补咸和丰富口味、提鲜、增香、上色的作用。日本人很喜欢将味噌调制成汤，具特有的酱香气。西餐中常用，中餐中拌面条、蘸饺子、拌馅心也用，效果不错。

酱的用量多少应根据菜点咸度、色泽及品种的要求来确定。因酱有较大的黏稠度，使用后可使菜品汤汁黏稠或包汁，不需勾芡或少勾芡。一般用前最好炒香出色；如果干了加植物油调稀，便于运用；若以酱作味碟蘸食时，宜蒸或炒后食用，避免引起肠胃疾病。

（三）豆豉

豆豉（Douchi）是将大豆（黄豆或黑豆）经浸泡、蒸煮、并用少量面粉、酱油、香料、盐等拌和，经霉菌发酵而制成的，营养丰富、口味鲜美的颗粒状调味品。豆豉的生产始于我国战国时期，现在以成为亚洲广大地区的传统豆类制品。豆豉产品按成品状态分有干豆豉、水豆豉；按口味分有咸豆豉、淡豆豉、臭豆豉；按发酵微生物不同可分霉菌型豆豉、细菌型豆豉。日本的传统食品“纳豆”即属于细菌型豆豉，东南亚地区的传统食品“天培”（又翻译成“摊拍”、“丹贝”）属于根霉型豆豉。

因种类不同色泽不一，一般干豆豉以颗粒饱满，色泽褐黑或褐黄，香味浓郁、甜中带鲜、咸淡适口，油润质干为佳。豆豉多生产于长江流域及其以南地区，以江西、湖南、四川、重庆、河南所产为多，如江西泰和豆豉、湖南浏阳豆豉、重庆永川豆豉、河南开封豆豉和山东临沂豆豉等都是有名的特产，故有“南人嗜豉，北人嗜酱”之说。

豆豉在烹调中，主要起提鲜、增香、解腻的作用，并具有赋色的功能。可作调味品或单独炒、蒸后制成开胃菜佐餐食用。广泛用于蒸、烧、炒、拌制的菜品中，如在回锅肉、拌兔丁、黄凉粉、豆豉鲮鱼等菜品中都广泛地运用。豆豉在运用中根据要求整用、剁成茸状或制成豆豉汁使用，用量不宜过多，否则压抑主味。

第二节 甜味调味品

甜味与烹饪的关系十分密切，许多菜肴的味道中都呈现出一定程度的甜味。它能调和滋味，使菜肴甘美可口。甜味也是一种基本味感，甜味调味品是消费量较大的呈味物质，它除了作调味品外，还是机体的能量来源。呈现甜味的物质，除了糖外还有糖醇、氨基酸、肽及人工合成的物质，主要有：单糖：葡萄糖、果糖、半乳糖；双糖：蔗糖、麦芽糖、乳糖；糖醇：山梨糖醇、木糖醇、甘露糖醇等；氨基酸：丙氨酸、甘氨酸、天门冬氨酸、羟脯氨酸、色氨酸和二肽甜味剂等；天然物：甘草糖、甜叶菊糖；人工合成物：糖精等。

不同的甜味调味品，其甜度不同。一般以蔗糖为基准物，将5%或10%的蔗糖溶液在20℃时的甜度定为100，则麦芽糖是32～60，果糖114～175，葡萄糖74，半乳糖32，乳糖16，糖精20 000～70 000。食物中糖的浓度一般都在10%～25%这个范围，这是人们喜爱的甜味浓度，过高则不愉快。

各种甜味调味品混合，有互相提高甜度的作用；适当加入甜味调味品可降低酸味、苦味和咸味；甜味的强弱还与甜味剂所处的温度有很大关系；改变温度可使甜味剂的物理性状改变成为黏稠光亮的液体，出现焦糖化，用于增加菜肴的光泽和着色。

一、食糖

食糖（Sugar）是从甘蔗、甜菜等植物中提出的一种甜味调味品。其主要成分是蔗糖，是由葡萄糖分子与果糖分子通过糖苷键连接起来的双分子糖类。根据外形、色泽及加工方法的差异，通常分为以下几类。

1. 红糖

红糖按外观不同可分为红糖粉、片糖、条糖、碗糖、糖砖等。红糖是以甘蔗为原料土法生产的食糖，又称土红糖。土红糖纯度较低，因不经过洗蜜，水分、还原糖、非糖杂质含量高，颜色深，结晶颗粒较小，容易吸潮溶化，滋味浓，有甘蔗的清香气和糖蜜的焦甜味，有多种颜色，一般色泽红艳者质较好。红糖常用于上色，制复合酱油、卤汁等，还可作带色的甜味调味品。因含无机盐和维生素，所以是营养价值较高的甜味调味品，通常是体弱者、孕妇等的理想甜味剂，常用做滋补食疗的原料。

2. 赤砂糖

赤砂糖又称赤糖，因未经洗蜜，表面附着糖蜜，还原性糖含量高，同时含有非糖成分，其颜色较深，有赤红、赤褐或黄褐色，晶粒连在一起，有糖蜜味。赤砂糖易吸潮溶化，不耐贮存。赤砂糖也常用于红烧、制卤汁，可产生较好的色泽和香气。

3. 白砂糖

白砂糖是烹调中最常用的甜味调味品，含蔗糖在99%以上，纯度高，色泽洁白明亮，晶粒整齐，水分、还原性糖和杂质含量较低。按结晶颗粒大小，可分为粗砂、中砂和细砂糖，烹调中主要用的是细砂糖。白砂糖易结晶，除了是常用的甜味调味品外，可用作挂霜、拔丝、琥珀类菜肴，其精制品为方糖。

4. 绵白糖

绵白糖又称细白糖，在分蜜后加入2.3%左右的转化糖浆而制成，因此绵白糖晶粒细小、均匀，颜色洁白，质地绵软、细腻。蔗糖含量98.3%，因含还原性糖较多，甜度较白砂糖高；又因糖粒微细，入口即化，甜度较白砂糖柔和。绵白糖常用于凉菜作甜味调味品，由于不易结晶，更宜于制作拔丝菜肴。

5. 冰糖

冰糖是将白砂糖熔成糖浆，在恒定温室中保持一定时间，使蔗糖缓缓再次结晶而得，它是白砂糖的再制品。冰糖晶体大而结实，纯度高，因形如冰块而得名。冰糖常用于制作甜菜及小吃，亦可用于药膳和药酒的泡制，如冰糖贝母蒸梨。用冰糖炒制的糖色，色红味正，多用于炸收菜、卤菜等菜式的上色。

食糖在烹饪中有着广泛的运用，是菜肴、面点、小吃等常用的甜味调味品，且具有和味的作用。在腌制肉中加入食糖可减轻加盐脱水所致的老韧，保持肉类制品的嫩度。利用蔗糖在不同温度下的变化，可制作挂霜、拔丝、琉璃类菜肴以及一些亮浆菜点。还可利用糖的焦糖化反应制作糖色为菜点上色。高浓度的糖溶液有抑制和致死微生物的作用，可用糖渍的方法保存原料。在发酵面团中加入适量的糖可促进发酵作用，产生良好的发酵效果。

二、糖浆

糖浆(Syrup)是淀粉不完全糖化的产物或是由一种糖转化为另一种糖时所形成的黏稠液体或溶液状的甜味调味品，它含有多种成分，常见的有饴糖、果萄糖浆、淀粉糖浆(葡萄糖浆)等。

1. 饴糖

饴糖是以大米、玉米等为原料，经蒸煮，加入麦芽，糖化，浓缩制成的淡黄色或棕黄色，黏稠微透明的糖。主要成分是麦芽糖(54%～62%)和糊精(13%～23%)，也称糖稀、麦芽糖等。可分为大米饴糖和玉米饴糖，呈甜味的成分是麦芽糖。其甜度约为蔗糖的三分之一，甜味较爽口。饴糖呈淡黄色或褐黄色，浓稠而无杂质，无酸味，分硬饴和软糖两种。

2. 果葡糖浆

果葡糖浆是一种在欧美等国发展起来的调味品。作甜味剂使用非常方便，呈味快捷。果葡糖浆以葡萄糖为原料，在异构酶的作用下，使一部分葡萄糖转变成果糖，因而又有称“异构糖浆”，其转化率有42%、55%、95%三种，目前大量生产的是42%这类，其甜度相当于蔗糖。果葡糖浆是无色的液体，甜味纯正，无其他异味。

3. 淀粉糖浆(葡萄糖浆)

淀粉糖浆由淀粉在酸或酶的作用下，经不完全水解而得的含多种成分的甜味调味品，其组成成分有葡萄糖、麦芽糖、低聚糖和糊精，为无色或淡黄色，透明、无杂质，有一定黏稠度的液体。其转化率可分：低转化(葡萄糖值20以下)，中转化(38～42)，高转化(60～70)。一般烹饪中常用的是中转化淀粉糖浆，又称“普通糖浆”或“标准糖浆”。

糖浆类有共同的特性：有良好的持水性(吸湿性)、上色性和不易结晶性。所以在烹饪运用中可作甜味调味品，果葡糖浆用起来很方便，它能很快溶入菜点中。用于烧烤类菜肴的上色、增加光亮，刷上糖浆的原料经烤制后枣红光亮，肉味鲜美，如烧烤乳猪、烤鸭、叉烧猪方等。用于糕点、面包、蜜饯等制作中，起上色、保持柔软、增甜等作用，但酥点制作一般不用糖浆，因为会影响其酥脆性。

三、蜂蜜(蜂糖)

蜂蜜(Honey)是由工蜂采集植物的花蜜或分泌物，经酿造而成的黏稠状物质。主要成分有：30%～35%的葡萄糖、35%～40%的果糖、2.6%的蔗糖、3%的糊精、1.1%含氮化合物、19%的水分、0.1%的蚁酸、花粉及7%的蜡质，此外还含有一定量的Fe、P、Ca等矿物质，柠檬酸、苹果酸、琥珀酸等有机酸，维生素和来自蜜蜂消化道中的多种酶类。蜂蜜是具有良好风味和丰富营养的天然果葡糖浆，有补益、润燥和调理脾胃虚弱、便秘、美容等作用。我国蜜源植物丰富，常见的有油菜、紫云英、葵花、枣花、荔枝、荞麦、洋槐、椴树等。蜂蜜的色、香、味因蜜源不同而略有差别。蜂蜜的质量以色泽白黄、半透明、水分少、味纯正、无杂质、无酸味为好。有的蜂蜜在温度较低时葡萄糖易结晶析出而产生白色的结晶性沉淀，如油菜花蜜、豆类花蜜等。

蜂蜜可直接食用，由于果糖、葡萄糖有很大的吸湿性，所以常用于糕点制作中，使成品松软爽口、质地均匀、不易翻硬，蜂蜜可使成品保持柔软，有弹性，而且有增白的作用。由于蜂蜜有花香、味好，所以用于蜜汁菜肴中，风味独特，如蜜汁湘莲、蜜汁藕片、蜜汁银杏。此外，蜂蜜可直接抹在面包、馒头等面食上佐食和调制饮料。

四、糖精

糖精(Sodium Saccharin)的化学名称是邻苯酰磺酰亚胺，它是从煤焦油里提炼出来的甲苯，经碘化、氯化、氧化、氨化结晶脱水等化学反应，人工合成的一种无营养价值的甜味剂。它是无色晶体，熔点为228℃，难溶于水，它的钠盐易溶于水，称为水溶性糖精或糖精钠，甜度是蔗糖的200～700倍，稀释10倍的水溶液也有甜味。糖精本身并无甜味，而有苦味，钠盐在水中溶解后形成的阴离子产生很强的甜度。糖精所产生甜味的浓度在0.5%以下,超过此量将显苦味。我国规定食物中使用糖精的最大添加量是0.15g/kg,但婴幼儿的主食和面点中不应使用。糖精虽说无毒,从体内排泄也快,但因为无营养价值,所以应少吃或不吃。不过糖精也有特殊的用途,可作糖尿病患者食品的甜味调味品,满足其味感的需要。使用糖精时应避免长时间加热或用于酸性食物中,因为在这种情况下糖精会分解为磺酸氨苯甲酸,有苦味;而且量也不能过多,否则也产生苦味。

五、其他甜味剂

近几年来,由于食品加工技术的不断发展,新糖源不断产生并应用于食品和烹饪之中,如甜菊糖、甜蜜素和阿斯巴甜等。甜菊糖又称甜菊苷,为白色粉末状结晶,无毒,具有热稳定性,是从原产于南美洲高原的甜叶菊中提取的甜味成分,它比蔗糖的热量低,没有合成糖的毒性,甜度是蔗糖的250～300倍,为天然调味品,可代替食糖使用。阿斯巴甜是从蛋白质中提炼出来的高甜味调料,甜度为砂糖的200倍,热量低,对血糖值无影响,不会造成蛀牙。目前在一百多个国家作甜味剂使用,其味道和安全性为世界认可。

第三节 酸味调味品

酸味是一种基本味,自然界的酸性物质大多数来自植物性原料。酸味主要是由于酸味物质分离出氢离子刺激味觉神经而产生的。在烹调中酸味不能单独使用,但酸味是构成多种复合味的基本味。加入适量的酸味,可使甜味减弱、咸味减弱。酸味的阈值比甜味低,只要含量在0.001 2%就能感觉到酸味的存在。个别有机酸还有杀菌消毒的作用。在烹调中常用的酸味调味品有食醋、柠檬汁、番茄酱、草莓酱、山楂酱、木瓜酱、酸菜汁等。

一、食醋

食醋(Vinegar)是饮食生活中常用的一种液体酸味调味品。距今已有2 600多年的历史,品种甚多。不论是烹制醋熘类、糖醋类、酸辣类等菜肴,还是食用小笼汤包、水饺、凉面等,均需使用食醋。醋根据制作方法不同,一般分为两类:酿造醋(发酵醋)和合成醋。

(一)酿造醋(发酵醋)

酿造醋为常用的食用醋,其中除含5%～8%的醋酸外,还含有对身体有益的其他成分,如乳酸、葡萄糖酸、琥珀酸、氨基酸、酯类及矿物质和维生素等。食醋是用大米、小麦、高粱、小米、麸皮、水果、果酒、酒精等为原料,利用醋酸菌将乙醇氧化成乙酸而成。酿造醋的风味受原料、生产工艺和配制的影响很大。我国生产的酿造醋的种类有:糖醋、酒醋、果醋、米醋、熏醋、再制醋,其中以米醋为最佳。常见的名醋有:山西老陈醋、四川麸醋、镇江香醋、浙江玫瑰米醋、丹东白醋等,还有凤梨醋、苹果醋、普通酒醋、色拉醋、铁强化醋和红糖醋等。优质的酿造醋色泽为琥珀色、红棕色，酸味柔和，鲜香而稍有甜味，澄清，浓度适当而无杂质和悬浮物。

(二) 合成醋

合成醋是向冰醋酸加水的稀释液中添加食盐、糖类等调味料或加食用色素配制而成的。品种主要有白醋和分色醋，由于加入糖色，分色醋呈淡茶色。合成醋酸味单一，而且不柔和，具有刺激性，由于无酿造醋所含的多种物质，所以缺乏鲜香味。

食醋在烹调中可起增加鲜味和香味，增添酸味的作用，是调制酸辣、糖醋、鱼香、荔枝等复合味型的重要原料，同时也可为菜肴赋色，所以制作本色或浅色菜肴时应选用白醋，用量一定要少；食醋可以解除降低油腻感，促进食欲，起到开胃的作用；食醋有杀菌和去腥除异的作用；能减少原料中维生素 C 的损失，可保蔬菜的脆嫩；可促进骨组织中钙、磷、铁的溶解，提高其吸收利用率；可防止植物原料的褐变，起到保色作用；还可使肉质坚硬的原料肌肉组织软化，起到嫩肉剂的作用。醋不耐高温，易挥发，在热菜烹制时应注意加入时间。

二、番茄酱

番茄酱(Tomato Paste)是烹饪中常用的一种酸味调味品。它是以番茄去皮除籽，切成小块，然后加热使之软化，打搅成浆状，最后加砂糖浓缩而成的。番茄酱色泽红艳、味酸甜，所含干物质在 22%～30%左右。其酸味来自苹果酸、酒石酸等。红色主要来自番茄红素，而且含糖、粗纤维、钙、磷、铁、维生素 C、维生素 B、维生素 P 等多种营养物质。以颜色红艳、味道酸甜、具有番茄的特有风味、质细腻、无杂质者为好。

除番茄酱外，另外还有两种形式的产品。一是番茄浆：色红润、味酸甜，所含干物质在 20%以下；二是番茄沙司：因加工方法不同分红润、鲜红、深红色，含干物质 25%、29%或 33%，在加工过程中加入了果酸、白糖、精盐、香料等，主要是用于糕点、薯条的夹食或蘸食。

番茄酱广泛应用于冷菜、热菜、汤羹、面食和小吃中。在烹饪中主要起赋色、赋味、赋香的作用。主要用于甜酸味浓的茄汁味菜品中，突出其色泽和特殊的甜酸爽口风味。在冷菜中常用于糖粘和炸收菜品如茄酥花生、茄汁排骨等；在热菜中常用于炸熘和干烧菜品如茄汁瓦块鱼、茄汁冬笋等菜品。烹调中一般多选用浓度高、口味好的番茄酱，这不仅是因为便于控制卤汁，而且可使菜肴色泽红艳、味酸鲜香。番茄酱用前需炒制，使其增色、增味，若酸味不够应用柠檬酸补充。

三、柠檬酸

柠檬酸(Citric Acid)广泛分布于多种植物的果实中，未成熟带酸味的果实含量较多。如葡萄、柑橘、莓类、桃类等，尤其以芸香科的柠檬含量多。除通过柠檬果实取得柠檬酸外，还可通过化学方法合成或用微生物生产。柠檬酸为无色晶体，含分子结晶水的熔点低于不含结晶水的，酸味极强。天然柠檬汁还含苹果酸、糖类、酯类、维生素 C、维生素 B_1、维生素 B_2 以及钙、磷、铁等成分，不仅有酸味，而且具有芳香味。柠檬酸常用于糖果、饮料和西餐调味，近年来在中餐菜肴的制作中也普遍起来，它可使菜肴的酸味爽快可口，入口圆润滋美，增加其香而可口的果酸味；可补充番茄酱酸味的不足；可减少维生素C的损失和防止植物原料的褐变，起到保色的作用；在熬糖时加入，充当还原剂，增加糖的转化量，使糖浆不易翻砂；可中和面团、面浆的碱性，调整pH值。

四、浆水

浆水又称酸浆、酸浆水、米浆水，是我国的传统酸味调味品，多见于西北的甘肃、宁夏、青海和陕西等省，尤其是甘肃天水一带。浆水在夏季常见，多为家庭制作。其主要制作方法是：取蔬菜切碎煮熟，放在缸中，另以豆面或面粉煮成稠汤，倒入缸中，适量加一点冷开水，搅匀密封。经旺盛的乳酸发酵，在夏季2～3日即成，揭盖后酸香扑鼻即可食用。制作好的浆水为一种白色或稍呈白色的酸味液体，凉爽可口，清甜曲香，酸味适口，民间常作主食调味，如炝锅后加浆水烧沸，称为“炝浆水”，以此煮面条，叫浆水面。此外还可制浆水散饭、浆水拌汤、浆水面鱼等。夏季也用浆水作清凉饮料，用于清热解暑、和胃止渴。浆水也可用于点豆腐。

第四节 鲜味调味品

鲜味物质广泛存在于动植物原料中，如畜肉、禽肉、鱼肉、虾、蟹、贝类、海带、豆类、竹笋、菌类等原料。鲜味是一种优美适口、激发食欲的味觉体验。产生鲜味的物质主要包括氨基酸（谷氨酸、天门冬氨酸）、核苷酸（肌苷酸、鸟苷酸）、酰胺、氧化三甲胺、有机酸（琥珀酸）、低肽等。这些物质的钠盐鲜味显著。咸、甜、酸、苦是四种基本味感，而肉类、菌类等所具有的鲜味，不属于基本味，鲜味不能独立存在，需在咸味的基础上才能发挥。

谷氨酸的鲜味最早发现于海带中，豆酱、酱油等植物性酿造品中也多量存在。谷氨酸是味精的主要成分。鸟苷酸在菌类原料中含量较多。天门冬氨酸是竹笋鲜味的主要物质，肌苷酸主要存在于鱼、肉类原料中，主要由肌肉中的ATP降解而产生。贝类等软体动物的鲜味主要来源于琥珀酸及一些氨基酸、肽类等。

鲜味可使菜点风味变得柔和、诱人，能促进唾液分泌，增强食欲，所以在烹饪中，应充分发挥鲜味调味品和主配原料自身所含鲜味物质的作用，以达到最佳效果。鲜味物质存在着较明显的协同作用，即多种呈鲜物质的共同作用，要比一种呈鲜物质的单独作用强。

烹调中，常用的鲜味调味品有从植物性原料中提取的或利用其发酵作用产生的，主要有味精、蘑菇浸膏、素汤、香菇粉、腐乳汁、笋油等；有利用动物性原料生产的鸡精、牛肉精、肉汤、蚝油、虾油、蛏油、鱼露、蚌汁和海胆酱等。除普通味精为单一鲜味物质组成外，其他鲜味调味品基本上都是由多种呈鲜物质组成外，鲜味独特而持久。

一、味精（Monosodium Glutamate）

1908年，日本人从海带中提取出了谷氨酸，定名为“味精”。1957年前，味精用粮食中蛋白质(面筋)作为原料,经盐酸水解法来制取,采用这种方法需要大量的蛋白质物质。若从粮食中获得蛋白质,所需要的粮食量较大,因此成本高。1957年后,日本、美国相继开始采用的微生物发酵法,既节约粮食,又可降低成本。其利用的原料主要是淀粉,加入氮源(铵盐或尿素)和一些其他盐类物质,即可生成味精。

现在味精的品种较多,一般将其分为四大类:

(1) 普通味精　主要鲜味成分是谷氨酸钠。

(2) 强力味精(特鲜味精)　是在普通味精的基础上加入肌苷酸或鸟苷酸钠盐而制成,其鲜味比普通味精强几倍到十几倍。

(3) 复合味精　由普通味精或强力味精再加入一定比例的食盐、牛肉粉、猪肉粉、鸡肉粉等,并加适量的牛油、虾油、鸡油、辣椒粉、姜黄等香辛料而制成。由于比例不同可制成不同种类、鲜味各异、不同风味的味精来。如鸡精的配方是:10%的谷氨酸、0.3%的肌苷酸和鸟苷酸、61%的食盐、3.2%的酱油、0.8%的姜粉、0.1%的大蒜粉、1.2%的胡椒粉、3.8%的鸡肉蛋白、2%的水解蛋白、6.6%的玉米淀粉等。复合味精常用于汤、方便面、方便蔬菜、方便大米饭等各种快餐食品中。

(4) 营养强化味精　向味精中加入一般人群或特殊人群容易缺乏的营养素,如赖氨酸味精、维生素A强化味精、中草药味精、低钠味精等等。

味精是中餐烹调中应用最广的鲜味调味品,可以增进菜肴本味,促进菜肴产生鲜美滋味,增进人们的食欲,有助于食物的消化吸收。并且可起缓解咸味、酸味和苦味的作用,减少菜肴的某些异味。为使味精表现出良好的鲜味,使用时应注意下列问题。

(1) 烹调中应注意用量　一个成人每天的摄入量为7.5 g。谷氨酸钠的阈值为0.03%,在菜肴中的投放量为0.2%～0.5%时为佳,而且还要考虑食盐的用量。因为谷氨酸必须形成钠盐,而且要在水溶液中离解成Na^+和谷氨酸阴离子时才产生鲜味。如果没有食盐,加入再多的味精也无鲜味,相反产生酸涩味。所以市售味精中都有一定的食盐含量。菜肴中食盐和味精的比例是当味精的用量是0.2%～0.5%时,食盐的用量以0.75%～0.85%为佳,这样才能充分表现出味精的鲜味。味精是一种两性物质,其鲜味的体现与菜肴的酸碱度之间有着一定的关系。因为当pH值在3.2时,谷氨酸钠的离解程度小,鲜味弱;当pH值在6～7时,谷氨酸钠几乎全部离解,呈鲜力最强;当pH值在7以上时,谷氨酸钠全部转变成谷氨酸二钠,此物质毫无鲜味。所以,偏酸的菜肴不用或少用味精,或用高浓度的鲜汤来增加鲜味;经碱发后的干货原料一定要清洗干净,否则影响鲜味的发挥。

(2) 注意投放时间　味精为无色或白色的结晶或结晶性粉末,易溶于水,最佳溶解温度为70～90℃。所以由于晶体大小不同,其溶解时间长短不一,大晶体颗粒溶解时间长一些。再者,因温度不同,溶解快慢也不同,一般随温度升高溶解加快。所以晶体较大的味精应早放,凉菜宜早放味精。温度升高,味精的溶解速度加快,但当温度太高又长时间加热(如油炸)时,味精会部分失水而生成焦性谷氨酸钠,焦性谷氨酸钠虽无鲜味,但也无毒性,且转化量小,一般0.2%的味精中只有0.014%转变成了焦性谷氨酸钠。所以高温下,可以使用味精。

二、高级汤料(高汤;Soup-stock)

高级汤料(高汤)是以富含呈鲜物质的鸡、鸭、猪、牛、羊、火腿、干贝、香菇等原料精心熬制的汤料。汤中除了含谷氨酸钠以外,还有熬汤原料提供的核苷酸、其他氨基酸、有机酸、肽类、含氮有机碱等多种呈鲜物质。在制汤的过程中,这些鲜味成分不同程度地溶入汤中,而且相互之间发生呈味反应,所以高汤的鲜味醇厚、回味绵长,在味感上给人以高度的满足,比单一由味精所提供的鲜味更尽善尽美。高汤常用于制作一些名贵菜肴,为菜肴提鲜增香。各菜系中,除一些甜菜和极个别的以煸、炸、烤烹制的菜品外,对大多数菜肴来说,高级汤料是必不可少的鲜味调味品。俗话说"唱戏的腔、厨师的汤",可见其重要性。根据熬制方法的不同,将其分为清汤和奶汤。清汤是一种清澈、咸鲜爽口的高级汤料,常用于高级筵席的烧、烩或汤菜中,如开水白菜、口蘑肝膏汤、竹荪鸽蛋等。奶汤是一种汤白如奶、鲜香味浓的乳状汤料,常用于高级筵席的奶汤菜肴的制作,如奶汤鱼肚、奶汤鲍鱼、白汁菜心等。

除此之外,还有红汤、原汤、鲜汤。红汤是在清汤的基础上特别加入火腿的火爪、蘑菇等提色,多用于干烧、红烧类菜肴;原汤是用一种原料熬制的本味汤汁;鲜汤是用猪骨、猪肉的下脚料熬制的,作一般菜肴的汤汁用,鲜味远不能和清汤、奶汤相比。

高汤在烹饪中可为制作菜肴提供半成品,在汤羹菜肴制作时,一般都需要汤作为基础再加工成各种汤菜和汤羹类的菜,增加菜点的鲜香味。有些面点、小吃还用汤来烹调,鲜味更好。高汤在烹调中可作为良好的溶剂,不仅为菜肴提供良好的鲜味,同时还可促进各种调味品的溶解及效果发挥,还可使菜肴很滋润;可用于馅心制作,汤包的制作就是将鲜汤和猪皮熬成的溶胶状浓汤加入肉糜中,然后冷冻至胶冻状态包进面坯中产生汤汁丰富的馅心。

三、其他鲜味调味品

(一)蚝油

蚝油(Oyster Sauce)是利用牡蛎肉为原料,通过不同方法制得的黏稠液体状鲜味调味品。因加工技法不同分为三种:一种是加工牡蛎干时煮成的汤,经浓缩制成的原汁蚝油;一种是以鲜牡蛎肉捣碎、研磨后,取汁熬成原汁蚝油;一种是将原汁蚝油改色、增稠、增鲜处理后制成的精制蚝油。因加盐量的多少,分淡味蚝油和咸味蚝油两种。

蚝油以色泽棕黑而有光泽、质感细腻均匀、黏稠度适中、鲜中带甜、鲜味浓厚者为佳。蚝油中含牡蛎的各种浸出物,含18种以上的氨基酸,其中有8种必需氨基酸,还有多种有机酸、醇类、酯类、核苷酸等有机物,微量元素有铜、锌、碘、铬、硒等。蚝油中的呈鲜味成分主要是琥珀酸钠、谷氨酸钠,呈甜味的是蚝油中特有的氨基乙磺酸(牛磺酸)及甘氨酸、丙氨酸、丝氨酸和脯氨酸和糖类等。牛磺酸、三甲胺乙内酯〔$(CH_3)_3NCH_2COO$〕是形成蚝油特征性爽快甜味和蚝香的主要物质。蚝油是我国广东、福建、香港、台湾等省的传统调味品。

蚝油在烹调中可作鲜味调味品和调色料使用。蚝油调味范围广，凡咸食均可用，多用于烧、炒菜品和作味碟直接蘸食菜点。蚝油牛肉、蚝油豆腐、蚝油生菜等菜品充分体现了蚝油的特色。蚝油不要与辛辣调料、糖、醋共用，因为它们会抑制蚝油的风味；而且不能在锅中久烹，久烹将失去风味，一般是起锅时淋入。

(二) 虾油

虾油(Shrimp Sauce)是用鲜虾为原料，经盐腌制、发酵、滤制而成的鲜味调味品。色泽黄亮，黄棕色至棕褐色，汁液浓稠。

虾油多产于沿海各地。烹调中一般用于汤菜，亦可用于烧、蒸、炒、拌菜中，或拌面条食用，也可作味碟直接食用，主要有提鲜和味、增香压异味的作用。用虾油腌渍的虾油渍菜，是辽宁锦州的名特产品，很有地方特色，清朝康熙年间曾列为贡品。

(三) 腐乳汁

腐乳也称豆腐乳，是用豆腐接种曲霉，再加入香料、盐等发酵制成的，为我国特产，是人们喜爱的一种佐餐食品。豆腐乳品种多样，根据工艺特点不同，可分为红腐乳、白腐乳、青腐乳和酱腐乳四种。其发酵过程中溢出的卤汁即腐乳汁因含丰富的游离氨基酸，是一种理想的鲜味调味品。

腐乳汁味鲜美，风味独特。烹调中主要起提鲜增香、解腻的作用，适宜于烧、蒸等方法制作的菜肴，如腐乳烧肉、粉蒸肉、腐乳鸡等，也可直接用于拌菜和味碟中，如吃羊肉汤锅时必备腐乳汁或直接用腐乳调制味碟，起增鲜香去腥膻的作用。

(四) 菌油

菌油(Fungal Oil)是一种特色调味品。选用蘑菇、平菇、金针菇等食用菌类，最好是未开伞的小菇、野生的也可，先将其清洗干净，腌制片刻，倒入热油中，用小火炒制，并添加适量盐、酱油、姜、花椒、陈皮等调味品，经10～20分钟至菇变色萎缩，离火冷却即成菌油。湖南长沙特产菌油是在春季采集林中鲜嫩的松菌而制成，呈红褐色，四川西昌的鸡枞油也享有盛名。

菌油的鲜味主要来自于鸟苷酸和谷氨酸等物质，鲜味极强。菌油可用于烧、炖、炒、焖、拌菜肴中。菌油煎鱼饼、菌油烧豆腐是颇具特色的菜品。菌油也可在食用面条、米粉时淋入增加鲜香。

(五) 鱼露

鱼露(Fermented Fish Sauce)，又称鱼酱油，是用小鱼虾或水产品加工下脚料为原料，经腌渍、发酵、熬炼后得到的一种味道极为鲜美的汁液，色泽橙红到棕红色，其味咸、极鲜美、营养丰富，含有所有的必须氨基酸和牛磺酸，还含有钙、碘等多种矿物质和维生素。鱼露原产自福建和广东潮汕等地，由早期华侨传到越南以及其他东南亚国家，如今欧洲国家也逐渐流行。

鱼露是闽菜、潮州菜和东南亚料理中常用的调味品。可用于煎、炒、蒸、炖制得菜肴中，尤其适合拌菜、汤料和味碟中使用。有很强的提味增鲜的作用。

第五节 香辛味调味品

香辛味调味品，简称香辛料，是指烹调中使用的，具有特殊香气或刺激性成分的调味物质。这些物质能赋香、矫臭、抑臭和赋予麻辣味，有的香辛料有杀菌作用；有的具有着色、防腐和防氧化的功能，如丁香、桂皮、牛至有相当的抗菌防腐能力；而迷迭香、鼠尾草、大蒜、生姜和花椒有很强的抗氧化性；辣椒、芥末、姜黄等能赋予菜品一定的色泽。有的香辛料还具有特殊的生理和药理作用，可消饱胀、健脾胃、祛风散热、活血理气。多数香辛料的香气可使人愉快、兴奋或镇静，可解除疲劳，减轻烦劳。

在烹饪中香辛料主要用以改善和增加菜点的香气，或掩盖原料中的腥、膻等不良气味，使人产生愉快感，增进进餐者的食欲。香辛料通常是一些新鲜或干燥加工的植物器官以及其发酵制品。有单一形式的，也有用数种香辛料混合而制成的复合形式的，如五香粉、咖喱粉、十三香等。其香辛味主要来源于所含的一些挥发性成分，包括醇、酮、酚、醚、醛、酯、萜、烃及其衍生物。

一、香辛料及其分类

烹调中经常使用的香辛料种类繁多，大多数来源于天然的植物体的根、茎、叶、花、果实和种子，包括鲜品、干制品。大部分原料是用其干制品，如八角、茴香、丁香、桂皮、花椒等；有的则有使用新鲜原料，如姜、葱、蒜等；还有的是其混合制品和加工制品，如咖喱粉、辣椒酱、花生酱、黄酒等。一般根据在烹调中的主要作用不同将其分为两大类。

1. 麻辣味香辛料

主要是指提供麻辣味为主的香辛料，如辣椒、花椒、胡椒、芥末粉等。

2. 香味香辛料

主要是指增进香气为主的香辛料，又简称香料，根据香型不同又分为：

(1) 芳香类：芳香类香辛料是香味的主要来源，味道纯正，芳香浓郁，如：八角、小茴香、桂皮、丁香、芝麻油等。

(2) 苦香类：指香中带苦的香辛料，如陈皮、豆蔻、草果、茶叶、苦杏仁等。

(3) 酒香类：指有浓郁醇香的香辛料，如黄酒、香糟、葡萄酒等。

二、香辛味调味品的种类

香辛味调味品的种类繁多，就其主要种类加以阐述。

(一) 麻辣味调味品

麻辣味调味品是中国烹饪使用较为广泛的调味品，特别是川菜将麻味调味品运用得淋漓尽致。麻、辣是舌、口腔和鼻黏膜受刺激所产生的痛感。麻、辣味在烹饪中不能单独使用，需与其他诸味配合才能发挥作用。

辣味的呈味物质主要有辣椒碱、椒脂碱、姜黄酮、姜辛素、烯丙基异硫氰酸酯及大蒜素等，辣味分热辣味（主要作用于口腔，如辣椒、胡椒的辣味）和辛辣味（不但作用于口腔，还作用于鼻腔，如芥末、辣根、蒜等）。麻味成分主要是山椒素，以花椒为代表，产于法国、西班牙的麝香草的种子也有麻味。

1. 辣椒

辣椒（*Capsicum annanum* L. ；Chilli）属茄科草本植物，原产南美洲，现各地均有栽培，是世界性的一种调味原料，我国四川、贵州、湖南等地的居民尤喜食之。其运用形式有干辣椒、辣椒面、辣椒油、辣椒酱及泡辣椒等。

干辣椒是用成熟的辣椒中的红辣椒干制而成，可切段炝锅作炝爆菜品的调味品，如宫保肉丁、炝炒土豆丝等。将干辣椒剪成节，炒干、酥，磨制而成的粉状原料是辣椒面，可用于凉菜和热菜的调味。用油脂将辣椒面中的呈香、辣和色的物质提炼出来的油状调味品称辣椒油，主要用于凉菜和作味碟。当辣椒果实由青转红时，可将其腌制成泡辣椒，为烹制鱼香味的主要调料。将新鲜红辣椒剁细或磨成糊，用于菜品调味或作味碟。四川特有的辣椒酱是用红辣椒剁细后，加入制好的蚕豆瓣或不加，再加入花椒、盐、植物油脂等配料和调味料，然后装坛经过发酵而制成，又称豆瓣酱，是麻婆豆腐、豆瓣鱼、回锅肉等必备的调料。鲊辣椒是将红辣椒剁细，与糯米粉、粳米粉、食盐等调味原料拌和均匀，装坛密封发酵而成，带酸味，可直接炒食或作配料运用。

辣椒中的挥发油含量为 0.1%～2.6%，辣味主要来自于辣椒碱和二氢辣椒碱以及壬酸香兰基酰胺、葵酸香兰基酰胺。其香味主要成分是 2-甲氧基-3-异丁基吡嗪、苎烯、芳樟醇、柳酸甲酯、反式-β-罗勒烯等。皮薄、果小及老熟者含量高，且含丰富的辣椒红素、胡萝卜素、玉米黄素和叶黄素等。辣椒性辛、热、辣，有温中散寒、促进胃液分泌、开胃、出湿、提神兴奋、帮助消化、促进血液循环的作用，在烹调中主要为菜品增色、提辣、增香，常用于调制多种复合味型。由于形式不同，其风味不同，所以可调制出红油味、糊辣味、鱼香味、家常味等多种味型。单独使用时以多种形式用在炝、炒、烧、炸收、蒸、拌等菜肴中起增色、增香和赋予辣味的作用。由于辣椒呈色、呈香的物质为脂溶性的，溶于油脂，微溶于热水中，所以要出辣、出色和出香应用油脂提炼，但油温不宜过高，否则失味、失香而焦煳。

2. 胡椒

胡椒（*Piper nigrum*；Pepper）又称大川、古月，属胡椒科的藤本植物，原产于印度南部。所用部分是胡椒的干燥果实及种子。胡椒是中外烹调中常用的香辛料之一，是当今世界食用香料中消耗最多，深受人们喜爱的香辛调味品。现广泛分布于热带和亚热带地区，产于马来西亚、印度尼西亚、泰国等地，我国主要产于华南及西南地区。胡椒分白胡椒和黑胡椒两类。黑胡椒是把刚成熟或未完全成熟的果实堆积发酵 1～2 天至颜色变成黑褐色后，干燥而成。黑胡椒气味芳香，有刺激性，味辛辣，以粒大饱满、色黑皮皱、气味强烈者为佳。白胡椒是将成熟变红的果实采收，经水浸去皮后干燥而成。白胡椒以个大、粒圆、坚实、色白、气味强烈者为佳。在世界胡椒总用量 7～7.5 万吨中，25%为白胡椒。

胡椒中含 1%～2.3%的精油，含 5%～9%的椒脂碱，含 0.8%的辣椒碱，还含大茴香萜、倍半萜烯等芳香物质。形成其辛辣味的主要成分是椒脂碱，其次是辣椒碱。从药理上说，胡椒芳香辛热，温中祛寒，消痰、解毒。胡椒有整粒、碎粒和粉状三种使用形式，由于种子坚硬，中式烹调中一般多加工成胡椒粉。粉状胡椒的香辛气味易挥发，因此，保存时间不宜太长。胡椒适用于咸鲜或清香类菜肴、汤羹、面点、小吃，起增辣、去异增香鲜的作用，如清汤抄手、清炒鳝糊、白味肥肠粉、煮鲫鱼汤等。胡椒是热菜"酸辣味"的主要调料，也可在腌渍肉类中起调味和防腐的作用。

3. 花椒

花椒(*Zanthoxylum bungeanum*；Chinese Prickly Ash)又称大椒、川椒、汉椒，属芸香科植物，用作调料的部分是其成熟果实或未成熟的果实，有的还用花椒叶作调味品。其果实为蓇葖果，圆球形，幼果绿色，俗称"青花椒、绿花椒"，成熟时呈红色或酱红色。其果皮具有特殊的香气和强烈持久的麻味(彩图127)。

我国栽培的花椒有四个品种：大花椒又称油椒，果皮成熟时呈红色，香味浓，果皮厚，果柄短，干花椒为酱红色；豆椒(白椒)香味淡，果柄长，果皮薄，淡红色，干花椒为暗红色；大红袍(六月椒)果粒较大，干花椒为红色；狗椒(小花椒)果实小，香味浓而带腥味，果皮红而薄，干花椒为淡红色。花椒产于我国北部和西南部，主要产地有四川、陕西、河南、河北等省，四川尤其以汉源、西昌等地的花椒品质好。每年8～10月采收，干品四季均有。其品质以鲜红光亮、皮细均匀、味香而麻、身干无杂质者为好。

花椒果实中的精油含量为4%～7%。其香味来自于花椒油香烃、水芹香烃、天竺葵醇、香茅醇、拢牛儿醇等挥发油，麻味来自于山椒素。在烹调中花椒起去异增香、增麻味的作用。生花椒味麻且辣，炒熟后香味才溢出。颗粒形式常用于炒、烧、炝、炖、卤制中，花椒面用于拌、烤成菜中，花椒油多用于拌菜或味碟中。花椒是制备麻辣味、椒麻味、椒盐味的主要调味料。还用于肉类和蔬菜腌渍中，起增香、去异杀菌的作用。花椒对炭疽杆菌、枯草杆菌、大肠杆菌、变形杆菌等十多种细菌有明显的抑制作用，还有防虫的作用。青花椒的麻味有一股特别的鲜香感，用它来烹菜，可谓麻香四溢、沁人心脾，在新派川菜中使用广泛。目前使用的青花椒是竹叶椒竹叶椒(*Z. planispinum* Sieb. et Zucc.)和崖椒(*Z. schinifolium* Sieb. et Zucc.)的果实。

4. 芥末

芥末(Ground Mustard)是用十字花科植物子芥菜(*Brassica juncea*)的种子干燥后研磨成的一种粉状调味品，有淡黄、深黄之分。主要产于河南、安徽，其他地方也有。

芥末中含芥子苷，在酶的作用下可生成葡萄糖和芥子油，芥子油的主要成分是烯丙基异硫氰酸酯，含量为43.77%，此成分表现出冲鼻辛辣的刺激性风味。烹调中多用于冷菜制作，形成芥末味型，如芥末三丝、芥末鸭掌、芥末皮冻等；还可用于拌制凉面、凉粉、春卷馅以及面食；也可作味碟，用以食用三文鱼、北极贝刺身等。芥末在其中主要起提味、刺激食欲的作用。食用时调成糊状，加入少许糖、醋去苦味，加入少许植物油增香。现在芥末有加工成芥末膏和芥末油，使用起来更方便。芥末酱、辣根酱等要低温保存或及时吃完，不然会继续水解使其辣味减弱，因为温度高越易水解。芥子苷有苦味，必须水解生成芥子油才有独特的风味，所以一般用温水调制水解快。芥末中蛋白质丰富，加之芥子苷水解可产生葡萄糖，可发生羰氨反应而发生褐变，所以应加盖保存，或加入醋、柠檬酸等酸性物质减缓褐变。

5. 辣根

辣根(Horseradish)为十字花科植物西洋山萮菜(*Armoracia rusticana*)的肉质根(彩图 128)。西洋山萮菜属于多年生宿根草本植物，植株高 70 cm 左右，也称黑根、山葵，俗称"马萝卜"。原产欧洲东部，我国亦有栽培，主要产于上海市郊，于秋末冬初时收获。肉质根呈圆柱形，似甘薯，外皮较粗厚多侧根，长 30～50 cm，横切面约 5 cm。根皮浅黄色，肉白色，鲜辣根水分含量为 75%，因含烯丙基芥子油、异芥苷等故有类似芥末的辛辣味，具有增香防腐的作用。一般磨糊后作调味料，还可加工成粉状。辣根是烹制鱼肉的常用调味品。可与酒、醋或柠檬汁混合配制成复合调味品，增加食品的风味。也是咖喱粉、辣酱油的常用配料之一。其嫩苗叶因含丰富的维生素 C，可作凉菜的配料。将辣根粉末与奶油、奶酪或蛋黄混合可调制出浓稠调味汁，或制成辣根酱，多用于佐食冷肉类、生肉片、鱼片等。

6. 咖喱

咖喱(Curry)为中西菜品中都使用的一种复合香型的调味品。粉状的称咖喱粉，加入植物油后呈糊状的称咖喱酱或油咖喱。咖喱的种类很多，有红、青、黄、白之别。因原料不尽相同，而使其颜色和风味也有一些差异。食用咖喱的国家很多，包括印度、斯里兰卡、泰国、新加坡、马来西亚、日本、越南等。印度生产的咖喱最有名。

咖喱一般常用姜黄、白胡椒、芫荽、小茴香、桂皮、干姜、八角茴香、花椒等香料加工配制而成，为姜黄色，味辣而香。所以咖喱不仅可调菜品的风味，也能调菜品之颜色。咖喱炒蟹、咖喱牛肉、咖喱鸡、咖喱土豆、咖喱炒饭等菜肴和主食即是其风味和色泽的体现者。

(二) 香味调味品

香味调味品是指用来增加菜品香味的各种香气浓厚的调味品，具有压异、矫味的作用。香味主要来源于挥发性的芳香醇、芳香醛、芳香酮、芳香醚及酯类、萜烃类等化合物。

1. 芳香类调味品

(1) 八角茴香　又称大料、大茴香，是木兰科八角属植物八角茴香(*Illicium verum*；Star Anise)的干燥果实。果实由 6～11 个骨突果聚集成聚合骨突果，干燥果实呈棕红色，顶端呈鸟喙状，上侧多开裂，内含 1 枚种子，主要产于西南及广东和广西，为我国特有的香料。每年 8～9 月到第二年的 2～3 月采收，秋季所产的香气浓烈，味微甜。以个大均匀，色泽棕红，饱满，身干完整的品质为好(彩图 129)。其主要的香味成分是含量为 80%～90%的茴香醚，还有少量的茴香醛、水芹烯、柠檬烯等，主要用于卤、酱、烧、炖、煮、焖制的菜品中，起去腥除膻、增香味、促食欲的作用。可调制复合型香料，如五香粉、八大味、十三香、咖喱粉等。

八角属的莽草(*I. lamcolatum*)和厚皮八角(*I. ternstroemjoides*)的果实极像八角，主要区别在果实的骨突果多于八角，且骨突果的顶端带有细长而弯曲的尖头，而八角的顶端钝尖。莽草和厚皮八角的果实有剧毒，不能食用，所以要注意区分。

(2) 小茴香　为伞形花科植物茴香(*Foeniculum vulgare*;Common Fennel)的干燥果实。多年生宿根草本,茎细长,叶呈羽状分裂,裂片线形,全株有特殊的芳香味。嫩茎和叶中除含0.3%的精油外,还富含维生素C、胡萝卜素和蛋白质,所以既可作蔬菜原料也可作调味原料。作调味原料主要使用的是其果实,果实形似稻谷,长5~8 mm,宽约2 mm,黄绿色,表面有五条隆起的棱线,横切面为五边形,又称谷茴香。原产地中海沿岸,我国各地均有栽培,以四川、陕西、宁夏产的为好,每年9~10月采收,以均匀、饱满、色黄绿、味浓甜香者为好。其成熟果实中含精油6.2%,主要香味成分是含量为50%~60%的茴香醚,其次是葑酮、茴香醛、莰烯等。其运用同八角茴香,多用于酱、卤、烧、炖、焖、煨制的菜肴中,可增香提味,去异除腥。用时应包起来,便于捡出,不影响菜肴的美观和口感。它也是复合香辛料的配料之一。茴香油不仅在菜点中有调香的作用,还有良好的防腐作用。

(3) 桂皮(Cassia)　是我国广为使用的调味品,是以樟科植物中国肉桂(*Cinnamomum cassia*)、天竺桂(*C. japonicun*)、阴香桂(*C. burmanni*)、细叶香桂(*C. chingii*)、川桂(*C. mairei*)等的主干或枝干的树皮干燥而制得。其中中国肉桂是代表种,一般在8~10月采收加工,剥取十年生树体的树皮或粗枝皮,晒干或阴干即成,又称肉桂、玉桂。桂皮一般呈半槽形、圆筒形、板片状等,表面棕黑或灰棕色,里面暗红棕色或紫红色,质地硬而脆。以广西所产为佳。其主要香味物质是含量为65%~75%的桂皮醛,及丁香酚、水芹烯、莰烯等。味辛而微甜,有强烈的香气。具有温脾和胃、祛风散寒、活血利脉的作用,对痢疾杆菌有抑制作用。其运用同八角茴香,为菜品增味增香,去腥矫味,多用于酱、卤、烧、炖、煮等烹调中,同时也是大多数复合香辛料的配料之一。国外还将其用在糕点、胶姆糖中调香。

(4) 丁香　为桃金娘科植物丁香(*Syzygium aromaticum*;Clove)的干燥花蕾(图7-1),又称丁子香、鸡舌。花蕾呈短棒状,长1.5~2 cm,花柄占花蕾全长的3/4。质地坚实而重,入水即沉,断面有油性。其品质以个大均匀、色泽棕红、粗壮身干、味厚芳香者为佳。丁香树原产印尼马鲁古群岛和我国广东、广西等地。每年9月到第二年3月当长15 mm左右的花蕾转红时采收晒制,干燥后呈铁钉状,褐色,每克约10~15只。丁香带有浓郁的香气,并有烧灼感辛辣味。丁香花蕾含

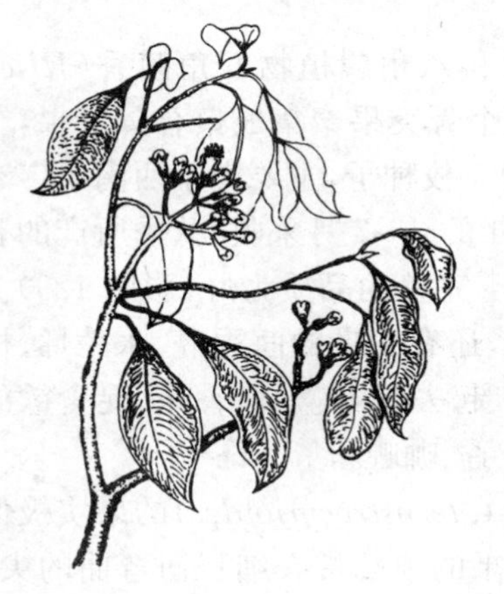
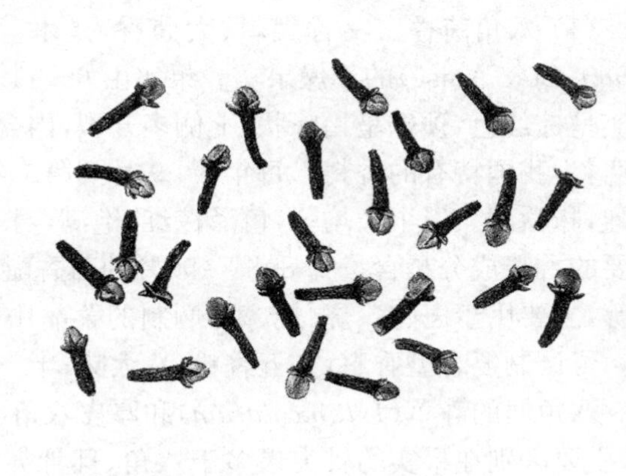

图7-1　丁香

14%～21%的精油，主要香味成分是含量为80%的丁香酚，及丁香烯、香草醛、香樱桃素、甲基戊基原醇、甲基庚基原醇等，用于各种肉类、焙烤制品、蛋黄酱、色拉等中。丁香具有抗氧化、防霉的作用。丁香也可入药，主治脾胃虚寒，并能温中止痛，和胃暖肾、降逆止呕。

(5) 荜茇　为胡椒科植物荜茇(*Piper longum*；Long Pepper)的呈穗状的干燥果实，也称荜茇梨、椹圣、鼠尾(彩图130)。果穗呈圆柱形，长约2～5 cm，直径5～8 mm，外表黄棕色或深棕色，由许多细小的瘦果聚合而成，排列紧密整齐，形成交错的小突起。小瘦果略呈圆球形，直径约1 mm，质坚脆，断面稍发红或带白点。以质干肥大、深褐色、味浓者为佳。果实有胡椒样的特异香气，味辛辣，主要呈味物质为丁香烯、胡椒碱、荜茇碱、芝麻素等。烹调中可用未成熟或成熟果实入菜，可增香赋辛，矫味去异。荜茇一般与其他香辛料混合使用于烧、烤、烩、炖、卤制等菜肴中。

(6) 紫苏　是指唇形科紫苏属植物皱紫苏(*Perilla frutescens*；Purple Common Perilla)的颈叶。一年生草本植物，植株高约30～100 cm，茎紫色或绿紫色，方形。侧枝多，对生。叶卵形或椭圆形，对生，长约10 cm，宽约7 cm，叶面有皱褶，叶缘锯齿状，两面紫色或上面绿色下面紫色。野生或栽培，多见于南方各地，夏季枝叶茂盛时采收，鲜用或干用。鲜叶片和嫩茎中含0.5%的挥发油，含有紫苏醛、紫苏酮、丁香酚、香薷酮、柠檬烯和蒎烯等芳香物质因而具有特殊风味。紫苏含较丰富的胡萝卜素。紫苏入菜调味，可去腥除膻，增香味。可单独使用，也可混用，常以鲜叶或嫩茎用在鱼、虾蟹菜肴中或作腌制蔬菜的调味品。

(7) 月桂　月桂(*Laurus nobilis*；Bay)也称桂叶、香叶、月桂树、月桂叶等，是樟科月桂属植物。我国浙江、江苏、福建、台湾等地有栽培，一年四季可供采收，叶片干制后作调味品使用。桂叶片革质，披针形或长圆披针形，长4～9 cm，宽2～4 cm，基部楔形，先端渐尖锐，边缘波浪形，羽状叶脉。其主要呈味成分是丁香酚、芳樟醇、桉叶油素、月桂烯等，具有芳香略辛的气味。桂叶可增香矫味，杀菌防腐，增进食欲。国内外广泛使用于肉类制品、菜肴、糕点等食品中，西式菜肴中尤其爱使用。

(8) 孜然　孜然又名藏茴香、安息茴香，为伞形科植物安息茴香(*Cuminum cyminum*；Cumin)的干燥果实，原产埃及、埃塞俄比亚，后来前苏联、伊朗、印度和我国的新疆也栽培。孜然为一年或多年生草本植物，高约30～80 cm，叶矩圆形，羽状深裂。嫩茎叶常作蔬菜。复伞形花序顶生或侧生，四月开花，白色或粉红色。五月结果，双悬果矩圆卵形，长6 mm，宽1.5～2.5 mm，弯曲，一端稍尖，表面有带黄色的纵向隆起。果实形似小茴香，黄绿色。果实含3%～7%的挥发油，具有独特的薄荷、水果样香味。一般秋季采收果实干制后作香辛料使用。可整粒或研磨成粉状使用，为菜肴去异味增香味。最常用于解羊肉的膻味，所以常用于羊肉菜肴烤羊肉串、烤全羊等及新疆特色的“抓饭”中。也常用于其他肉类食品中，以及一些孜然味系列的消闲食品、糕点中。还在酒类和腌渍蔬菜中增香。

(9) 高良姜　高良姜(*Alpinia galanga*；Galangal)是姜科山姜属植物，又称海良姜、佛手根、小良姜(彩图131)。分布于南方各省和台湾岛，夏末秋初采挖4～6

年生的根状茎作调味料。高良姜的根状茎横行，圆柱形，直径1～1.5 cm，棕红色或紫红色，表面有细纵纹和波状环节及须根残痕，质地坚韧不易折断。断面淡棕色，具纤维及粉性。由于有萜烯、桉油精、桂皮醛甲酯、高良姜酚等呈味物质，具特殊芳香气。以红褐色、粗壮、坚实、油润，味香辛者为佳。可作制卤、酱、烧制等菜品的香料，为其去腥除异，增香赋味。常和其他香辛料混合使用，也是制作五香粉等复合调料的原料之一。

(10) 香茅　香茅(*Cymbopogon citratus*；Lemongrass)属于禾本科香茅属植物，又称柠檬茅、香巴茅、风茅、柠檬草(彩图132)。原产于热带亚洲的印度、斯里兰卡等地，现今印尼、泰国、越南、巴西、巴拉圭、英国等都有产，我国主要产于云南。多年生草本，株高100～200 cm，丛生，被白蜡粉，茎短藏于地下，节轮状，叶鞘抱茎无毛，线状叶从靠近根处长出，叶长60～150 cm，宽约1 cm左右，叶片簇生，背腹面粗糙，呈白色。香茅含有柠檬醛、香茅醛、香茅醇等成分，全株具有柠檬的香味，且香味持久。由于茎及叶含丰富挥发油，可从茎、叶蒸馏萃取精油，用于食品或制造化妆品、香水和肥皂的香料。东南亚一带以及我国云南的傣家人最爱用香茅草做调味料，形成当地菜肴的特色。主要使用形式是鲜香茅，可用于捆扎原料，或切段、切碎入菜运用，菜肴有木瓜酱炸香茅虾、香茅鸡翅、香茅银鳕鱼、泰式酸辣大虾汤及傣族特有的风味菜肴——烤香茅草鱼等。可制作保健养生饮料——香茅红枣茶。泡茶饮用具有预防各种传染病及治疗胃痛、腹泻、头痛、发烧、流行性感冒的作用。

(11) 玫瑰花　为蔷薇科的植物玫瑰(*Rosa rugosa*；Rose)的花。玫瑰鲜花含挥发油(玫瑰油)约0.03%，主要成分是乙位苯乙醇、约46%的香茅醇、橙花醇、20%的香叶醇、芳樟醇等，还含有槲皮苷、鞣质、蜡质、有机酸、氨基酸、胡萝卜素及多种维生素和微量元素，有浓郁的芳香味。鲜花既可直接入菜，也可提取玫瑰花油作香料；也可以糖渍制后，供作甜菜、糕点和小吃的甜馅心用。

(12) 桂花(Sweetosmanthus Flower)　属木樨科植物木樨(*Osmanthus fragrans*)的花。木樨为常绿小乔木或丛生灌木。原产我国，品种较多。秋季开花，花色金黄的为金桂，花色黄白的为银桂。花中含有酸丙酯、紫罗兰酮、橙花醇等芳香物质，具甜味而带清香。可提取浸膏和精油作食用香料；也可以花直接糖渍后作桂花八宝饭、桂花莲子等甜菜，以及元宵、年糕、各类甜点的馅料；或用于泡茶和浸酒。

(13) 芝麻及其制品　芝麻为亚麻科植物芝麻(*Sesamum indicum*；Sesame)的种子。原产非洲，我国除西北外，各地均有出产。其种子主要有白、黑、红三色。种子富含脂肪、蛋白质，铁含量远远高于一般的食品，钙、磷、维生素A、维生素D、维生素E含量均高。由于含芝麻酚、芝麻素和大量的油脂，所以可直接炒香后作菜肴的配料，在芝麻肉丝、芝麻排骨等菜品中尽显特色，也可以作糕点、小吃的配料，或混合、或撒于表面、或用作馅心。其加工品也是常用的香味调味品。

① 芝麻油：芝麻油(Sesame Oil)是以芝麻的种子为原料，提炼出来的一种半干性油状调料。芝麻油的主要香味成分是芝麻素(乙酰吡啶)和芝麻酚等物质，还含有85%的多种甘油酯。按加工方法不同可分大槽麻油和小磨麻油。大槽麻油(机磨麻油)是用生芝麻直接压出油脂而制成的，其色浅、香气弱，不宜生吃，可供作传

热介质。小磨麻油又称香油，是用炒熟的芝麻经磨糊，加水搅拌，振荡出油等工序制得。因炒制加热，所以色泽较深，香气浓郁，是烹调中常使用的调香料。可广泛用于拌、炒、熘、爆、烤、蒸等方法烹调的菜肴中，另外在面点、小吃中也常用，其目的是为其增香，或是滋润菜品。小磨香油香气易挥发，不宜长时间受热，烹制热菜时应在起锅时淋入。

② 芝麻酱：芝麻酱(Sesame Butter)是选用上等的芝麻种子经焙炒、磨酱等工序加工而成的色泽浅灰黄、质地细腻、含 45%～55%脂肪和 20%蛋白质的酱状制品。它可用于拌制菜品，如麻酱生菜、麻酱凤尾等；也可以拌制面条，如凉面、甜水面等；还可作其他面点和小吃的馅料。

(14) 食用香精　食用香精是由各种食用香料调配而成的混合制品。所用的原料有用物理方法从各种天然香味料中提取的天然物质，其成分是多种多样的，视原料而异，成品包括精油、凝脂、除萜精油、酊剂、浸膏、净油及油树脂等；或用以物理或酶解方法从提取的天然香味料中进一步单离而得的以某种单一成分为主的化学物质调制而成，其名称常以所仿天然物的香型命名，如桃子香精、柠檬香精、玫瑰香精、玉米香精等。香精分水溶性和脂溶性两大类，有乳剂、油剂和粉剂。在食品生产和烹饪中的功能是产生各种独特的香味，丰富食品的味感。由于香精是由提炼物质所调配，有效成分含量高，使用方便，符合卫生要求，且耐贮藏，不易变质，可长年供应。尽管许多香料可用化学的方法制备，但在崇尚天然的今天，发展天然食用香精的生产受到高度重视。

2. 苦香类调味品

(1) 草果　为姜科豆蔻属植物草果(*Amomum tsaoko*；Fructus Tsaoko)的干燥果实(彩图 133)。果实呈椭圆形，具有三钝棱，长 2～4 cm，直径 1～1.5 cm。果皮革质坚韧，外皮呈棕褐色。内有由隔膜分成三瓣的种子团。干燥果实经水浸泡后，体积膨大。草果主要产于云南、贵州和广西等地，每年 10～11 月果实成熟待变红褐色而未开裂时采收，经晒干或微火烘干，或用沸水烫 2～3 分钟后晒干而成制。其品质以个大饱满、质干、表面棕色为好。其主要香味成分是芳樟醇、苯酮、柠檬醛、香叶醇、蒎烯等。味辛辣，具有特异香气，微苦。常拍破用于肉类原料的烹调之中，有增香去异的作用，运用同八角茴香。

(2) 陈皮　陈皮(Dried Tangerine Peel)为芸香科柑橘属植物大红柑、温州蜜橘、黄岩蜜橘、乳橘、朱橘等多种橘、柑的成熟果实的皮，经干燥放置陈久而制得。味辛苦、气芳香。以色正光亮、身干无霉、香气浓厚者为佳。陈皮的呈味成分有柠檬烯、黄酮苷、香茅醛、芳樟醛等物质。多用于烧、炖、炸收、炒等菜肴中，从而制成特殊的陈皮味型，如陈皮兔丁、陈皮鸭子、陈皮牛肉、陈皮羊肉等。陈皮在其中主要起提味增香、去腥解腻的作用。运用时一定要先发软，使其香味外溢，苦味水解，再改刀入锅内。

(3) 白豆蔻　白豆蔻(*Amomum cardamomum*；Round Cardamon Seed)是姜科豆蔻属植物白豆蔻的果实和种子，又称壳蔻、白蔻、豆蔻、蔻米(彩图 134)。蒴果近球形，直径约 16 mm，白色或淡黄色，略具钝三棱，有 7～9 条浅槽及若干略隆起的纵线条，顶端及基部有黄色粗毛，果皮木质，易开裂为三瓣；种子为不规则的多面体，直径约 3～4 mm，暗棕色，种沟浅。具有理气宽中、开胃消食和解酒毒的功能。因含肉豆蔻素、丁香酚、松油醇等成分，从而具有浓郁芳香，稍有辛辣，高浓度时有苦味。白豆蔻受许多国家的人们的喜爱，广泛用在肉类制品、菜肴、面点、糖果和冰淇淋等食品中。其芳香辛苦的气味，可去异增香，用于卤、酱、烧制的菜品中。它是咖喱粉等复合香辛料的原料之一。

(4) 草豆蔻　姜科山姜属植物草豆蔻(*Alpinia katsumadai*；Katsumadai Seed)的种子，也是一种芳香苦辣的调味品，又称漏蔻、草蔻、飞雷子、弯子。我国主要在两广地区及海南栽培，8～9 月采收果实，晒干后取种子团。种子团呈不规则的球形，直径在 1.5～2.7 cm，表面褐色，中间有白色隔膜将种子团分成三瓣，每瓣有种子 22～100 粒，紧密相连。其主要呈味成分是山姜素、豆蔻素等。在食品加工中的用法同白豆蔻。它一般不单独使用，常和八角、桂皮、豆蔻等混合使用。

(5) 肉豆蔻　肉豆蔻(*Myristica fragrns*；Nutmeg)科肉豆蔻属植物肉豆蔻(*Myristica fragrns*)的种子，是一种具苦香的调味品，又称肉果、肉蔻(图 7-2)。果实梨形或近圆球形，长 3.5～5 cm，淡红色或淡黄色，成熟后纵裂成两瓣，现出绯红不规则分裂的假种皮(玉果花)，又称肉豆蔻衣。玉果花呈扁平分枝状，暗红色，半透明而脆，有芳香气，也可作调味品使用。种仁呈卵形，长2～3 cm，直径约 2 cm，有网状条纹，外表为红褐色或暗棕色香气浓烈，微苦辛。我国海南、广东、广西、云南、福建等热带和亚热带地区栽培，一般有 7～8 月和 10～12 月两个采收期。肉豆蔻含以 α-蒎烯、α-莰烯、肉豆蔻醚、香叶醇等挥发油，可去腥矫臭，赋味增香。同白豆蔻一样，运用非常广泛。因肉豆蔻精油中含约 4% 的有毒物质肉豆蔻醚，如食用过多，使人麻痹，产生昏睡感，有损健康，所以应少量食用。

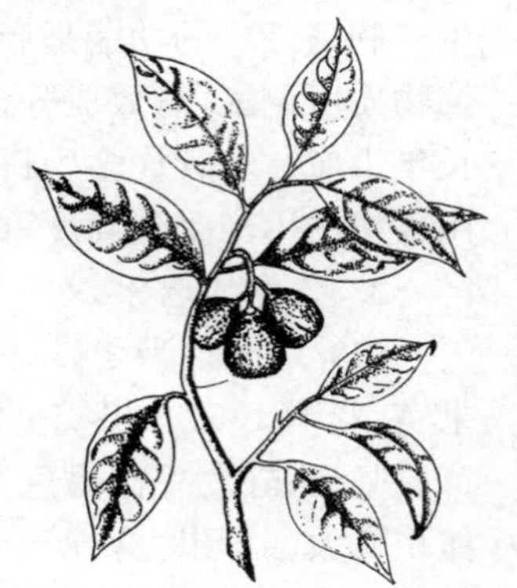

图 7-2　肉豆蔻

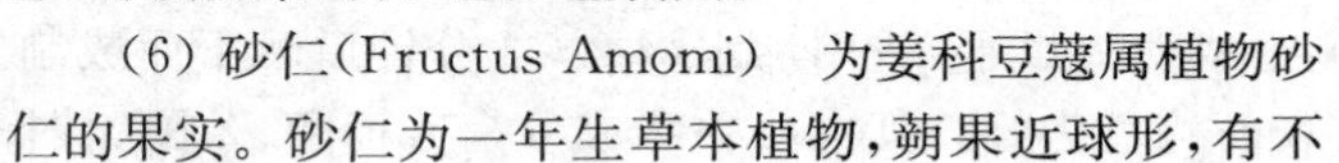

(6) 砂仁(Fructus Amomi)　为姜科豆蔻属植物砂仁的果实。砂仁为一年生草本植物，蒴果近球形，有不明显的三棱，长 1.5～2 cm，直径 1～1.5 cm。成熟时棕褐色，密生刺状突起。果皮薄而软。种子团为三瓣，每瓣有种子 6～15 枚，种子为不规则多面体，直径2～3 mm，呈棕红色或黑褐色，外被膜质假种皮。其干果气味芳香而浓烈，味辛凉微苦。采收的果实晒干为壳砂，剥去果皮，将种子仁晒干，即为砂仁。砂仁以个大、坚实、饱满、气味浓者为佳。供作香料的有三种：阳春砂(*Amomum uillosum*)，主要产于广东阳春等地；海南砂(*A. longiligulaye*)主要产于海南岛等地；缩砂(*A. xanthioides*)，产于泰国和缅甸等地。以阳春砂为好。砂仁含有特殊香气的挥发油，主要成分是龙脑、右旋樟脑、乙酸龙脑酯、芳樟醇和橙花三烯醇等。由于芳香味浓，可开胃消食，增强食欲。在菜品中可去异增香使肉味美可口，常和其他香辛料一起用于卤、酱、焖、烧等菜品中。由于砂仁有健胃消食、温脾止泻的功效，常单独用于制作药膳食品，如砂仁糕、砂仁藕粉、砂仁粥等。此外还可作酿酒、腌渍蔬菜和制作饮料的调味品。

(7) 山柰　山柰(*Kaempferia galanga*；Sand Ginger)为蘘荷科植物，也称山

奈子、三奈、山辣、三赖、沙姜。多年生宿根草本植物，其地下根状茎和叶子皆有樟木香气，将根状茎切断干燥，则皮赤黄色，肉白色(图 7-3)。山奈产于南方各省。山奈味辛、温，主暖中，有镇心腹冷痛及牙痛等作用。其根状茎在中西烹调中是常用的香辛料之一，可用于卤、烧等菜品和腌渍品中，是配制五香粉的原料之一。

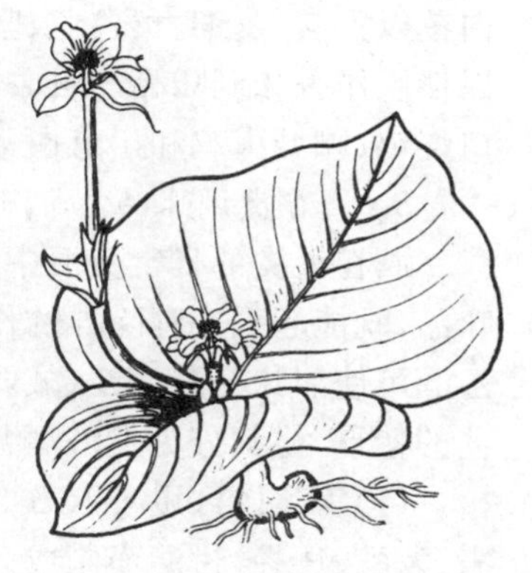
图 7-3 山奈

(8) 茶叶(Tea) 为苦香类调味原料，以山茶科山茶属多年生常绿木本植物茶树鲜嫩叶芽加工干燥制成。按制法不同分红茶、绿茶、黑茶、青茶、白茶和黄茶六大类。茶叶是我国人民日常生活中重要饮料之一，内含茶多酚、生物碱和多种芳香成分，具有提神醒脑、利尿强心、生津止渴、醒酒解毒、降低血压等作用。因有特殊清香而作调味料运用。常用的种类有龙井茶、云雾茶、毛峰茶、乌龙茶、舌雀茶、红茶、花茶等。可直接用于菜肴、小吃的调味，也可直接烧煮，或用作熏料，如广东的红茶焗肥鸡、四川的樟茶鸭、安徽的茶叶熏鸡、龙井虾仁、龙井汆鲍鱼、五香茶叶蛋等。还可解鱼腥。在牛肉烹制时可作嫩肉剂使其易酥烂，也可增香。有的茶叶还直接作主料成菜，如江苏菜香炸云雾、安徽的金舌雀等。

(9) 苦豆 苦豆(*Trigonella foenumgraecum*；Fenugreek)为豆科胡卢巴属植物，又称胡卢巴、香豆、季豆、香草，俗称“香苜蓿”(彩图 135)。原产欧亚两洲，现以印度和摩洛哥为多，我国各地均有栽培。甘肃称香豆，东北又叫香草或苦草。茎丛生，有疏毛，三出复叶互生。叶片倒卵形或倒披针形，先端钝圆。全草干后香气浓郁，略带苦味。叶片中含维生素 C、胡萝卜素及钙、铁等物质。荚果中有 10～20 枚苦豆种子，棕色或黄褐色，表面光滑，略呈椭圆形或方形，其上有一条深沟纹，两沟相接处为点状种脐，长约 3～5 mm。种子营养丰富，蛋白质含量高达27%～35%，富含糖、淀粉、纤维素和矿物质等，含 0.02%的精油，还含胡卢巴碱、胆碱、植物胶等。许多国家把它列为营养不良的辅助食品。苦豆含己醇、庚酮、庚醛、桉叶油素、樟脑、丁香酚、百里酚等呈香物质，使其茎、叶、种子带有芳香味，且回味稍苦。种子可以整粒或粉状作调味品用。如民间常将种子磨成粉，用于粉蒸肉中，起增苦香的作用。也用于调制复合调味品，如咖喱粉、风味独特的辣椒油等。西北地区民间习惯将其嫩茎叶晒干、揉碎作调味品，带特殊的苦香。一般混用于面团中作花卷、烙饼、馍馍等面食，或为面条、凉皮、凉粉作调味品。因其色呈黄绿，也用于调色。古时就有其嫩叶作苦豆汤而食之。

(10) 白芷 白芷属伞形花科当归属的植物。植株高 2～3 m，花期 5～6 月，果期 6～7 月。根少分歧，直立圆锥形，似胡萝卜，长 10～20 cm，直径 2～4 cm，外皮土黄色或棕褐色。根中因含丰富的白芷素、白芷醚等物质而略带苦辛的芳香。常见的有三种：兴安白芷(*Angelica dahurica*)，川白芷(库页白芷，*A. anomala*)产于四川省遂宁市、温江区、崇州市等地和杭白芷(*A. taiwaniana*)生产于浙江省杭州的笕桥。加工干白芷时是将挖出的根，拣去杂质，用水洗净，整支或切片晒干即成。

白芷以独支、皮细、黄白色、坚硬、光滑、香气浓郁者为佳。由于根苦香浓烈，所以均以根供作香味调味品。可去异增香，赋予烧、卤、酱制菜品独有的风味，形成了像道口烧鸡、聊城熏鸡和川芎白芷鱼头等菜品的独特风味。

3. 酒香类调味品

酒在人类的日常生活中是不可缺少的饮品，同时又是烹调美味佳肴的重要调味品，既能起到去腥除异的作用，又能增加菜肴的鲜香。酒中的主要成分是乙醇，乙醇可使甜味变淡，酸味减弱。加入菜品中有增香、去异和防腐等作用。按生产工艺的特点，将其分为发酵酒、蒸馏酒和配制酒三类。

(1) 黄酒(Yellow Rice Wine)　又称料酒，是以小米、大米或玉米为原料，经蒸煮、发酵、压榨、过滤而制成。由于未像白酒那样经过蒸馏，所以酒液中含多种可溶性成分：氨基酸、糖类、酯、醛、酚、醇等，香气浓郁，具有一定的营养价值，而酒精含量低，所以是一理想的调味佳品。有名的黄酒品种有绍兴黄酒、福建红曲黄酒、山东黍米黄酒等，其中浙江绍兴黄酒最为有名。除姜、葱、蒜、花椒等常作去腥除异的调味品外，料酒也是烹饪中常用的去腥除膻，去异味的调味原料。能作为料酒使用的酒按酒度高低不同可分为低度酒，如黄酒、酒酿、葡萄酒、啤酒等；高度酒，如高粱酒、茅台酒、汾酒、米烧酒等。但高度酒酒味太浓，而且香味弱，所以一般不用或用量少。而低度酒含多种呈香成分，酒精含量低，且有营养价值，所以常选用低度酒作料酒使用，既可去腥除异，又可为菜品增色、增香。烹饪中常选用黄酒作料酒。黄酒色泽淡黄色，清澈透明，香味浓郁，味道醇厚。烹调中有去腥除异，帮助味渗透的作用。酒精能溶解动物性原料中产生腥膻味的物质，如三甲基胺、硫化氢、甲硫醇、脂肪酸等，并随之挥发，从而达到去异味的目的。酒精也是一种脂溶剂，可以溶解脂肪，增加细胞膜的通透性，所以可帮助呈味物质进入原料内部起入味的作用。料酒对菜肴有和味增香及增色的作用。黄酒中本身含有糖类、酯类、醇类，带有色泽，可为菜品增色，再加之黄酒中所含氨基酸与食盐结合产生氨基酸钠盐，可使滋味更鲜美。氨基酸和糖类在加热情况下产生羰氨反应生成有香气、有色泽的芳香醛等物质，为菜品增香和增色。料酒还有消毒杀菌的作用，码入原料中可防止其腐败变质。使用料酒时用量应恰当，以免压抑主味和留下大量酒味。依所起主要作用不同，应在不同的时间加入。如烹制前码味时加入，主要是去腥除膻、帮助味的渗透；烹制之中加入主要是为菜品增色和增香；放入芡汁中起锅时加入，主要是为了增加醇香。

(2) 葡萄酒(Wine)　用葡萄经破碎、榨汁、发酵等工序制作而成的酒，已有两千多年历史，因原料品种、加工方法不同，成品的质量有差异。按酒色不同分红葡萄酒、白葡萄酒和淡红葡萄酒；按含糖量不同分干葡萄酒(含糖量为 4 mg/L 以下)、半干葡萄酒(含糖量为 4～12 mg/L)和甜葡萄酒(含糖量在 50 mg/L 以上)。另有在天然葡萄酒中加入酒精的高浓度葡萄酒；有加入香料的葡萄酒，如桂花葡萄酒、丁香葡萄酒等；有含大量 CO_2 的起泡葡萄酒，如香槟酒、葡萄汽酒等。葡萄酒中除酒精和水分外，含有糖、醇、有机酸、含氮物及无机盐、维生素等成分。直接适量饮用可增进食欲，促进新陈代谢。在菜肴或其他食品中加入葡萄酒调味源于西式烹饪，如法式名菜“红酒炖牛肉”。葡萄酒常在菜品中起去腥除异，增进独特芳香和酒香的作用，如上海的葡汁鸡、广东的贵妃鸡翅、葡萄酒焗鹌鹑、法式洋葱汤、酥皮烤牛里脊、红酒汁焖猪排卷等。以增香为目的时，添加葡萄酒的时间应在加热过程中，这是由于在加热时，酒中的乙醇会挥发，但留下了酒中的呈香物质。不过加热的时间不宜过长，否则香气也会明显减弱。

(3) 白酒(White Spirits) 又称“烧酒”、“白干”，一种酒精含量较高的无色透明蒸馏酒，始制于800年前，为我国的特产酒，主要用高粱、玉米、大米、甘薯等粮食或某些果品经过发酵、蒸馏、再经贮存和勾兑而制成。白酒的主要成分是乙醇和水，占酒液重量的98%左右，乙醇的含量一般在30%以上。其余是仅占2%的非乙醇成分，主要包括有机酸、酯类、羰基化合物、芳香族化合物等。按香型不同可分为清香型、浓香型、米香型、酱香型、复香型五类。清香型，其主体香味成分是乙酸乙酯和乳酸乙酯，如汾酒、西凤酒；浓香型，其主体香味成分是乙酸乙酯和丁酸乙酯，如五粮液、泸州老窖、古井贡酒等；米香型，其主体香味成分是β-苯乙醇和乳酸乙酯，如广东长乐酒、桂林三花酒；酱香型如贵州茅台酒；复香型，有董酒、种子酒。成品香气纯净浓郁，口感醇厚。白酒在烹饪中起到酒类共同的去腥、除膻、杀菌防腐、增香、添味、解腻的作用。由于酒精含量高，一般不作料酒用，如用其用量一定要少。白酒是制作醉菜的调味品，如炝虾、醉鸡、茅台酒烤鸡球、汾酒牛肉等，以突出酒香。

(4) 啤酒(Beer) 用大麦、玉米、高粱等为原料，加入啤酒花而发酵制作的含大量CO_2的低醇度酒类饮料，为浅黄色至咖啡色透明清亮液体，有爽口甘苦味，酒精含量为2%～7.5%。发酵形成后凡不经过杀菌处理的，称“生啤酒”或“鲜啤酒”，口感鲜美；凡经过装瓶后杀菌处理的称“熟啤酒”，保存期长。由于未经过蒸馏，所以含有糖类、氨基酸、维生素、无机盐等多种营养成分，故有“液体面包”之称。烹调肉类、禽类、蛋类、鱼类等菜肴时，用啤酒代替传统的黄酒进行调味，不但可达到去腥除膻、增香增味的作用，而且风味别具一格，非常诱人。啤酒鱼、啤酒鸭、啤酒鸡等菜品都深受人们的喜爱。啤酒焖牛肉是英国名菜，肉嫩质鲜，异香扑鼻。将鲜啤酒(生啤酒)拌和在肉类原料中，蛋白酶发挥作用，可使肉类原料得到嫩化处理，变得鲜嫩。在制作面点制品时，加入鲜啤酒可有助于发酵，使成品不但松软，而且风味别致，如啤酒味面包、啤酒锅饼和啤酒炸馅饼等。

(5) 香糟(Distillers' Grains) 香糟是用制黄酒或米酒后所得的残渣，加炒熟的麸皮和茴香、花椒、陈皮、丁香等香料，装坛密封，经数月到一年而成的，又称酒膏。按品种可分为白糟和红糟两种。白糟由绍兴黄酒的酒糟加工而成，呈白色或浅黄色；红糟由福建红曲黄酒的酒糟加工而成，色泽为粉红或枣红色。香糟的香味很浓郁，酒香诱人，醇厚柔和，一般含有10%的乙醇，香气成分有乙酸乙酯、丙酸乙酯、异丁酸乙酯等酯类物质。香糟在烹饪中主要用来增香和调香，还可起到一定的去腥除膻的作用，红糟还对菜品有增色美化的作用。一般可运用于熘、爆、炝、炒、烧、蒸等菜品中。香糟还可用于糟制肉、鱼、禽蛋等，制作风味食品。将原料煮熟后放入香糟中称熟糟，将原料腌制后浸入香糟中为生糟。上海、浙江、江苏、福建等地常以糟制的各类食品而出名。

(6) 酒酿(Fermented Glutinous Rice) 又称醪糟、甜酒酿，是将洗净的糯米浸泡 6～24 小时后沥干，然后蒸熟成饭，拌入酒曲，加盖保温约 24 小时发酵制成的。甘甜醇香，由于酒度很低，所以可直接食用。酒酿是制作糟菜品的主要调味品，也是制作甜羹菜、糕点、小吃的原料，如醪糟豆腐羹、醉豆花、葛仙米醪糟羹、酒酿饼、醪糟粉子、牛奶醪糟、醪糟鸡蛋等。

三、香辛味调味品的使用原则

一般的香辛调味品含精油为 1%～17%，并为脂溶性的。实际使用时，应根据主、辅料的不同情况、菜肴的质量要求和烹调过程的需要选择具体的香辛料品种，以求最佳的风味效果。香辛料虽然分为两大类，但有的香辛料兼有多种作用，在不同时间使用，所起的主要作用不同，如花椒、葱、姜、蒜、料酒等，既是提供特殊香型的调味品，又是去除或压抑原料的腥膻味等不良气味的香辛料。有些香辛料甚至以脱臭去异为主。为达到对香辛料合理使用的目的，应遵循使用香辛料的原则。

(1) 根据香辛料香味的浓郁程度来确定用量。在烹制菜肴时宜少放为好，尤其是芳香味重的香料用量不能过大，否则压抑主味，而且还会产生药味。

(2) 混合使用香辛料比单独使用好。因为香味调料之间有香味相辅相成的作用。

(3) 对香辛料来说，一般只取其味，并不食用。在使用一些小颗粒的香辛料时，为了不影响菜肴的美观，应用袋子装好再进行烹调。

(4) 根据菜肴的要求灵活选择运用形式。目前香辛料的运用形式有：整体、粉末、油脂性抽取物及国外先进的用精油制成的微胶囊等，如在烧、炖菜品中一般可用整体状的，烤、拌菜品中可用粉状、油状的，其目的就是要在烹制过程中将其风味淋漓尽致地发挥出来。

检　测

复习思考题

1. 在制作菜肴时如何掌握用盐量产生合适的咸味？
2. 为何说发酵性咸味调味品营养价值高？
3. 怎样科学合理地运用酱油、豆豉等咸味调料？
4. 为何粮食醋比其他醋品质好？
5. 高汤为何鲜味浓厚回味悠长？
6. 如何正确施放香辛原料？
7. 辣椒怎样运用才能出香、出色和辣味十足？
8. 料酒在烹饪中有何作用？
9. 解释概念：调味原料、香辛料、料酒。

第八章 辅助原料

学习目标

◎ 了解辅助原料的分类、质量鉴别方法以及目前使用最广泛的运用形式和生产供应情况。

◎ 理解辅助原料的组成、性质、作用原理。

◎ 掌握辅助原料在烹饪中的作用以及运用规律。

◎ 能利用传统和新开发的辅助原料增强菜点的特色。

本章导读

在烹调过程中,常根据原料在菜肴中的地位、作用,将原料分为主料、配料和调味原料。这是构成菜肴的三大要素。除此之外,还有一类起辅助作用的原料。虽然它们不是菜肴的主体物质,但它们的存在直接影响菜点的色、香、味、形、质的形成,并且关系到烹饪活动是否顺利进行,所以辅助原料的作用是重要的。本章重点介绍辅助原料的种类、质地特点、特性、质量鉴别及烹饪运用规律。

引导案例

过桥米线

过桥米线是我国云南独具风味的小吃,尤为当地人所喜好。米线筋道,配料丰富,汤鲜味美,吃一碗米线,让人畅快淋漓。

传说在清朝道光年间,滇南蒙自的一位名叫张浩的秀才为赶考,带上行李书籍,住到南湖中一个绿树成荫、环境幽静的小岛上埋头苦读。其妻每天烧好饭菜后走很长的路去小岛送饭。由于小岛离家很远,还要走过一道小桥,饭菜送到时皆凉。妻子非常心痛,想了很多办法效果都不好。

一天,秀才妻子将炖好的鸡汤装入罐中,又将丈夫爱吃的米线同时放入罐中炖好。正准备给丈夫送去时,身体突感不适,晕了过去。当她醒来后,立即去摸陶罐,仍然烫手,于是,她赶忙一路小跑给丈夫送去。秀才吃到了热气腾腾的鸡汤米线,感到格外的高兴,深情地望着妻子点头称谢。受此启发,以后她便常常将肉片、鱼片等用油水多的汤氽熟后,倒入已经炖好米线的陶罐内,一并给丈夫送去。从此秀才就经常吃到热乎乎的米线。此事传开后,人们竞相效仿。因为妻子送饭时要过一座长长的石桥,人们就将这种做法的米线称为“过桥米线”。

经过历代滇味厨师不断改进创新,“过桥米线”声誉日著,享誉海内外,成为滇南的一道著名小吃。

现在过桥米线一般的做法是:将牛肉、猪肉、鸡肉、鱼肉、虾肉等动物性原料切成极薄的片,木耳、豆腐皮、大白菜、豌豆苗等蔬菜原料也改刀好,然后一起放入专门用鸡、鸭、排骨、棒子骨、火腿等精心熬制好的高油温的汤中,一并烫熟,再加入煮熟的米线和调味料,一碗色、香、味俱全的佳肴就完成了。

动物油脂储热性好,具有良好的保温作用。过桥米线的制作,就是利用油脂封闭表面,防止热量散失,加之油脂本身的高温,足以烫熟加工成易熟形式的动植物原料,并长时间不变冷,赋予菜点"烫"的特色和别致的风味。

我们应该充分掌握辅助原料的性质特点,使之成为烹饪活动的推进器,并成为烹饪方式、方法创新的依据,并在菜点的制作中促进色、香、味、形、质的形成,达到改善和提高菜点品质的目的。

辅助原料是指在烹饪中对体现菜点的制作工艺,保证菜点质量,形成菜点风格等起到重要作用的一类原料。烹饪中使用的辅助原料有作为传热介质使用的水和油脂以及一些食品添加剂,包括调色剂、膨松剂、凝胶剂、嫩肉剂和凝固剂等。

第一节 食用淡水

水是人体不可缺少的物质,也是动植物原料不可缺少的物质,还是烹调中重要的辅助原料。烹调中运用的食用淡水是指符合国家饮水水质标准的淡水,包括干净、卫生的自来水和一些深井水、泉水等。

一、水的性质

在自然界中,纯净的水是无色、无味的透明液体,有三种形式:固态、液态和气态。水表现出适宜于烹饪运用的良好特性。水的比热大,可储热,且水蒸气液化时可放出大量的热量,可作为良好的传热介质。水在常温、一个标准大气压下沸点是100℃。减小压强,沸点则降低;增大压强,沸点则升高。在烹饪或食品加工中常利用这个特点加工食品,如用高压烹饪炊具提高蒸煮温度,缩短烹调时间。利用减压可以不需要高温就使食品脱水。

由于水转化为冰时体积变大,常使一些原料组织破坏,所以在保鲜时,常用急冻的方法避免原料出现组织破坏、营养流失的问题。但冰在融化时可以吸收食物的热量从而达到降温的效果,常用于冷藏和冰镇食物。

水具有较强的分散能力和溶解能力,可以分散和溶解许多物质,是烹饪中良好的分散质和溶剂。水还是极性分子,很容易吸附到蛋白质、淀粉物质中,对于改变原料的质地起到一定的作用。

二、水在烹饪中的作用

(一) 水是烹饪最常用的传热介质

许多菜点是通过水作为传热介质来烹制的,其烹饪方法有煮、蒸、炖、煨、焖、烧等。热蒸汽穿透力强，菜点易于成熟，温度易控制，变化范围小，达到沸点后温度恒定，且传热均匀。烹饪中"水浴"加热，可使温度变化相对稳定，不急促，如西餐部分沙司的调制和动物性原料的成熟。由于水加热产生的温度相对油脂作传热介质产生的温度低，有利于保护营养物质、保色、保形，而且不会生成有害物质，制作成的菜肴具有清淡爽口、营养素损失少的特点。菜肴的主料、配料和调味料中的呈味物质，可充分溶入水中，在加热的过程中，发生多种呈味反应，使菜肴的味道更加鲜香浓厚。

(二) 水是烹饪中主要使用的溶剂和分散质

水不仅是良好的溶剂也是良好的分散质。烹饪中各种主配原料、调味料和其他辅助原料有的可溶于水中形成溶液，而不溶于水的物质可分散在水中形成胶体溶液或乳浊液。这些性质在烹饪过程中有诸多方面的运用。可将原料中不洁净的物质洗掉，使其干净卫生；可通过浸泡、冲洗、氽煮、焯水等方式去除原料中产生苦味、涩味、血腥味的不良呈味物质，使其符合烹调的要求；可将调味品溶于水中溶解分散后施放于菜肴中，使其均匀呈味，易于呈味；一些主、配原料和辅助原料因水的加入可产生多种形式，如在剁茸的鸡肉、肝脏中可加水制成鸡膏、肝膏，在淀粉中加入不同量的水可分别制成浆、糊、酱等形式。同时，还可以利用水调节菜品汤汁浓稠度和呈味的适合度等。

(三) 水是形成原料和菜点质量的重要因素

原料的质地、色泽决定着菜点的质量，而原料的质地很大程度上受到水分条件的影响。换句话说，菜品的老嫩，很大程度上取决于原料含水量的多少。菜肴，小吃，面点，有了水才会滋润、柔和、饱满。因此，在原料水分不足时，就可通过浸泡、搅拌或使原料在水中剧烈运动使水渗入到原料内部，使其鲜嫩度得到改善。如净瘦肉原料码味时、制茸泥时加水搅拌；鲜熘类菜肴中用的肉常浸泡于水中，既去血污又吸水致嫩；干货原料涨发浸润，使其恢复嫩度等等。再者，对有些容易发生褐变的果蔬原料，将其浸泡于水中，可防止其变色，从而从色泽上保证其外观质量。不仅含水量的不同会形成不同的原料质量，而且水温不同也会产生原料不同的质量，如根据不同水温可调制出不同质地的面团，有冷水面团、热水面团和沸水面团，因其弹性、韧性、延展性和可塑性的不同，从而制作出品种繁多的面点制品。适当的水温有利于发酵正常进行，酵母菌在水分充足、糖类物质较丰富的面团中发酵速度较快。所以，水分含量的多少或水的温度高低是影响菜点质量的重要因素。

第二节　食用油脂

油脂是油和脂肪的总称。在常温下为液态的称为"油"，呈固态或半固态的称为"脂肪"。来源于动植物体的油脂无毒、具有一定营养价值，可供食用，即为食用油脂。烹饪中使用的食用油脂包括各种植物油脂、动物油脂及油脂再制品。

一、食用油脂的成分和性质

天然的食用油脂含有多种成分，主要是甘油三酯，而且多为混合甘油酯，除此之外，还含有游离脂肪酸、磷脂、色素、维生素 A、维生素 E、维生素 D、蜡质等成分。越高级的油脂其他成分越少。纯净的、等级高的油脂是无色、无味、无臭的，但一般的食用油脂都具有一定的颜色和气味。油脂的颜色往往来自于脂溶性色素，如叶绿素、类胡萝卜素、黄酮色素及花色苷等。其气味主要由低级脂肪酸以及其他挥发性成分产生。油脂由固体变为液体的温度称为熔点。一般来说，动物油脂的甘油酯中饱和脂肪酸多，所以熔点高，常温下为固态；植物油脂的甘油酯中不饱和脂肪酸较多，所以常温下为液态。植物油脂的熔点低于动物油脂，熔点低的油脂易吸收，吸收率可达到 95%左右。油脂由液体变为固体的温度为凝固点，一般动物油脂的凝固点高于植物油脂。凝固点高的油脂，当温度稍有降低时就会凝固，冷凝后影响菜点的口感和美观。如牛油火锅中的牛油在温度稍有降低时就黏附在锅、碗、筷子上。油脂产生蓝色烟雾时的温度为发烟点。植物油脂的发烟点高于动物油脂，精炼纯度高的油脂高于纯度低的油脂。应充分掌握油脂的种类和等级情况，依据发烟点正确判断油温。

食用油脂暴露于空气中会自动氧化，从而产生酸臭、苦味、哈喇味等现象，称为酸败。如果被微生物污染也会产生不良的气味。所以制备食用油脂时应加入抗氧化剂，最好密封保存，从而防氧化和微生物污染。

由于油脂温度极易升高，且能达很高的温度，温度变化范围很大，所以利用这一点，可制出不同口感、口味、色泽的菜肴、面点、小吃等。但油脂长时间在高温下使用，会发生热聚合、热分解、水解、缩合等多种反应，从而改变分子结构，使油脂的颜色加深、黏度增大，有时还会出现较多的泡沫，在此情况下油脂中含有的维生素、必需脂肪酸遭受破坏，造成质量低劣，丧失营养，甚至产生难以食用的或有毒的物质。因此，应避免油脂在高温下长时间受热，避免反复使用炸油。

二、食用油脂的种类

根据食用油脂来源不同以及是否进行了二次加工，可将其分为植物性油脂、动物性油脂和油脂再制品。随着加工技术和加工工艺的不断提高和增多，食用油脂的品种不断增多，丰富了市场，满足了人们口味和营养的要求。

（一）植物性油脂

凡是油脂含量达 10%以上，具有制油价值的植物种子和果肉等均为油料植物。植物油脂就是用油料植物的种子和果实经压榨法提炼制得，含不饱和脂肪酸较多，常温下一般呈液态，是人体必需脂肪酸的良好来源，不含胆固醇，食用价值较高，是烹饪中广泛使用的传热介质。

植物油脂的种类很多，一般根据所用的油料作物可分为菜子油、大豆油、花生油、芝麻油、玉米油、米糠油、棉籽油、橄榄油、胡麻油等，由于各地区油料作物不同，产生了各地用油的特色。根据加工程度不同分毛油、二级油、一级油、烹调油、色拉油等，烹饪中一般不使用毛油。根据营养和满足烹调使用的要求，除了有单一原料榨取的油脂外，还有多种油脂和其他原料搭配在一起的调和油，包括风味调和油、营养调和油和煎炸调和油。

1. 菜子油

菜子油(Rapeseed Oil)又称青油、菜油,是十字花科植物油菜的种子压榨制取的半干性油。普通油为深褐色或深黄色,精制油呈金黄色,具有芥酸的特殊气味。菜子油主要含有芥酸43%~54%、亚麻酸15%~19.2%、亚油酸11.4%~19.5%、油酸12.2%~21%。由于芥酸对人体有害,近年来国内已经培育出含芥酸12%的油菜品种。菜子油主要产于长江流域和西南、西北地区,是我国的主要食用油脂之一。菜子油在烹调中应用较为广泛,除作烹调用油外还是制作色拉油、人造奶油的重要原料。

2. 大豆油

大豆油(Soybean Oil)是利用大豆种子榨出的半干性油。按压榨方法不同可分为冷压豆油和热压豆油两种。冷压豆油色泽较浅,豆腥味淡,但出油率低;热压豆油色泽深,出油率高,但豆腥味重。其品质以色泽淡黄、生豆味淡、油液清亮、不浑浊者为好。豆油中含亚油酸52.2%、软脂酸11.5%、油酸24.6%、亚麻酸8%,并含有卵磷脂和维生素A、维生素D、维生素E等,营养价值高,消化率达98%,主要产于东北、华北和长江中下游地区,是我国北方地区主要食用油脂之一。

3. 花生油

花生油(Peanut Oil)是用花生的种子榨出的半干性油。品质以透明清亮、色泽浅黄、气味芳香、不浑浊、无异味者为好。含亚油酸38%、油酸37%、软脂酸3%等。花生油是良好的食用油脂,饱和度高于菜子油和大豆油,因此温度稍低时出现黏稠现象。华东、华北地区的花生油产量高。

4. 玉米油

玉米油(Maize Oil)是从玉米胚中提取的油脂,玉米胚含油量为37.7%。玉米油中含软脂酸10%、硬脂酸2.5%~4.5%、油酸19%~49%、亚油酸34%~62%、亚麻酸2.9%,玉米油的脂肪组成较好,不饱和脂肪酸占总量的85%以上,还含有丰富的维生素A原、维生素E、维生素D,是一种优质的食用油脂,具有特殊的营养和生理保健价值。

5. 葵花油

葵花油(Sunflower Oil)又称瓜子油,是用向日葵种子压榨而成的植物油脂。精炼后的葵花籽油呈清亮好看的淡黄色或青黄色,气味芬芳,滋味纯正,含油酸15%~65%、亚油酸20%~70%;还含丰富的维生素E。由于亚油酸含量高,熔点低,营养物质含量丰富,易于人体吸收,有显著降低胆固醇、防止血管硬化和预防冠心病的作用,被誉为健康油脂。

6. 橄榄油

橄榄油(Olive Oil)是用油橄榄鲜果直接冷榨提炼所得的一种高级食用油。不经加热和化学处理,保留了天然营养成分,是世界上最重要、最古老的一种优良的不干性油脂。取自果肉的油脂称为“橄榄油”,取自种子的油脂称为“橄榄仁油”。橄榄仁油的化学组成及性状与橄榄油相似。橄榄油的色泽随榨油机压力的增加而加深:浅黄、黄绿、蓝绿、蓝至蓝黑色。橄榄仁油通常呈黄色,具有类似杏仁油的淡甜味。根据加工方法的不同橄榄油可分为原生橄榄油和精炼橄榄油两大类。橄榄油的脂肪酸组成是饱和脂肪酸11%～17%，棕榈油酸0.2%～1.8%，油酸65.8%～84.9%，亚油酸3.3%～17.7%，亚麻酸0.3%～1.3%。橄榄油中所含油酸、亚油酸和亚麻油酸的比例正好是人体所需的比例，类似母乳，这也是其他植物油所不具备的。同时橄榄油含丰富的维生素A、维生素D、维生素E、维生素F、维生素K和胡萝卜素等脂溶性维生素及抗氧化物等，极易被人体消化吸收。橄榄油因营养成分丰富、医疗保健功能突出而被公认为绿色保健食用油，素有“液体黄金”的美誉。地中海沿岸国家的人们广泛使用这种传统油脂。西班牙、意大利、希腊、突尼斯、土耳其、叙利亚、摩洛哥这七个国家橄榄油产量占世界橄榄油总产量的90%。西班牙、意大利、希腊为世界最大的三大橄榄油生产商和出口商。橄榄油营养丰富，冷热皆宜，可直接作为冷餐油使用，是常用的煎炸用油，还经常用来腌制食品。

7. 胡麻油

胡麻油(Flax Oil)是用亚麻(胡麻)(*Linum usitatissimum*)的种子压榨而得。胡麻是世界十大油料作物，居世界油料总产量的第七位。我国在600年前就栽种胡麻，是我国华北、西北高寒区种植的主要油料作物。胡麻既是纤维作物，又是油料作物。胡麻在很长的一段时间里是作为粮食作物来栽种的，可作羹、饮料、饭，称为“胡麻羹”、“胡麻饮”或“胡麻饭”，并与黍、稷、稻、粱、禾、菽、麦等，被列为“八谷”。由于其营养价值和保健作用强，应大力开发运用。高级的胡麻油应该是一种风味独特，芳香浓郁，油质清澈的食用油脂。胡麻油中不饱和脂肪酸含量为90%以上，其中含α-亚麻酸为58%，亚油酸为16%，是植物油中含量最高的。市场供给的大多数食用油普遍缺乏ω_3型脂肪酸，而胡麻油可以作为良好的ω_3型脂肪酸来源，当前胡麻油的加工都在着力提高α-亚麻酸含量。

(二) 动物性油脂

动物性油脂由动物的脂肪组织中提炼而得。炼制方法有熬取法、蒸取法、煮取法等。动物油脂饱和度高，一般常温下呈固体，保温性和其他一些工艺性较好，而且有的还具有特殊的风味，在烹饪中有一定的地位和作用。常用的有猪油、牛油、鸡油、羊油、鱼油等，还有从乳汁中提取的奶油。

1. 猪油

猪油(Lard)主要用猪板油或网油熔炼而制得。室温下呈软膏状，其品质以液态时透明清澈，固态时色白质软、明净无杂质、香而无异味者为佳。猪油中含棕榈酸28.3%，油酸47.5%，硬脂酸11.9%，豆蔻酸7.3%，亚油酸6%，十六烯酸2.7%。猪油是我国大多数地区主要的食用动物油脂，在烹饪中应用较为广泛，主要用于白汁菜肴和各种酥点的制作，使酥点味香、质酥、色浅。还运用于一些甜菜品中，如八宝锅蒸、雪花桃泥、八宝饭等，使其明亮滋润、香气浓郁、诱人食欲。猪油不宜长时间存放，容易产生酸败现象。

2. 牛油

牛油(Beef Tallow)是从牛的脂肪组织中提炼的油脂，熔点高，常温下呈坚硬的淡黄色或黄色固态。由于牛油的饱和度高，不易被人体消化吸收，所以在烹饪中运用较少。但牛油是信奉伊斯兰教的民族的主要食用油。由于其保温性能好，常作火锅用油，经炒制后具有特殊香气。在一些小吃和糕点中使用，起到增香的作用，如牛油蛋糕、牛油炒面等。牛油还可以作为制作人造奶油和起酥的原料，亦可以用净牛油进行食品雕刻。

3. 鸡油

鸡油(Chicken Fat)由鸡的脂肪组织熔炼而得。由于量少，一般采取蒸取法炼制。其色泽金黄，香鲜味浓，多呈半固体状，熔点较低。鸡油中含亚油酸24.7%，亚麻酸1.3%，最易消化吸收。常作一些高档菜肴的提味增鲜的辅助用油，也可起到增色、增光亮的作用。

4. 黄油

黄油(Butter)又称脱水奶油、白脱油，是将从乳液中分离得到的乳脂(鲜奶油)经过发酵或不发酵、搅拌、凝集、压制而成的黄色半固体状物。由于黄油具有独特的乳香，口感细腻滑嫩，是西菜和西点制作中普遍使用的食用油脂。通常用于煎、炸、烤制菜肴的传热介质，使经过黄油烹调的菜肴有特有的色泽、香味和口感，可直接涂抹在面包、蛋糕中食用，可用于制作西式奶汤和加工起酥油。

(三) 油脂再制品

油脂再制品是指食用油脂进行二次加工后所得到的产品，又称再制油、改性油脂，如人造奶油、起酥油、色拉油、蛋黄酱、各种风味油等。有的改变了原来油脂的性状，具备更好的可塑性、起酥性、乳化性等，有的添加其他原料后形成了不同的风味。

1. 氢化油

氢化油(Hydrogenated Oil)以植物油脂为原料，加入氢气和催化剂，使不饱和脂肪酸生成饱和脂肪酸，与此同时提高了油脂的饱和度，变成硬化油的状态，从而其色泽和性质都发生改变。氢化油一般为白色或淡黄色，无臭无味，具有良好的可塑性、起酥性、乳化性、口溶性等，是制作糕点的理想原料。

2. 人造奶油

人造奶油以氢化油为原料，添加水及乳化剂、色素、香料、食盐、维生素、防腐剂经混合、乳化、急冷捏合成具有天然奶油特色的可塑性制品。油脂含量一般在80%左右。我国称其“麦淇淋”、“玛琪琳”是源于“Margarine”的译音。人造奶油的主要成分类似于天然奶油，具有良好的可塑性、充气性、可溶性，是天然奶油的良好代用品，一般有加工用和餐桌用两类。餐桌用的人造奶油可直接涂抹面包、糕点食用，以增加滋润感和香味。加工用的人造奶油应用范围也较为广泛，可用在西菜制作中，调节汤汁浓稠度以及用于各种糕点制作与加工。

3. 色拉油

色拉油(Salad Oil)以玉米油、橄榄油、菜子油等植物油脂为原料，经过脱色、脱味、脱酸、脱臭、脱蜡处理后，所得的油液清澈如水、无色、无味的高级食用油称为色拉油。相对其原料油，耐寒性较好，储藏期长，食用安全性更好，也不易发生氧化、热分解等反应。色拉油广泛应用在西餐中，如调制各种沙司，制作西式沙拉冷盘等。还用于需要保色的菜肴、面点的制作，也可直接用于凉菜中增加菜肴的光亮度和滋润感。

三、食用油脂在烹饪中的作用

(一) 食用油脂是良好的传热介质

油脂的熔点高，能将热量迅速均匀地传递给烹制中的原料，使其快速成熟。油脂温度变化范围大，因此是烹饪中最主要的传热介质。炒、煎、炸、炝、爆等烹调方法就是油脂作为传热介质的运用。油脂储热性(保温性)好，具有良好的保温作用，可赋予菜点“烫”的特色和别致的风味，烹饪中部分菜肴利用油脂封闭表面，防止热量散失，还可利用油脂本身热量烫熟易熟的原料，并保持长时间不冷。过桥米线、红汤肥牛、子姜牛蛙煲、跳水嫩鱼片等小吃、菜肴就是利用这一原理而制作的。油脂有保水性，适量的油脂快速成菜可使菜肴产生鲜嫩、滋润的质感，并产生光亮感。

(二) 油脂的调味作用

在烹调的过程中，猪油、鸡油、牛油、芝麻油等油脂本身的风味能赋予菜点并增强菜点特殊的香味。但也要防止油脂中不良气味、异味影响菜点的风味。很多香辛原料的呈味成分是脂溶性的，油脂的加入可促进香辛料中呈味物质发挥作用，如用油脂炼制的辣椒油、蒜油、菌油、花椒油等，再如火锅底料的炒制。除油脂本身风味外，利用油脂在高温炸制食品发生羰氨反应可使食品获得焦香的风味。在有足够油脂存在的情况下，菜肴的味更厚重、浓郁，不乏味，而且还具有独特的脂香味。

(三) 油脂有调节菜点质感的作用

利用油脂本身性质及其温度变化，可制出多种口感的菜肴，如滑炒、软炒出的菜肴口感滑嫩细腻；干炸类的菜肴口感酥脆干香；炸收类的菜肴经炸制结构酥松，便于收汁入味；脆皮类的菜肴，经炸制外焦内嫩别具一格，如脆炸冰淇淋，脆炸牛奶，脆炸灌汤虾球等菜肴。面点品种的特色不仅在于配料的变化，同样的面粉用不同的方法处理后都能产生独特的品质。在调制面团时，加入油脂后，由于油脂中存在大量的疏水基，使油脂具有疏水性，这样油脂就会阻止面筋网络的形成，降低了面团的弹性和韧性，从而使面团可塑性提高。另一方面，加入面团中的油脂均匀分散后，以球状、条状或膜状存在于面团中，这些分散油脂内存在有大量的空气，当面坯受热时，油脂遇热流散，气体蒸发膨胀，使面团内部结构破裂成多孔、多层的结构，即“起酥”。所以有些面点为了达到起酥分层或酥香的效果，在制作皮坯时需调制油面团或包裹油料，如鸳鸯酥、波丝油糕、核桃酥、牛角包、清真小吃油塔等。

(四) 油脂具有增色、保色、造型和定型的作用

一些动物油脂和植物油脂本身具有颜色，在成菜时对菜肴有增色作用，如鸡油、牛油、一些低级的植物油等；在油脂产生的高温下，原料中的蛋白质、氨基酸、糖类等物质发生羰氨反应和焦糖反应也可以起增色作用；同时，油脂滋润光亮，对菜品也有提高光泽的作用。如果用无色油脂或浅色油脂，并在较低温度下进行烹制，原料的颜色不变，保持其本色，所以滑熘类菜肴多用猪油、色拉油在低温下烹制而成。酥点制作时加入猪油、氢化油，再在低油温下烹制，表面不易变色，并有所增白，使成品产生色白酥脆的特点。油脂熔点高，储热量大。将需要造型的原料投入热油中，表面物质受热变性收缩、凝固，这样就对原料产生了造型、定型的作用，如经过剞花刀处理的原料通过在油中炸或用热油淋即可使其形成预期的造型。

（五）油脂常用于涨发原料

由致密结缔组织构成的干货原料，水分含量少，质地紧密、坚韧。但在高油温作用下，仍可徐徐蒸发所含水分，而且胶原蛋白收缩变性，使之变得膨胀松脆。当将其浸泡于水中，可大量吸水致嫩成海绵状，达到发制效果。

（六）作为烹调中的润滑剂

作为润滑剂分为两方面，一是在烹调时常用少量的油脂滑锅，也叫炙锅。目的是防止烹调时原料与锅底相粘连影响操作。二是部分菜肴、面点在烹制时需加入少量的油脂，保持滋润感，同时又防止粘锅底，如川菜中雪花桃泥的炒制；部分清蒸类的菜，在大量制作时为防止相互粘连，在原料之间或盘底也会涂上一层油脂；蒸制馒头、包子时在蒸笼阁上刷上油脂，也起防粘连的作用。

第三节 烹饪中常用的食品添加剂

食品添加剂是指为了改善食品品质和色、香、味，以及为防腐和加工工艺的需要而加入食品的化学合成物或天然物质。食品添加剂大多数并不是基本食品原料本身应有的物质，而是在生产、贮存、包装、使用等过程中为达到某一目的有意添加的物质。它们在产品中必须不影响食品营养价值，具有增强食品感官性状、延长食品保存期限或提高食品质量的作用。

食品添加剂的分类方法很多。按来源来分，有天然食品添加剂和化学合成食品添加剂两类。按功能分，可分为23类，如着色剂、膨松剂、乳化剂、防腐剂、嫩肉剂、漂白剂、消泡剂、凝固剂、抗氧化剂等。

国内外食品添加剂总的趋势是向天然型、营养型和多功能型及安全、高效、经济的方向发展。动物、植物及微生物发酵是提取天然食品添加剂的主要来源，对一些毒性较大的食品添加剂将逐步进行淘汰，而天然色素、天然香料的开发前景广阔。下面就介绍几种烹饪加工中常用的食品添加剂。

一、调色剂

调色剂即是指能使原料或菜点着色、褪色或使原有颜色更鲜艳的一类添加剂。根据作用性质，一般将其分为三类：着色剂、发色剂、褪色剂（漂白剂）。

（一）着色剂

着色剂又称为食用色素，是以食品着色为目的的食品添加剂。菜点的色泽是菜点质量的一个方面，也是烹饪中的一个重要问题。良好诱人的色泽使人赏心悦目，可增进食欲，同时增加菜点的艺术性。在尽量展现好主配原料自身色泽的情况下，往往要使用一些食用色素来达到增色和改善菜点色泽、提高食品的感官质量的目的。

食用色素按来源分为天然色素和合成色素。合成色素主要是偶氮类、氧蒽类和二苯甲烷类化合物；天然色素主要是吡咯类、多稀类、酮类、醌类和多酚类物质。

人类利用食用色素的历史非常悠久，最早使用的是天然色素。后来，随着化学合成工业的发展，色彩鲜艳而又价廉的合成色素被越来越多地采用。现在随着科学技术的进一步发展，提取天然色素变得方便，并且发现很多合成色素都或多或少地对机体产生不利的影响，合成色素的安全性问题受到广泛关注。因此，人们又回到使用天然色素为主的轨道上，同时对合成色素的使用限制越来越多，规定越来越严格。目前我国是处于两类色素并存，大力开发天然色素的状态。

在选择和使用色素时，除考虑安全性外，还应考虑色素的溶解性、染着性、稳定性，其目的是要达到良好的染色效果。因干品色素易吸潮，导致质量下降，使用剩余的干品应密封贮存。目前食品染色法有基料着色法（混合法）：将色素溶解后加入所需着色的软态或液态食品中，搅拌均匀；表面着色法（涂刷法）：将色素溶解后用涂刷方法使食品着色；浸渍着色法：色素溶解后将食品浸渍其中进行着色。

1. 烹饪中常用的天然色素

天然色素主要来源于植物，少数来自动物、微生物培养物和无机色素。我国批准使用的天然色素总共有 47 种，近几年还研发了一些新产品，如紫玉米色素、草莓色素、茄子皮色素、黑芝麻色素等等。天然色素根据来源不同分为植物色素：叶绿素、姜黄色素、紫草色素、甜菜红、可可色素、胡萝卜素等；动物色素：紫胶红（虫胶红）、胭脂虫红；微生物色素：红曲色素；无机色素：焦糖色素。

天然色素来自动、植物和微生物，具有较高的安全性，而且大多具有一定的营养价值和药用价值，如姜黄色素有破血行气、通经止痛的作用，紫苏色素有解毒、散寒、行气和胃的功效。其色泽也相当自然柔和。但是由于提炼精度低，常伴有异味，溶解性、染着性和稳定性较差，而且难以随意调色。所以，要通过先进技术的使用，提高提炼的精度和纯度，改变和改善天然色素的性质，这样才能为人们提供安全性高，又有营养的添加剂。

（1）红曲色素　红曲色素是将糯米蒸熟后，接种红曲霉发酵产生的色素，常附于发酵米粒上，此米称为红曲米，又称红曲、赤曲、红米等。红曲米外表呈棕紫色或紫红色，断面为粉红色，微有酸气（彩图 136）。红曲色素是一种酮类色素，主要呈色成分是红色色素、红斑素、红曲红素，以红、紫色为主。将红曲米用水或酒精浸泡可提炼出红曲色素。红曲色素性质相对稳定，色调鲜艳，使用安全性高。耐高温、耐光、耐氧化还原，对蛋白质染着性好。易溶于乙醇、热水中呈红色，在酸性水溶液中和碱性溶液中将变色。红曲色素是一种传统色素，主要产于福建、广东，以福建古田最为有名。红曲米品质以红透、质酥、陈久、无虫蛀、无异味为好，要放置在通风干燥的地方防止霉变。红曲米常用于香肠、酱肉、粉蒸肉、火腿、红豆腐乳加工中，从而使其产生喜人的红色。红曲色素常用于烹制樱桃肉、红烧肉，也用于在人造蟹肉、番茄酱、甜酱、辣椒酱中提色。它还可起到保鲜防腐的作用。运用时用量应少，否则色泽太暗浓，有时还会产生酸味，但可加糖调和。

（2）叶绿素　叶绿素是绿色植物体内的光合色素，在活细胞中叶绿素与蛋白质结合形成叶绿体。细胞死亡后叶绿素即从叶绿体中释放出来。游离的叶绿素很不稳定，对光、热、酸、碱都很敏感。叶绿素不溶于水，易溶于乙醇。叶绿素可通过工业生产从绿色植物、蚕沙中用乙醇或丙酮提取出来，与 $CuSO_4$ 或 $CuCl_2$ 作用，用 Cu^{2+} 取代 Mg^{2+}，再用苛性钠盐皂化，最后生成墨绿色的粉末——叶绿素铜钠。此粉末易溶于水，对光、热稳定，略有氨臭气，可长期保存，使用方便。这是市售叶绿素的形式。最大使用量 0.5 g/kg。一般情况下，可现取现用，其方法有二。少量取用时，将少量绿色叶菜洗净剁细，用纱布裹住，用力挤汁，马上直接调和到原料中使用；大量取用时，向榨出的绿色汁液中加入一定的碱性物质，用力搅拌后，让汁液静放 20～30 分钟，取其澄清的绿色汁液使用。叶绿素常用于菜肴、面点的绿色点缀、染色，如菠面、双色鱼丸、菠饺、白菜烧卖等。还用于在一些大型展台、拼盘中的水面、荷叶等造型装饰的染色。

(3) 姜黄色素　姜黄素是姜科植物姜黄(*Curcuma longa*)根状茎中所含成分，纯品为橙黄色粉末(彩图 137)。有胡椒样芳香，稍有苦味。不溶于水，溶于乙醇、丙二醇；在碱性溶液中呈红褐色，在中性、酸性溶液中呈黄色；耐氧化还原，染着性强，尤其是对含蛋白质丰富的原料的着色力强，但不耐光、热。姜黄色素是我国和东南亚地区传统的天然色素，主要运用形式是姜黄粉，常用于腌渍菜、果脯蜜饯和糕点制作中，尤其在咖喱粉的调制中，不仅增色而且有增香和增辣味的作用。因其有辛辣风味，所以在糕点制作中用量要少。

(4) 可可色素　可可色素是可可豆及其外皮中存在的色素，是可可豆发酵、焙烤时由其所含的儿茶素、花白素、花色苷等化合物经氧化或缩聚后形成的色素。它是一种水溶性的棕褐色色素，味微苦，耐光、热、氧化还原和酸碱，着色力强，对蛋白质和淀粉类原料的着色效果好。运用形式有可可粉和纯可可色素，主要用于糕点、调味汁的着色和蛋糕的表面点缀、装饰。

(5) β-胡萝卜素　胡萝卜素可分为 α、β、γ 三种，都呈橙红色，以 β-胡萝卜素最重要。β-胡萝卜素广泛存在于植物的叶和果实中，如胡萝卜、西红柿、辣椒、南瓜等，在鸡蛋、脂肪和牛乳等动物性原料中也存在。β-胡萝卜素是具有营养价值的脂溶性色素，其成品为紫色或暗红色的结晶粉末，略有臭味，对酸、光、氧均不稳定，低浓度呈黄色、橙黄色，高浓度呈橙色，对油脂性食品着色性能良好。在烹饪中常用于人造奶油(最大使用量 0.1 g/kg)、奶油、膨化食品(0.2 g/kg)，面包、蛋糕、饮料、糖果等食品的着色。用于油性食品时，将 30 g β-胡萝卜素溶解于 100 g 植物油中稀释后即可使用，如 100 g 油液中 β-胡萝卜素的使用量多增加 0.06 g～0.2 g，可使制品颜色加深。β-胡萝卜素是主要的维生素 A 原，在人体中可转化为维生素 A。因此，β-胡萝卜素还有营养强化的作用。

(6) 胭脂虫红　胭脂虫红来源于寄生在仙人掌植物上的雌性胭脂虫体内的色素。是从雌虫干粉中用水提取出来的红色素，具有明亮的红色调。它的着色物质是胭脂虫红酸，属于蒽醌类物质。在胭脂虫中含 10%～15%。纯品胭脂虫红酸为红色梭状结晶，难溶于冷水，而溶于热水、乙醇、碱水与稀酸中。色调随溶液的酸碱度变化，酸性时呈橙黄色，中性时呈红色，碱性时呈紫红色，对光、热均稳定。胭脂虫广泛地存在于秘鲁、智利、玻利维亚和墨西哥。胭脂虫红一直被古代墨西哥人珍藏，直到 16 世纪后被运到欧洲。胭脂虫红目前是国内外认为最安全的天然色素，产品有液体、水溶性粉末、色淀和胶囊等形式，应用于乳制品、奶酪、冰淇淋、果酱、沙司、糖果、肉制品、焙烤食品和含酒精的饮料中。

(7) 焦糖色素　焦糖色素又称酱色、糖色，是蔗糖、饴糖、淀粉水解产物等在高温下发生不完全分解并脱水聚合而形成的红褐色或黑褐色的混合物，有液体或固体两种形式。味微甜或略苦，有焦糖香味，易溶于水，水溶液红棕色，对热、光、酸碱很稳定。可采取普通生产法自行制作，将原料糖与少量植物油在160～180℃下加热使之焦化，掺入适量水稀释成液体进行运用。工业生产中使用加铵生产法，是以铵盐作催化剂生产的，有一定毒性，最大规定用量为0.1 g/kg。烹饪中常现制现用，根据菜肴具体品种和菜肴具体要求控制焦糖的反应程度，故口味和色泽有所不同。合理使用焦糖色素能使菜肴色泽红润光亮、风味别致，所以常用在炸收、红烧、煨、扒、卤、酱制的菜肴中。还用于可口可乐饮料、酱油、食醋、糖果、咖啡饮料、布丁、罐头、肉汤、啤酒等的生产中。焦糖色素虽然安全性高，但用量不要过度。它在汤汁极少时长时间加热，会产生苦味，或进一步发生焦糖化反应，导致色泽变褐变黑。

2. 烹饪中常用的合成色素

合成色素大多数都是以煤焦油为原料制得，故又称煤焦色素或苯胺色素。我国目前允许使用的合成色素有9种：苋菜红、胭脂红、诱惑红、新红、柠檬黄、日落黄、靛蓝、亮蓝、赤藓红。由于色泽鲜艳，着色牢固，可任意调色，成本低，使用方便，所以在目前的食品制造和烹饪加工中占有一席之地。它们用于面点、工艺菜肴、拼盘、雕刻作品的着色，可起到很好的点缀、装饰作用；还可用于汽水、果酒、果汁、糖果、配制酒中调配色泽。但合成色素没有营养价值，安全性低，有的甚至有致畸、致癌等严重危害食用者健康和生命的负面作用，所以对合成色素的使用要严格管理，并限制用量。有的国家甚至禁止使用合成色素。

(1) 胭脂红　胭脂红又称丽春红4R、大红、亮猩红，化学名称为1-(4′-磺酸基-1′-萘偶氮)-2-萘酚-6，8-二磺酸三钠盐，属于水溶性偶氮类色素，为红色至深红色粉末，无臭，0.1%的水溶液呈红色。易溶于水、甘油，微溶于乙醇，不溶于油脂。耐光、酸、热，遇碱变成褐色，最大规定用量为0.05 g/kg。常用于菜肴、面点和各种蔬菜制品、糖制果品的着色、点缀，如青梅、山楂制品、红绿果丝、樱桃罐头、渍制小菜、寿桃、蛋糕等；还用于饮料、果汁、糖果、配制酒等。

(2) 苋菜红　苋菜红又称鸡冠红、蓝光酸性红。化学名称为1-(4′-磺酸基-1′-萘偶氮)-2-萘酚-3，6-二磺酸三钠盐，属于水溶性偶氮类色素，为紫红色的粉末或颗粒，无臭，0.01%水溶液呈玫瑰红色。可溶于水和甘油，但不溶于油脂。耐光、盐、热和酸，遇碱变成暗红色，最大规定用量0.05 g/kg。常用于菜肴、面点、蔬菜制品、糖制果品、配制酒、饮料、糖果、果汁等着色、点缀。

(3) 柠檬黄　柠檬黄又称酒石黄、酸性淡黄、肼黄，化学名称为5-羧基-3-羟基-2-(对-磺酸基)-4-(对-磺苯基偶氮)-邻氮茂三钠盐，为橙黄色粉末，无臭，0.1%水溶液呈黄色，可溶于水和甘油，不溶于油脂。耐光、酸、热，不耐氧化还原，碱性情况下稍为变红，最大规定用量0.1 g/kg。常用于菜肴、面点、蔬菜制品、糖制果品、配制酒、饮料、糖果、果汁等着色、点缀。

(4) 日落黄　日落黄又称夕阳黄、橘黄、晚霞黄。化学名称为1-(对-磺苯基偶氮)-2-萘酚-6-磺酸二钠盐，为橙色颗粒或粉末，无臭，0.1%水溶液呈橙黄色。可溶于水和甘油，难溶于乙醇和油脂。耐光、热、酸，不耐碱，碱性情况下转变为红褐色,不耐氧化还原,最大规定用量 0.1 g/kg。常用于菜肴、面点、蔬菜制品、糖制果品、配制酒、饮料、糖果、果汁等着色、点缀。

(5) 靛蓝 靛蓝又称食品蓝、酸性靛蓝、磺化靛蓝。化学名称为 5, 5′-靛蓝素二磺酸二钠盐,为暗红色至暗紫色的颗粒或粉末,无臭,0.05%水溶液呈蓝色。可溶于水和甘油,不溶于油脂。对光、热、酸、碱、氧化均敏感,但较耐盐,还原时褪色,最大规定用量:0.05 g/kg。烹饪中很少单独使用,主要在大型工艺展台和看盘中使用,或用于调色。还用于果汁、汽水、配制酒、糖果、红绿果丝、青梅等食品的调色和配色。

(二) 发色剂

发色剂又称护色剂、呈色剂,是指在肉类或果蔬的加工中,能使原料原有颜色更鲜艳的物质。有助于发色作用的物质称助色剂或护色助剂。在食品加工中,添加发色剂可以使制品具有良好的感官质量。目前在肉类加工中使用的发色剂是硝酸盐、亚硝酸盐,助色剂是抗坏血酸及其钠盐、烟酰胺等。果蔬加工中使用的发色剂主要是硫酸亚铁。

长期以来,人们就利用硝酸盐和亚硝酸盐作为防腐剂来保存肉类食品,由此才认识到它们可使腌渍肉类产生良好的色泽。其发色机理是:肉类在腌渍时,硝酸盐在亚硝酸细菌的作用下,还原生成亚硝酸盐;生成的亚硝酸盐与肉类组织中糖原降解产生的乳酸发生反应,生成亚硝酸;产生的亚硝酸非常不稳定,一般在常温下便可继续分解产生亚硝基;亚硝基很快与肉中肌红蛋白(Mb)和血红蛋白(Hb)结合,生成鲜红色的亚硝基肌红蛋白(NOMb)和亚硝基血红蛋白(NOHb),使肉保持鲜艳色泽,提高食品质量。

$$NO_3^- \longrightarrow NO_2^- \longrightarrow NO \longrightarrow \begin{cases} NOMb \\ NOHb \end{cases}$$

硝酸盐、亚硝酸盐对人体属于有毒物质:一是亚硝酸可与肉类中的胺类物质生成亚硝胺,亚硝胺有较强的致癌性和毒性;二是产生的多量 NO,能使正常人体的血红蛋白异常,使之失去运输 O_2 的能力,导致组织缺氧,中毒重者会危及生命。所以,世界各国都对这一发色剂的使用有严格的规定,我国规定硝酸盐的最大用量是 0.5 g/kg,亚硝酸盐的最大用量是 0.15 g/kg。为保证食用的安全性,目前已研发了复合护色剂为肉制品呈色,减少亚硝酸盐的用量,还添加阻断亚硝胺形成的添加剂。将甜菜红、红曲色素、花生衣色素等天然色素运用到肉制品中呈色也是一个方向。

二、调质剂

调质剂主要是指在食品工业和烹饪加工中使用的调节和改变原料的质地及形状的添加剂,如膨松剂、增稠剂、嫩化剂、凝固剂、乳化剂等。这些添加剂的使用,使菜点更具有可口性,甚至增强营养价值,而且质地多样,从而丰富菜点的品种。

(一) 膨松剂

膨松剂指主要在面点制作中使用的、使制品膨松柔软或酥脆的一类添加剂,也称疏松剂。其膨松机理是在调制面团时加入膨松剂，在蒸、烤、炸等加热过程中，膨松剂产生的 CO_2 等气体受热膨胀，致使面团内部形成均匀的、致密的多孔性结构，从而出现膨松柔软或酥脆的特殊质感。根据物质组成不同分为化学膨松剂和生物膨松剂两类。

1. 化学膨松剂

根据组成物质的性质和成分不同分碱性膨松剂和复合膨松剂两类。两种膨松剂均可达到使食品膨松的目的，能以较低的使用量产生较多的气体。在冷的面团里气体产生慢，而加热时则能均匀地产生大量气体。加热分解后的残留物不影响成品的风味和质量。贮存方便，不易在贮存时分解失效。

(1) 碱性膨松剂　碱性膨松剂是化学性质表现为碱性的一类膨松剂。在烹饪中使用的主要有碳酸氢钠、碳酸氢铵和碳酸钠等。碱性蓬松剂膨胀力弱，缺乏生物蓬松剂本身的香味和营养，有时使用不当还有特殊异味，但其价格低廉，易保存，稳定性较好。

碳酸氢钠($NaHCO_3$)又名小苏打，为白色结晶性粉末，无臭、无味，易溶于水，水溶液呈碱性，受热时可产生 CO_2 气体。由于产气快，容易使制品出现大空洞，还会使制品呈现碱性，甚至使制品发黄或产生黄斑。

碳酸氢铵(NH_4HCO_3)又称臭粉、碳铵，为白色粉状结晶，在空气中易风化，易溶于水。受热后产生 CO_2 和 NH_3。由于产气多，其发力大，容易使制品出现大空洞，质地过于膨松，不仅有碱性，而且有氨臭气。

一般将碳酸氢钠和碳酸氢铵混合使用，可以减弱各自的缺点，使制品有较好的质量。目前广泛用于饼干、蛋糕、桃酥、油条、麻花等制作。

碳酸钠(Na_2CO_3)又称苏打、纯碱，为白色粉末或细粒，遇潮、遇热都能分解产生 CO_2，易溶于水，水溶液呈强碱性。由于碱性强，腐蚀性大，所以很少作膨松剂使用，如果使用，一般最大用量为 0.5%～1%。

碱性膨松剂除在面点制作中使用外，在烹饪中利用其碱性还可作为嫩肉剂使用；有良好的脱脂作用；对肉类原料漂白作用；用于保持绿色蔬菜的颜色；用于中和酸性；用于防腐杀菌等。

(2) 复合膨松剂　复合膨松剂是由碱性剂、酸性剂和淀粉三类物质配制而成。其中碱性剂常用碳酸氢钠，用量为 20%～40%，主要是与酸性剂反应产生 CO_2 起膨松作用。酸性剂有柠檬酸、明矾、酒石酸氢钾、磷酸二氢钙等，用量为 35%～50%，除与碱性剂反应产生气体外，还有中和碱性的作用。淀粉的用量为 10%～40%，用于增强膨松剂的保存性，防止吸湿结块和失效，并且可调节产气速度，使气孔均匀产生。复合膨松剂由于配方不同，使用方法及效果就不同。在烹饪中要根据具体情况来选择使用。

目前市场上有多种配方的复合膨松剂，一般称为发酵粉、发粉、泡打粉。一般用量为 1%～3%。复合膨松剂克服了单一碱性膨松剂的不足和缺点，使面点制品有更好的品质。

2. 生物膨松剂——酵母菌

酵母菌是广泛分布于自然界的一类单细胞真核微生物，呈圆形、卵形或椭圆形，短径为 4～8 μm，长径 6.5～11.5 μm，主要以芽殖的方式进行繁殖。由于酵母菌含丰富的蛋白质、维生素、无机盐、纤维素等物质，所以是一种具有营养价值的膨松剂。酵母菌以面团中的糖为发酵基质，进行有氧呼吸和无氧呼吸，一是产生大量 CO_2 使面团疏松多孔，体积膨大，具有一定的弹性；二是产生醇、醛、酮、酸、酯等有机物质，使制品有特殊的风味。由于酵母菌的存在提高了制品的营养价值。

要使酵母菌保持生物活性，一定要用有效的方式来保存。民间传统的方法是留“老酵面”，即将含有酵母菌的发酵面团取一小部分留存下来用于下次发酵使用。这种方式属于自然接种，含杂菌，在发酵过程中容易产酸，而且发酵力不高，制品质量不太理想。为追求较好效果，应将老酵面密封放置于低温条件下，减少杂菌的污染，使老酵面在正式发酵时具有较高的活力。而科学合理的方法是专门培养保存的压榨酵母。压榨酵母有两种形式，一是将培养液中的酵母菌经高速离心分离出来，再经压滤机除去一部分水分后压榨成块状，其含水量在 75%以下，呈淡黄色或乳白色，称为鲜酵母，使用方便，但必须在 0～4℃的低温下保存，若温度过高会自溶和腐败；二是将鲜酵母在低温条件下脱水干燥，使其水分含量在 10%以下，加入淀粉制成饼状、颗粒状或粉状即成为干酵母，由于酵母菌处于休眠状态，可在常温下保存，且贮存期长，一般 1 年左右，加温水活化处理后即可运用。

由于酵母菌富含营养物质，除作为膨松剂运用外，常常直接将其用于香肠、火腿、方便面、膨化食品中增香提味，还制成酵母精用于复合味精、肉汤的调味增鲜。

（二）增稠剂

增稠剂又称凝胶剂，是指在水中溶解分散，能增加流体或半流体的黏度，并能够保持所在体系的相对稳定的亲水性食品添加剂。具有很好的溶水性和稳定性，在烹饪加工中用以改善菜点的物理性质，对保持流态食品、胶冻食品的色、香、味和结构稳定性起到相当重要的作用，可增加其黏稠度，使之润滑适口、柔软鲜嫩，丰富食用的触感和味感。有些增稠剂还可以作为菜点的辅助稳定剂使用。食品增稠剂品种很多，按来源分为两大类：天然增稠剂和人工合成增稠剂。

天然增稠剂根据具体来源不同分植物性增稠剂：包括芡粉、果胶、琼脂等，主要从种子植物的种子、块根、块茎和褐藻门藻类植物中提取；动物性增稠剂：包括皮冻、明胶、鱼胶等，用含胶原蛋白丰富的皮、骨、筋等提取或从乳汁中提取；微生物增稠剂：是一些真菌和细菌的代谢产物，如黄原胶等。

人工合成增稠剂是指以纤维素、淀粉等天然物质制成的糖类衍生物或利用化学物质合成的增稠剂，如羧甲基纤维素钠、磷酸化淀粉、聚丙烯酸钠等。

在烹饪运用中，为使增稠效果好，风味协调，动物性菜品使用增稠剂范围广，植物性菜品一般不用动物性增稠剂，如用琼脂、果胶来制作枇杷冻、杏仁冻、菠萝冻等菜肴，用皮冻、明胶来制作汤包、水晶鸭舌、水晶鸡皮等肉肴。

1. 芡粉

芡粉(Starch)是由含淀粉丰富的种子植物的种子、块根和块茎经水磨、过滤、沉淀等工序提取出来的粉状干制品，其主要成分是由葡萄糖聚合而成的大分子多糖。常用的主要是豆粉和薯粉，一般为白色粉末。优质芡粉应该色白，粉质细腻，吸水率高,涨性大,黏性强,富有光泽,不易吐水,能长时间保持菜肴的形态和口感。通常使用的芡粉中,一般绿豆粉、豌豆粉优于马铃薯粉,马铃薯粉又优于红薯粉。烹饪中还使用菱粉、木薯粉等。

淀粉不溶于冷水,在60～80℃热水中吸水糊化,形成具有一定黏稠性的半透明的胶体溶液。这一特性,使原料的持水能力提高,保持菜肴的温度,形成菜肴的质感,使其成菜滑嫩、柔软或酥脆爽口。在烹饪中芡粉的作用主要有:①用于原料的上浆、挂糊和菜肴的勾芡;②可用于茸、泥、丸式菜肴中作黏合剂;③用作包裹、定型原料,有助原料造型;④可用于加工成淀粉制品,如凉粉、粉丝、凉皮等。

2. 琼脂

琼脂(Ager)又称洋菜、冻粉、琼胶,是从红藻门植物石花菜、麒麟菜、江蓠等中提取的以半乳糖为主的一种多糖物质。为无色透明或白色至淡黄色半透明的条状、薄片状、颗粒状和粉状形式,以质地柔韧、色泽光亮、干燥体轻,洁白无异味、无杂质者为好。琼脂不溶于冷水,溶于沸水。在冷水中浸泡,缓缓吸水膨润软化,吸水率可达20倍,在沸水中极易分散成溶胶。随浓度不同可形成黏稠胶体(0.1%),半固体凝胶(0.5%),固体凝胶(1%),坚实而有弹性的固体凝胶(1.5%),后者在较高温度下都不会溶胶。但琼脂凝胶与酸长时间共热或长时间受高温作用会自然分离,形成离浆状。

琼脂具有很强的凝胶力,表现在低凝胶温度和低浓度时可形成凝胶。形成的凝胶有较好的弹性、持水性、黏着性、保形性及透明感强,稳定性好。所以常用于制作冻式凉菜、甜菜、甜羹和西式甜点以及花式工艺菜,形成菜点良好的口感和感观性。琼脂可作雕刻原料和拼盘原料使用;可作为糕点裱花奶油的稳定剂;还可作为酱油、醋和啤酒等加工的澄清剂使用。琼脂广泛用于制造粒粒饮料、米酒饮料、果汁饮料、水晶软糖、羊羹、午餐肉、火腿肠、果冻布丁、冰淇淋、八宝粥等。

3. 皮冻

皮冻(Jelly)又称皮汤、皮汁,为肉皮加工的凝胶。以新鲜的猪皮为原料,去净杂毛和脂肪,一次性加入清水或鲜汤,在旺火上煮至手指能捏碎的程度,取出肉皮,剁碎,再放回原来的汤锅中,加入葱、姜、料酒等调料,用小火慢熬至稠糊状,离火冷却后即为皮冻。皮冻一般自行熬制,夏季制硬冻,肉皮与水分的比例为1∶1～1∶1.5,冬季制软冻,用料比例为1∶2～2∶2.5。皮冻的主要成分是胶原蛋白,皮冻从溶胶到凝胶,或从凝胶到溶胶都是胶原蛋白的特性所致。皮冻在烹饪中的作用为:作水晶肉肴和特色面食的增稠剂;做凉菜的主料和配料;也常用于制作特色肉类加工品。

4. 黄原胶

黄原胶(Xanthan Gum)又称汉生胶、黄杆胶,是由黄单胞菌属的甘蓝黑腐病黄单胞菌(*Xanthomonas campcstris*),也称野油菜黄单胞菌发酵产生的一种酸性胞外杂多糖,是主要由2.8份D-葡萄糖、3份D-甘露糖和2份D-葡萄糖醛酸组成的多糖类高分子化合物。黄原胶为乳白、淡黄至浅褐色颗粒或粉末状固体,易溶于冷水和热水中,为半透明体。低浓度水溶液的黏度也很高,黏度几乎不受温度、酸碱度和盐类的影响,也不受蛋白酶、纤维素酶和果胶酶的影响,与其他增稠剂有很强的兼容性。常用于食品加工中，产生独特的效果，如调味酱、粉丝、杏仁露、果冻、果酱、肉丸、酸奶等的加工。由于悬浮性强，和其他增稠剂配合生产果粒悬浮饮料。

5. 羧甲基纤维素钠

羧甲基纤维素钠(Carboxymethylcellulose Sodium；简称：CMC-Na)又称纤维素乙醇酸钠。用氢氧化钠处理短纤维，制成碱纤维素，将碱纤维素与一氯代醋酸反应制得。为白色或乳白色纤维状粉末或颗粒，无臭、无味，具吸湿性。易分散在水中成高黏度透明胶状液，不溶于乙醇等有机溶剂。当 pH＞10 或 pH＜5 时，胶浆黏度显著降低，在 pH＝7 时性能最佳。对热稳定，在 20℃以下黏度迅速上升，45℃时变化较慢，80℃以上长时间加热可使其胶体变性导致黏度明显下降。具有黏合、助悬、增稠、乳化、缓释等作用。在食品工业中它广泛运用于果汁、牛乳、雪糕、冰淇淋、果冻、果酱、面包、蛋糕、方便面、酱油的生产中。

(三) 嫩肉剂

嫩肉剂是指促进肉类组织软化疏松从而提高嫩度的添加剂。目前嫩肉剂因成分不同分碱性物质嫩肉剂和蛋白酶嫩肉剂两类，以蛋白酶嫩肉剂为好。

碱性嫩肉剂的成分是碳酸钠或碳酸氢钠。这些碱性物质对肌肉纤维有一定的破坏腐蚀作用，能使组织之间变得疏松，蛋白质纤维变短，改变蛋白质的性质，促进吸收水分，从而使肉质变嫩。烹饪中对鲜肉直接拌碱，或碱发干货原料都是利用这一原理。但该方法对原料的营养素破坏性极大，且成菜往往会带有一定的碱味。所以嫩化后鲜肉和碱发的原料要注意脱碱处理。

蛋白酶嫩肉剂的成分是番木瓜蛋白酶、菠萝蛋白酶、无花果蛋白酶、猕猴桃蛋白酶或米曲霉蛋白酶。蛋白酶能够将肉中的结缔组织中的胶原纤维、弹性纤维，肌肉组织中的肌原纤维进行降解，使蛋白质中的连接键断裂，从而纤维变短，组织变松，提高肉类的嫩度，达到改善口感的目的。蛋白酶的嫩肉效果好，不会影响其他营养素，由于本身也为蛋白质，在烹饪加热时可变性成熟，因此安全无毒。由于酶是具有生物活性的物质，所以必须在合适的温度、pH 值等条件下使用才能达到良好的效果。目前主要使用的是木瓜蛋白酶，因为产量高，而且耐热性强，在 60～75℃时，能够使胶原蛋白快速提高溶解度。木瓜蛋白酶是从未成熟的番木瓜果实的胶乳汁中提取制得的一种蛋白酶。为灰白色粉末，精制品无臭。易溶于水、甘油，不溶于一般的有机溶剂。最适 pH 值为 5.0～10.0，耐热性强，可在 50～60℃时使用，用量为 1～4 mg/kg。市售的嫩肉剂配方为：2%木瓜蛋白酶、15%葡萄糖、2%味精以及食盐等。使用时用温水将木瓜蛋白酶粉溶解，然后将切好的肉类原料放入其中拌和均匀，放置 30 分钟到一个小时，即可烹制。含蛋白酶的天然果汁，既有一定的嫩肉作用，还可提供特殊的果香风味。

检　测

复习思考题

1. 为什么现在比较推崇以水作传热介质的烹调方法?
2. 怎样利用油脂烹制质嫩的保色菜肴?

3. 高品质的油脂应具备什么条件?

4. 为什么天然色素还不能完全取代合成色素?

5. 碱性膨松剂在烹饪中有哪些作用?

6. 制作"枇杷冻"这款菜肴时应用什么增稠剂,为什么?

7. 芡粉在烹饪中的作用有哪些?

8. 怎样发挥好蛋白酶嫩肉剂的作用?

9. 解释概念:辅助原料、油脂再制品、人造奶油、色拉油、糖色、调色剂、膨松剂、增稠剂、嫩肉剂。

参考文献

1. 江静波等.无脊椎动物学(修订本).北京:高等教育出版社,1965
2. 沈嘉瑞,刘瑞玉.我国的虾蟹.北京:科学出版社,1976
3. 高信曾.植物学(形态、解剖部分).北京:人民教育出版社,1978
4. 武汉大学,南京大学,北京师范大学合编.普通动物学.北京:人民教育出版社,1978
5. 中山大学,南京大学生物系合编.植物学(系统、分类部分).北京:人民教育出版社,1978
6. 湛江水产专科学校主编.海洋生物学.北京:农业出版社,1979
7. 蔡英亚,张英,魏若飞.贝类学概论.上海:上海科学技术出版社,1979
8. 南开大学,中山大学,北京大学,等合编.昆虫学(上册).北京:高等教育出版社,1980
9. 中国人民大学贸易经济系商品学教研室编.食品商品学.北京:中国人民大学出版社,1982
10. 冯德培.简明生物学词典.上海:上海辞书出版社,1983
11. 华中师院,南京师院,湖南师院.动物学(上册、下册).北京:高等教育出版社,1983
12. 李正理,张新英.植物解剖学.北京:高等教育出版社,1983
13. 陈德牛,高家祥.中国经济动物志——陆生软体动物.北京:科学出版社,1987
14. 石健.饮食物料图录.香港:饮食天地出版社,1989
15. 蔬菜卷编辑委员会.中国农业百科全书(蔬菜卷).北京:农业出版社,1990
16. 任淑仙.无脊椎动物学(上、下).北京:北京大学出版社,1990
17. 刘荣光.水果生产手册.南宁:广西科学技术出版社,1991
18. 刘家福.食品词典.上海:上海辞书出版社,1991
19. 天野庆之著;金辅建,薛茜编译.肉制品加工手册.北京:中国轻工业出版社,1992
20. 萧帆.中国烹饪辞典.北京:中国商业出版社,1992
21. 中国烹饪百科全书.北京:中国大百科全书出版社,1992
22. 闵连吉.肉类食品工艺学.北京:中国商业出版社,1992
23. 郑有军等.调味品加工与配方.北京:金盾出版社,1993
24. 陈光新,汪建国,陈炜,等.中华淡水鱼鲜谱.北京:中国商业出版社,1993
25. 王子辉.中国菜肴大典(海鲜水产卷).青岛:青岛出版社,1995
26. 王子辉.中国菜肴大典(畜兽产品卷).青岛:青岛出版社,1995

27. 吴锦锐,余自立. 入厨水果大全. 香港:万里机构·饮食天地出版社,1995
28. 高愿君. 中国野生植物开发与加工利用. 北京:中国轻工业出版社,1995
29. 王子辉. 中国菜肴大典(谷蔬菌果卷). 青岛:青岛出版社,1997
30. 黄德智,张向升. 新编肉制品生产工艺与配方. 北京:中国轻工业出版社,1998
31. 朱海涛,董贝森. 调味品及其应用. 济南:山东科学技术出版社,1999
32. 任百尊. 中国食经. 上海:上海文化出版社,1999
33. 李新. 川菜烹饪事典. 重庆:重庆出版社,1999
34. 黎景丽,文一彪. 对蚝油生产工艺的探讨及其营养成分与保健作用. 中国调味品,2000(3)
35. 毛羽扬. 香味调料在烹饪中的作用. 中国调味品,2000(9)
36. 凌关庭. 天然食品添加剂手册. 北京:化学工业出版社,2000
37. 姚伟钧,邓儒伯,方爱平. 国食. 武汉:长江文艺出版社,2001
38. 杜克生. 食品生物化学. 北京:化学工业出版社,2002
39. 黄德智. 新版肉制品配方. 北京:中国轻工业出版社,2002
40. Norman N. Potter, Joseph H. Hotchkiss 著;王璋等译. 食品科学(第五版). 北京:中国轻工业出版社,2001
41. 李里特,王海. 功能性大豆食品. 北京:中国轻工业出版社,2002
42. 李新华,董海州. 粮油加工学. 北京:中国农业大学出版社,2002
43. 何志礼. 现代果蔬食品科学与技术. 成都:四川科学技术出版社,2003
44. 赵尔宓. 四川爬行类原色图鉴. 北京:中国林业出版社,2003
45. 江建军. 食品添加剂应用技术. 北京:科学出版社,2004
46. 侯振建. 食品添加剂及其应用技术. 北京:化学工业出版社,2004
47. 蒋爱民,赵丽芹. 食品原料学. 南京:东南大学出版社,2007
48. [英]凯斯(Case, F.)主编;王博,马鑫译. 有生之年非吃不可的1001种食物. 北京:中国编译出版社,2012